普通高等教育高职高专土建类“十二五”规划教材

建筑构造

主　编　王丽红
副主编　陈　茸　孙　静
王　琦　张　成

中国水利水电出版社
www.waterpub.com.cn

内 容 提 要

本书结合社会对高等职业技术人才的需求而编写，具有较强的通用性、实用性和适时性，力求内容精练，叙述清楚，深入浅出，通俗易懂，并突出了新材料、新技术、新工艺的应用。本书分为9个模块：建筑构造的基础知识、墙体、楼板层和地面、楼梯、屋顶、门和窗、基础、变形缝、单层工业厂房。全书采用任务驱动式编写模式，每个任务都精心设计学习目标、任务描述、任务分析和任务实施，为了方便学生复习，每模块都有模块小结和复习思考题。

本书适用于建筑工程、桥梁、市政、道路、水利等专业，可作高职高专院校及成人教育教材，也可作工程技术人员的参考书。

图书在版编目（CIP）数据

建筑构造 / 王丽红主编. -- 北京 : 中国水利水电出版社, 2011.8
普通高等教育高职高专土建类“十二五”规划教材
ISBN 978-7-5084-8740-3

Ⅰ. ①建… Ⅱ. ①王… Ⅲ. ①建筑构造一高等职业教育一教材 Ⅳ. ①TU22

中国版本图书馆CIP数据核字(2011)第172544号

书　　名	普通高等教育高职高专土建类“十二五”规划教材 **建筑构造**
作　　者	主编　王丽红　　副主编　陈茸　孙静　王琦　张成
出版发行	中国水利水电出版社 （北京市海淀区玉渊潭南路1号D座　100038） 网址：www. waterpub. com. cn E－mail：sales@waterpub. com. cn 电话：（010）68367658（发行部）
经　　售	北京科水图书销售中心（零售） 电话：（010）88383994、63202643、68545874 全国各地新华书店和相关出版物销售网点
排　　版	中国水利水电出版社微机排版中心
印　　刷	北京市北中印刷厂
规　　格	184mm×260mm　16开本　16印张　379千字
版　　次	2011年8月第1版　2013年4月第2次印刷
印　　数	3001—6000册
定　　价	**32.00**元

普通高等教育高职高专土建类
“十二五”规划教材

参编院校及单位

安徽工业经济职业技术学院
滨州职业学院
重庆建筑工程职业学院
甘肃工业职业技术学院
甘肃林业职业技术学院
广东建设职业技术学院
广西经济干部管理学院
广西机电职业技术学院
广西建设职业技术学院
广西理工职业技术学院
广西交通职业技术学院
广西水利电力职业技术学院
河北交通职业技术学院
河北省交通厅公路管理局
河南财政税务高等专科学校
河南工业职业技术学院
黑龙江农垦科技职业学院
湖南城建集团
湖南交通职业技术学院
淮北职业技术学院
淮海工学院
金华职业技术学院
九江学院
九江职业大学
兰州工业高等专科学校
辽宁建筑职业技术学院
漯河职业技术学院
内蒙古河套大学
内蒙古建筑职业技术学院
南宁职业技术学院
宁夏建设职业技术学院
山西长治职业技术学院
山西水利职业技术学院
石家庄铁路职业技术学院
太原城市职业技术学院
太原大学
乌海职业技术学院
烟台职业学院
延安职业技术学院
义乌工商学院
邕江大学
浙江工商职业技术学院

本 册 编 委 会

本册主编： 王丽红

本册副主编： 陈 茸 孙静 王 琦 张 成

本册参编： 孙 杰 侯虹霞

序

“十二五”时期，高等职业教育面临新的机遇和挑战，其教学改革必须动态跟进，才能体现职业教育“以服务为宗旨、以就业为导向”的本质特征，其教材建设也要顺应时代变化，根据市场对职业教育的要求，进一步贯彻“任务导向、项目教学”的教改精神，强化实践技能训练、突出现代高职特色。

鉴于此，从培养应用型技术人才的期许出发，中国水利水电出版社于2010年启动了土建类（包括建筑工程、市政工程、工程管理、建筑设备、房地产等专业）以及道路桥梁工程等相关专业高等职业教育的“十二五”规划教材，本套“普通高等教育高职高专土建类‘十二五’规划教材”编写上力求结合新知识、新技术、新工艺、新材料、新规范、新案例，内容上力求精简理论、结合就业、突出实践。

随着教改的不断深入，高职院校结合本地实际所展现出的教改成果也各不相同，与之对应的教材也各有特色。本套教材的一个重要组织思想，就是希望突破长久以来习惯以“大一统”设计教材的思维模式。这套教材中，既有以章节为主体的传统教材体例模式，也有以“项目—任务”模式的“任务驱动型”教材，还有基于工作过程的“模块—课题”类教材。不管形式如何，编写目标均是结合课程特点、针对就业实际、突出职业技能，从而符合高职学生学习规律的精品教材。主要特点有以下几方面：

（1）专业针对性强。针对土建类各专业的培养目标、业务规格（包括知识结构和能力结构）和教学大纲的基本要求，充分展示创新思想，突出应用技术。

（2）以培养能力为主。根据高职学生所应具备的相关能力培养体系，构建职业能力训练模块，突出实训、实验内容，加强学生的实践能力与操作技能。

（3）引入校企结合的实践经验。由企业的工程技术人员参与教材的编写，将实际工作中所需的技能与知识引入教材，使最新的知识与最新的应用充实到教学过程中。

（4）多渠道完善。充分利用多媒体介质，完善传统纸质介质中所欠缺的表达方式和内容，将课件的基本功能有效体现，提高教师的教学效果；将光盘的容量充分发挥，满足学生有效应用的愿望。

本套教材适用于高职高专院校土建类相关专业学生使用，亦可为工程技术人员参考借鉴，也可作为成人、函授、网络教育、自学考试等参考用书。本套丛书的出版对于“十二五”期间高职高专的教材建设是一次有益的探索，也是一次积累、沉淀、迸发的过程，其丛书的框架构建、编写模式还可进一步探讨，书中不妥之处，恳请广大读者和业内专家、教师批评指正，提出宝贵建议。

编委会

2011年1月

前言

本书主要讲述民用建筑和工业建筑的建筑构造组成、构造原理和构造方法。本书结合社会对高等职业技术人才的需求而编写的，为使本教材具有较强的通用性、实用性和适时性，在编写前广泛听取了有关方面高职高专教学一线的有关老师和学生意见，力求内容精练、叙述清楚、深入浅出、通俗易懂，并突出了新材料、新技术、新工艺的应用。

全书采用任务驱动式编写模式，每个任务都精心设计学习目标、任务描述、任务分析和任务实施，为了方便学生复习，每个模块都有模块小结和复习思考题。

本书由辽宁建筑职业技术学院王丽红任主编，四川交通职业技术学院陈茸、延安职业技术学院孙静、辽宁建筑职业技术学院王琦、黑龙江农垦科技职业学院张成任副主编，河套大学土木工程学院孙杰、辽宁建筑职业技术学院侯虹霞参加了本书编写工作。具体分工如下：模块1由张成编写、模块2、9由王丽红编写，模块3由孙静编写，模块4由陈茸编写，模块5由王琦编写，模块6由侯虹霞编写，模块7、8由孙杰编写。辽宁建筑职业技术学院鲁毅对本书进行了全面仔细的审阅，并提出了宝贵意见和建议，在此表示衷心的感谢！

由于编写水平有限，书中难免有不妥之处，恳请广大读者批评指正，以期进一步修订提高。

编者

2011年6月

目　录

模块1 建筑构造的基础知识

任务1 认识建筑物

学习目标

★ 熟练掌握民用建筑的构造组成，了解建筑的分类原则，掌握建筑的分类及等级。

任务描述

★ 明确建筑物的各部分名称，对建筑进行分类和确定等级。

任务分析

★ 包括建筑物的构造组成，建筑的分类和分级方法，影响建筑构造的各种因素。

建筑从广义上讲，既表示建筑工程的建造活动，又是建筑物与构筑物的统称。建筑物是指供人们在其中进行生产、生活或其他活动的房屋或场所，如住宅、办公楼、厂房、教学楼等。构筑物是指人们不在其中生产、生活的建筑，如水池、烟囱、水塔等。

1.1 建筑物的构造组成

从日常生活中频繁接触的建筑物中，可以看到房屋的主要组成部分，如图1-1-1所示。

（1）基础。基础是建筑物埋在自然地面以下的部分，承受建筑物的全部荷载，并把这些荷载传给地基。

（2）墙和柱。墙和柱是建筑物竖直方向的承重构件，墙也起围护和分隔作用。它承受屋顶和楼层传来的荷载，并将这些荷载传给基础。

（3）楼板层、地面。楼板层、地面是建筑物水平方向的承重构件，它承受着作用在其上的荷载，并将这部分荷载及自重传给墙或柱，同时还对墙体起着水平支承作用，也将整个建筑物垂直方向上分成若干层。它承受着家具、设备、人和本身自重，并通过垫层传到基层。

（4）楼梯。楼梯是楼房建筑的垂直交通设施，供人们平时上下和紧急疏散时使用。

（5）屋顶。屋顶是建筑物顶部的围护和承重构件，除承受自重、积雪、风力荷载并传给墙体外，还具有防雨、雪侵袭，防太阳辐射，保温隔热等作用。

（6）门窗。门主要用作内外交通联系及分隔房间，有时也兼有通风的作用；窗的作用主要是采光、通风。

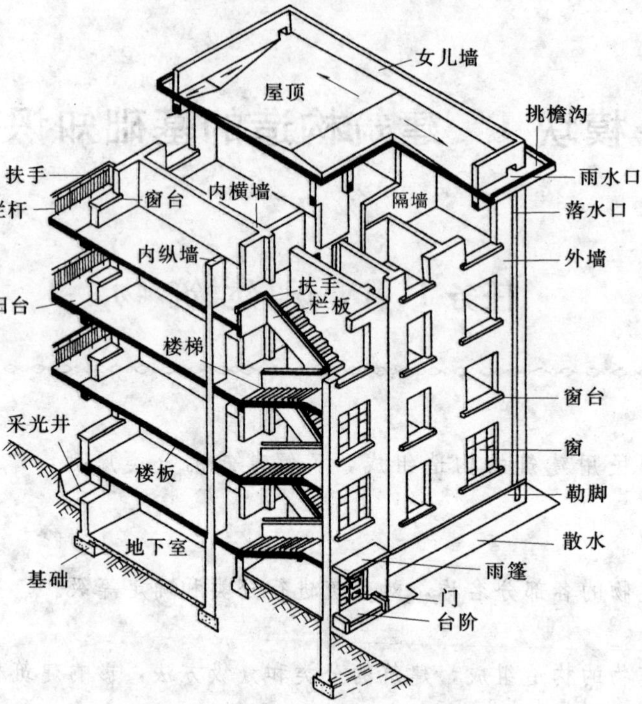

图1-1-1　民用建筑的构造组成

除上述组成部分外，还有一些附属部分，如阳台、雨篷、台阶、散水等。

综上所述，由墙、柱、梁、屋顶、基础组成建筑物的结构体系，来承受竖向荷载和侧向荷载，并将这些荷载安全地传至地基，由屋面、外墙、门、窗等组成建筑物的围护体系，保证使用人群的安全性和私密性。

1.2　建筑的分类

1.2.1　按建筑物的使用功能分类

1. 民用建筑

（1）居住建筑指供人们生活起居的建筑物，如宿舍、住宅、公寓等。

（2）公共建筑指供人们进行各种社会活动的建筑物，如办公楼、医院、图书馆、商店、影剧院等。

2. 工业建筑

工业建筑指各类生产用房和为生产服务的附属用房，如钢铁、机械、化工、纺织、食品等工业企业中的生产车间及发电站、锅炉房等。

3. 农业建筑

农业建筑指用于农业、牧业生产和加工用的建筑，如粮库、畜禽饲养场、温室、农机修理站等。

1.2.2　按建筑物的层数或总高度分类

（1）住宅建筑。1～3层为低层，4～6层为多层，7～9层为中高层，10层以上为高层。另外，人们把10～12层的高层住宅称为小高层。

(2) 公共建筑。总高度超过24m为高层（不包括高度超过24m的单层主体建筑）。

(3) 建筑物总高度超过100m时，不论其是住宅还是公共建筑均为超高层。

(4) 工业厂房按层数可分为单层厂房、多层厂房和层数混合厂房。

1.2.3 按主要承重结构所用的材料分类

1. 砖木结构

建筑物的主要承重构件用砖和木材，其中墙、柱用砖砌，楼板、屋架用木材。这种结构用于古建筑比较多。

2. 混合结构

建筑物的竖向承重构件和所有墙体均用烧结普通砖或混凝土砌块等，水平承重构件为钢筋混凝土梁、楼板及屋面板。这种结构一般用于多层建筑。

3. 钢筋混凝土结构

建筑物的主要承重构件如梁、柱、板及楼梯等用钢筋混凝土，而非承重墙用空心砖或其他轻质砌块。这种结构一般用于多层或高层建筑中。

4. 钢结构

建筑物的主要承重构件用钢材做成，而围护外墙和分隔内墙用轻质块材、板材等。这种建筑多用于高层建筑和大跨度的公共建筑。

5. 其他建筑

其他建筑包括生土建筑、充气建筑、塑料建筑等。

1.3 建筑物的等级

1.3.1 设计使用年限

在《民用建筑设计通则》(GB 50352—2005) 中对建筑物的设计使用年限做以下规定：

1类：设计使用年限为5年，适用于临时性建筑。

2类：设计使用年限为25年，适用于易于替换结构构件的建筑。

3类：设计使用年限为50年，适用于普通的建筑物。

4类：设计使用年限为100年，适用于纪念性建筑和特别重要的建筑。

1.3.2 耐火等级

我国《建筑设计防火规范》(GB 50016—2006) 中规定，9层及9层以下的住宅建筑、建筑高度不超过24m的公共建筑、建筑高度超过24m的单层公共建筑、工业建筑等的耐火等级分为4级。耐火等级标准是依据房屋主要构件的燃烧性能和耐火极限确定的。

燃烧性能指组成建筑物的主要构件在明火或高温作用下燃烧与否，以及燃烧的难易程度。建筑构件按燃烧性能分为3类，即不燃烧体、难燃烧体和燃烧体。

不燃烧体是指由不燃材料做成的建筑构件，如金属、钢筋混凝土、混凝土、砖块、天然或人工无机矿物材料等。

难燃烧体是指用难燃材料做成的建筑构件，或用可燃材料做成而用不燃材料做保护层的建筑构件，如沥青混凝土、经过防火处理的木材、用有机物填充的混凝土和水泥刨花板等。

燃烧体是指用可燃材料做成的建筑构件，如木材、沥青等。

耐火极限指在标准耐火试验条件下，建筑构件、配件或结构从受到火的作用时起，到失去稳定性、完整性或隔热性时止的这段时间，用 h 表示。

不同耐火等级的建筑物所用构件的燃烧性能和耐火极限见表 1－1－1。

表 1－1－1　　建筑物构件的燃烧性能和耐火极限　　单位：h

构件名称		耐火等级			
		一级	二级	三级	四级
墙	防火墙	不燃烧体 3.00	不燃烧体 3.00	不燃烧体 3.00	不燃烧体 3.00
	承重墙	不燃烧体 3.00	不燃烧体 2.50	不燃烧体 2.00	难燃烧体 0.50
	非承重外墙	不燃烧体 1.00	不燃烧体 1.00	不燃烧体 0.50	燃烧体
	楼梯间的墙、电梯井的墙、住宅单元之间的墙、住宅分户墙	不燃烧体 2.00	不燃烧体 2.00	不燃烧体 1.50	难燃烧体 0.50
	疏散走道两侧的隔墙	不燃烧体 1.00	不燃烧体 1.00	不燃烧体 0.50	难燃烧体 0.25
	房间隔墙	不燃烧体 0.75	不燃烧体 0.50	难燃烧体 0.50	难燃烧体 0.25
柱		不燃烧体 3.00	不燃烧体 2.50	不燃烧体 2.00	难燃烧体 0.50
梁		不燃烧体 2.00	不燃烧体 1.50	不燃烧体 1.00	难燃烧体 0.50
楼　板		不燃烧体 1.50	不燃烧体 1.00	不燃烧体 0.50	燃烧体
屋顶承重构件		不燃烧体 1.50	不燃烧体 1.00	燃烧体	燃烧体
疏散楼梯		不燃烧体 1.50	不燃烧体 1.00	不燃烧体 0.50	燃烧体
吊顶（包括吊顶格栅）		不燃烧体 0.25	难燃烧体 0.25	难燃烧体 0.15	燃烧体

注　1. 除本规范另有规定者外，以木柱承重且以不燃烧材料作为墙体的建筑物，其耐火等级应按四级确定。

2. 二级耐火等级建筑的吊顶采用不燃烧体时，其耐火极限不限。

3. 在二级耐火等级的建筑中，面积不超过 $100m^2$ 的房间隔墙，如执行本表的规定确有困难时，可采用耐火极限不低于 0.3h 的不燃烧体。

4. 一级、二级耐火等级建筑疏散走道两侧的隔墙，按本表规定执行确有困难时，可采用 0.75h 的不燃烧体。

高层民用建筑的耐火等级，主要依据建筑高度、建筑层数、建筑面积和建筑物的重要程度来划分，《高层民用建筑设计防火规范》（GB 50045—1995）中将高层民用建筑分为两类，见表 1－1－2。其中，一类高层民用建筑的耐火等级为一级，二类高层民用建筑的耐火等级应不低于二级，裙房（指与高层建筑相连，高度不超过 24m 的建筑）应不低于二级，地下室应为一级。

1.4　影响建筑构造的因素

1.4.1　外界环境的影响

1. 外界作用力的影响

外力包括人、家具和设备的重量以及结构自重、风力、地震力及雪重等，这些通称为荷载。地震烈度是指地震在地面造成的实际破坏程度，影响烈度的因素有震级、距震源的远近、地面状况和地层构造等。一次地震只有一个震级，而在不同的地方会表现出不同的强度，也就是破坏程度。在烈度 6 度及 6 度以下地区，地震对建筑物的损坏影响较小，9

度以上地区，由于地震过于强烈，从经济因素及耗用材料考虑，除特殊情况外，一般应尽可能避免在这些地区建设。建筑抗震设防的重点是对7～9度地震烈度的地区。

表1-1-2　　高层民用建筑的分类

名称	一　类	二　类
居住建筑	高级住宅 19层及19层以上的普通住宅	10～18层的普通住宅
公共建筑	(1) 医院 (2) 高级旅馆 (3) 建筑高度超过50m或每层建筑面积超过1000m² 的商业楼、展览楼、综合楼、电信楼、财贸金融楼 (4) 建筑高度超过50m或每层建筑面积超过1500m² 的商住楼 (5) 中央级和省级广播电视楼 (6) 网局级和省级电力调度楼 (7) 省级邮政楼、防灾指挥调度楼 (8) 藏书超过100万册的图书馆、书库 (9) 重要的办公楼、科研楼、档案楼 (10) 建筑高度超过50m的教学楼和普通的旅馆、办公楼、科研楼、档案楼等	(1) 除一类建筑以外的商业楼、展览楼、综合楼、电信楼、财贸金融楼、商住楼、图书馆、书库 (2) 省级以下的邮政楼、防灾指挥调度楼、广播电视楼、电力调度楼 (3) 建筑高度不超过50m的教学楼和普通的旅馆、办公楼、科研楼、档案楼等

震级与烈度之间的对应关系见表1-1-3，不同烈度的破坏程度见表1-1-4。

表1-1-3　　震级与烈度的对应关系

震级	1～2	3	4	5	6	7	8	8以上
震中烈度（度）	1～2	3	4～5	6～7	7～8	9～10	11	12

表1-1-4　　不同烈度的破坏程度

地震烈度（度）	地面及建筑物受破坏的程度
1～2	人们一般感觉不到，只有地震仪才能记录到
3	室内少数人能感觉到轻微的振动
4～5	人们有不同程度的感觉，室内物件有些摆动和有尘土掉落现象
6	较老的建筑物多数要被损坏，个别建筑物有倒塌的可能；有时在潮湿松散的地面上，有细小裂缝出现，少数山区发生土石散落
7	家具倾覆破坏，水池中产生波浪，对坚固的住宅建筑有轻微的损坏，如墙上产生轻微的裂缝，抹灰层大片脱落，瓦从屋顶掉下等；工厂的烟囱上部倒下；严重破坏陈旧的建筑物和简易建筑物，有时有喷砂冒水现象
8	树干摇动很大，甚至折断；大部分建筑物遭到破坏；坚固的建筑物墙上产生很大裂缝而遭到严重的破坏；工厂的烟囱和水塔倒塌
9	一般建筑物倒塌或部分倒塌；坚固的建筑物受到严重破坏，其中大多数变得不能用，地面出现裂缝，山体有滑坡现象
10	建筑物严重破坏；地面裂缝很多，湖泊水库有大浪出现；部分铁轨弯曲变形
11～12	建筑物普遍倒塌，地面变形严重，造成巨大的自然灾害

2. 地理气候条件的影响

建筑物所处地域的地理气候条件，如日照、温度、湿度、风、降雨降雪量、冰冻、地下水等对建筑构造影响很大。对于这些影响，在构造上必须考虑相应措施，如防水防潮、保温隔热、通风防尘、防温度变形、排水组织等。

3. 人为因素的影响

人为因素如火灾、机械振动、噪声等的影响，在建筑构造上需采取防火、防振和隔声等相应措施。

1.4.2　建筑技术条件的影响

建筑技术条件指建筑材料技术、结构技术和施工技术等。随着这些技术的不断发展和变化，建筑构造技术也在改变着。建筑构造做法不能脱离一定的建筑技术条件。根据地区的不同和差别，应注意在采用先进技术的同时采取适宜的建筑技术。

1.4.3　建筑标准的影响

建筑标准所包含的内容较多，与建筑构造关系密切的主要有建筑的造价标准、建筑装修标准和建筑设备标准。标准高的建筑，其装修质量好，设备齐全且档次高，自然建筑的造价也较高；反之，则较低。

1.5　建筑构造图的表达

为了满足施工要求，对建筑的细部构造用较大的比例详细地表达出来，这样的图称为建筑详图，有时也叫放大样图。详图的特点是比例大，反映的内容详尽，常用的比例有1∶50、1∶20、1∶10、1∶5、1∶2、1∶1等。建筑详图要从其剖切部位引出，有明确的索引方法，详图要表明建筑材料、作用、厚度、做法等，如图1-1-2所示。详图索引符号及详图符号如图1-1-3及图1-1-4所示。详图索引符号的圆应以直径为10mm的细实线绘制。详图符号的圆应以直径为14mm的粗实线绘制。

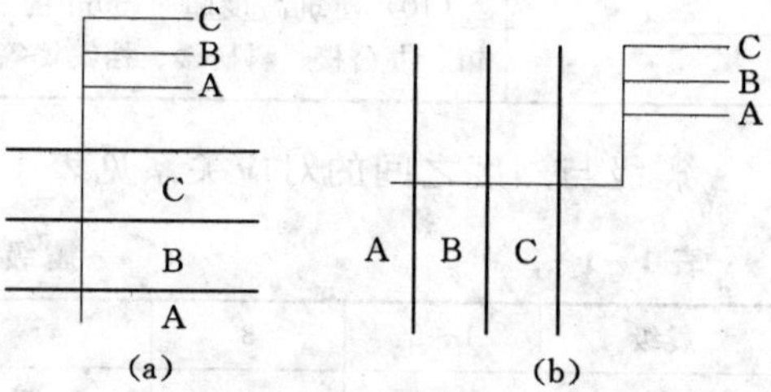

图1-1-2　构造详图中构造层次与标注文字的对应关系

(a) 水平构造层次的标注；(b) 竖向构造层次的标注

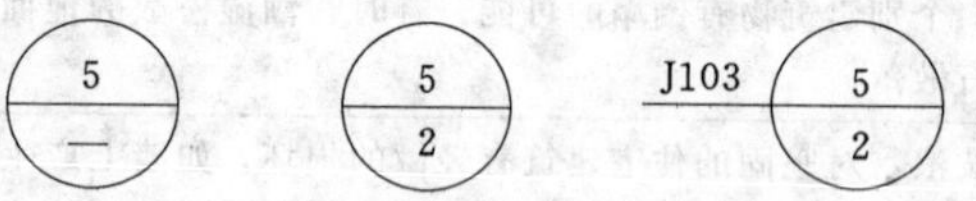

图1-1-3　详图索引符号

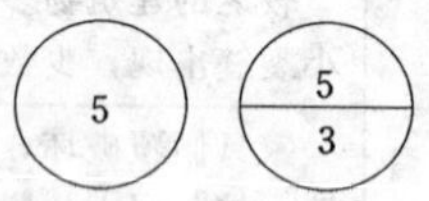

图1-1-4　详图符号

任务实施

(1) 对日常生活中接触的各种建筑进行分类和分级。

(2) 以学校内教学楼为例分析影响其建筑构造的因素。

任务2 建筑的标准化尺寸

学习目标

★ 掌握和应用建筑平面及竖向定位的知识，掌握建筑物各部分尺度的相关模数要求。

任务描述

★ 明确建筑物的平面及竖向定位方法，对各种建筑进行定位轴线的划分，掌握相关的专业名词。运用建筑模数的相关知识确定建筑构、配件的尺寸。

任务分析

★ 主要包括建筑物定位轴线、标高，与建筑物定位相关的名词；建筑模数的相关知识。

2.1 定位线

定位线是用来确定建筑物主要结构构件位置及其标志尺寸的基准线，同时也是施工放线的依据。用于平面时称平面定位轴线，用于竖向时称竖向定位线。

2.1.1 平面定位轴线

建筑物在平面中对结构构件（墙、柱）的定位，用平面定位轴线标注。

1. 平面定位轴线及编号

（1）定位轴线应用细点画线绘制。

（2）定位轴线一般应编号，编号应注写在轴线端部的圆内，圆应用细实线绘制，直径为8～10mm。定位轴线圆的圆心，应在定位轴线的延长线上或延长线的折线上。

（3）平面图上定位轴线的编号，宜标注在图样的下方与左侧。横向编号应用阿拉伯数字，从左至右按顺序编写，纵向编号应用大写拉丁字母，从下至上按顺序编写，拉丁字母的I、O、Z不得用做轴线编号，如图1-2-1所示。

（4）附加定位轴线的编号应以分数形式表示，并应按下列规定编写：

1）两根轴线间的附加轴线的编号，编号宜用阿拉伯数字按顺序编写，如：(1/2)表示2号轴线之后附加的第1根轴线。

2）1号轴线或A轴线之前的附加轴线的分母以01或0A表示，如(3/0A)表示A轴线之前附加的第3根轴线。

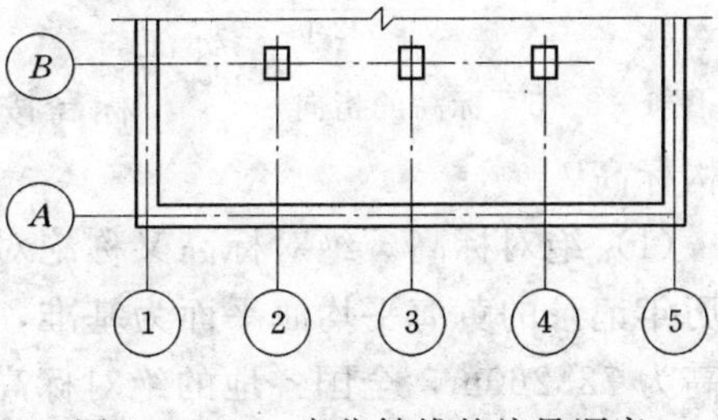

图1-2-1 定位轴线的编号顺序

2. 平面定位轴线的标定

（1）混合结构建筑。承重外墙顶层墙身内缘与定位轴线的距离应为120mm；承重内墙顶层墙身中心线应与定位轴线相重合，如图1-2-2所示。楼梯间墙的定位轴线与楼梯的梯段净宽、平台净宽有关，可有3种标注方法：①楼梯间墙内缘与定位轴线的距离为120mm；②楼梯间墙外缘与定位轴线的距离为120mm；③楼梯间墙的中心线与定位轴线相重合。

(2) 框架结构建筑。框架柱定位轴线一般与顶层柱截面中心线相重合，如图1-2-3所示。

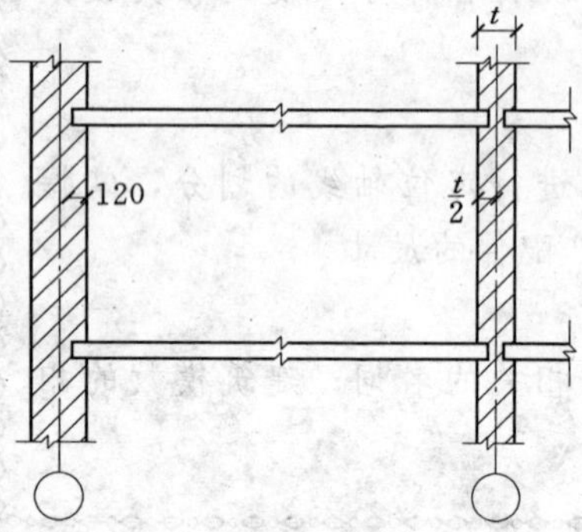

图1-2-2 混合结构墙体定位轴线

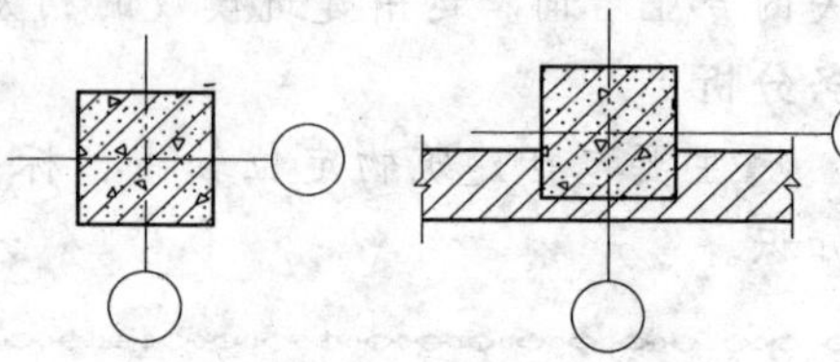

图1-2-3 框架结构的定位轴线

2.1.2 标高及构件的竖向定位

1. 标高的标注

(1) 标高符号应以直角等腰三角形表示，如图1-2-4所示。

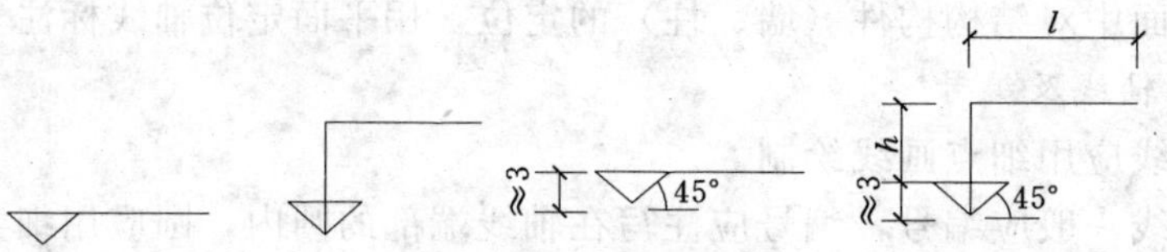

图1-2-4 标高符号

(2) 标高符号的尖端应指向被注高度的位置，如图1-2-5所示。

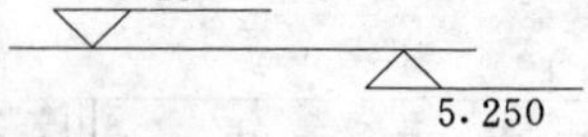

图1-2-5 标高的指向

2. 标高的类别

建筑物在竖向对结构构件（楼板、梁等）的定位，用标高标注。

标高按不同的方法分为绝对标高与相对标高、建筑标高与结构标高。

(1) 绝对标高。绝对标高又称绝对高程或海拔高度，我国的绝对标高是以青岛港验潮站历年记录的黄海平均海平面为基准，并在青岛市内一个山洞里建立了水准原点，其绝对标高为72.260m，全国各地的绝对标高都以它为基准测算。

(2) 相对标高。相对标高是根据工程需要而自行选定的基准面，即为相对标高或假定标高。一般将建筑物底层地面定为相对标高零点，用±0.000表示。

(3) 建筑标高。楼地层装修面层的标高一般称为建筑标高，在建筑施工图中标注的一般为建筑标高。

(4) 结构标高。楼地层结构表面的标高一般称为结构标高。建筑标高减去楼地面面层厚度，即为结构标高，结构施工图中标注结构标高。

3. 建筑构件的竖向定位

建筑构件的竖向定位包括室内地坪、楼地面、屋面及门窗洞口的定位，通过标高进行标注。其中，楼地面的竖向定位应与楼地面的上表面重合，即用建筑标高标注，如图1-2-6所示。

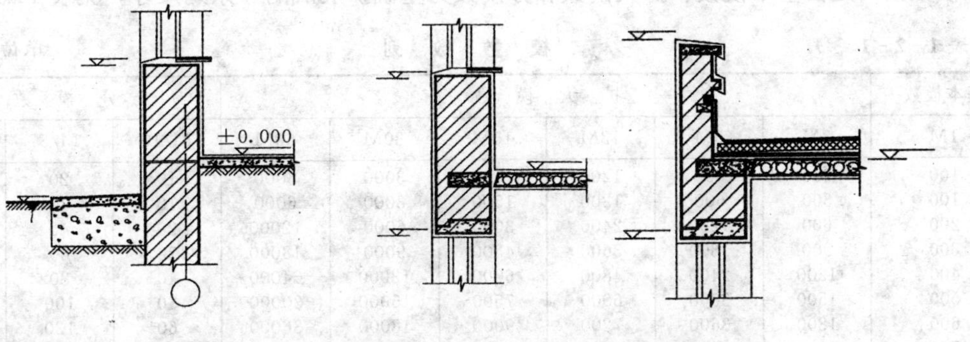

图1-2-6 楼地面、门窗洞口、屋顶的竖向定位

屋面的竖向定位应为屋面结构层的上表面与距墙内缘120mm处或与墙内缘重合处的外墙定位轴线的相交处，即用结构标高标注，门窗洞口的竖向定位与洞口结构层表面重合，为结构标高，如图1-2-6所示。

2.1.3 与定位线相关的名词

横向：指建筑物的宽度方向。

纵向：指建筑物的长度方向。

横向轴线：平行于建筑物宽度方向设置的轴线。

纵向轴线；平行于建筑物长度方向设置的轴线。

开间：两条横向定位轴线之间的距离。

进深：两条纵向定位轴线之间的距离。

层高：建筑物各层之间以楼地面面层（完成面）计算的垂直距离，屋顶层由该层楼面面层（完成面）至平屋顶的结构面层或至坡屋顶的结构面层与外墙外皮延长线的交点计算的垂直距离。

2.2 建筑模数

为实现建筑标准化，使建筑制品、建筑构配件实现工业化大规模生产，必须制定建筑构件和配件的标准化规格系列，使建筑设计各部分尺寸、建筑构配件、建筑制品的尺寸统一协调，并使之具有通用性和互换性，加快设计速度，提高施工质量，降低造价，为此，国家颁发了《建筑模数协调统一标准》(GBJ 2—86)。

2.2.1 建筑模数

建筑模数是选定的尺寸单位，作为建筑空间、构配件及有关设备尺度中的增值单位。

1. 基本模数

基本模数是模数协调中选用的基本尺寸单位，其数值规定为100mm，即1M=100mm。

2. 导出模数

导出模数分为扩大模数和分模数；水平扩大模数基数为 3M、6M、12M、15M、30M、60M，其相应的尺寸分别为 300mm、600mm、1200mm、1500mm、3000mm、6000mm；竖向扩大模数的基数为 3M 与 6M，其相应的尺寸为 300mm 和 600mm；分模数基数为 1/10M、1/5M、1/2M，其相应的尺寸为 10mm、20mm、50mm。

2.2.2　模数数列及应用

模数数列是由基本模数、扩大模数和分模数为基础扩展成的一系列尺寸，见表 1-2-1。

表 1-2-1　　　　**模 数 数 列**　　　　单位：mm

基本模数	扩大模数						分模数		
1M	3M	6M	12M	15M	30M	60M	M/10	M/5	M/2
100	300	600	1200	1500	3000	6000	10	20	50
100	300	600	1200	1500	3000	6000	10	20	50
200	600	1200	2400	3000	6000	12000	20	40	100
300	900	1800	3600	4500	9000	18000	30	60	150
400	1200	2400	4800	6000	12000	24000	40	80	200
500	1500	3000	6000	7500	15000	30000	50	100	250
600	1800	3600	7200	9000	18000	36000	60	120	300
700	2100	4200	8400	10500	21000		70	140	350
800	2400	4800	9600	12000	24000		80	160	400
900	2700	5400	10800		27000		90	180	450
1000	3000	6000	12000		30000		100	200	500
1100	3600	7200			33000		110	220	550
1200	3900	7800			36000		120	240	600
1300	4200	8400					130	260	650
1400	4500	9000					140	280	700
1500	4800	9600					150	300	750
1600	5100						160	320	800
1700	5400						170	340	850
1800	5700						180	360	900
1900	6000						190	380	950
2000	6300						200	400	1000
2100	6600								
2200	6900								
2300	7200								
2400	7500								
2500									
2600									
2700									
2800									
2900									
3000									
3100									
3200									
3300									
3400									
3500									
3600									

注　1. 水平基本模数 1M 至 20M 的数列，应主要用于门窗洞口和构、配件截面等处。
2. 竖向基本模数 1M 至 36M 的数列，应主要用于建筑物的层高、门窗洞口和构配件截面等处。
3. 水平扩大模数 3M、6M、12M、15M、30M、60M 的数列，应主要用于建筑物的开间或柱距、进深或跨度、构配件尺寸和门窗洞口等处。
4. 竖向扩大模数 3M 数列，应主要用于建筑物的高度、层高和门窗洞口等处。
5. 分模数 M/10、M /5、M /2 的数列，应主要用于缝隙、构造节点、构配件截面等处。

2.3　几种尺寸

为了保证建筑制品、构配件等有关尺寸间的统一与协调，特规定了标志尺寸、构造尺寸、实际尺寸及其相互间的关系，如图 1-2-7 所示。

1. 标志尺寸

标志尺寸用以标注建筑物定位轴线之间的距离以及建筑制品、建筑构配件、有关设备位置界限之间的尺寸。标志尺寸应符合模数数列的规定。

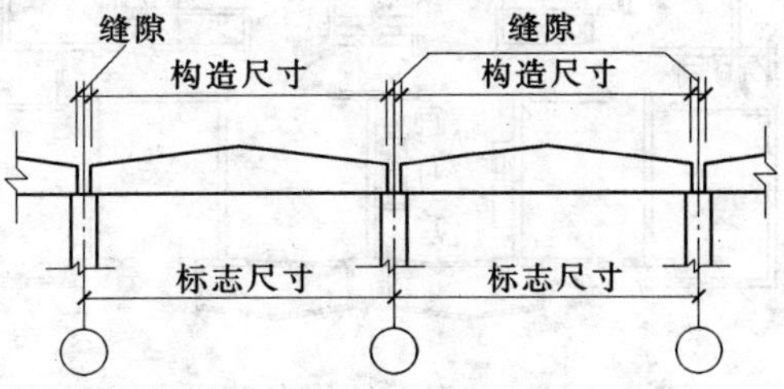

图 1-2-7　几种尺寸间的关系

2. 构造尺寸

构造尺寸是建筑制品、建筑构配件等的设计尺寸。一般情况下，构造尺寸加上缝隙尺寸等于标志尺寸。缝隙尺寸应符合模数数列的规定。

3. 实际尺寸

实际尺寸是建筑制品，建筑构配件等生产制作后的实际尺寸。实际尺寸与构造尺寸之间的差数应为允许的建筑公差数值。

任务实施

（1）对校园内建筑物进行定位轴线的划分，并绘图表示。

（2）分析一套建筑施工图，理解建筑模数的应用，并进一步巩固开间、进深、层高等相关概念。

任务3　常见的结构体系

学习目标

★ 掌握建筑中常见的结构体系类型及适用范围。

任务描述

★ 明确建筑物中常用的结构体系的类型及特点，会根据建筑物的特点进行选择。

任务分析

★ 常见结构体系的类型、特点及适用的建筑物。

3.1　混合结构体系

混合结构体系建筑的楼板材料多为钢筋混凝土，其墙体是以砖、石、砌块等块材由砂浆粘结叠砌而成的砌体。垂直承重构件是墙体，其支承方式可以分为横墙承重、纵墙承重和纵横墙混合承重等几种方案。

横墙承重方案楼层的荷载通过板梁传至横墙，横墙作为主要承重竖向构件，纵墙仅起围护、分隔、自承重及形成整体作用。横墙较密，房屋横向刚度较大，整体刚度好。外纵墙不是承重墙，因此立面处理比较方便，可以开设较大的门窗洞口。抗震性能较好。但横墙间距较密，房间布置的灵活性差，故多用于宿舍、住宅等居住建筑。

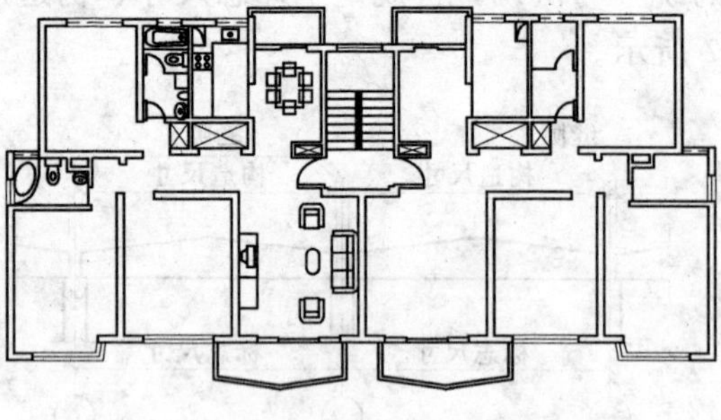

图1-3-1　某混合结构多层住宅平面图

纵墙承重方案的受力特点是板荷载传给梁，再由梁传给纵墙。这时纵墙是主要承重墙。横墙只承受小部分荷载，横墙的设置主要为了满足房屋刚度和整体性的需要，其间距比较大。房间的空间可以较大，平面布置比较灵活。房屋的刚度较差，纵墙受力集中，纵墙较厚或要加壁柱。适用于教学楼、实验室、办公楼和医院等。

根据房间的开间和进深要求，有时需采取纵横墙同时承重的方案。横墙的间距比纵墙承重方案小，但一般可比横墙承重方案大，房屋的刚度介于前两者之间。

混合结构砌体墙抗压的性能好而抗拉、抗剪的性能差，因此不适宜用在高层建筑，地震烈度在7度及7度以上的抗震设防地区，一般不超过7层，图1-3-1所示为一某混合结构多层住宅平面图。

3.2　剪力墙结构体系

剪力墙结构体系是利用建筑物的墙体（内墙、外墙）做成剪力墙来抵抗水平力。剪力墙一般为钢筋混凝土墙，其抗弯、抗剪的性能都优于砌体结构，因此可以用在高层建筑中。

现浇的钢筋混凝土剪力墙体系墙与楼板整体现浇，结构刚度好，抗水平荷载的能力强。剪力墙结构的侧向刚度大，水平荷载作用下侧移小，但墙体间距小，结构建筑平面布置不灵活，结构自重也较大。图1-3-2所示为钢筋混凝土剪力墙结构的高层住宅平面图。

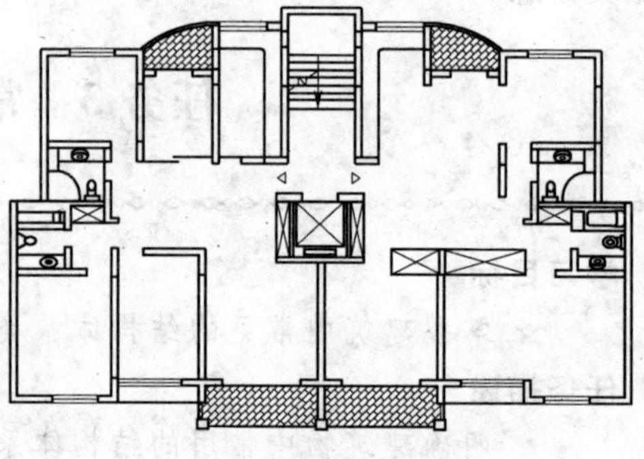

图1-3-2　钢筋混凝土剪力墙结构高层住宅平面图

3.3　框架结构体系

框架结构是利用梁、柱组成的纵、横两个方向的框架形成的结构体系。它同时承受水平荷载和竖向荷载。其围护和分隔墙体均不承重，施工顺序为先框架（包括楼梯和必要的剪力墙等），后填充非承重的墙体。其主要优点是建筑平面布置灵活，使相邻的两部分空间得以连通，且能自由分隔，这就是框架承重体系不同于墙承重体系的最大特点。框架结构体系适用于需要较大跨度和大空间的建筑类型，如商场、大型办公楼、车站、图书馆、影剧院等公共建筑和多层工业厂房，也可以添加剪力墙形成框—剪、框—筒等体系应用于高层建筑中。

3.3.1　板、梁、柱体系

板、梁、柱体系是最常见的框架结构形式。梁与柱组成框架，楼板搁置在其上。其中梁的布置也可以分为横向承重、纵向承重及纵横向混合承重等几种形式，而且还可以再按照主、次梁来划分成不同的传力层次，如图1-3-3所示。

3.3.2 板、柱体系

板、柱体系又称为无梁楼盖，其板的荷载直接传递给柱，板、柱之间多用柱帽承托，如图1-3-4所示。这种结构形式适用于楼面为均布荷载，且荷载值在经济范围内的建筑，如某些商场、轻型厂房、库房等。

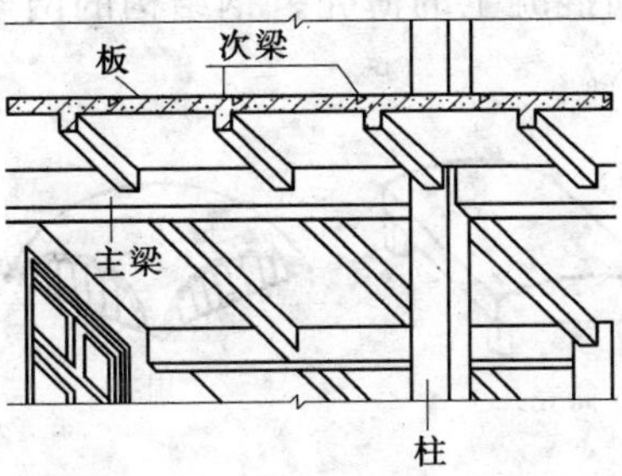

图1-3-3 板、梁、柱体系

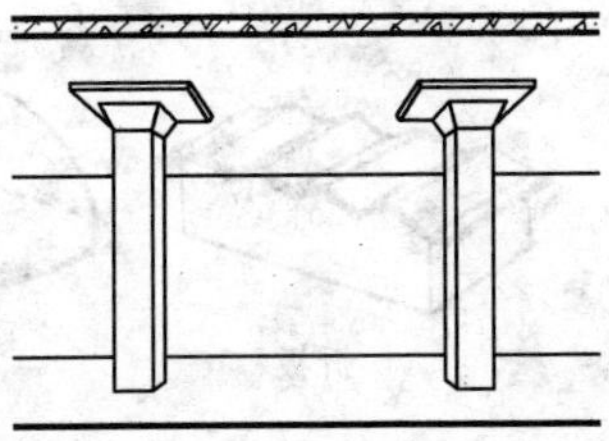

图1-3-4 板、柱体系

3.4 排架结构体系

排架结构体系常用于高大空旷的单层建筑物，如工业厂房、飞机库和影剧院的观众厅等，其柱顶设置大型屋架或桁架，再覆以装配式的屋面板。根据建筑物的需要，有的排架建筑的屋顶上还要设置大型的天窗，有的则需要沿纵向设置行车梁，以安装行车来吊装重型器材、设备或生产的产品，如图1-3-5所示。

排架体系的外围护结构一般贴在柱的外皮。砌体的外围护墙体由柱的外侧安装地梁来支承其重量，预制的外墙板可以直接用连接件安装在排架柱上或连系梁上。

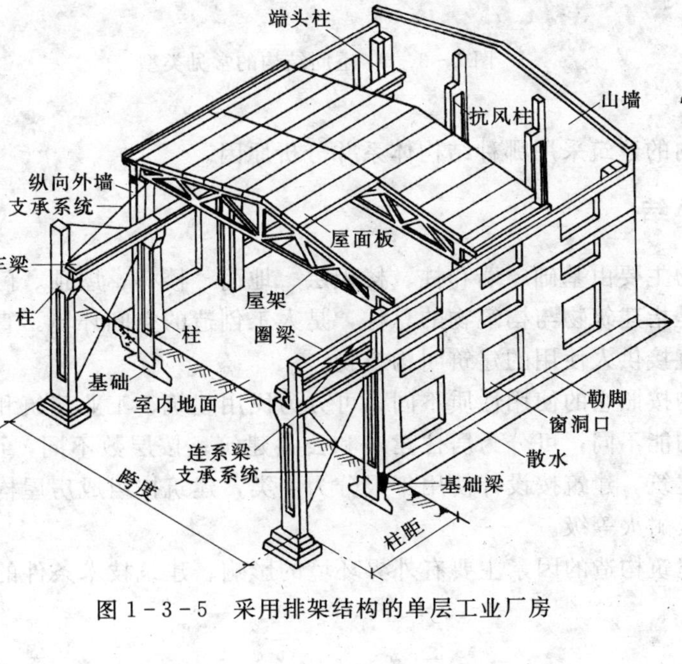

图1-3-5 采用排架结构的单层工业厂房

3.5 空间结构体系

空间结构经设计组织成空间传力的系统，使其构件材料的力学性能能够得到充分的发挥，做到用料省、结构自重小而覆盖面积大，并最大限度地发挥结构系统的整体效能。空间结构系统常用在需要大面积覆盖的建筑物的屋盖部分，如航空港、体育场馆、展览馆、大型仓库等，也可以做成球形或其他的屋面形式，对建筑空间进行整体覆盖。

常用空间结构体系按结构类型不同，可分为钢筋混凝土的薄壳、钢结构的网架和悬索及膜结构等。空间结构的常见类型如图1-3-6所示。

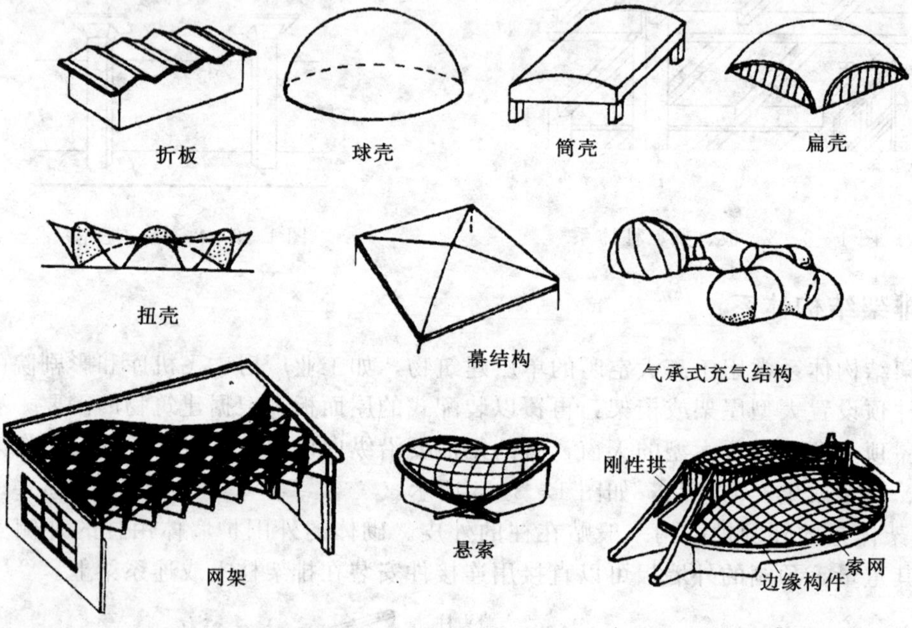

图1-3-6 空间结构的常见类型

任务实施

确定校园内的建筑采用哪种结构体系并分析原因。

模块小结

(1) 建筑物主要由基础、墙和柱、楼板层、地面、楼梯、屋顶、门窗等部分组成。

(2) 建筑是指建筑物与构筑物的总称，是人工创造的空间环境，直接供人使用的建筑叫建筑物，不直接供人使用的建筑叫构筑物。

(3) 建筑物按照它的使用性质不同，可分为民用建筑、工业建筑和农业建筑；按照民用建筑的使用功能不同，可分为居住建筑和公共建筑；按层数不同，可分为低层、多层、高层和超高层建筑。建筑按设计使用年限分为4类，建筑按组成房屋构件的耐火极限和燃烧性能分为4级耐火等级。

(4) 影响建筑构造的因素主要有外界环境的影响、建筑技术条件的影响、建筑标准的影响。

(5)《建筑模数协调统一标准》(GBJ 2—86) 是为了实现建筑工业化大规模生产，推进建筑工业化的发展。其主要内容包括建筑模数、基本模数、导出模数、模数数列及模数、数列的适用范围。

(6) 建筑中常见的结构体系包括混合结构体系、剪力墙结构体系、框架结构体系、排架结构体系和空间结构体系，每种体系均有各自的特点和适用范围。

复 习 思 考 题

1. 什么是建筑物、构筑物?
2. 建筑物由哪些部分组成? 每部分的作用是什么?
3. 建筑物如何进行分类?
4. 建筑物如何分级?
5. 混合结构、框架结构平面定位轴线如何定位?
6. 什么是基本模数? 导出模数有哪些?
7. 怎样区分标志尺寸、构造尺寸、实际尺寸? 它们的关系如何?
8. 建筑中常用的结构体系有哪些? 各自的特点和适用范围如何?

模块2　墙　　体

任务1　认　识　墙　体

学习目标

★ 掌握墙体的作用、类型、设计要求及常见的墙体构造层次，会根据建筑物的类型和特点选择墙体的材料和做法。

任务描述

★ 根据建筑物的特点选择墙体类型，同时根据墙体所处的自然环境对墙体的材料进行选择，并确定墙体的构造层次和主要做法。

任务分析

★ 包括墙体的作用、类型，如何满足墙体各项要求，对保温问题重点讲解。

1.1　墙体的作用

墙体是建筑的主要围护构件和结构构件。墙体的作用可以概括为承重、围护、分隔。在墙体承重的结构中，墙体承担其顶部的楼板或屋顶传递的荷载、墙体的自重、风荷载、地震荷载等，并将它们传给墙下部的基础。墙体可以抵御自然界的风、雨、雪的侵袭，防止太阳辐射、噪声干扰及室内热量的散失，起保温、隔热、隔声、防水等作用；同时墙体还将建筑物室内空间与室外空间分隔开来，并将建筑物内部划分为若干个房间或若干个使用空间。

1.2　墙体的类型

建筑物的墙体按其在房屋中所处位置不同有外墙和内墙之分。沿建筑物四周布置的墙称为外墙，主要起围护作用；位于建筑物内部的墙称为内墙，主要起分隔作用。

按建筑物的墙体在房屋中所处方向不同，有横墙和纵墙之分。横墙是与建筑物短轴方向一致的墙体，纵墙是与建筑物长轴方向一致的墙体。沿建筑物横向布置的墙称为横墙，外横墙称为山墙。沿建筑物纵向布置的墙称为纵墙，外纵墙也称为檐墙。在一面墙上，窗与窗之间的墙称为窗间墙；窗洞下部的墙为窗下墙。

从受力情况来看，墙体可分为承重墙和非承重墙两种。直接承受上部屋顶、楼板传来的荷载的墙称为承重墙；不承受上部传来的荷载的称为非承重墙，非承重墙包括承自重墙、隔墙、填充墙和幕墙等。只承受自身重量的墙体称为承自重墙；分隔内部空间且其重量由楼板或梁承受的墙体称为隔墙；骨架结构中的填充在柱子间的墙称为框架填充墙；悬挂于骨架外部的轻质墙称为幕墙，具体如图 2－1－1 所示。

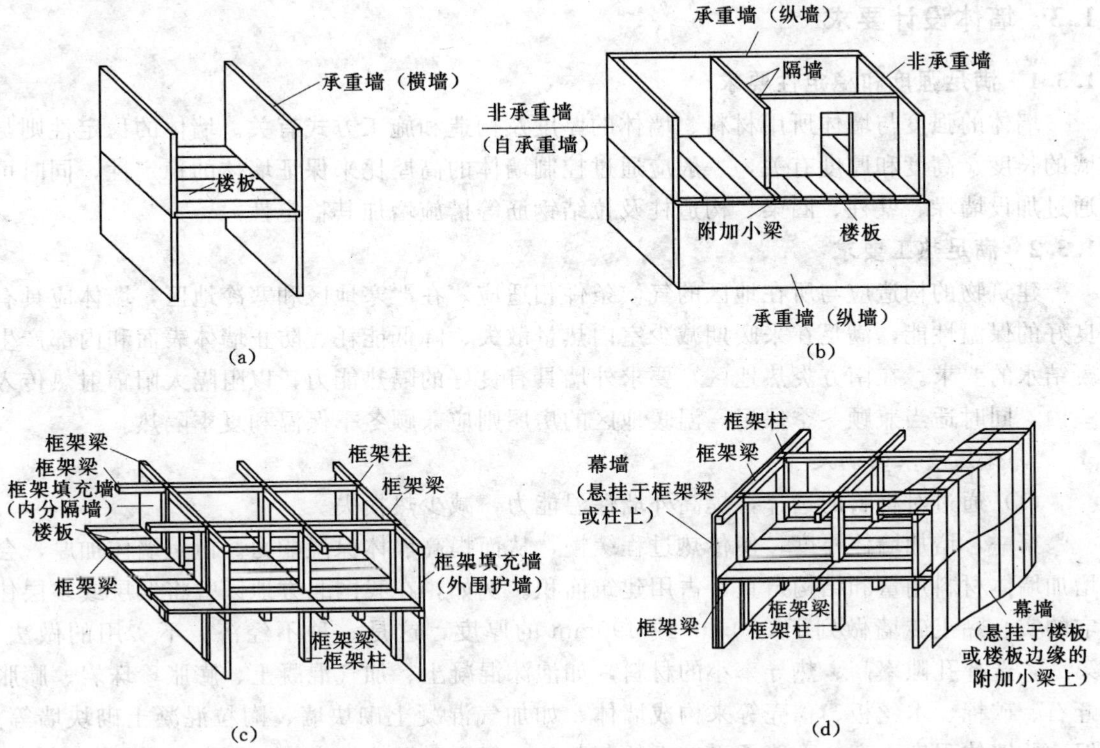

图 2－1－1 墙体按受力情况分类

(a) 砖混结构；(b) 砖混结构；(c) 框架结构—填充墙；(d) 框架结构—幕墙

墙体按构造方式不同有复合墙、空体墙、实体墙。复合墙是由两种或两种以上的材料组合而成的墙体，由于建筑节能的需要，很多单一材料墙体本身热导率太大，不能满足保温隔热的要求，因此往往用承重材料与高效保温材料进行复合，组成复合墙体，如图 2－1－2 (a) 所示。实体墙是由实心砖或其他砌块砌筑，或由混凝土等材料浇筑而成的实心墙体，如图 2－1－2 (b) 所示。空体墙是由实心砖砌筑而成的空斗墙或由多孔砖砌筑或混凝土浇筑而成的具有空腔的墙体，如图 2－1－2 (c) 所示。

按施工方法和构造方式不同分类，主要有叠砌式、板筑式、装配式 3 种。叠砌式是一种传统的砌墙方式，如实砌砖墙、空斗墙、砌块墙等；板筑式墙的墙体材料往往是散状或塑性材料，依靠事先在墙体部位设置模板，然后在模板内夯实或浇筑材料从而形成墙体，如夯土墙、滑模或大模板钢筋混凝土墙；装配式墙是在构件生产厂家事先制作墙体构件，在施工现场进行拼装，如大板墙、各种幕墙。装配式墙机械化程度高，施工速度快。

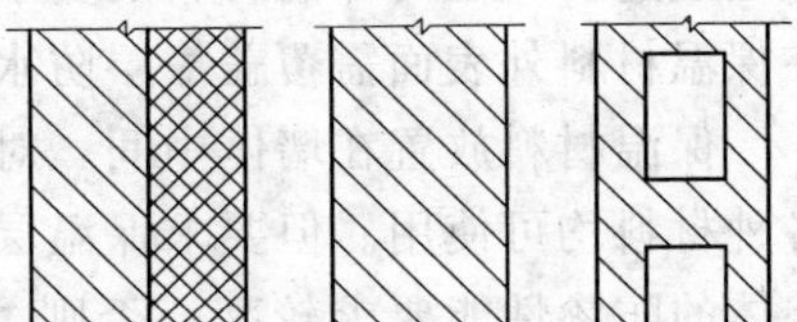

图 2－1－2 墙体构造形式

(a) 复合墙；(b) 实体墙；(c) 空体墙

墙体还可以按所用材料和制品不同，有砖墙、石墙、砌块墙、混凝土墙、玻璃幕墙、复合板墙等。

1.3 墙体设计要求

1.3.1 满足强度和稳定性要求

墙体的强度与墙体所用材料、墙体的厚度及构造和施工方式有关。墙体的稳定性则与墙的长度、高度和厚度有关，一般应通过控制墙体的高厚比来保证墙体的稳定性，同时可通过加设墙垛、壁柱、圈梁、构造柱及拉结钢筋等措施增加其稳定性。

1.3.2 满足热工要求

建筑物的构造应与所在地区的气候条件相适应。在严寒地区和寒冷地区，墙体应具有良好的保温性能，满足在采暖期减少室内热量散失、降低能耗、防止墙体表面和内部产生凝结水的要求。在南方炎热地区，要求外墙具有良好的隔热能力，以阻隔太阳辐射热传入室内，同时适当兼顾冬季保温。温暖地区的房屋则应兼顾冬季保温和夏季隔热。

1. 保温要求的满足

(1) 通过对材料的选择，提高外墙保温能力，减少热损失。

第一，增加墙体厚度，使传热过程缓慢，从而提高墙体保温能力。但是墙体加厚，会增加墙体材料用量和结构自重，占用建筑面积。例如，在我国北方地区曾将低层或多层住宅的实心黏土砖墙做到了370mm或490mm的厚度，这是一种不经济、不实用的做法。第二，选择孔隙率高、热导率小的材料，如泡沫混凝土、加气混凝土、膨胀珍珠岩、膨胀蛭石、矿棉、木丝板、稻壳等来构成墙体，如加气混凝土砌块墙、陶粒混凝土砌块墙等。但这些墙体强度不高，不能承受较大的荷载，一般用于框架填充墙。第三，采用复合保温墙体，解决保温和承重双重问题，有利于建筑节能，但增加了施工难度和工程造价。

在复合墙体中，由于保温材料所处的相对位置不同，又有外保温复合墙体、内保温复合墙体及夹芯保温复合墙体之分。

保温层在室内一侧，这种保温构造，不存在雨水渗入保温材料的危险，对保温面层要求不高。但室温对外界的气温变化的反应比较灵敏，室温波动较大。一般适用于间歇使用的房间，如体育馆、影剧院、人工气候室等。

保温层在室外一侧，这种保温构造，由于在保温节能和经济性方面的优越性而受到广泛的推广和应用。这种做法能提高墙体的耐久性、房间的热稳定性能；节省保温材料，降低建筑造价；但对保温材料的要求较高，要求不受雨水冲刷也不受大气污染的影响，所以在保温材料外表面需覆盖一层防水层或饰面。适用于经常使用的房间。

保温材料放置在墙体中间，对保温材料的选材要求不高，聚苯乙烯、玻璃棉、岩棉等各种材料均可使用。但要求保温层两侧墙体之间需有连接件连接，构造较复杂，且对室外墙体的防渗性能要求较高；否则，雨水渗入保温层中，潮气很难散发出去，而影响保温效果。

图2-1-3～图2-1-5所示为内保温复合墙体、外保温复合墙体和夹心保温复合墙体构造的举例。

(2) 采取隔蒸汽措施，防止外墙出现冷凝水。

冬季，由于建筑物的外围护结构的两侧存在温差，当室内、外空气中的水蒸气不相等时，水蒸气分子由压力高的一侧向压力低的一侧扩散。在渗透过程中，水蒸气遇到露点温度时，蒸汽含量达到饱和，并立即凝结成水，称为结露。当结露出现在围护结构表面时，会使内表面出现脱皮、粉化、发霉，影响人们的身体健康；结露出现在保温层内时，则使材料内饱含水分，使得保温材料降低保温效果，缩短使用年限。为避免这种情况产生，基本原则是阻止水汽进入到墙体内，常在墙体保温层靠高温一侧设置隔汽层。以防止水蒸气内部凝结。隔蒸汽层一般采用卷材、防水涂料、薄膜及铝箔等材料，如图 2-1-6 所示。

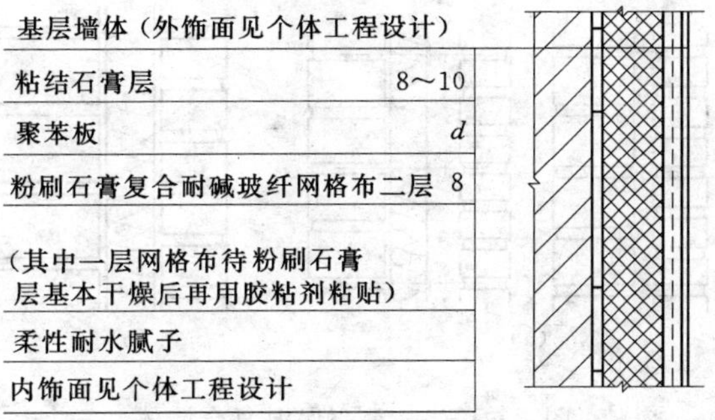

图 2-1-3 增强粉刷石膏聚苯板内保温复合墙

(3) 防止外墙出现空气渗透。墙体材料一般都不够密实，有很多微小的孔洞，墙体

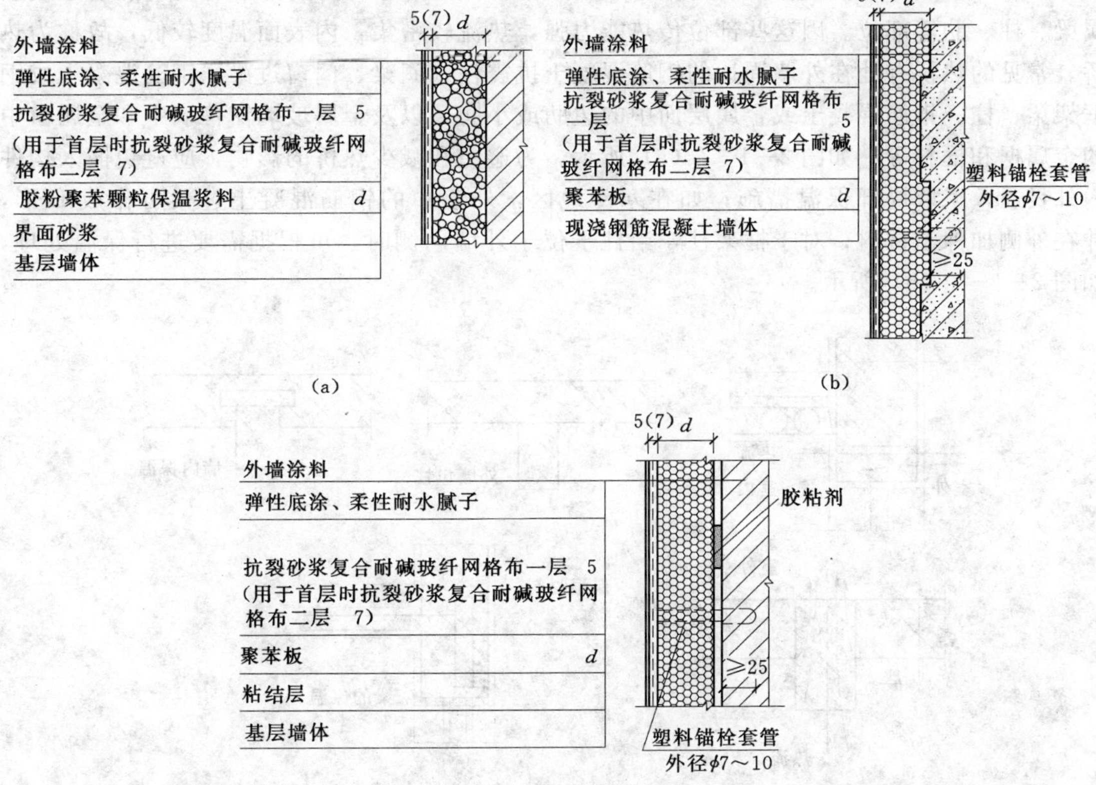

图 2-1-4 外保温墙体

(a) 胶粉聚苯颗粒保温浆料外保温复合墙体；
(b) 模板内置聚苯板现浇混凝土外保温复合墙体；
(c) 聚苯板薄抹灰系统

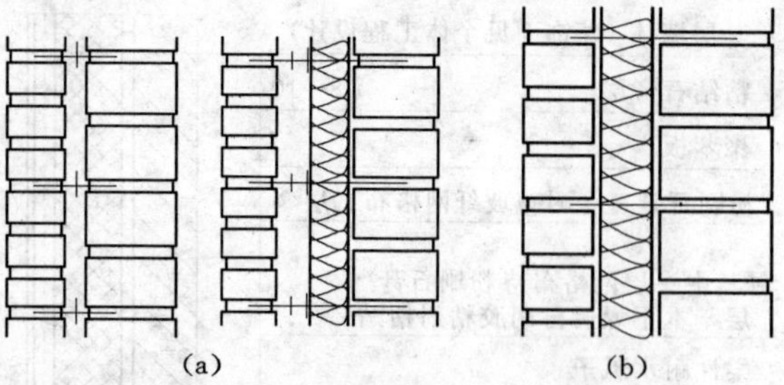

图 2-1-5 夹心保温复合墙体
(a) 外墙利用空气间层保温构造 (b) 外墙夹心保温构造

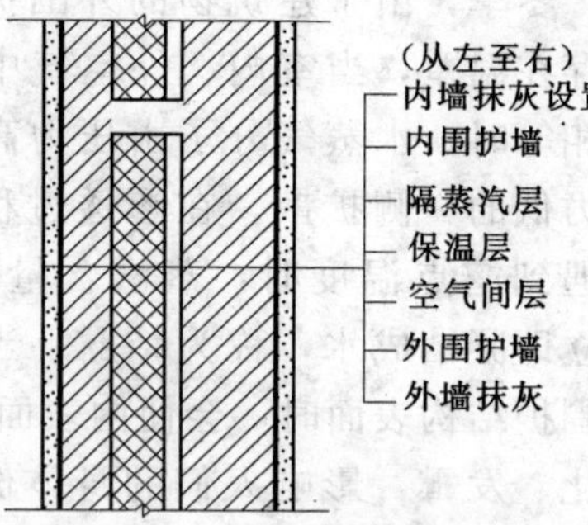

图 2-1-6 保温墙体隔蒸汽措施

上设置的门窗等构件，因安装不密缝或材料收缩等，会产生一些贯通性的缝隙。由于这些孔洞和缝隙的存在，在风压差及热压差的作用下，使空气由高压处通过围护构件流向低压处，造成热损失。为了避免冷空气及防止外墙出现空气渗透，应选择密实度高的墙体材料；墙体内外加抹灰层；加强门窗间的缝隙处理。

(4) 加强热桥部位的保温。热桥是指处在外墙和屋面等围护结构中的钢筋混凝土或金属梁、柱、肋等部位。因这些部位传热能力强，热流较密集，内表面温度较低，故称为热桥。常见的热桥有处在外墙周边的钢筋混凝土抗震柱、圈梁、门窗过梁，钢筋混凝土或钢框架梁、柱、钢筋混凝土或金属层面中的边肋或小肋，以及金属玻璃窗幕墙中和金属窗中的金属框和框料等，如图 2-1-7 (a) 所示。为避免和减少热桥的影响，应避免嵌入构件内外贯通，采取局部保温措施；如在寒冷地区，外墙中的钢筋混凝土过梁可作成 L 形，并在外侧加保温材料；对于框架柱，当柱子位于外墙内侧时，可根据需要进行保温处理，如图 2-1-7 (b) 所示。

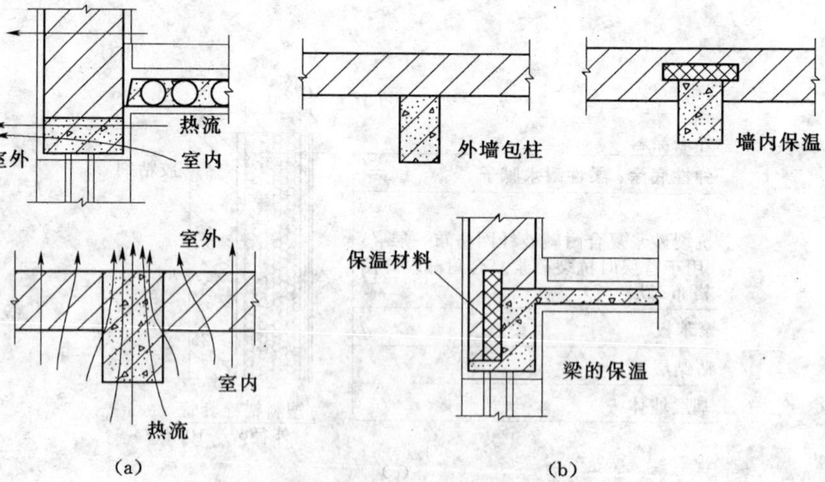

图 2-1-7 热桥及热桥保温处理
(a) 热桥现象；(b) 热桥保温处理

2. 墙体的隔热措施

炎热地区夏季太阳辐射强烈，室外热量通过外墙传入室内，使室内温度升高，产生过热现象，影响人们的工作和生活，甚至损害人的身体健康。为保证外墙具有足够的隔热能力，应采取以下措施：

（1）外墙宜选用热阻大、重量大的材料，如砖墙、土墙等，减少外墙内表面的温度波动。

（2）外墙表面应选用光滑、平整、浅色的材料以增加对太阳光的反射。

（3）在外墙内部设置通风间层，利用空气的流动带走热量，降低外墙内表面温度。

在建筑设计过程中，也可采用降低墙体周围室外温度的方法，如在窗口外侧设置遮阳设施，以遮挡太阳光直射室内，在外墙外表面种植攀爬植物，利用植物的遮挡、蒸发、光合作用吸收太阳辐射热。

1.3.3 满足防火要求

墙体的燃烧性能和耐火极限应符合防火规范的有关规定，具体见表1-1-1。在较大的建筑中，当建筑的单层建筑面积或长度达到一定指标（见表2-1-1）应进行防火分区的划分，防止火灾蔓延。划分防火区域一般设置防火墙、防火卷帘和防火水幕等。

表2-1-1 民用建筑的耐火等级、最多允许层数和防火分区最大允许建筑面积

耐火等级	最多允许层数	防火分区的最大允许建筑面积（m^2）	备 注
一级、二级	按《建筑设计防火规范》第1.0.2条规定	2500	（1）体育馆、剧院的观众厅，展览建筑的展厅，其防火分区最大允许建筑面积可适当放宽 （2）托儿所、幼儿园的儿童用房和儿童游乐厅等儿童活动场所不应超过3层或设置在4层及4层以上楼层或地下、半地下建筑（室）内
三级	5层	1200	（1）托儿所、幼儿园的儿童用房和儿童游乐厅等儿童活动场所、老年人建筑和医院、疗养院的住院部分不应超过2层或设置在3层及3层以上楼层或地下、半地下建筑（室）内 （2）商店、学校、电影院、剧院、礼堂、食堂、菜市场不应超过2层或设置在3层及3层以上楼层
四级	2层	600	学校、食堂、菜市场、托儿所、幼儿园、老年人建筑、医院等不应设置在2层

1.3.4 隔声要求

为了使室内有安静的环境，保证人们的工作、生活不受噪声干扰，墙体应有一定的隔声能力。声音的传递有两种形式：一种是声响发生后，通过空气、透过墙体再传递到人耳，叫空气传声；另一种是直接撞击墙体或楼板，发出的声音再传递到人耳，叫固体传声。墙体隔声主要隔绝空气传声。可采取增加墙体密实性及厚度、加强墙体的缝隙处理、采用有空气间层或多孔性材料的夹层墙等措施提高了墙体的隔声能力。

1.3.5 其他要求

墙体除了应满足以上要求外，还应满足以下几方面要求。

（1）防水、防潮的要求。在卫生间、厨房、实验室等有水的房间及地下室的墙体应采取防潮、防水措施，选择良好的防水材料及恰当的构造做法，保证墙体的坚固耐久性，使室内有良好的卫生环境。

（2）建筑工业化的要求。建筑工业化的关键是墙体改革，必须改变手工生产和操作，提高机械化施工的程度，降低劳动强度，并应采用轻质高强的墙体材料，以减轻自重、降低成本。

（3）经济方面的要求。在进行墙体设计时还应考虑就地取材、选用轻质墙体材料，这样可以减轻墙体自重、节约运输费用从而降低造价。

1.4 墙体材料

传统的墙体材料主要是烧结黏土砖、石材，随着我国墙体材料改革的深入，为适应现代建筑的轻质高强、多功能的需要、实现建筑节能，相继出现并应用了很多新型材料。新型材料主要有空心砖、多孔砖、粉煤灰砖、灰砂砖、页岩砖等砖类；普通混凝土砌块、轻质混凝土砌块、加气混凝土砌块等砌块种类；GRC轻质多孔墙板、各种纤维增强水泥墙板、复合墙板等，这些材料的使用，既可以节约黏土资源又可以利用工业废渣，有利于环境保护，实现可持续发展的战略。

1.4.1 砖

烧结普通砖是以黏土、页岩、煤矸石、粉煤灰为主要原料，经焙烧而成。包括黏土砖、页岩砖、粉煤灰砖、煤矸石砖。烧结普通砖的规格为240mm×115mm×53mm。砖的长、宽、厚之比为4∶2∶1（含10mm的灰缝）。烧结普通砖的强度等级分别为MU30、MU25、MU20、MU15、MU10共5个级别。

烧结多孔砖是以黏土、页岩、煤矸石为主要原料经焙烧而成，孔洞率不小于15%，孔形为圆孔或非圆孔，孔的尺寸小而数量多。空心砖的孔数少，孔径大。多孔砖、空心砖的外形如图2-1-8及图2-1-9所示。多孔砖外形尺寸及强度等级详见表2-1-2。

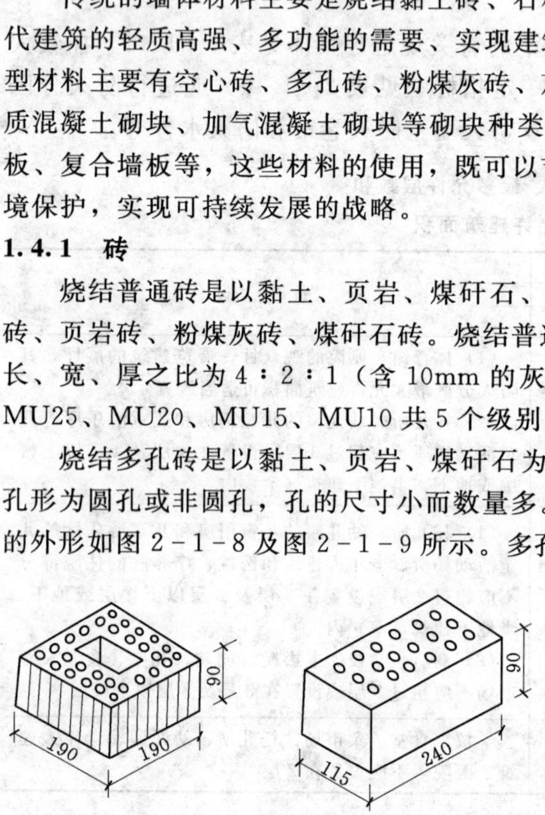

图2-1-8 烧结多孔砖

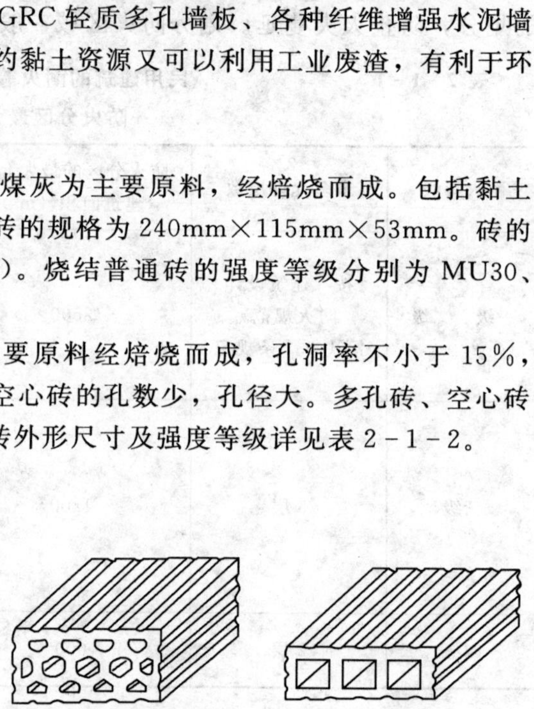

图2-1-9 烧结空心砖

表2-1-2 常用砌墙砖规格及强度等级

类型	名称	主要规格（mm）	主要用途
烧结砖	烧结普通砖	240×115×53	用于砌筑承重墙体、柱、拱、烟囱、沟道、基础等
	烧结多孔砖	M型：190×190×90；P型：240×115×90	用于砌筑6层以下的承重墙
	烧结空心砖和空心砌块	290×190×140、290×190×90、240×180×115、240×175×115	多用作非承重墙，如多层建筑内隔墙或框架结构的填充墙等

续表

类型	名称	主要规格（mm）	主 要 用 途
非烧结砖	蒸压灰砂砖（简称灰砂砖）	240 × 115 × 53（90、115、175）	不宜用于防潮层以下的基础及高温、有酸性侵蚀的砌体中
	蒸压粉煤灰砖	240×115×53	用于墙体和基础，不能用于长期受热（温度在200℃以上）、受急冷急热和有酸性介质侵蚀的建筑部位
	炉渣砖（又称煤渣砖）	240×115×53	用于内墙和非承重外墙。其他使用要点与灰砂砖、粉煤灰砖相似

1.4.2 常见新型墙体材料

砌块按规格大小分为小型砌块、中型砌块和大型砌块。重量在20kg以下，系列中主规格高度在115～380mm之间的称为小型砌块；重量在20～350kg之间、高度在380～980mm之间的称为中型砌块；重量大于350kg、高度大于980mm的称为大型砌块。由于小型砌块尺寸小，对人工砌筑较为有利，目前砌块建筑以小型砌块建筑为主。大型砌块在施工时要借助搬运和起吊设备，而我国大部分中、小型企业仍采用手工砌筑，所以大型砌块较少采用。

小型砌块的外形尺寸（长×厚×高）多为390mm×190mm×190mm，辅助砌块尺寸为90mm×190mm×190mm和190mm×190mm×190mm，空心砌块的常见形式如图2-1-10所示。不同材料的砌块应用范围有所不同，具体见表2-1-3。

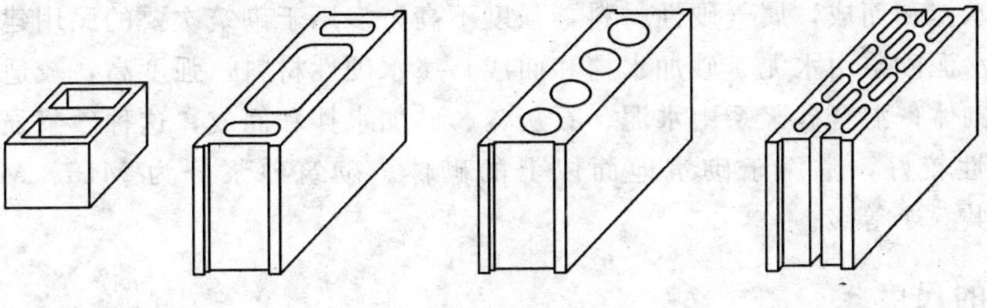

(a) (b) (c)

图 2-1-10 空心砌块的形式

(a) 单排方孔；(b) 单排圆孔；(c) 单排扁孔

表 2-1-3 常用砌块的应用

品 种	主 要 应 用
加气混凝土砌块	500级主要用于非承重墙、填充墙或保温结构；700级主要用于结构保温
泡沫混凝土砌块	非承重墙体、保温墙体
普通混凝土小型空心砌块	主要用于低层和多层建筑的内墙和承重外墙
轻骨料混凝土小型空心砌块	主要用于保温墙体（小于3.5 MPa）或非承重墙体；承重保温墙体（大于3.5MPa）
蒸养粉煤灰砌块	适用于一般工业与民用建筑的墙体和基础，但不宜用于长期受高温（如炼钢车间）和经常受潮湿的承重墙，也不宜用于有酸性介质侵蚀的建筑部位

1.4.3 墙体板材

以建筑板材为围护结构，具有质轻、节能、施工方便快捷、使用面积大、开间布置灵活等特点，可应用于框架结构或排架结构中的墙体及建筑内部的隔墙。

我国目前可用于墙体和屋面的板材品种很多，按墙板的功能不同，可分为外墙板、内墙板和隔墙板。按墙板的规格分为大型墙板、条板拼装的大板和小张的轻型板。按墙板的结构，可分为实心板、空心板和多功能复合墙板。表2-1-4中列出了目前常用建筑板材的应用范围。

表2-1-4 常用建筑板材的应用范围

品 种	应 用 范 围
预应力钢筋混凝土空心板	主要用于承重或非承重墙外墙板、内墙板、楼板、屋面板和阳台板
玻璃增强水泥板（GRC板）	用于工业与民用建筑的内隔墙及复合墙体的外墙面
混凝土夹芯板	主要用于承重外墙、非承重外墙
轻骨料混凝土墙板	主要用于非承重墙体（小于15 MPa）、自承重或承重墙体（大于15MPa）
纸面石膏板、纤维石膏板、空心石膏板、装饰石膏板	内隔墙、复合墙板的内壁板，不宜用于相对湿度大于75%及温度长期高于60℃的环境
轻型夹芯板	适用于一般工业与民用建筑的自承重外墙、隔墙、保温墙、顶棚及屋面板等

1.4.4 砂浆

砂浆由胶凝材料（水泥、石灰、黏土）和填充材料（砂、石屑、矿渣、粉煤灰）用水搅拌而成。砌筑墙体的砂浆常用的有水泥砂浆、石灰砂浆和混合砂浆3种。石灰砂浆由石灰膏、砂加水拌和而成，属气硬性材料，强度不高，多用于砌筑次要的民用建筑中地面以上的砌体；水泥砂浆由水泥、砂加水拌和而成，属水硬性材料，强度高，较适合于砌筑潮湿环境下的砌体；混合砂浆系由水泥、石灰膏、砂加水拌和而成，这种砂浆强度较高，和易性、保水性较好，常用于砌筑地面以上的砌体。砌筑砂浆分为M15、M10、M7.5、M5、M2.5共5个等级。

1.5 墙体的尺度

1.5.1 墙体的厚度

确定承重墙的厚度应根据强度和稳定性的要求确定；围护墙的厚度则需要考虑保温、防热、隔声等要求来确定，同时，砖墙的厚度、砌块墙的厚度还应与砖及砌块的规格相适应。

实心砖墙体的厚度墙体厚度一般用砖长来表示，如半砖墙、一砖墙、一砖半墙、两砖墙等，相应的构造尺寸为115mm、240mm、365mm、490mm等，习惯上以它们的标志

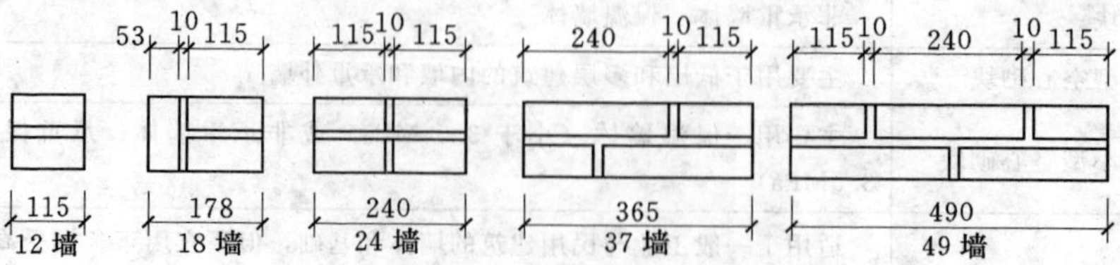

图2-1-11 墙体的厚度（单位：mm）

尺寸来称呼，如12墙、24墙、37墙、49墙等，如图2-1-11所示。小型砌块墙体的厚度通常采用90（100）mm、190（200）mm、290（300）mm等。

1.5.2 砌体墙留洞口的限制

砌体墙上通常必须按需要留出门窗洞口。门窗洞口尺寸应符合模数要求，尽量减少与此不符的门窗规格，以有利于工业化生产。国家及地区的通用标准图集是以扩大模数3M倍数的，故门窗洞口尺寸多为300mm的倍数，1000mm以内的小洞口可采用基本模数100mm的倍数。具体如图2-1-12所示。

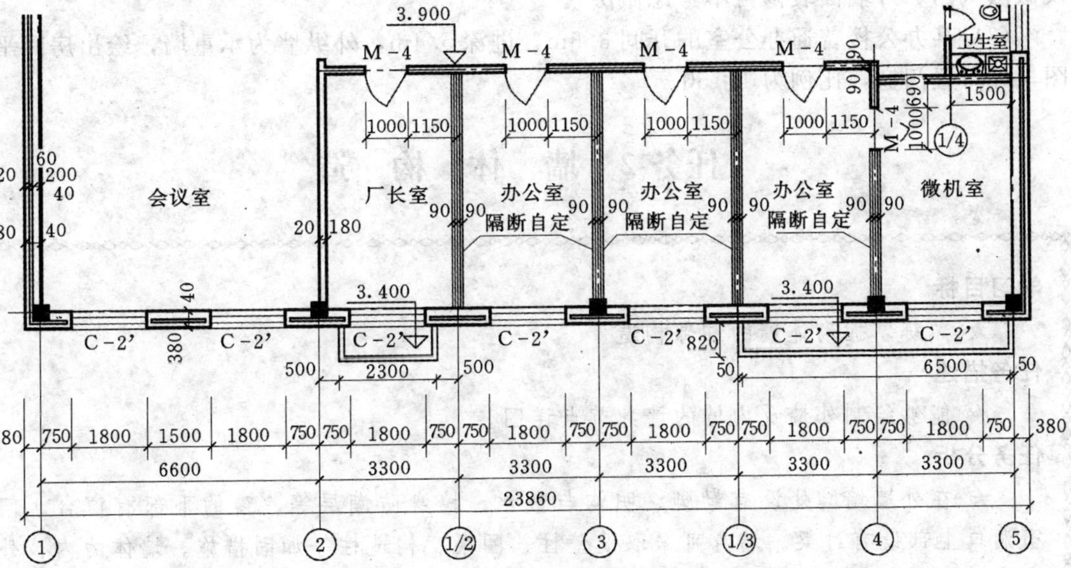

图2-1-12 墙体中的洞口尺寸

对于某一道承重墙来说，洞口的水平截面面积不应超过墙体水平截面面积的50%。同时，开洞后转角处的墙段和承重窗间墙的宽度应符合建筑物所在地的相关抗震设计规范。具体尺寸见表2-1-5。

表2-1-5 房屋局部尺寸限值表 单位：m

局部尺寸	6度	7度	8度	9度
承重窗间墙最小宽度	1.0	1.0	1.2	1.5
承重外墙尽端至门窗洞边的最小距离	1.0	1.0	1.2	1.5
非承重外墙尽端至门窗洞边的最小距离	1.0	1.0	1.0	1.0
内墙阳角至门窗洞边的最小距离	1.0	1.0	1.5	2.0
无锚固女儿墙（非出入口）的最大高度	0.5	0.5	0.5	0.0

注 1. 局部尺寸不足时应采取局部加强措施弥补。
2. 出、入口处的女儿墙应有锚固。

1.5.3 墙身长度

当墙身过长时，其稳定性就差，故每隔一定距离应有垂直于它的横墙或其他构件来增强其稳定性。

1.5.4 墙身高度

墙身高度主要是指房屋的层高。要依据实际要求，即设计要求而定，但墙高与墙厚有一定的比例制约，同时要考虑到水平侧推力的影响，保证墙体的稳定性。

任务实施：

（1）严寒地区某框架结构外墙墙体材料的选择及构造做法，并绘图表示墙体的构造层次、材料及做法（内、外墙面装修可不考虑做法）。

（2）某砖混结构内墙墙体材料的选择及构造做法，并绘图表示墙体的构造层次、材料及做法（内、外墙面装修可不考虑做法）。

（3）某办公楼普通办公室的开间3.3m，进深5.4m，外纵墙为承重墙，绘出房间平面图，并布置门窗，比例为1∶50。

任务2 墙 体 构 造

学习目标

★ 熟练掌握砌体墙的细部构造。

任务描述

★ 能够绘制外墙及内墙的墙身节点详图。

任务分析

★ 在外墙墙脚处设有勒脚、明沟与散水、墙身防潮层等。窗的下部有窗台，门窗洞口上部设有过梁。墙身可采取设壁柱、圈梁、构造柱等加固措施。墙体的内、外表面需进行装修。

2.1 墙体细部构造

2.1.1 勒脚

勒脚是墙身接近室外地面的部分，它可以保护墙体防止各种机械性碰撞，防止地表水对墙脚的侵蚀，同时具有美观的作用。勒脚高度一般为500～600mm，根据需要可与一层窗台同高。对勒脚处的外墙面应采用强度较高、防水性能好的材料进行保护。常见做法如下：

（1）对一般建筑，可采用20mm厚1∶3水泥砂浆抹面，1∶2水泥白石子水刷石或斩假石抹面，如图2-2-1（a）所示。

（2）标准较高的建筑，可用天然石材或人工石材贴面，如花岗石、水磨石等，如图2-2-1（b）所示。

（3）整个墙脚采用强度高，耐久性和防水性好的材料砌筑，如条石、混凝土等，如图2-2-1（c）所示。

2.1.2 墙身防潮层

墙身防潮的做法是在内、外墙脚铺设连续的水平防潮层，用来防止土壤中的无压水渗

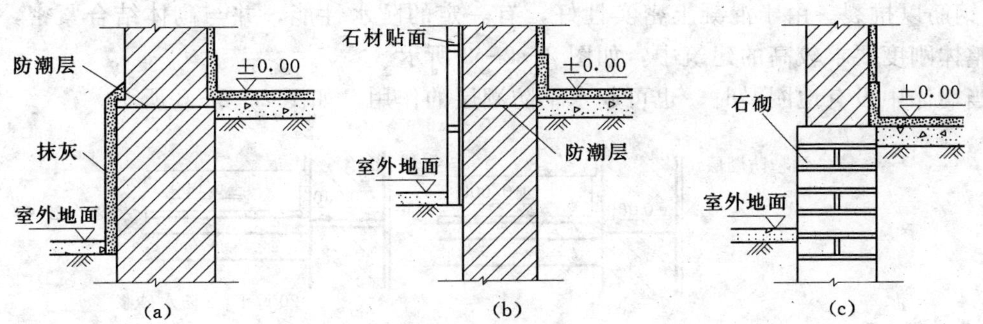

图 2-2-1 勒脚构造做法

(a) 抹灰勒脚；(b) 贴面勒脚；(c) 石材勒脚

入墙体。

1. 防潮层的位置

水平防潮层一般应在室内地面不透水垫层（如混凝土）范围以内，通常在－0.060m标高处设置，而且至少要高于室外地坪150mm，以防雨水溅湿墙身。当地面垫层为透水材料时（如碎石、炉渣等），水平防潮层的位置应平齐或高于室内地面60mm。墙身防潮层位置如图2-2-2所示。

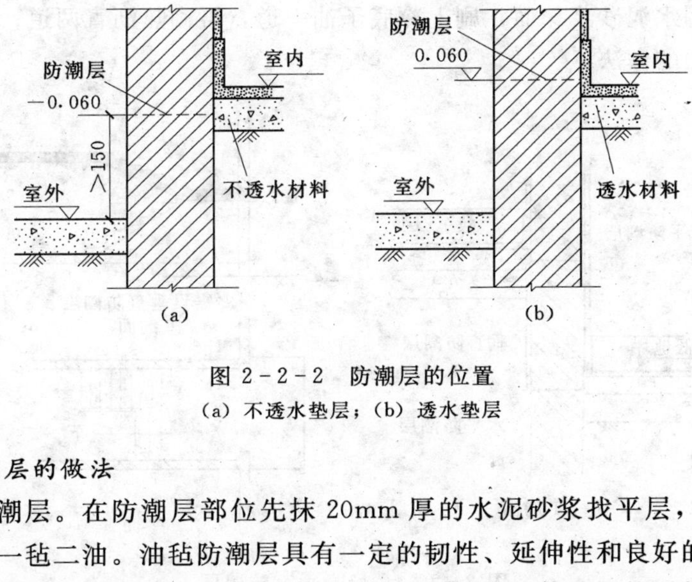

图 2-2-2 防潮层的位置

(a) 不透水垫层；(b) 透水垫层

2. 水平防潮层的做法

(1) 油毡防潮层。在防潮层部位先抹20mm厚的水泥砂浆找平层，然后干铺油毡一层或用沥青粘贴一毡二油。油毡防潮层具有一定的韧性、延伸性和良好的防潮性能，但日久易老化失效，同时由于油毡使墙体隔离，削弱了砖墙的整体性和抗震能力，如图2-2-3所示。

(2) 防水砂浆防潮层。在防潮层位置抹一层20mm或30mm厚的1∶2水泥砂浆掺5%的防水剂配制成的防水砂浆；也可以用防水砂浆砌筑4～6皮砖。用防水砂浆作防潮层适用于抗震地区、独立砖柱和振动较大的砖砌体中，但砂浆开裂或不饱满时影响防潮效果，如图2-2-3所示。

(3) 细石混凝土防潮层。在防潮层位置铺设60mm厚C20细石混凝土，内配3φ6或

3φ8 钢筋以抗裂。由于混凝土密实性好，有一定的防水性能，并与砌体结合紧密，故适用于整体刚度要求较高的建筑中，如图 2-2-3 所示。

当墙体中设有地圈梁时，也可起水平防潮层的作用，如图 2-2-3 所示。

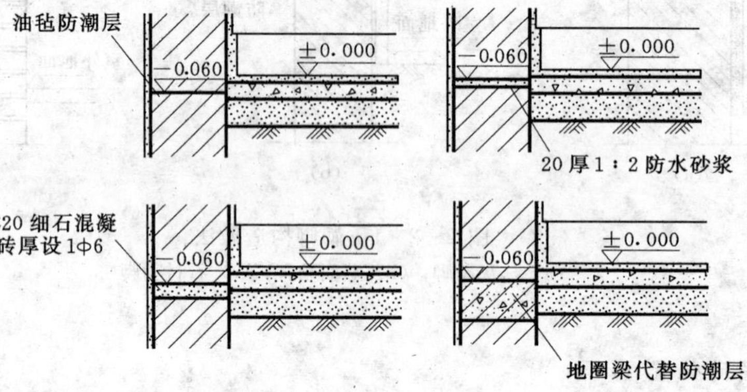

图 2-2-3 墙身水平防潮层

在有些情况下，建筑物室内地坪会出现高差或室内地坪低于室外地面的标高，这时要求按地坪高差的不同，在墙身与之相适应的部位设两道水平防潮层，而且还应对有高差的部分的垂直墙面采取垂直防潮措施，如图 2-2-4 所示。在需设垂直防潮层的墙面（靠回填土一侧）先用水泥砂浆抹面，刷上冷底子油一道，再刷热沥青两道；也可以采用掺有防水剂的砂浆抹面的做法。

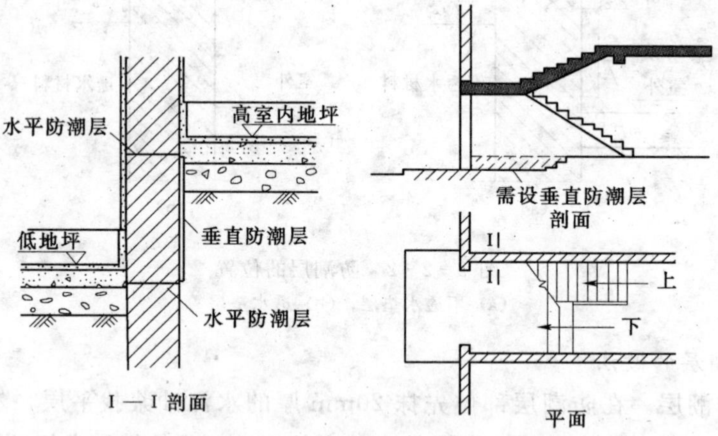

图 2-2-4 墙身垂直防潮层

2.1.3 散水和明沟

为保护墙基不受雨水的侵蚀，常在外墙四周将地面做成向外倾斜的坡面，以将屋面雨水排走，这一坡面称为散水。外墙四周也可做明沟将水有组织地导向集水井，然后流入排水系统。一般雨水较多地区多做明沟，干燥地区多做散水。

散水宽一般为 600～1000mm，当屋面排水方式为自由排水时，散水应比屋面檐口宽 200mm。散水一般是在素土夯实上铺三合土、灰土、混凝土等材料，也可用砖、石等材料铺砌而成。散水与外墙交接处应设分隔缝，分隔缝内应用有弹性的防水材料嵌缝，以防止外墙下沉时散水被拉裂。同时，散水整体面层纵向距离每隔 6～12m 做一道伸缩缝，缝内处理同勒脚与散水相交处的处理，如图 2-2-5 所示。季节性冻胀地区的散水，当土壤标准冻深大于 600mm，且在冻深范围内为强冻胀土或冻胀土时，应在垫层下加设防冻胀层。防冻胀层应选用中、粗砂或混合砂石、炉渣石灰土等非冻胀材料。

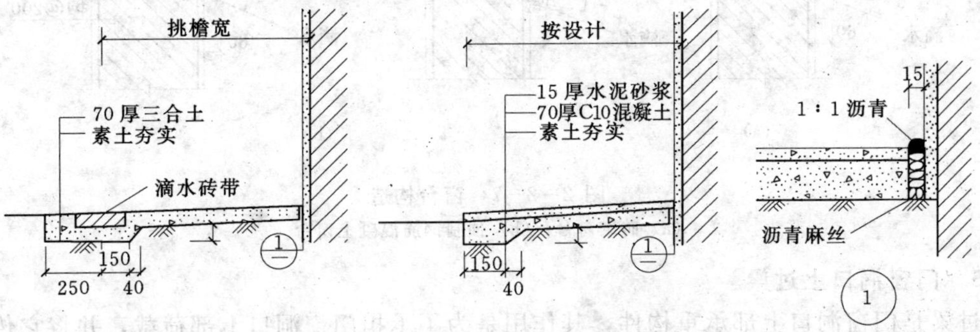

图 2-2-5　散水

明沟一般用混凝土浇筑而成，或用砖砌、石砌。沟底应做纵坡，坡度为 0.5%～1%，坡向集水井。明沟中心应正对屋檐滴水位置，外墙与明沟之间须做散水，如图 2-2-6 所示。

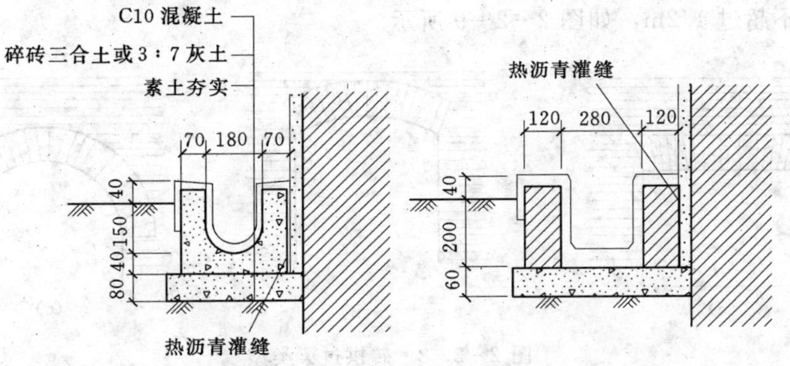

(a)　　　　　　(b)

图 2-2-6　明沟构造

(a) 混凝土明沟；(b) 砖砌明沟

2.1.4　窗台

窗台构造做法分为外窗台和内窗台两个部分。外窗台应设置排水构造，应有不透水的面层，并向外形成不小于 20%的坡度，以利于排水。外窗台有悬挑窗台和不悬挑窗台两种。处于阳台等处的窗不受雨水冲刷，可不必设悬挑窗台；外墙面材料为贴面砖时，也可不设悬挑窗台。悬挑窗台常采用顶砌一皮砖出挑 60mm 或将一砖侧砌并出挑 60mm，也可采用钢筋混凝土窗台。挑窗台底部边缘处抹灰时应做宽度和深度均不小于 10mm 的滴水线或滴水槽。

内窗台一般为水平放置，通常结合室内装修做成水泥砂浆抹灰、木板、贴面砖、预制水磨石板或预制钢筋混凝土窗台板形成内窗台，如图 2-2-7 所示。

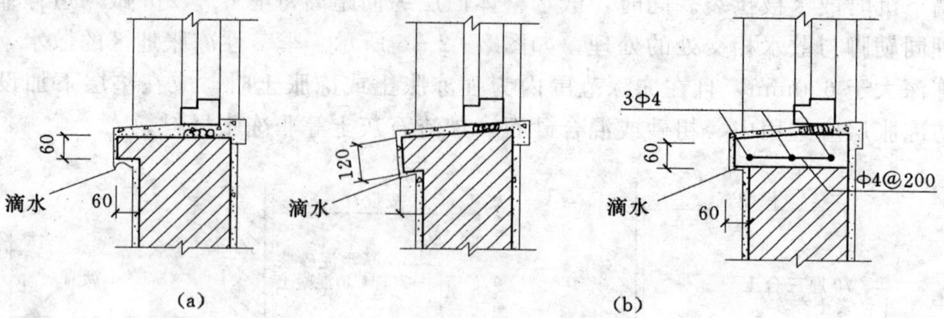

图 2-2-7 窗台构造

(a) 砖砌窗台；(b) 预制钢筋混凝土窗台

2.1.5 门窗洞口上过梁

过梁是门窗洞口上部承重构件，其作用是为了承担门窗洞口上部荷载，并将它传到两侧构件上。过梁的形式较多，常见的有砖拱、钢筋砖过梁和钢筋混凝土过梁等。

1. *砖拱过梁*

砖拱过梁包括平拱、弧拱、半圆砖拱 3 种类型，如图 2-2-8 所示。平拱过梁采用砖侧砌而成，灰缝上宽下窄，宽不得大于 20mm，窄不得小于 5mm。砖的行数为单，立砖居中，为拱心砖，砌时应将中心提高大约跨度的 1/50，以待凝固前的受力沉降，砖拱平拱过梁跨度不超过 1.2m，如图 2-2-9 所示。

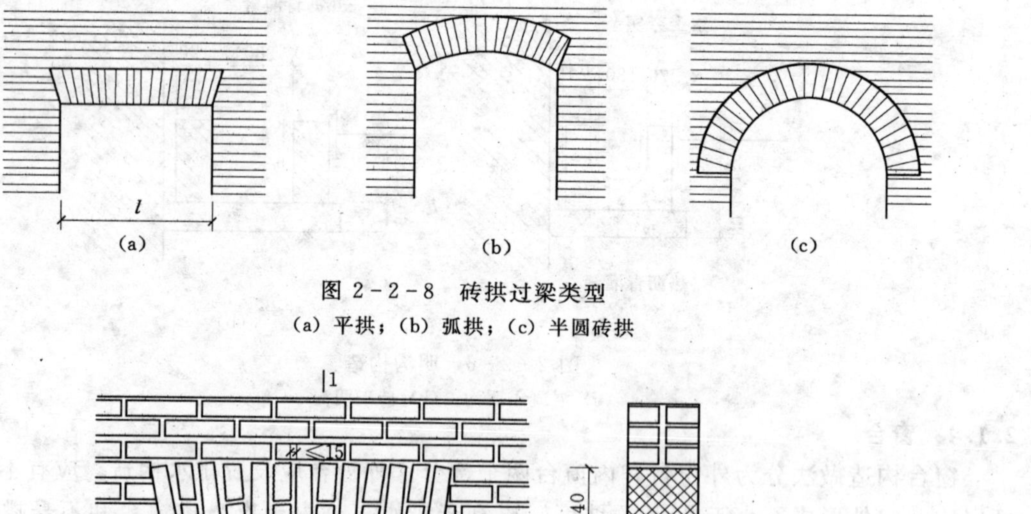

图 2-2-8 砖拱过梁类型

(a) 平拱；(b) 弧拱；(c) 半圆砖拱

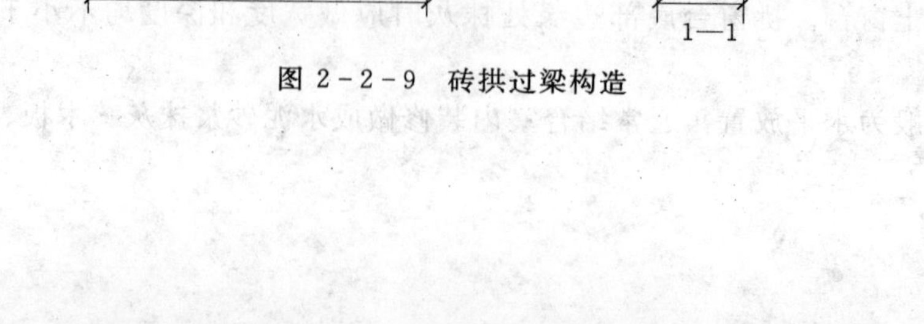

图 2-2-9 砖拱过梁构造

2. 钢筋砖过梁

钢筋砖过梁即在洞口顶部配置钢筋，其上用砖平砌，形成能承受弯矩的加筋砖砌体。砖强度等级不低于 MU7.5，砂浆不低于 M2.5，每 120mm 墙厚设 1 ϕ 6 钢筋，伸入墙内 1～1.5 倍砖长。过梁跨度不超过 1.5m，高度不应少于 5 皮砖，且不小于 1/4 洞口跨度，如图 2－2－10 所示。钢筋砖过梁的外观与外墙的砌筑形式相同，清水墙面效果统一，但施工麻烦。

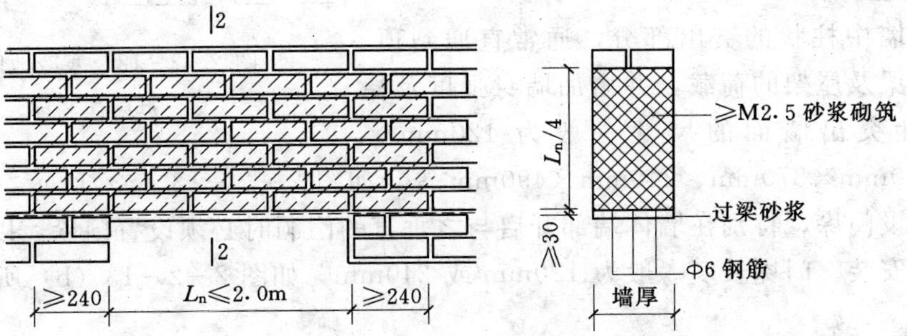

图 2－2－10 钢筋砖过梁

3. 钢筋混凝土过梁

钢筋混凝土过梁一般不受跨度的限制。过梁的宽与墙体同厚，过梁高与所用砌块材料有一定的相关关系，否则影响整个墙面的继续砌筑。如普通砖墙中过梁高应与砖的皮数相适应，如 60mm、120mm、180mm、240mm 等。过梁在洞口两侧伸入墙内的长度也应做同样考虑，如普通砖墙中过梁应不小于 240mm。为了防止雨水沿门窗过梁向外墙内侧流淌，过梁底部的外侧抹灰时要做滴水。

过梁的断面形式有矩形和 L 形，矩形多用于内墙和混水墙，L 形多用于外墙和清水墙。钢筋混凝土过梁形式如图 2－2－11 所示。

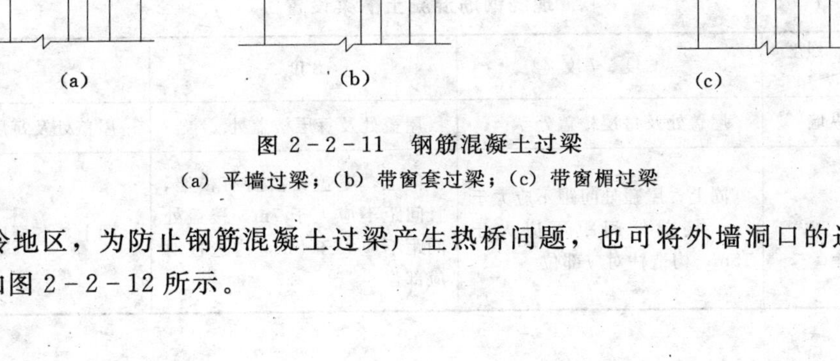

图 2－2－11 钢筋混凝土过梁

(a) 平墙过梁；(b) 带窗套过梁；(c) 带窗楣过梁

在寒冷地区，为防止钢筋混凝土过梁产生热桥问题，也可将外墙洞口的过梁断面做成 L 形，如图 2－2－12 所示。

2.1.6 墙体加固

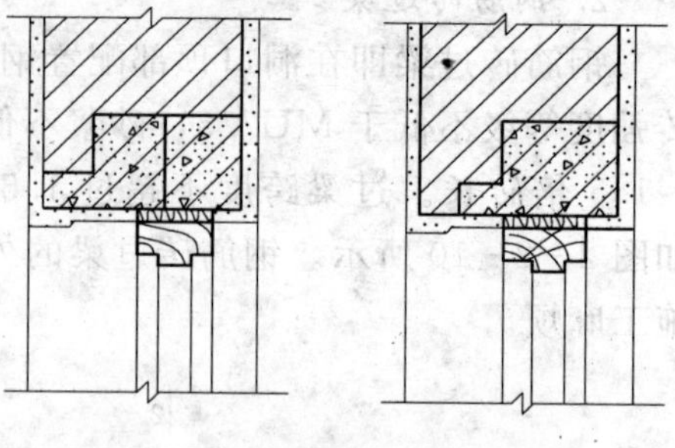

图 2-2-12 寒冷地区钢筋混凝土过梁

对于多层砌体结构的墙体，由于可能承受上部集中荷载、开洞及其他因素，会造成墙体的强度及稳定性有所降低，因此要考虑对墙身采取加固措施。加固时，可采用壁柱（墙墩、扶壁）、门垛、构造柱、圈梁等做法。

1. 增设壁柱和门垛

壁柱是墙中柱状的突出部分，通常直通到顶，以承受上部梁及屋架的荷载，并增加墙身强度及稳定性，壁柱突出墙面的尺寸一般为 120mm×370mm、240mm×370mm、240mm×490mm 等，如图 2-2-13（a）所示。墙体上开设门洞一般应设门垛，特别在墙体端部开启与之垂直的门洞时必须设置门垛，以保证墙身稳定和门框的安装。门垛长度一般为 120mm 或 240mm，如图 2-2-13（b）所示。

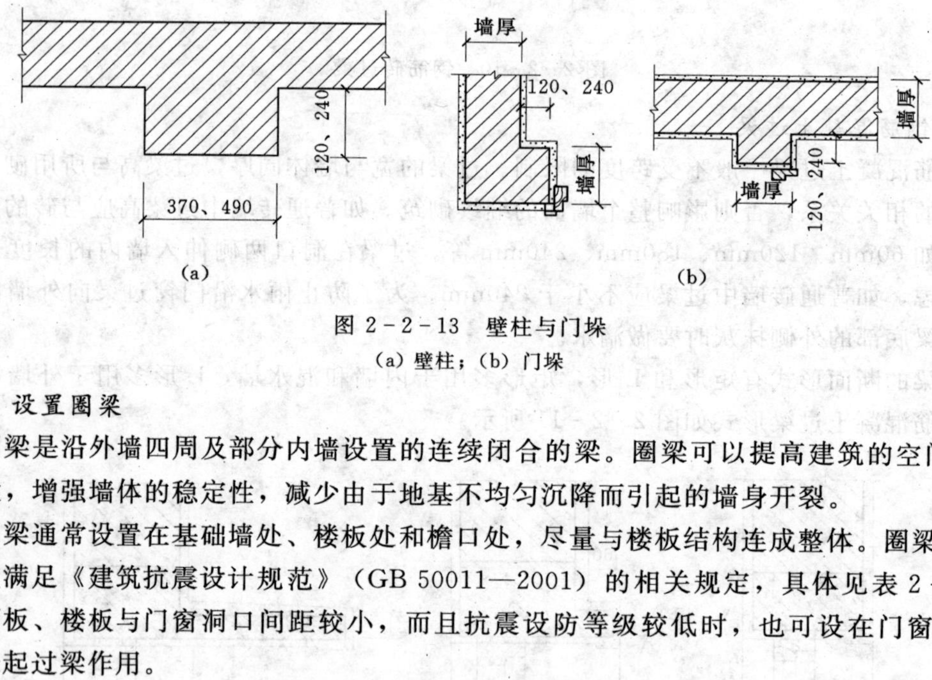

图 2-2-13 壁柱与门垛

(a) 壁柱；(b) 门垛

2. 设置圈梁

圈梁是沿外墙四周及部分内墙设置的连续闭合的梁。圈梁可以提高建筑的空间刚度、整体性，增强墙体的稳定性，减少由于地基不均匀沉降而引起的墙身开裂。

圈梁通常设置在基础墙处、楼板处和檐口处，尽量与楼板结构连成整体。圈梁的具体数量应满足《建筑抗震设计规范》（GB 50011—2001）的相关规定，具体见表 2-2-1。当屋面板、楼板与门窗洞口间距较小，而且抗震设防等级较低时，也可设在门窗洞口上部，兼起过梁作用。

表 2-2-1 现浇钢筋混凝土圈梁设置

烈度 墙类	6 度、7 度	8 度	9 度
外墙和内纵墙	屋盖处及每层楼盖处	屋盖处及每层楼盖处	屋盖处及每层楼盖处
内横墙	同上，屋盖处间距不应大于 7m，楼盖处间距不应大于 15m，构造柱对应部位	同上，屋盖处沿所有横墙，且间距不应大于 7m，楼盖处间距不应大于 7m，构造柱对应部位	同上，各层所有内横墙

圈梁遇门窗洞口截断时，应在洞口的上方或下方设置附加圈梁。附加圈梁与圈梁的搭接长度不应小于二者垂直净距的 2 倍，且不应小于 1m，如图 2-2-14 所示。

圈梁有钢筋砖圈梁和钢筋混凝土圈梁两种，多采用钢筋混凝土圈梁。钢筋混凝土圈梁宽度一般与墙同厚，当墙厚大于 240mm 时，圈梁的宽度可以比墙体厚度小，但不应小于 2/3 墙厚。严寒、寒冷地区圈梁宽度不应贯通整个墙厚，并应局部做保温处理。圈梁高度一般不小于 120mm，常见的为 180mm、240mm。钢筋混凝土圈梁常用强度等级为 C20 的混凝土现浇，最小配筋量为纵向钢筋不宜少于 4φ10，箍筋φ6@250，具体配筋见表 2-2-2。圈梁构造如图 2-2-15 所示。

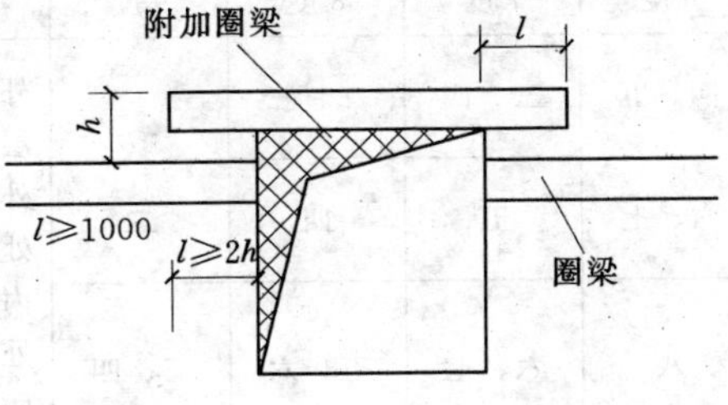

图 2-2-14　附加圈梁示意图

表 2-2-2　　圈　梁　配　筋

烈度 配筋	6 度、7 度	8 度	9 度
最小纵筋	4φ10	4φ12	4φ14
最大箍筋间距	φ6@250	φ6@200	φ6@150

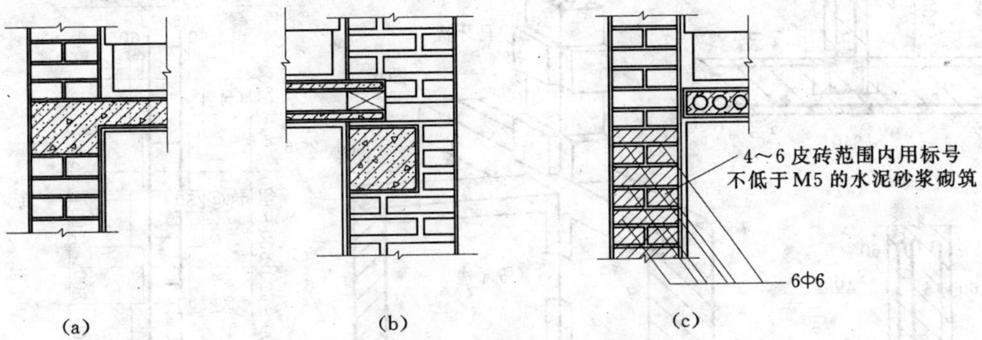

图 2-2-15　圈梁的构造

(a) 钢筋混凝土板平圈梁；(b) 钢筋混凝土板底圈梁；(c) 钢筋砖圈梁

3. 设置构造柱

在多层砌体结构房屋规定部位，按构造配筋并按先砌墙后浇筑混凝土柱的施工顺序制成的混凝土柱，通常称为钢筋混凝土构造柱，简称构造柱。

在抗震设防地区，设置钢筋混凝土构造柱是多层砌体建筑重要的抗震措施，因为钢筋混凝土构造柱与圈梁形成了具有较大刚度的空间骨架，从而增强了建筑物的整体刚度，提高了墙体抗变形能力。

构造柱一般设在建筑物转角、楼梯间的四角，内、外墙交接处，较大洞口两侧，其间距应满足《建筑抗震设计规范》的相关规定。表 2-2-3 所列为砖房构造柱设置要求。

表 2-2-3　　**砖房构造柱设置要求**

层数				设置部位	
6度	7度	8度	9度		
四、五	三、四	二、三		外墙四角，错层部位横墙与外纵墙交接处，大房间内、外墙交接处，较大洞口两侧	7、8度时，楼、电梯间四角；隔15m或单元横墙与外纵墙交接处
六、七	五	四	二		隔开间横墙（轴线）与外纵墙交接处，山墙与内纵墙交接处；7～9度时，楼、电梯间四角
八	六、七	五、六	三、四		内墙（轴线）与外墙交接处，内墙的局部较小墙垛处；7～9度时，楼、电梯间四角；9度时内纵墙与横墙（轴线）交接处

构造柱的最小截面尺寸为240mm×180mm；竖向钢筋多用4ф12，箍筋间距不大于250mm，在离圈梁上下不小于1/6层高或500mm范围内，箍筋需加密至间距100mm；随建筑抗震设防烈度和层数的增加，建筑四角的构造柱可适当加大截面和钢筋等级。构造柱的施工方式是先砌墙成马牙状，后浇混凝土，并沿墙每隔500 mm设置2ф6拉接钢筋，伸入墙体不小于1 m，构造柱做法如图2-2-16所示。构造柱可不单独设置基础，但应深入室外地面以下500mm，或锚入浅于500mm的基础圈梁内。

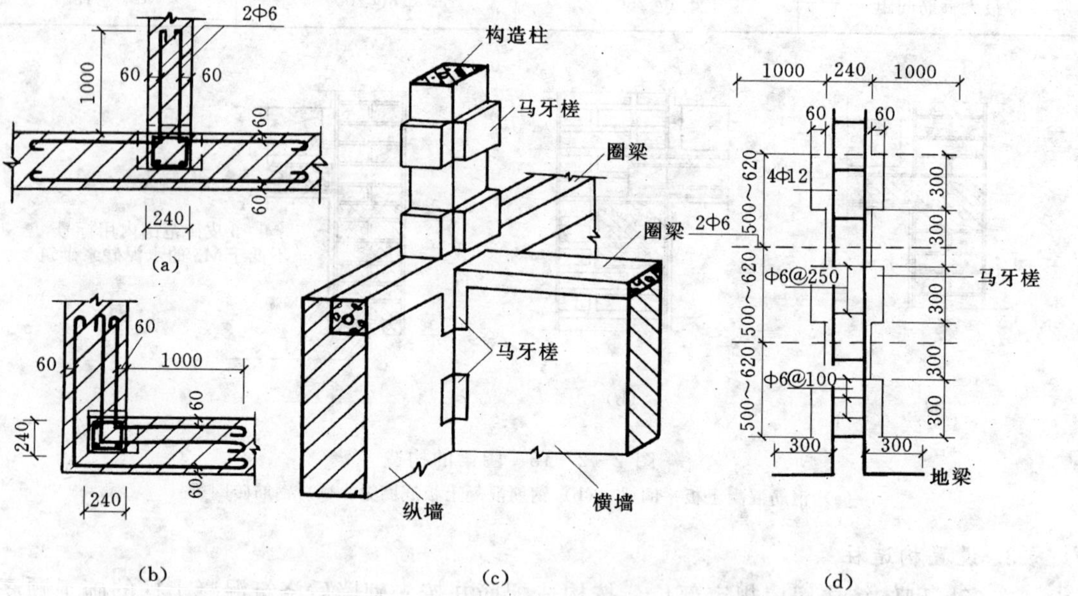

图 2-2-16　砖墙与构造柱

(a) 外墙转角处构造柱；(b) 内、外墙交接处构造柱；

(c) 构造柱示意；(d) 某砖砌体建筑构造柱实例

2.2　防火墙

防火墙是在建筑物平面中划分防火分区的墙体。它具有在火灾时截断火源，隔阻火势蔓延的作用。

防火墙应直接设置在建筑物的基础或钢筋混凝土框架、梁等承重结构上，轻质防火墙体可不受此限。防火墙应高出不燃烧体屋面 0.4m 以上，高出燃烧体或难燃烧体屋面 0.5m 以上，如图 2-2-17 所示。其他情况时，防火墙可不高出屋面，但应砌至屋面结构层的底面。

当建筑物的外墙为难燃烧体时，防火墙应凸出墙的外表面 0.4m 以上，且在防火墙两侧的外墙应为宽度不小于 2.0m 的不燃烧体，其耐火极限不应低于该外墙的耐火极限。当建筑物的外墙为不燃烧体时，防火墙可不凸出墙的外表面。紧靠防火墙两侧的门、窗洞口之间最近边缘的水平距离不应小于 2.0m；但装有固定窗扇或火灾时可自动关闭的乙级防火窗时，该距离可不限。

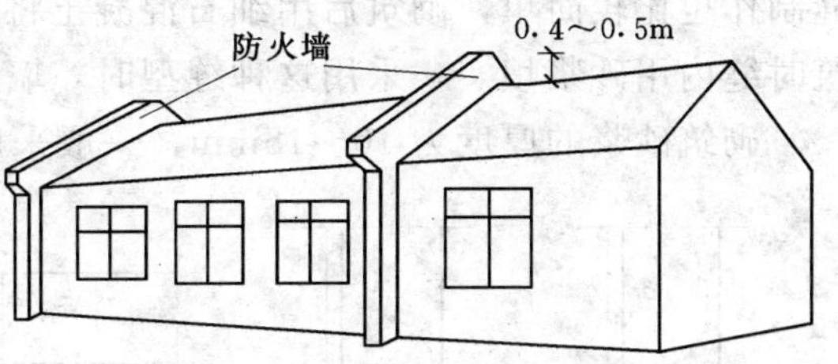

图 2-2-17　防火墙构造

建筑物内的防火墙不宜设置在转角处。如设置在转角附近，内转角两侧墙上的门、窗洞口之间最近边缘的水平距离不应小于 4.0m。

防火墙上不应开设门窗洞口，当必须开设时，应设置固定的或火灾时能自动关闭的甲级防火门窗。

2.3　砌块墙的构造

砌块墙体的构造和砖墙类似，但砌块墙应事先作排列设计。排列设计就是把不同规格的砌块在墙体中的安放位置用平面图和立面图加以表示，图 2-2-18 所示为砌块排列组合的立面图。砌块墙的排列要求：错缝搭接，内外墙交接处和转角处应使砌块彼此搭接，优先采用大规格的砌块，并尽量减少砌块的规格，当采用空心砌块时上下皮砌块应孔对孔、肋对肋以扩大受压面积。

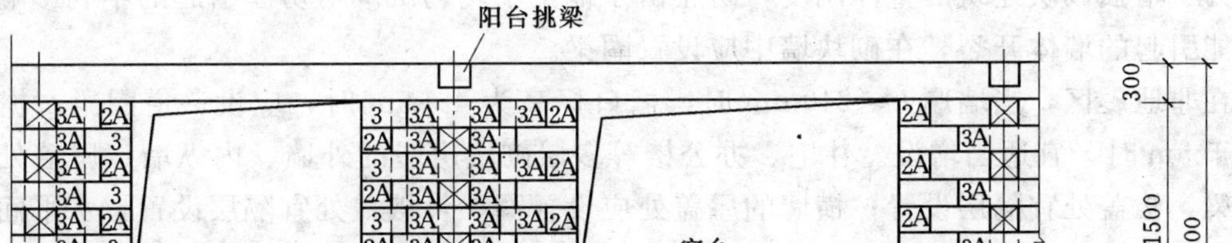

图 2-2-18　砌块排列组合的立面图

2.3.1 砌块接缝

砌块之间的接缝分为水平缝和垂直缝。水平缝有平缝和双槽缝，如图 2-2-19（a）、（b）所示；垂直缝一般为平缝、单槽缝、高低缝、双槽缝等形式，如图 2-2-19（c）～（f）所示。平缝制作简单，但砌筑时不易填实，多用于小型砌块和加气混凝土砌块。高低缝制作也比较简单，砌筑后用细石混凝土将缝填实。槽口缝的形状有方槽和圆槽之分，砌筑时缝内用砂浆填实，采用这种缝型时，墙的整体性好。

砌筑砂浆的厚度为 10～15mm，一般采用混合砂浆，砂浆的强度等级一般不低于 M5。

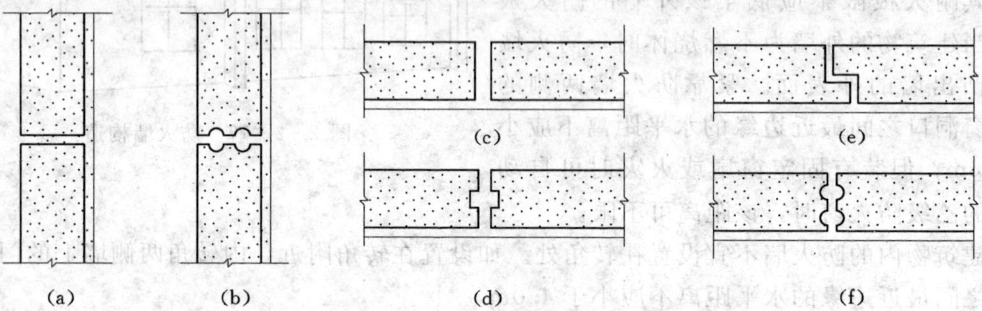

图 2-2-19 砌块的接缝

（a）水平平缝；（b）水平双槽缝；（c）垂直平缝；（d）垂直单槽缝；（e）垂直高低缝；（f）垂直双槽缝

2.3.2 转角及内外墙的砌缝构造

用砌块砌墙时，砌块之间要搭接，上下皮的垂直缝要错开，搭接的长度为砌块长度的 1/4，高度的 1/3～1/2，并且搭接长度小于 150mm 时，在灰缝中应设 ϕ4mm 钢筋网片拉结。砌块墙的转角、内外墙拼接处也应以钢筋网片拉结。砌块墙的组砌和拉结如图 2-2-20 所示。

2.3.3 砌块墙中圈梁

为了增强砌块建筑的整体刚度，防止由于地基不均匀沉降对房屋引起的不利影响和地震可能引起的墙体开裂，在砌块墙中应设置圈梁。

在非地震区，当墙厚 $h \leqslant 240$mm 时，檐口标高为 4～5m 时，应设一道圈梁；檐口标高大于 5m 时，宜适当增设。住宅、办公楼等多层砌块房屋的外墙、内纵墙、屋盖处应设置圈梁，楼盖处宜隔层设置；横墙的屋盖处应设置圈梁，楼盖处宜隔层设置，水平间距不宜大于 15m。对有较大振动的设备，或承重墙厚度 $h \leqslant 180$mm 的多层房屋，宜每层设置圈梁。屋盖处的圈梁最好采用现浇钢筋混凝土结构。

在地震设防地区，应将设防烈度提高一度，按砖砌体房屋在地震区设置圈梁的相应规定确定。

2.3.4 砌块墙中芯柱和构造柱

在地震设防地区，为了加强多层砌块房屋墙体竖向连接，增强房屋的整体刚度，应在中小型混凝土空心砌块墙中设置芯柱，在粉煤灰中型砌块墙内设构造柱。

空心砌块墙的芯柱，是在砌块孔内置入竖向插筋，并浇筑混凝土。图 2-2-21 所示是砌块墙设置芯柱的示意图。

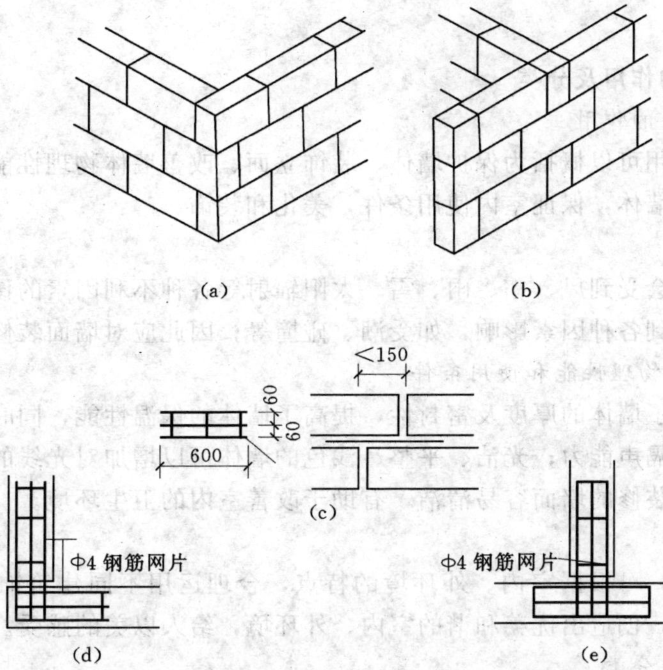

图 2-2-20 转角及内、外墙接缝和拉结

(a) 转角；(b) 内、外墙；(c) 加固；

(d) 转角加固；(e) 内、外墙拼接加固

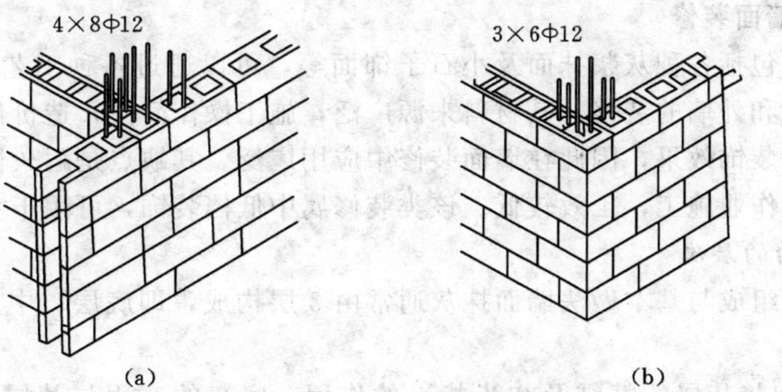

图 2-2-21 砌块墙的芯柱

(a) 内、外墙；(b) 转角

对于混凝土小砌块房屋芯柱，一般设置在外墙四角（填实 3 个孔）、楼梯间四角、大房间内外墙交接处（填实 4 个孔）、山墙与内纵墙交接处等。粉煤灰中型砌块房屋，应根据增加一层后的层数，按砖砌体房屋设置构造柱的要求设置构造柱，其最小截面可采用 240mm×240mm。砌块房屋墙体交接处芯柱或构造柱与墙体连接处的拉结钢筋网片，每边伸入墙内不宜小于 1m。混凝土小型砌块房屋可采用Φ 4 点焊钢筋网片，并隔皮设置；粉煤灰中型砌块房屋，可采用Φ 6 钢筋网片，设防烈度 6 度和 7 度时可隔皮设置，8 度时应每皮设置。

2.4 墙面装修

2.4.1 墙面装修的作用及分类

2.4.1.1 墙面装修的作用

外墙饰面的作用可以概括为保护墙体、装饰立面、改善墙体物理性能。内墙饰面的作用可以概括为保护墙体，保证室内使用条件，美化和装饰。

1. 保护墙体

建筑物的外墙会受到风、霜、雨、雪、太阳辐射等各种不利因素的侵袭，内墙在人们使用过程中也会受到各种因素影响，如受潮、碰撞等；因此应对墙面装修保护墙体。

2. 改善墙体的物理性能和使用条件

墙面装修增加了墙体的厚度及密封性，提高了墙体的保温性能，同时由于厚度和重量增加提高了墙体的隔声能力；光洁、平整、浅色的墙体可以增加对光线的反射，提高室内照度。同时，经过装修的墙面容易清洁，有助于改善室内的卫生环境。

3. 美化和装饰

进行墙面装修，可根据室内、外环境的特点，合理运用不同建筑饰面材料的质地色彩，通过巧妙组合，创造出优美和谐的室内、外环境，给人以美的感受。

2.4.1.2 墙面装修分类

墙面装修按其位置不同，可分为外墙面和内墙面装修两大类。按材料和施工方法不同，分抹灰类、贴面类、涂料类、裱糊类、铺钉类。其中，裱糊类仅适于室内墙面，其他几类室内、外均可。

2.4.2 抹灰类墙面装修

抹灰类装修包括各种灰浆抹面及小石子饰面等，可以通过各种工艺直接形成饰面层，广泛应用于内墙和外墙的装修。其材料来源广泛，施工操作简便，造价低廉，通过改变工艺可获得不同的装饰效果，因此在墙面装修中应用广泛。其缺点是耐久性低，易干裂、变色，多为手工湿作业施工，工效较低。该类装修属中低档装饰，可用于室内、外墙面。

1. 抹灰墙面的层次

抹灰墙面的组成与基本做法墙面抹灰通常由3层构成，即底层、中层、面层，如图2-2-22所示。

底层主要起与基层的粘结及初步找平的作用。底灰的选用与基层材料有关，对砖、石墙可采用水泥砂浆或混合砂浆打底，当基层为板条基层时，应采用石灰砂浆作底灰，并在砂浆中掺入麻刀或其他纤维。轻质混凝土砌块墙的底灰多用混合砂浆或聚合物砂浆。对混凝土墙或湿度大的房间或有防水、防潮要求的房间，底灰宜选用水泥砂浆。

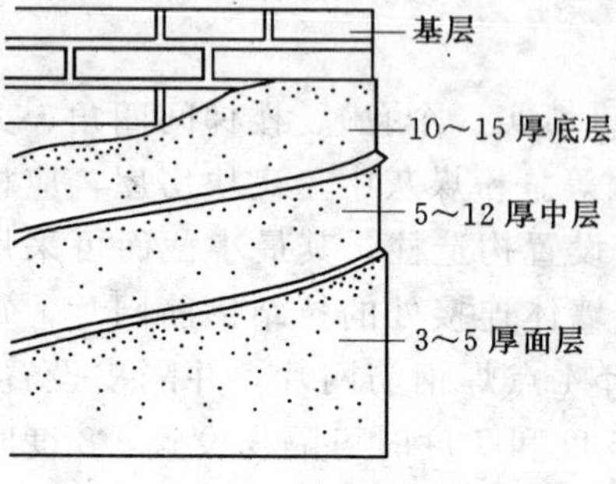

图2-2-22 抹灰墙面的层次

中层抹灰主要起找平作用，其所用材料与底层基本相同，也可以根据装修要求选用其他材料。

面层抹灰主要起装修作用，要求表面平整、色彩均匀、无裂缝，可以做成光滑、粗糙等不同质感的表面。

抹灰按质量要求和主要工序划分为普通抹灰、中级抹灰、高级抹灰。普通抹灰由1层底层和1层面层组成，适用于简易宿舍、仓库等。中级抹灰由1层底层、1层中层、1层面层组成，适用于住宅、办公楼、学校、旅馆及高标准建筑物中的附属房间。高级抹灰由1层底层、数层中层、1层面层组成，适用于公共建筑、纪念性建筑，如剧院、展览馆等。

2. 常见抹灰种类、做法及应用

抹灰分为一般抹灰和装饰抹灰两类。一般抹灰有石灰砂浆抹灰、混合砂浆抹灰、水泥砂浆抹灰、聚合物水泥砂浆、纸筋灰等。装饰抹灰有水刷石、干粘石、斩假石等，其做法举例见表2-2-4。

表2-2-4　墙面抹灰做法举例

抹灰名称	作法说明	适用范围
水泥砂浆外墙面	(1) 6mm厚1∶2.5水泥砂浆面层 (2) 12mm厚1∶3水泥砂浆打底扫毛	砖石墙
	(1) 6mm厚1∶2.5水泥砂浆面层 (2) 12mm厚1∶3水泥砂浆打底扫毛或划出纹道 (3) 刷聚合物水泥砂浆一道	混凝土墙、混凝土空心砌块墙、轻骨料混凝土空心砌块
水刷石外墙面	(1) 8mm厚1∶1.5水泥石子（小八厘）罩面，水刷露出石子 (2) 刷素水泥浆一道 (3) 12mm厚1∶3水泥砂浆打底扫毛或划出纹道	砖石墙
	(1) 8mm厚1∶1.5水泥石子（小八厘）罩面，水刷露出石子 (2) 刷素水泥浆一道 (3) 9mm厚1∶3专用水泥砂浆中层底灰抹平，表面打底扫毛或划出纹道 (4) 3mm厚专用聚合物砂浆底面刮糙或专用界面处理剂甩毛 (5) 喷湿墙面	蒸压加气混凝土砌块墙
斩假石（剁斧石）外墙面	(1) 剁斧斩毛两遍成活 (2) 10mm厚1∶1.25水泥石子抹平（米粒石内掺30%石屑） (3) 刷素水泥浆一道 (4) 10mm厚1∶3水泥砂浆打底扫毛	砖石墙
水泥石灰砂浆内墙面	(1) 刷（喷）内墙涂料或可赛粉或大白浆 (2) 2mm、5mm厚1∶0.5∶2.5水泥石灰砂浆抹面 (3) 9mm厚1∶0.5∶3水泥石灰膏砂浆打底扫毛或划出纹道	各类砖墙
	(1) 刷（喷）内墙涂料或可赛粉或大白浆 (2) 2mm、5mm厚1∶0.5∶2.5水泥石灰砂浆抹面 (3) 9mm厚1∶0.5∶3水泥石灰膏砂浆打底扫毛或划出纹道 (4) 刷素水泥浆一道（内掺建筑胶）	混凝土墙、混凝土空心砌块墙

3. 抹灰类墙面装修的细部构造

外墙抹灰要先对墙面进行分格，以防止面层开裂，便于施工接茬或对墙面进行立面处理。分格设缝的方法有3种形式：凹线（见图2-2-23）、凸线和嵌线。缝宽以不小于

20mm 为宜。

由于室内抹灰材料强度较差，内墙阳角、门窗洞口、柱子四角等处需用强度较高的1∶2水泥砂浆抹出护角，如图2-2-24所示。

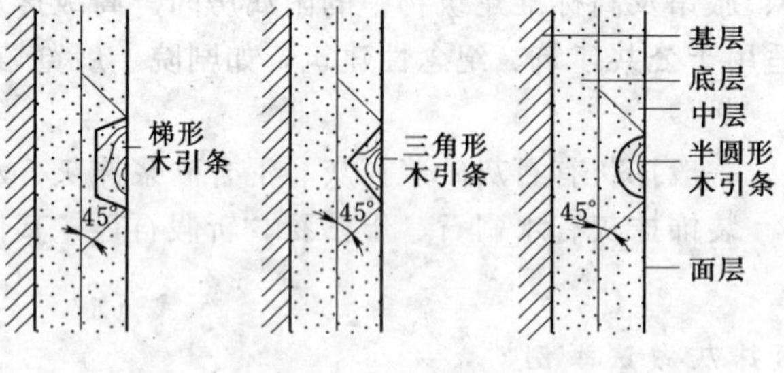

图2-2-23 墙面凹线脚作法

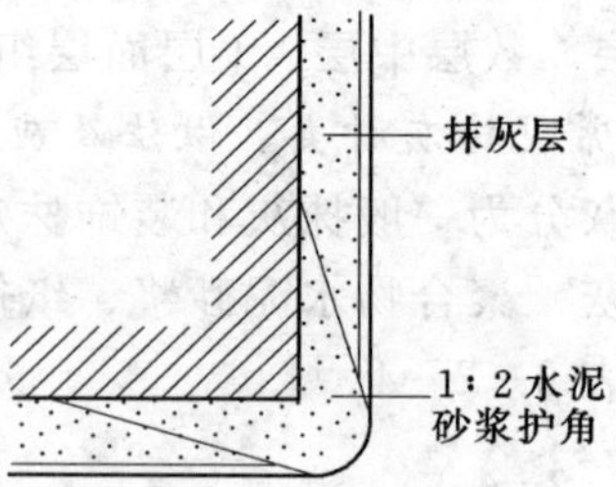

图2-2-24 护角做法

2.4.3 贴面类墙面装修

贴面类装修是以天然石材或人工石材镶贴在墙面上的装修方法。贴面类装修能充分利用各种材料的特点，用以改善房屋的使用条件和观感效果。由于饰面制品是预制的，给施工创造了缩短工期、保证质量、提高工厂化程度的条件。

2.4.3.1 直接镶贴饰面

直接镶贴饰面由找平层、结合层、面层组成。找平层为底层砂浆；结合层为粘结砂浆；面层为块状材料。用于直接镶贴的材料有陶瓷制品（陶瓷锦砖、釉面砖等）、小块天然或人造大理石、碎拼大理石、玻璃锦砖等。

1. 面砖饰面

面砖多数是以陶土和瓷土为原料，压制成型后煅烧而成的饰面块。常见的面砖有釉面砖、无釉面砖、仿花岗岩瓷砖、劈离砖等。无釉面砖主要用于建筑外墙面装修，釉面砖主要用于建筑内外墙面及厨房、卫生间的墙面。

面砖安装前先将表面清洗干净，然后将面砖放入水中浸泡，贴前取出晾干或擦干。安装时先抹15mm厚1∶3水泥砂浆做底层，分层抹两遍即可。再用10mm厚1∶0.2∶2.5水泥石灰膏砂浆或用掺有107胶（水泥用量的5%～10%）的1∶2.5水泥砂浆满刮于面砖背面，然后将面砖贴于墙上，并用1∶1水泥细砂浆填缝，如图2-2-25所示。一般面砖背面有凸凹纹路，更有利于面砖粘贴牢固。

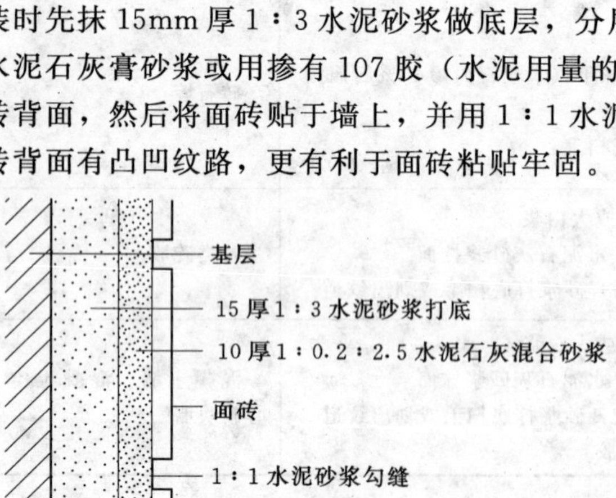

图2-2-25 面砖饰面做法

2. 陶瓷锦砖饰面

陶瓷锦砖又名马赛克，是以优质陶土高温烧制而成的小块瓷砖，有挂釉和不挂釉之分。锦砖一般用于内墙面，也可用于外墙面装修或地面装修。首先将其正面粘贴于一定尺寸的牛皮纸上（500mm×500mm），施工时，纸面向上，粘贴在1∶1水泥细砂砂浆上，待砂浆半凝，将纸洗去，校正缝隙，修正饰面。此类饰面质地坚硬、耐磨、耐酸碱、不易变形，价格便宜，但较易脱落。

3. 大规格陶板饰面

厚度在 10mm 以内的轻质陶板，可采用水泥砂浆粘贴。采用缝隙为 10mm×10mm 或 20mm×10mm 的分隔缝粘贴，粘贴构造同面砖。

4. 碎拼石材饰面

该饰面利用石材边角料拼贴而成。采用 12～20mm 厚的粘结砂浆粘贴。粘贴顺序由下而上，每贴 500mm 高间歇 1～2h，待水泥砂浆结硬后再继续粘贴。缝隙收边要整齐。拼贴形式有不规则折线、不规则曲线、不规则竖向纹和不规则垂直纹等，如图 2-2-26 所示。

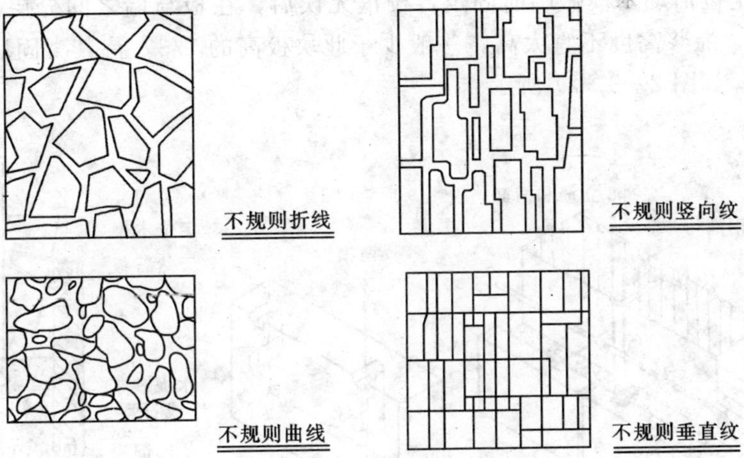

图 2-2-26 碎拼石材饰面

5. 人造大理石板饰面

人造石板一般由白水泥、彩色石子、颜料等配合而成，具有天然石材的花纹和质感、重量轻、表面光洁、色彩多样、造价较低等优点，常见的有水磨石板、仿大理石板等。

人造大理石板按所用材料和生产工艺不同分为 4 类：聚酯型人造大理石、无机胶结型人造大理石、复合型人造大理石、烧结型人造大理石。

聚酯型人造大理石可用水泥砂浆、聚酯砂浆、有机胶粘剂。

烧结型人造大理石粘贴构造与釉面砖相近。用 12～15mm 厚水泥砂浆作底层；2～3mm 厚掺 107 胶的水泥砂浆粘结。

无机胶结型人造大理石和复合型人造大理石粘贴方法因板厚而异。8～12mm 厚为厚板，4～6mm 厚为薄板。薄板粘贴构造是用水泥砂浆打底；水泥石灰混合砂浆或 107 胶水泥浆作粘结层；镶贴大理石板。厚板是采用聚酯砂浆粘贴，或聚酯砂浆作边角粘贴和水泥砂浆作平面粘贴相结合的做法。

无论哪种类型的人造大理石饰面板材，当板材厚度较大、尺寸规格较高、镶贴高度较高时，仍然以贴挂相结合的构造为好。

2.4.3.2 贴挂类饰面

板材厚度较大、尺寸规格较高的石板安装方法可分为湿挂法（或称贴挂整体法）和干挂法（或称钩挂件固定法）。湿挂法由于石材背面需灌注砂浆，易污染板面，板面易泛碱，影响装饰效果。干挂石材法是用一组高强耐腐蚀的金属连接件，将饰面石材与结构可靠地连接，其间不做灌浆处理。它具有装饰效果好、施工不受季节限制、无湿作业、施工速度快、效率高等优点。

1. 湿挂法

由于石板面积大、重量大，为保证石板饰面的坚固和耐久，一般应先在墙身或柱内预埋外露 50mm 以上并弯钩的钢筋，间距约 500mm。在φ6 钢筋内立φ8～10 竖筋和横筋，形成钢筋网，再用双股铜线或镀锌铅丝穿过事先在石板上钻好的孔眼，将石板绑扎在钢筋网上。上、下两块石板用Z形铜钩或不锈钢卡销固定。石板与墙之间一般有 30mm 左右缝隙，上部用定位活动木楔做临时固定，校正无误后，在板与墙之间分层浇筑 1∶2.5 或 1∶3 水泥砂浆，灌浆高度不宜太高，一般少于此块板高的 1/3，待其凝固后，再灌注上一层，依次施工，如图 2-2-27 所示。

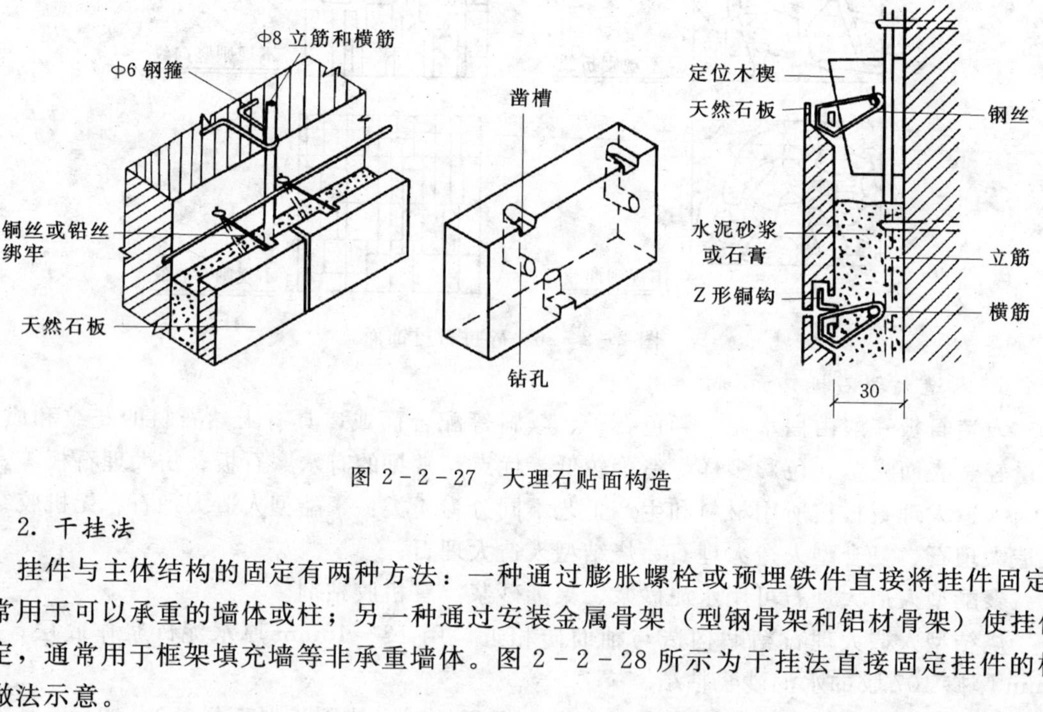

图 2-2-27 大理石贴面构造

2. 干挂法

挂件与主体结构的固定有两种方法：一种通过膨胀螺栓或预埋铁件直接将挂件固定，通常用于可以承重的墙体或柱；另一种通过安装金属骨架（型钢骨架和铝材骨架）使挂件固定，通常用于框架填充墙等非承重墙体。图 2-2-28 所示为干挂法直接固定挂件的构造做法示意。

2.4.4 涂料类

涂料类装修是采用石灰浆、大白浆、水泥浆及各种涂料涂刷墙面，是装修面层作法中较简便的一种方式。它的优点是省工、省料、工期短、工效高、自重轻、更方便和造价低。它的缺点是耐久年限短。

常用于外墙的涂料有苯乙烯—丙烯酸酯乳液涂料、丙烯酸酯系外墙涂料、聚氨酯系外墙涂料、合成树脂乳液砂浆状涂料等；常用于内墙的涂料有聚乙烯醇水玻璃涂料、聚醋酸乙烯乳液涂料、醋酸乙烯—丙烯酸酯有光乳液涂料、多彩涂料等。

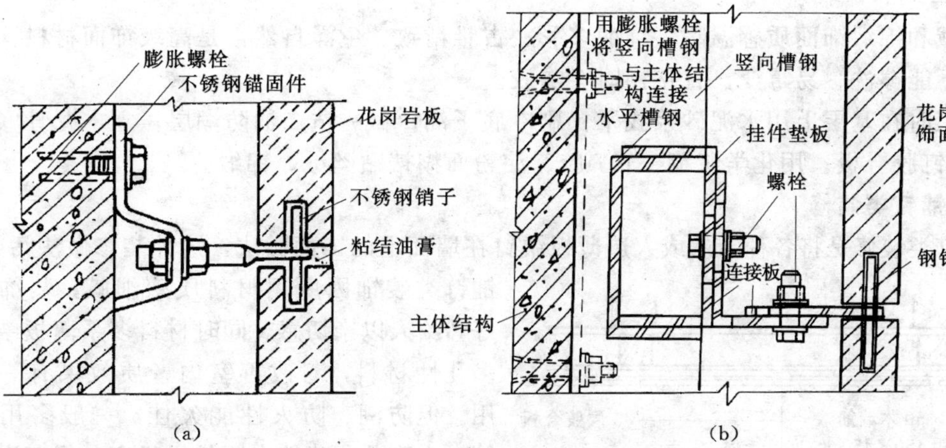

图 2-2-28　干挂法构造做法示意

(a) 直接固定；(b) 设有骨架

2.4.5　裱糊类

裱糊类墙面多用于内墙面的装修，它是将各种装饰壁纸或壁布裱糊在墙面上的装修方法。壁纸或壁布由工厂生产，由于采用现代化工业生产手段（如套色印花、压纹、复合、织造等各种工艺），装饰效果好。

1. 墙纸饰面

墙纸的基层材料有塑料的、纸基的、布基的、石棉纤维、玻璃纤维基的。墙纸的面层材料有聚乙烯和聚氯乙烯。塑料墙纸（PVC 墙纸）是以纸基、布基和其他纤维为底层，以聚氯乙烯或聚乙烯为面层，常用的有普通墙纸、发泡墙纸、特种墙纸。纤维墙纸是用棉、麻、毛、丝等纤维胶贴在纸基上制成的墙纸，质感强、高雅舒适。天然材料墙纸是用树叶、草、木材制成的墙纸。

墙纸基层处理要求表面平整、光洁、干净、不掉粉（如水泥砂浆、混合砂浆、石灰砂浆抹面，纸筋灰、玻璃丝灰罩面、石膏板、石棉水泥板等预制板材，质量高的现浇或预制的混凝土墙体）。基层要刮腻子，可采用局部刮腻子、满刮腻子一遍、满刮腻子两遍，再用砂纸磨平。同时为避免基层吸水太快，在基层表面满刮一遍 107 胶水。

塑料墙纸在裱贴前要进行胀水处理。将墙纸浸泡在水中 2～3s，取出后静置 15s 再刷胶。然后用 107 胶粘贴墙纸。粘贴时保持纸面平整，防止气泡，压实拼缝处。

2. 玻璃纤维墙布和无纺墙布饰面

玻璃纤维墙布具有强度大、韧性好、耐水、耐火、可擦洗、装饰效果好的优点，但盖底力稍差。

无纺墙布挺括、富有弹性、不易折断、表面光洁、有羊毛绒感、色彩鲜艳、图案雅致、不褪色，具有一定的透气性，可擦洗，施工简便。

墙布饰面裱糊方法大体与纸基墙纸相同。不同之处主要有不能吸水膨胀，直接裱糊；用聚醋酸乙烯乳液调配成的粘结剂粘结；基层颜色较深时，在粘结剂中掺入白色涂料（如白色乳胶漆等）；裱糊时粘结剂刷在基层上，墙布背面不要刷粘结剂。

3. 丝绒和锦缎饰面

丝绒和锦缎饰面质感温暖、绚丽多彩、古雅精致、色泽自然，是高级饰面材料。但不耐脏、不能擦洗、易霉变，且裱糊时会渗胶。

施工时在基层上用水泥砂浆找平；刷冷底子油；做一毡二油防潮层；立木龙骨（钉木框格）；钉胶合板；用化学浆糊、107 胶、淀粉面糊裱贴丝绒、锦缎。

2.4.6　铺钉类装修

铺钉类装修是将各种天然或人造薄板镶钉在墙面上的饰面做法，这种装修做法污染小。铺钉类装饰因所用材料质感细腻，装饰效果好，给人以亲切感。同时材料多系薄板结构或多孔性材料，对改善室内音质效果有一定作用。但防潮、防火性能欠佳，一般多用作宾馆、大型公共建筑大厅如候机室、候车室及商场等处的墙面或墙裙的装饰。铺钉类装饰由骨架和面板两部分组成，如图 2-2-29 所示。

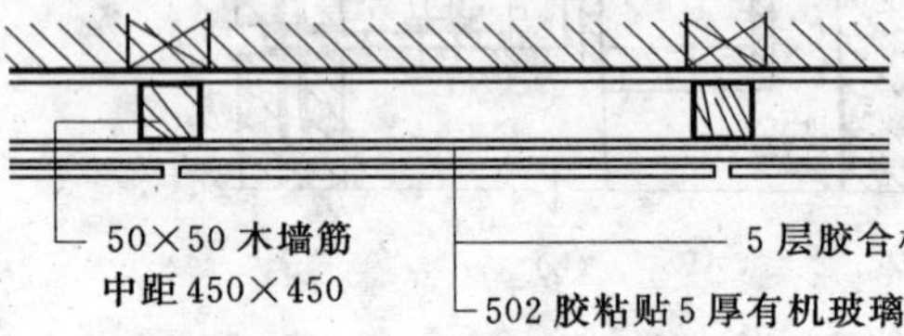

图 2-2-29　铺钉类墙面装修

任务实施

（1）绘图表示外墙墙脚处的构造处理，进行必要的标注。

（2）绘图表示外墙窗洞口处的构造处理，进行必要的标注。

（3）分析某砖混结构建筑的圈梁和构造柱的布置情况。

（4）分别确定住宅、办公楼、教学楼、医院、商场的内外墙面装修，并说明原因。

任务 3　隔墙、幕墙与板材墙

学习目标

★ 掌握隔墙、幕墙、板材墙的基本构造。

任务描述

★ 会根据建筑物的特点及使用部位特点选择隔墙、幕墙、板材墙的材料及其做法。

任务分析

★ 包括隔墙、幕墙、板材墙体的基本构造，对隔墙的基本构造重点讲解。

3.1　隔墙

隔墙是建筑中不承受任何外来荷载，只起分隔室内空间作用的墙体。隔墙构造设计应满足：重量轻，有利于减轻楼板的荷载；厚度薄，增加建筑的有效空间；有一定的隔声能力，避免各房间干扰；便于拆装，能随着使用要求的改变而变化；根据使用部位不同还需满足如防潮、防水、防火等要求。

常用隔墙有砌筑隔墙、轻骨架隔墙和条板隔墙 3 大类。

3.1.1　砌筑隔墙

砌筑隔墙是指用普通砖、空心砖及各种轻质砌块砌筑的隔墙。常用的有普通砖隔墙和砌块隔墙两种。

1. 半砖隔墙

砖隔墙有 1/2 砖隔墙和 1/4 砖隔墙之分。对 1/2 砖隔墙，当采用 M 2.5 级砂浆砌筑时，其高度不宜超过 3.6m，长度不宜超过 5m。当采用 M5 级砂浆砌筑时，其高度不宜超过 4m，长度不宜超过 6m；否则在构造上除砌筑时应与承重墙牢固搭接外，还应在墙身每隔 1.2m 高处加 2 ϕ 6 拉结钢筋予以加固。此外，砖隔墙顶部与楼板或梁相接处，不宜过于填实，或使砖砌体直接接触楼板和梁，应将上两皮砖斜砌或留有 30mm 的空隙，然后填塞墙与楼板间的空隙，以防止楼板或梁产生挠度致使隔墙被压坏，如图 2－3－1 所示。

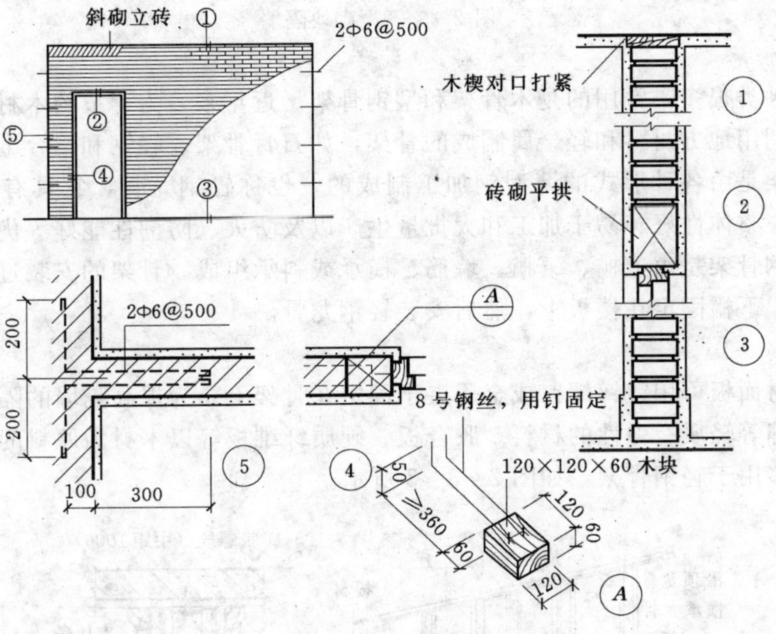

图 2－3－1　半砖隔墙

对 1/4 砖墙，高度不应超过 3m，宜用 M5 级砂浆砌筑。一般多用于面积不大且无门窗的墙体。隔墙上有门时，要用预埋铁件或用带有木楔的混凝土预制块将砖墙与门框拉接牢固。砖隔墙坚固耐久，有一定的隔声能力；但自重大，施工速度慢。

2. 砌块隔墙

采用各种空心砌块、加气混凝土块、粉煤灰硅酸盐块等砌筑的隔墙，大都具有重量轻、孔隙率大、保温隔热性能好、节省黏土等优点；但其吸水性强，一般应先在隔墙下部实砌 3～5 皮实心黏土砖，如图 2－3－2 所示。砌块较薄，也需采取措施，加强其稳定性，其方法与普通砖隔墙相同。

3.1.2　轻骨架隔墙

轻骨架隔墙是以木材、钢材或铝合金等构成骨架，把面层粘贴、涂抹、镶嵌，钉在骨架上形成的隔墙。

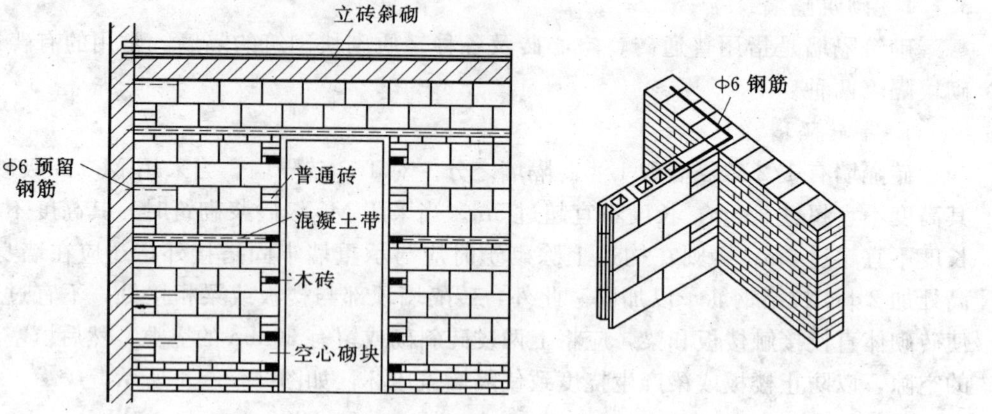

图 2-3-2 砌块隔墙

1. 骨架

骨架的种类很多，常用的是木骨架和型钢骨架。近年来，为了节约木材和钢材，各地出现了不少利用地方材料和轻金属制成的骨架，如石膏骨架、轻钢和铝合金骨架等。

轻钢骨架是由各种形式的薄型钢加工制成的，也称轻钢龙骨，它具有强度高、刚度大、重量轻、整体性好、易于加工和大批量生产以及防火、防潮性能好等优点，因此被广泛应用。轻钢骨架是由上槛、下槛、墙筋、横承或斜承组成。骨架的安装过程是先用射钉或螺栓将上、下槛固定在楼板上，然后安装轻钢龙骨。

2. 面层

人造板材面板可用镀锌螺钉或金属夹子固定在骨架上，为提高隔墙的隔声能力，可在面板间填岩棉等轻质有弹性的材料。胶合板、硬质纤维板等以木材为原料的板材多用木骨架，石膏板多用于轻钢骨架，如图 2-3-3 所示。

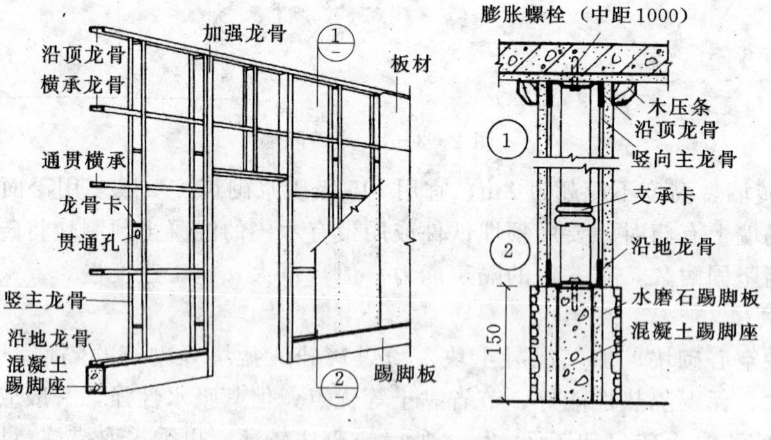

图 2-3-3 轻钢骨架隔墙

3.1.3 条板隔墙

条板隔墙是采用工厂生产的制品板材，用粘结材料拼合固定形成的隔墙。条板隔墙单板相当于房间净高，面积较大，不依赖于骨架直接装配而成；它具有自重轻、安装方便、施工速度快、工业化程度高等特点。常见的条板有加气混凝土条板、石膏条板、碳化石灰板、泰柏板及各种复合板等。条板的厚度大多为60～100mm，宽度为600～1200mm。为便于安装，条板长度略小于房间净高。安装时，板下留20～30mm缝隙，用小木楔顶紧，板下缝隙用细石混凝土堵严。条板安装完毕后，用胶泥刮平板缝后即可做饰面。图2-3-4所示为碳化石灰条板隔墙的举例。

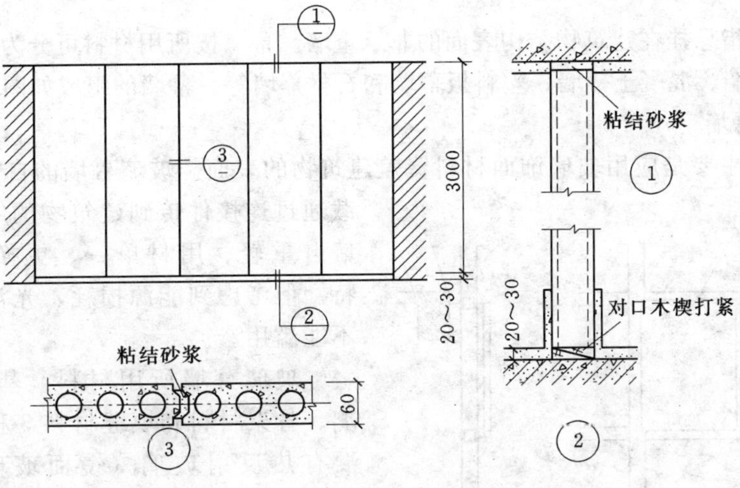

图2-3-4　碳化石灰条板隔墙示例

水泥钢丝网夹芯板复合墙板（又称为泰柏板、PG板）是以50mm厚的阻燃型聚苯乙烯泡沫塑料整板为芯材，两侧钢丝网间距70mm，钢丝网格间距50mm，每个网格焊一根腹丝，腹丝倾角45°，两侧喷抹30mm厚水泥砂浆或小豆石混凝土，总厚度为110mm，如图2-3-5所示。

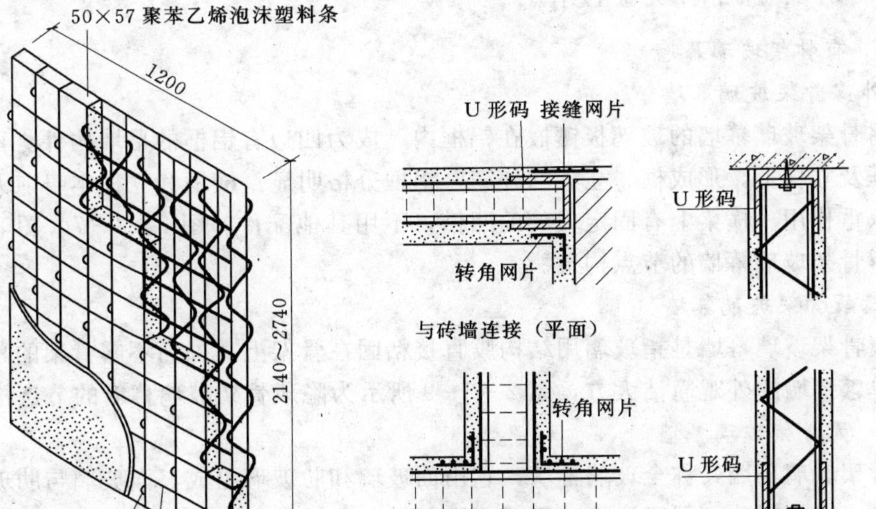

图2-3-5　水泥钢丝网夹芯复合墙板

安装水泥钢丝网夹芯板复合墙板时，先放线，然后在楼面和顶板处设置锚筋或固定U形码，将复合墙板与之可靠连接，并用锚筋及钢筋网加强复合墙板与周围墙体、梁、柱的连接。这种复合墙板具有耐火性、防水性、隔声性能好的优点，且安装、拆卸方便。但该复合墙板在高温下会散发有毒气体，因此不宜在建筑的疏散通道两侧使用。

3.2 幕墙

幕墙通常指悬挂在建筑物结构表面的非承重墙。幕墙按所用材料可分为玻璃幕墙、铝板幕墙、钢板幕墙、混凝土幕墙、塑料板幕墙和石材幕墙等。幕墙的组成如图 2-3-6 所示。

3.2.1 玻璃幕墙

玻璃幕墙主要是应用玻璃饰面材料覆盖建筑物的表面。玻璃幕墙的自重及受到的风荷载通过连接件传到建筑物的结构上。玻璃幕墙自重轻、用材单一、更换性强、效果独特。但考虑到能源损耗、光污染等问题，故不能滥用。

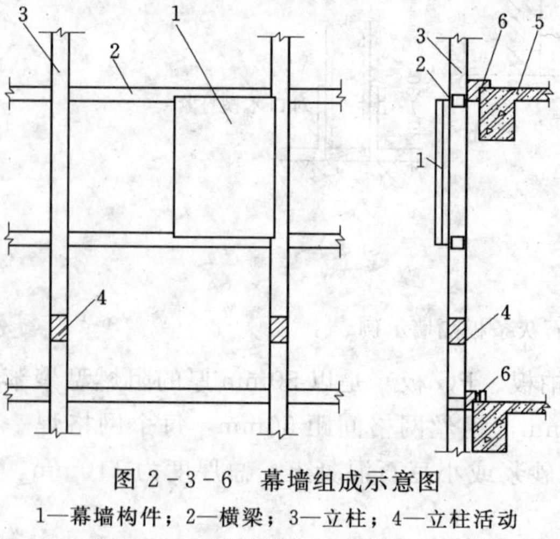

图 2-3-6 幕墙组成示意图

1—幕墙构件；2—横梁；3—立柱；4—立柱活动接头；5—立体结构；6—立柱悬挂点

玻璃幕墙所用材料，基本上有幕墙玻璃、骨架材料和填缝材料 3 种。幕墙玻璃主要有热反射玻璃（镜面玻璃）、吸热玻璃（染色玻璃）、双层中空玻璃及夹层玻璃、夹丝玻璃、钢化玻璃等品种。玻璃幕墙的骨架，主要由构成骨架的各种型材以及连接与固定用的各种连接件、紧固件组成。填缝材料一般是由填充材料、密封材料与防水材料组成。

3.2.1.1 有骨架玻璃幕墙

1. 外露骨架玻璃幕墙

外露骨架玻璃幕墙的玻璃板镶嵌在铝框内，成为四边有铝框的幕墙构件。幕墙构件镶嵌在横框及立柱上，形成框、立柱均外露，铝框分格明显。横框和立柱本身兼龙骨及固定玻璃的双重作用。横梁上有固定玻璃的凹槽，不用其他配件。图 2-3-7、图 2-3-8 所示为外露骨架玻璃幕墙的节点构造。

2. 隐蔽骨架玻璃幕墙

隐蔽骨架玻璃幕墙是指玻璃用结构胶直接粘固在骨架上，外面不露骨架的幕墙。玻璃安装简单，幕墙的外观简洁大方，图 2-3-9 所示为隐蔽骨架玻璃幕墙的节点构造。

3.2.1.2 无骨架玻璃幕墙

无骨架玻璃幕墙又称全玻璃幕墙，它由面玻璃和肋玻璃组成，面玻璃与肋玻璃相交部位应留出一定的间隙，用以注满硅酮系列密封胶，做法如图 2-3-10 所示。全玻璃幕墙所用的玻璃，多为钢化玻璃和夹层钢化玻璃。在建筑物底层及旋转餐厅，为满足游览观光需要，有时需要采取完全透明，无遮挡的全玻璃幕墙。

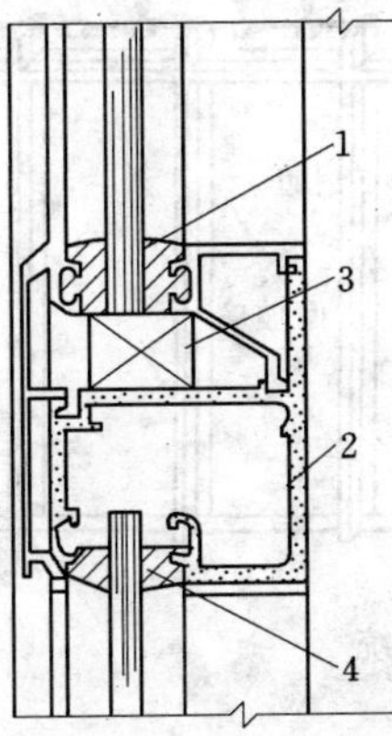

图 2-3-7 明框玻璃幕墙梁节点
1—上框主件；2—下框主件；
3—弹性垫块；4—耐候胶

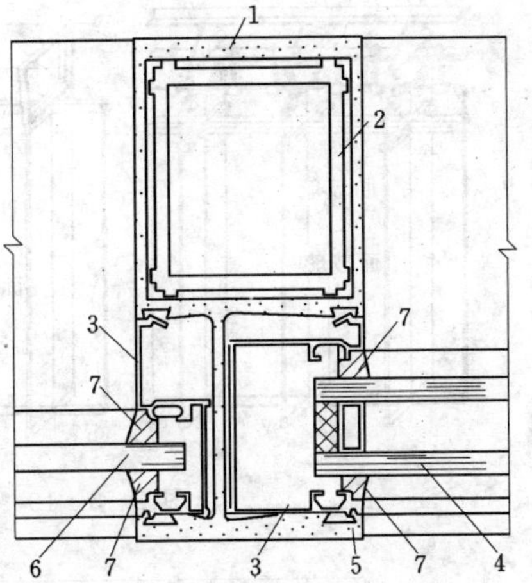

图 2-3-8 明框玻璃幕墙立柱节点
1—立柱；2—塞件（伸入立柱 300mm）；
3—扣件；4—双层玻璃；5—丙烯胶；
6—玻璃；7—硅酮耐候胶

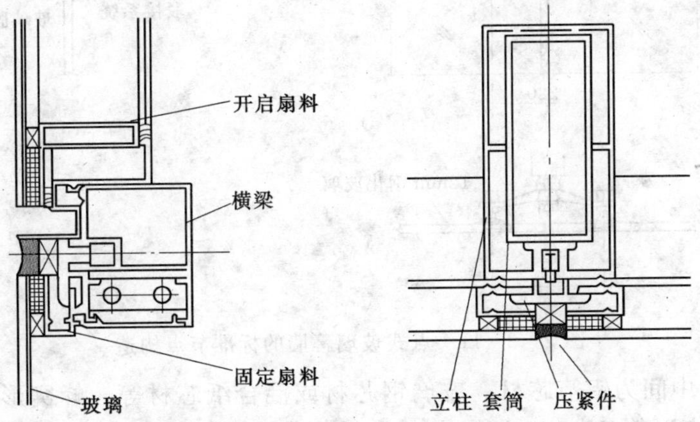

图 2-3-9 隐蔽骨架玻璃幕墙节点

3.2.1.3 点式玻璃幕墙

点式玻璃幕墙全称为金属支承结构点式玻璃幕墙，它是采用计算机设计的现代结构技术和玻璃技术相结合的一种全新建筑空间结构体系，幕墙骨架主要由无缝钢管、不锈钢拉杆（或再加拉索）和不锈钢爪件所组成，它的面玻璃在角位打孔后，用金属接驳件连接到支承结构的全玻璃幕墙上。玻璃是用不锈钢爪件穿过玻璃上预钻的孔得以可靠固定的，如图 2-3-11 所示。

3.2.2 金属板幕墙

金属板幕墙多用于建筑物的入口处、柱面、外墙勒脚等部位。金属板幕墙中最常见的是铝板幕墙，铝板常用平铝板、蜂窝铝板、复合铝板。复合铝板也叫铝塑板，表层双面为 0.4～0.5mm 的铝板，中间为聚乙烯芯材。蜂窝铝板两面为厚 0.8～1.2mm 及 1.2～

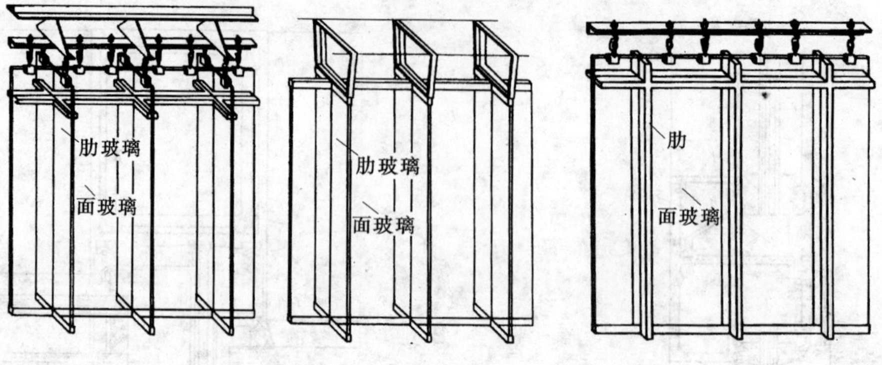

图 2-3-10 无骨架玻璃幕墙支承系统

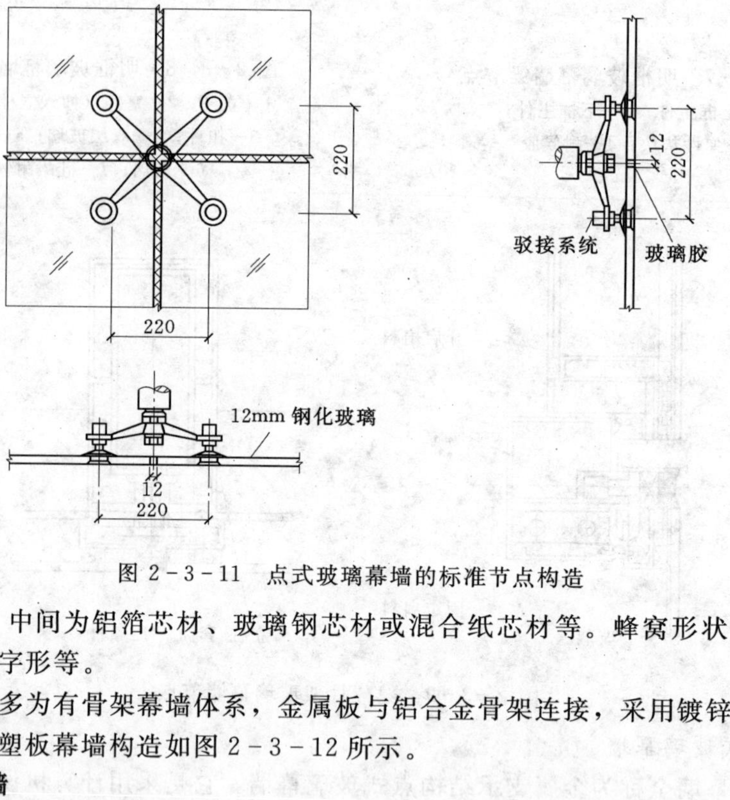

图 2-3-11 点式玻璃幕墙的标准节点构造

1.8mm 的铝板，中间为铝箔芯材、玻璃钢芯材或混合纸芯材等。蜂窝形状为波形、六角形、长方形及十字形等。

金属板幕墙多为有骨架幕墙体系，金属板与铝合金骨架连接，采用镀锌螺钉或不锈钢螺栓连接。某铝塑板幕墙构造如图 2-3-12 所示。

3.2.3 石材幕墙

石材幕墙的用材主要有花岗石、大理石及青石板。花岗石耐磨、耐酸碱、耐用年限长，主要用于重要建筑的基座、墙面、柱面、勒脚、地面等部位。大理石质脆、硬度低、抗冻性差，室外耐用年限短，当用于室外时，需在表面涂刷有机硅等罩面材料进行保护。青石板材质较软、易风化，其纹理构造可取得风格自然的效果。石材幕墙的形式分为有骨式和无骨式两种，如图 2-3-13 所示。

3.3 板材墙体

板材墙是我国工业建筑墙体的发展方向之一，其优点是能减轻墙体自重，改善墙体抗

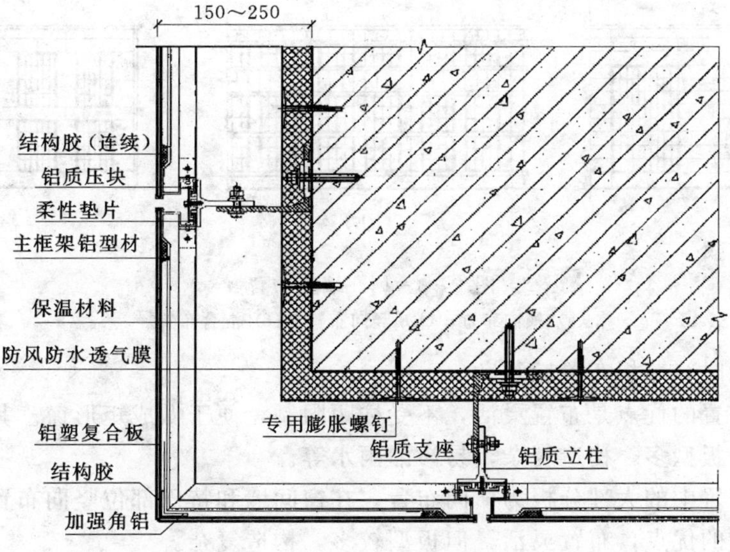

图 2-3-12　铝塑板幕墙构造

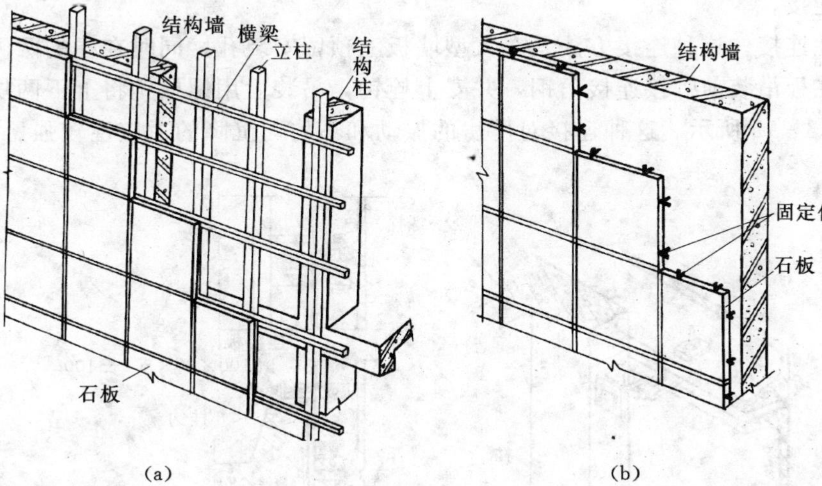

图 2-3-13　石材幕墙的形式

(a) 直接固定；(b) 设有骨架

震性能，充分地利用工业废料，加快施工速度，促进建筑的工业化水平。但目前的板材墙还存在着热工性能差、连接不理想等缺点。

3.3.1　板材墙体的布置

墙板布置可分为横向布置、竖向布置和混合布置 3 种类型，如图 2-3-14 所示。

(1) 横向布置的优点是板长度和柱距一致，可利用厂房的柱作为墙板的支承或悬挂点，竖缝可由柱遮挡，不易渗透风雨，墙板本身可兼起门窗过梁与连系梁的作用，能增强厂房的纵向刚度，构造简单，连接可靠，板型较少，便于布置窗框板或带形窗等。其缺点

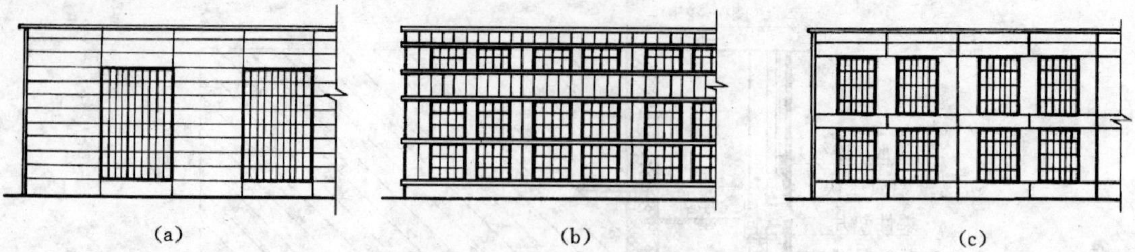

图 2-3-14　墙板布置

(a) 横向布置；(b) 竖向布置；(c) 混合布置

是遇到穿墙孔洞时，墙板布置较复杂。

(2) 竖向布置的优点是布置灵活，不受柱距限制，便于做成矩形窗。其缺点是板长受侧窗高度限制，板型多，构造复杂，易渗漏雨水等。

(3) 混合布置中的大部分板为横向布置，在窗间墙和特殊部位竖向布置，因此它兼有横向与竖向布置的优点，布置灵活，但板型较多，构造复杂。

3.3.2　墙板的构造与柱的连接

横向布置墙板方式是目前应用最多的一种，横向布置墙板的板与柱的连接可采用柔性连接和刚性连接。

(1) 柔性连接。这种连接方法是在大型墙板上预留安装孔，同时在柱的两侧相应位置预埋构件，在板吊装前焊接连接角钢，并安上栓钩，吊装后用螺栓钩将上下两块板连接起来，如图 2-3-15 所示。这种连接对厂房的振动和不均匀沉降的适应性较强。

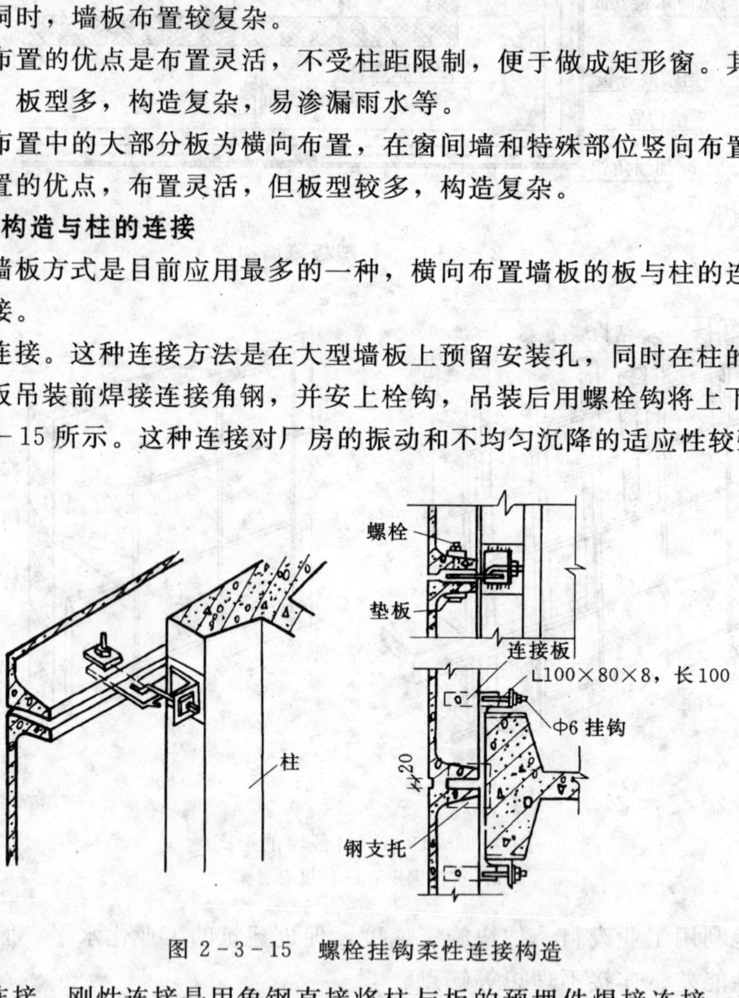

图 2-3-15　螺栓挂钩柔性连接构造

(2) 刚性连接。刚性连接是用角钢直接将柱与板的预埋件焊接连接，如图 2-3-16 所示。

这种方法构造简单、连接刚度大，增加了厂房的纵向刚度。但由于板柱之间缺乏相对独立的移动条件，在振动和不均匀沉降的作用下，墙体会产生裂缝，因此不适用于烈度为 7 度以上的地震区或可能产生不均匀沉降的厂房。

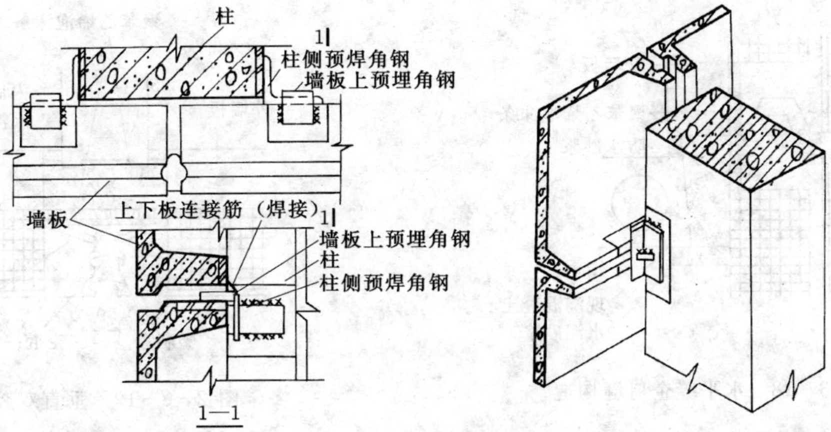

图 2-3-16　刚性连接构造

3.3.3　板缝的构造

外墙板防止接缝渗漏的措施，一般可归纳为 3 种，即材料防水、构造防水、材料防水与构造防水相结合。

1. 材料防水

用防水油膏嵌缝或用嵌缝带密封。当采用防水油膏嵌缝时，所用嵌缝油膏必须具有弹性大、高温不流淌、低温不脆裂等性能。防水油膏还应有与混凝土、砂浆等材料能良好粘结，能经受拉伸和压缩的反复变化，以及长期暴露在大气中不致老化的性能。材料防水构造如图 2-3-17 所示。

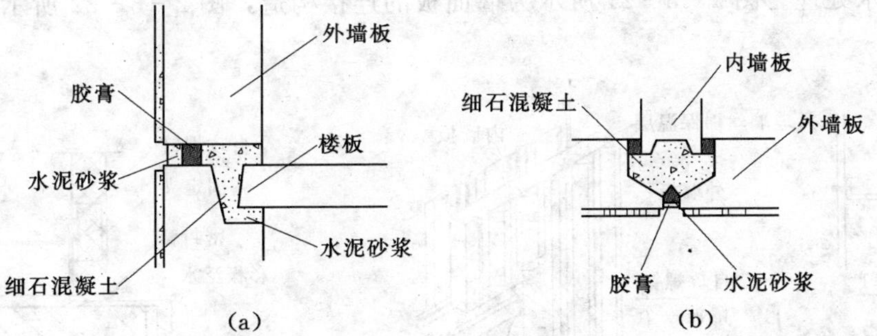

图 2-3-17　外墙板材料防水构造

(a) 水平缝；(b) 垂直缝

2. 构造防水

构造防水即在板缝外口做合适线型构造或采取不同形式的挡水处理，使水流分散，减少接缝处的雨水流量、流速和压力。构造防水的接缝，允许少量雨水渗入，但接缝的形状应能保证将渗入的雨水顺利地导出墙外。水平缝构造如图 2-3-18 所示，垂直缝构造如图 2-3-19 所示。

3. 材料防水与构造防水相结合

这种防水方法是在构造防水的基础上，用弹性材料或粘塑性材料嵌缝，使接缝出现变

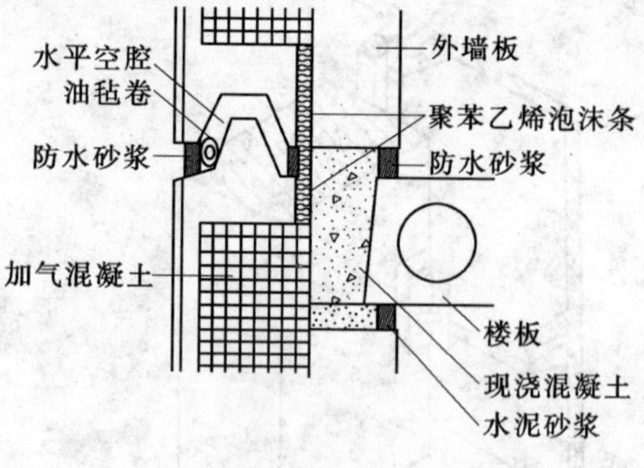

图 2－3－18　水平缝企口缝构造

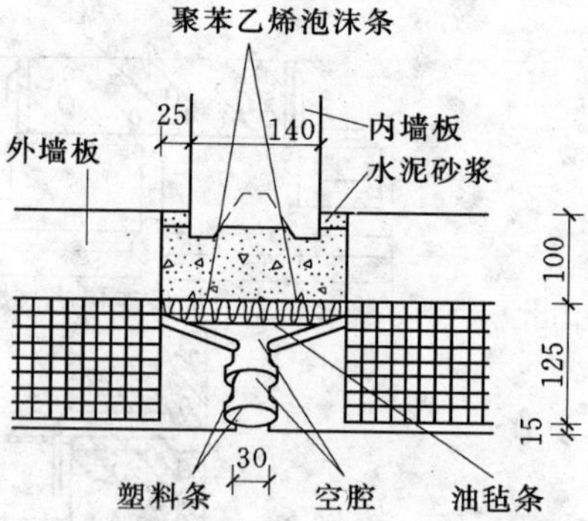

图 2－3－19　垂直双腔缝构造

形，也能防止形成内外贯通的缝隙，具有防水和防风的双重功能。这种做法对于保温要求高的严寒地区尤其适用，如图 2－3－20 所示。

3.3.4　压型钢板墙面

压型钢板是指以彩色涂层钢板或镀锌钢板为原材料，经辊压冷弯成波形断面，以改善力学性能、增大板刚度，是建筑用围护板材，具有轻质高强、施工方便、防火抗震等优点。

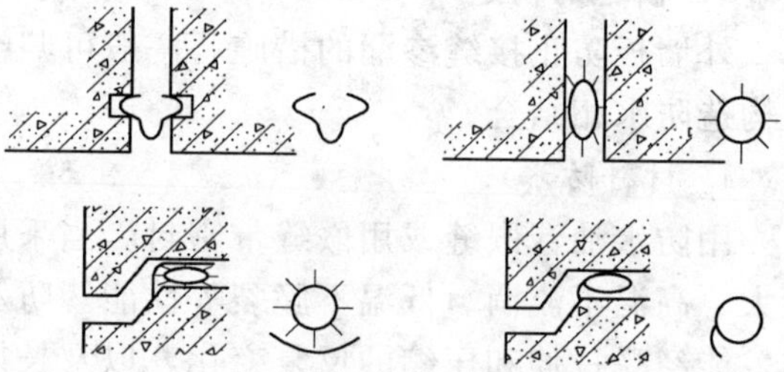

图 2－3－20　材料防水和构造防水相结合构造

压型钢板墙面的构造主要解决的问题是：固定点要牢靠、连接点要密封、门窗洞口要做防排水处理。图 2－3－21 所示为墙面板的连接构造，图 2－3－22 所示为墙身窗洞口的构造。

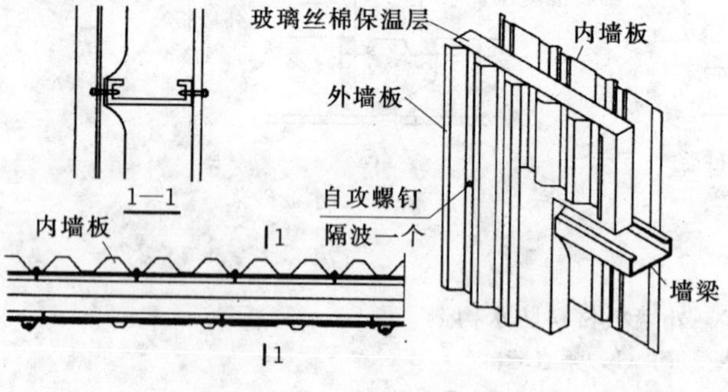

图 2－3－21　墙面板的连接

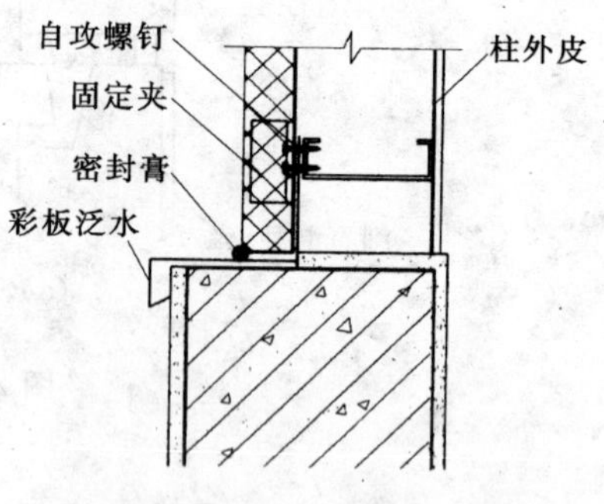

图 2－3－22　墙身窗洞口构造

3.4　开敞式外墙

南方地区的热加工车间，为了获得良好的自然通风和迅速散热，常常做成开敞式或半开敞式外墙。其构造主要是挡雨遮阳板，目前常用的有石棉水泥瓦挡雨板和钢筋混凝土挡雨板，如图 2－3－23 所示。

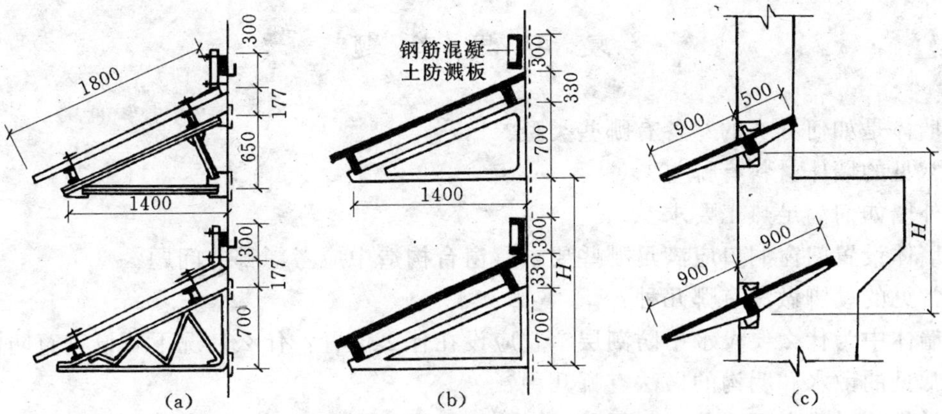

图 2-3-23　开敞式外墙挡雨板的构造

(a) 石棉水泥瓦挡雨片；(b) 钢筋混凝土挡雨片；(c) 无支架钢筋混凝土挡雨片

任务实施

(1) 某框架结构的办公楼，男女卫生间的隔墙应如何选用？该隔墙的构造要求有哪些？

(2) 某框架结构的商场外墙拟采用玻璃幕墙是否适合？如果适合选择绘制节点详图。

模块小结

(1) 墙体的作用可以概括为承重、围护、分隔。墙体根据不同的分类方法可以分为外墙、内墙，纵墙、横墙，承重墙和非承重墙，叠砌式、板筑式、装配式，实体墙、空体墙、复合墙，砖墙、石墙、砌块墙、混凝土墙、玻璃幕墙等。

(2) 墙体应具有足够的强度和稳定性，还应具有保温隔热、隔声、防火、防水、防潮等性能。外墙为满足保温、隔热要求，可采用外保温墙体、内保温墙体、夹心保温墙体等。

(3) 墙体所用材料主要有砖、砌块、板材和砂浆。墙体厚度与所选用墙体材料有关。墙体门窗洞口处需限制窗洞口及窗间墙尺寸。

(4) 外墙脚处设有勒脚、明沟与散水、墙身防潮层等。门窗洞口上设有过梁，窗洞口下部设有窗台。墙身的加固措施有设壁柱、圈梁、构造柱。墙面装修可分为抹灰类、贴面类、涂料类、裱糊类、铺顶类。

(5) 隔墙是分隔建筑室内空间的非承重构件，主要有砌筑隔墙、骨架隔墙和条板隔墙3种形式。幕墙是以板材形式悬挂于主体结构上的外墙。幕墙按材料分有玻璃幕墙、金属幕墙和石材幕墙。

(6) 板材墙体墙板布置可分为横向布置、竖向布置和混合布置3种类型，墙板与结构连接分刚性连接、柔性连接两种，板缝的处理可采用材料防水、结构防水、两者相结合的方式。

复习思考题

1. 墙体是如何分类的？各有哪些类型？
2. 常见的墙体材料有哪些？
3. 外墙如何满足热工要求？
4. 墙体设置门窗洞口应满足哪些要求？窗台构造中应考虑哪些问题？
5. 常见的勒脚做法有哪几种？
6. 墙体中为什么要设水平防潮层？它应设在什么位置？什么情况下要设垂直防潮层？
7. 常见的散水和明沟的做法有哪几种？
8. 常见的过梁有哪几种？它们的适用范围和构造特点是什么？
9. 圈梁的作用是什么？一般设在什么位置？
10. 构造柱的基本构造要求有哪些？
11. 砌块墙的构造要求有哪些？
12. 试述墙面装修的作用和基本类型。
13. 常见隔墙有哪些？简述各种隔墙的构造做法。
14. 防火墙的基本构造要求有哪些？
15. 简述玻璃幕墙的分类和构造做法。
16. 板材墙体的布置方式有哪些？板缝如何满足防水要求？

综合练习

某办公楼，层高 3.0m，室内外高差 450mm，要求沿外墙剖切，从二层窗台以下至基础以上，绘制外墙墙身节点详图。气候条件、结构类型自定。完成内容如下：

1. 绘制定位轴线及编号圆圈。
2. 绘制墙身、勒脚、内外装修等的材料符号并标注。
3. 绘制水平防潮层，注明材料和做法，并注明防潮层的标高。
4. 绘制散水和室外地面并标注材料、做法及尺寸。
5. 绘制室内首层地面构造、标注标高及构造做法。
6. 绘制内窗台、外窗台。
7. 绘制窗过梁、圈梁（框架梁）、楼板，注明尺寸、下坡标高。
8. 尺寸标注。

模块3 楼板层和地面

建筑物的楼板层和地面合称楼地面，是建筑中水平方向上承受荷载并分隔围合空间的构件。从功能和构造上说，地面可看作特殊形式的楼面；而阳台、雨篷也是楼面的特殊形式。

任务1 认识楼板层

学习目标

★ 掌握楼板的类型、作用、设计要求及楼板层的构成，会根据建筑物的需求选择确定楼板层的构成。

任务描述

★ 建筑物楼板层的选择和做法。

任务分析

★ 包括楼板层的构造组成、分类和设计要求。

1.1 楼板的类型及特点

按使用材料的不同，楼板可分为木楼板、砖拱楼板、钢筋混凝土楼板、压型钢板组合楼板等类型，如图3-1-1所示。

1.1.1 木楼板

木楼板在我国古建筑中很常见，是我国的传统做法。它是在木搁栅之间设置剪刀撑，形成有足够整体性和稳定性的骨架，并在木搁栅上下铺钉木板所形成的楼板。这种楼板具有自重轻、构造简单等优点，但其耐火性、耐久性、隔声能力较差，为了节约木材和满足防火要求，现在已经很少采用。

1.1.2 砖拱楼板

砖拱楼板是先在墙或柱上架设钢筋混凝土小梁，然后在钢筋混凝土小梁之间用砖砌成拱形结构所形成的楼板。这种楼板可以节约钢材、水泥，但其自重较大，抗震性能差，而且楼板层厚度较大，施工复杂，目前也已经很少使用。

1.1.3 钢筋混凝土楼板

钢筋混凝土楼板的强度高、刚度好，具有较强的耐久性、防火性能和良好的可塑性，便于工业化生产和机械化施工，是目前我国房屋建筑中广泛采用的一种楼板形式。

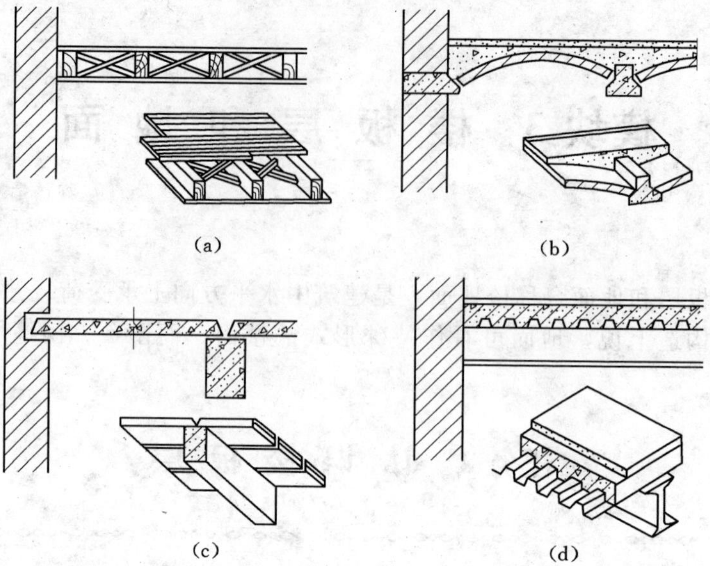

图 3-1-1 楼板的类型

(a) 木楼板；(b) 砖拱楼板；(c) 钢筋混凝土楼板；(d) 压型钢板组合楼板

1.1.4 压型钢板组合楼板

压型钢板组合楼板是在钢筋混凝土墙板基础上发展起来的，这种组合体系是利用凸凹相间的压型薄钢板作衬板与现浇混凝土浇筑在一起而形成的钢衬板组合楼板，既提高了楼板的强度和刚度，又加快了施工进度。近年来主要用于大空间、高层民用建筑和大跨度工业厂房中。

1.2 楼板的作用

(1) 楼层中的楼板主要是承受水平方向的竖直荷载。

(2) 楼板能在高度方向将建筑物分隔为若干层。

(3) 楼板是墙、柱水平方向的支承及联系构件，保持墙柱的稳定性，并能将其承受的楼面传来的荷载连同其自重有效地传给其他的支承构件，即墙或柱，再由墙或柱传给基础。

(4) 楼板有时还要起到保温、隔热作用，即围护功能。

(5) 楼板还能起到隔声作用，以保证上、下层之间互不干扰。

(6) 楼板还可以起到防火、防水、防潮等功能。

1.3 楼板层的构造组成及作用

楼板层是用来分隔建筑空间的水平承重构件，它竖向将建筑物分成许多个楼层。楼板层一般由面层、结构层和顶棚层等几个基本层次组成，当房间对楼板层有特殊要求时，可加设相应的附加层，如防水层、防潮层、隔声层、隔热层等，如图 3-1-2 所示。

1. 面层

面层又称楼面，是楼板层上表面的构造层，也是室内空间下部的装修层。面层对结构

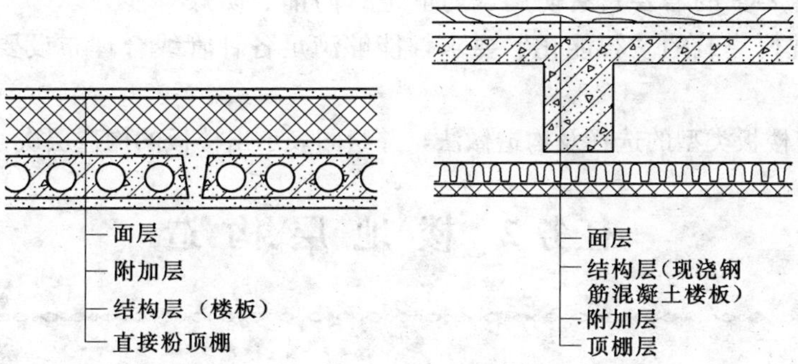

图 3-1-2　楼板层的基本构成

层起着保护作用，使结构层免受损坏，同时也起着装饰室内的作用。根据各房间的功能要求不同，面层有多种不同的做法。

2. 结构层

结构层通常称为楼板，位于面层和顶棚层之间，是楼板层的承重部分，包括板、梁等构件。结构层承受整个楼板层的全部荷载，并对楼板层的隔声、防火等起着主要作用。

3. 顶棚层

顶棚层是楼板层下表面的构造层，也是室内空间上部的装修层，又称天花、天棚。顶棚的主要功能是保护楼板、安装灯具、装饰室内空间及满足室内的特殊使用要求。

4. 附加层

附加层通常设置在面层和结构层之间，有时也布置在结构层和顶棚之间，主要有管线敷设层、隔声层、防水层、保温或隔热层等。管线敷设层是用来敷设水平设备暗管线的构造层；隔声层是为隔绝撞击声而设的构造层；防水层是用来防止水渗透的构造层；保温或隔热层是改善热工性能的构造层。

1.4　楼板的设计要求

（1）具有足够的强度和刚度，保证结构的安全性。强度要求是指楼板层应保证在自重和活荷载作用下安全可靠，不发生任何破坏。这主要是通过结构设计来满足要求。刚度要求是指楼板层在一定荷载作用下不发生过大变形，以保证正常使用状况。结构规范规定楼板的允许挠度不大于跨度的1/250，可用板的最小厚度（$1/40L$～$1/35L$）来保证其刚度。

（2）具有一定的隔声要求，楼层的隔声量一般为40～50dB。提高楼层的隔声能力的措施有以下几种：①选用空心构件来隔绝空气传声；②在楼板面铺设弹性面层，如橡胶、地毯等；③在面层下铺设弹性垫层；④在楼板下设置吊顶棚。

（3）具有一定的热工要求。一般楼层和地层应有一定的蓄热性，即地面应有舒适的感觉。

（4）具有一定的防火能力。楼地层应根据建筑物的等级进行防火设计，以满足防火要求。

（5）具有防水、防潮能力。对厨房、盥洗室、卫生间等一些地面潮湿、易积水的房间，应处理好楼地层的渗水问题。

(6) 有特殊要求的需要具有防腐、防静电、防油、防爆等能力。

(7) 根据现代建筑的“智能化”要求，能够满足各种管线合理布设要求。

任务实施

某民用建筑楼板类型的选择及构造做法，并绘图表示出楼板的构造层次、材料及做法。

任务2　楼 地 层 构 造

学习目标

★ 掌握楼板层与地面层的设计要求、组成及类型；掌握钢筋混凝土楼板层的构造原理和结构布置特点；熟悉各种常用楼地面的防潮、防水及隔声构造做法。

任务描述

★ 某楼地面工程中现浇钢筋混凝土楼板的类型及选择。

任务分析

★ 包括现浇钢筋混凝土楼板的类型及选择、楼板层与地坪层的装修、顶棚的构造、楼地层保温、防水等特殊要求的满足。

2.1　楼地层的构成

楼地层包括楼板层和地坪层，是水平方向分隔房屋空间的承重构件，楼板层分隔上下楼层空间，地坪层分隔大地与底层空间，如图 3-2-1 所示。

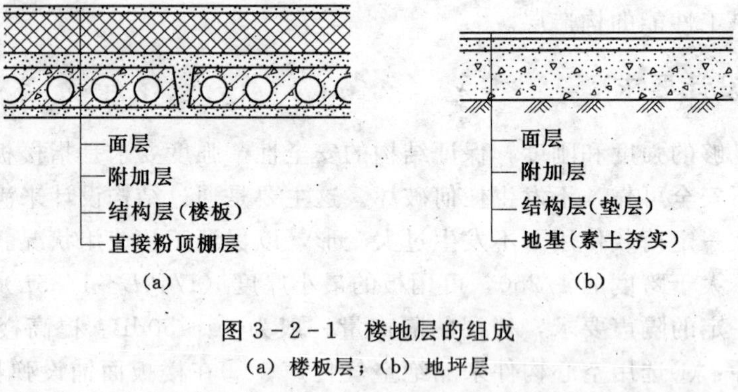

图 3-2-1　楼地层的组成

(a) 楼板层；(b) 地坪层

2.2　楼板的构造

根据所采用材料的不同，楼板可分为木楼板、砖拱楼板、钢筋混凝土楼板、压型钢板组合楼板等形式。目前广泛使用的主要为钢筋混凝土楼板和压型钢板组合楼板。

2.2.1　现浇式钢筋混凝土楼板

2.2.1.1　板式楼板

在墙体承重建筑中，当房间尺寸较小，楼板上的荷载直接由楼板传递给墙体，这种楼板称板式楼板。板式楼板的底面平整，便于支模施工，但当楼板跨度大时，需增加楼板的厚度，耗费材料较多，所以板式楼板主要适用于平面尺寸较小的房间，如居住建筑中的厨房、卫生间及公共建筑的走廊等。

楼板一般是4边支承，根据其受力特点和支承情况，又可分为单向板和双向板。在板的受力和传力过程中，板的长边尺寸 l_2 与短边尺寸 l_1 的比值大小，决定了板的受力情况。我国的《混凝土结构设计规范》（GB 50010—2002）规定：两对边支承的板应按单向板计算。对于4边支承的板，当长边与短边长度之比大于2.0，但小于3.0时，宜按单向板计算；当按沿短边方向受力的单向板计算时，应沿长边方向布置足够数量的构造钢筋；当长边与短边长度之比不小于3.0时，可按沿短边方向受力的单向板计算，如图3-2-2所示。

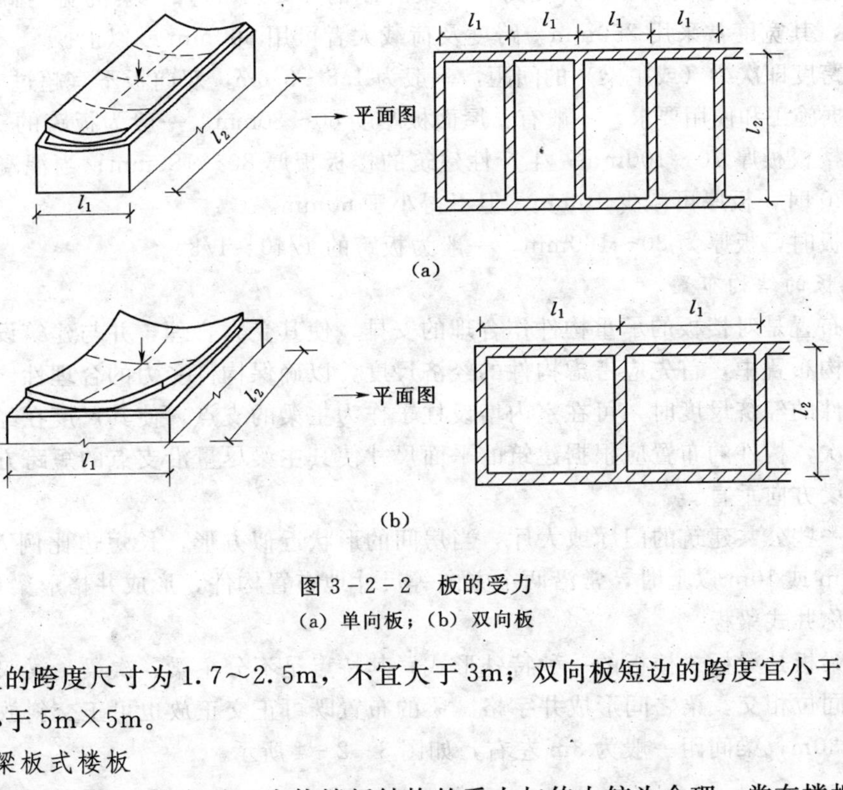

图3-2-2 板的受力

(a) 单向板；(b) 双向板

单向板的跨度尺寸为1.7～2.5m，不宜大于3m；双向板短边的跨度宜小于4m，方形双向板宜小于5m×5m。

2.2.1.2 梁板式楼板

当房间的平面尺寸较大时，为使楼板结构的受力与传力较为合理，常在楼板下设梁以增加板的支点，从而减小了板的跨度。这样楼板上的荷载是先由板传给梁，再由梁传给墙或柱。这种楼板结构称为梁板式结构。梁有主梁与次梁之分，如图3-2-3所示。

楼板受力传递方向为板→次梁→主梁→墙或柱。

1. 楼板结构的经济尺度

为了更充分地发挥楼板结构的效力，合理选择构件的使用尺度是至关重要的。工程技术人员在试验和实践的基础上，总结出的楼板结构构件常用尺度，是供结构构件设计时参考的经济尺度，现分述如下：

主梁跨度一般为5～9m，最大可达到12m，主梁高度为跨度的1/14～1/8；次梁跨度

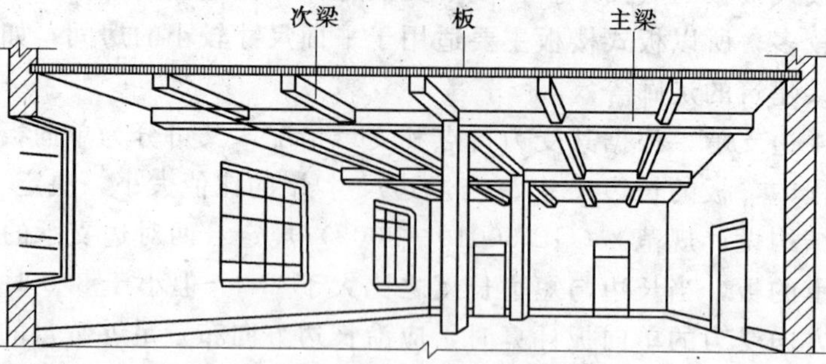

图 3-2-3 梁板式楼板

即主梁间距，一般为 4～6m，次梁高为次梁跨度的 1/18～1/12。梁的宽与高之比一般为 1/3～1/2，其宽度常采用 250mm，跨度及荷载大者可用 300mm 或以上。

板的跨度即次梁（或主梁）的间距，一般为 1.8～3.6m，双向板不宜超过 5m×5m。板的厚度根据施工和使用要求，一般有：屋面板厚度 60～80mm；一般为板跨的 1/35～1/30；民用建筑楼板板厚 70～100mm；生产性建筑的楼板板厚 80～180mm；当混凝土强度等级不小于 C20 时，板厚可减少 10mm，但不得小于 60mm。

双向板时，板厚为 80～160mm，一般为板跨的 1/40～1/35。

2. 楼板的结构布置

结构布置是对楼板的承重构件作合理的安排，使其受力合理，并与建筑设计协调。

在结构布置中，首先应考虑构件的经济尺度，以确保构件受力的合理性。当房间的尺度超过构件的经济尺度时，可在室内增设柱子作为主梁的支点，使其尺度在经济跨度范围以内。其次，构件的布置应根据建筑的平面尺寸使其主梁尽量沿支点的短跨方向布置，次梁则与主梁方向垂直。

对于一些公共建筑的门厅或大厅，当房间的形状近似方形，长短边比例 $l_2/l_1 \leqslant 2$，且跨度在 10m 或 10m 以上时，常沿两个方向等尺寸地布置构件，形成井格形梁板结构形式，这种结构称井式梁板。

井式梁板是梁板式楼板的一种特殊形式，其特点是不分主梁、次梁，梁双向布置、断面等高且同位相交，梁之间形成井字格。梁的布置既可正交正放也可正交斜放，其跨度一般为 10～30m，梁间距一般为 3m 左右，如图 3-2-4 所示。

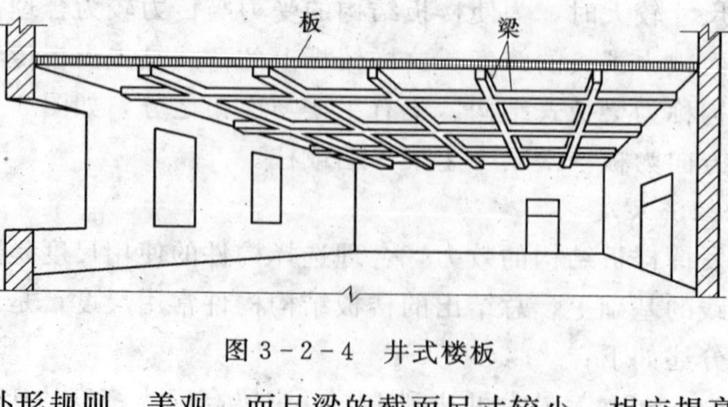

图 3-2-4 井式楼板

这种井式梁板外形规则、美观，而且梁的截面尺寸较小，相应提高了房间的净高。适用于建筑平面为方形或近似方形的大厅。

2.2.1.3 无梁式楼板

对平面尺寸较大的房间或门厅，有时楼板层也可以不设梁，直接将板支承于柱上，这种梁板称为无梁楼板。无梁楼板分无柱帽和有柱帽两种类型，当荷载较大时，为避免楼板太厚，应采用无柱帽楼板。无梁楼板的柱网应尽量按方形网格布置，跨度在 6m 左右较为经济，呈方形布置。由于板的跨度较大，故板厚不宜小于 150mm，一般为 160～200mm，如图 3－2－5 所示。

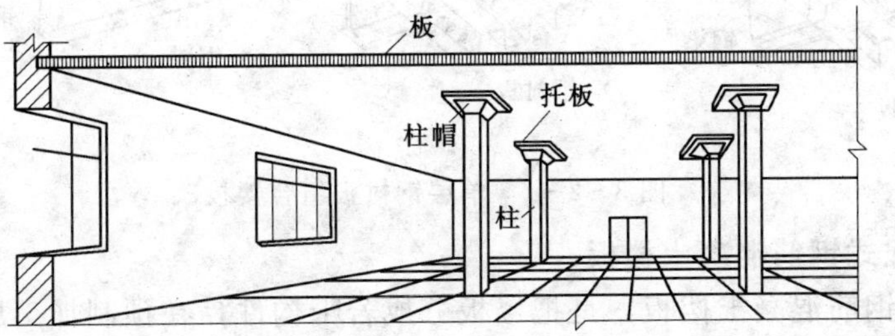

图 3－2－5　无梁式楼板

无梁楼板的板底平整，室内净空高度大，采光、通风条件好，便于采用工业化的施工方式，适用于楼面荷载较大的公共建筑（如商店、仓库、展览馆等）和多层工业厂房。

2.2.2　压型钢板组合楼板

压型钢板组合楼板是利用凹凸相间的压型薄钢板做衬板，与现浇混凝土浇筑在一起支承在钢梁上构成的整体型楼板，又称钢衬板组合楼板。其实质是钢与混凝土组合楼板。

压型钢板组合楼板主要由楼面层、组合板和钢梁 3 部分组成。组合板包括混凝土和钢衬板。此外，还可根据需要设置吊顶棚。压型钢板的跨度一般为 2～3m，铺设在钢梁上，与钢梁之间用栓钉连接。上面浇筑的混凝土厚为 100～150mm，如图 3－2－6 所示。

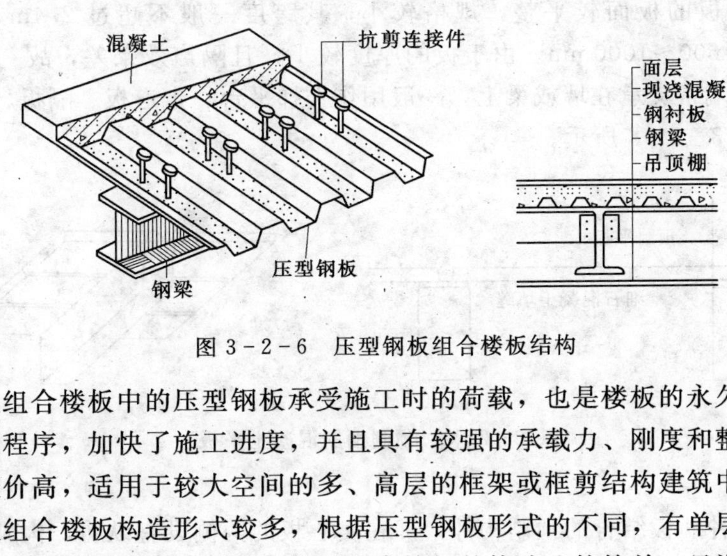

图 3－2－6　压型钢板组合楼板结构

压型钢板组合楼板中的压型钢板承受施工时的荷载，也是楼板的永久性模板。这种楼板简化了施工程序，加快了施工进度，并且具有较强的承载力、刚度和整体稳定性，但耗钢量较大、造价高，适用于较大空间的多、高层的框架或框剪结构建筑中。

压型钢板组合楼板构造形式较多，根据压型钢板形式的不同，有单层钢衬板组合楼板和双层钢衬板组合楼板之分。单层钢衬板组合楼板的构造比较简单，只设单层钢衬板。双层钢衬板组合楼板通常是由两层截面相同的压型钢板组合而成，也可由一层压型钢板和一层平钢板组成，如图3-2-7所示。双层压型钢板楼板的承载能力更好，两层钢板之间形成的空腔便于设备管线敷设。

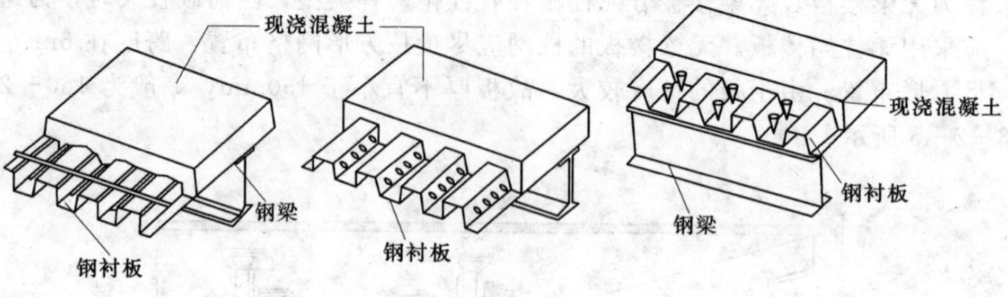

图3-2-7 单层钢衬板组合楼板

2.2.3 预制装配式钢筋混凝土楼板

预制装配式钢筋混凝土楼板，是把楼板分成若干构件，在预制加工厂或施工现场外预先制作，然后运到施工现场进行安装的钢筋混凝土楼板。这样可节省模板、缩短工期，提高施工工业化水平，但整体性较差，一些抗震要求较高的地区不宜采用，所以近年来在实际工程中的应用逐渐减少。

2.2.3.1 预制板的类型

按板的应力状况，预制钢筋混凝土楼板可分为预应力和非预应力两种。预应力构件与非预应力构件相比，可推迟裂缝的出现和限制裂缝的开展，并且节省钢材30%～50%，节约混凝土10%～30%，可以减轻自重、降低造价。

按楼板的构造形式，预制装配式钢筋混凝土楼板可分为实心平板、槽形板和空心板3种。

1. 实心平板

预制实心平板的板面较平整，规格较小，其跨度一般不超过2.4m，板厚为60～100mm，宽度为600～1000mm。由于板的厚度较小，且隔声效果差，故一般不用作使用房间的楼板，两端常支承在墙或梁上，一般用作楼梯平台、走道板、隔板、阳台栏板、管沟盖板等，如图3-2-8所示。

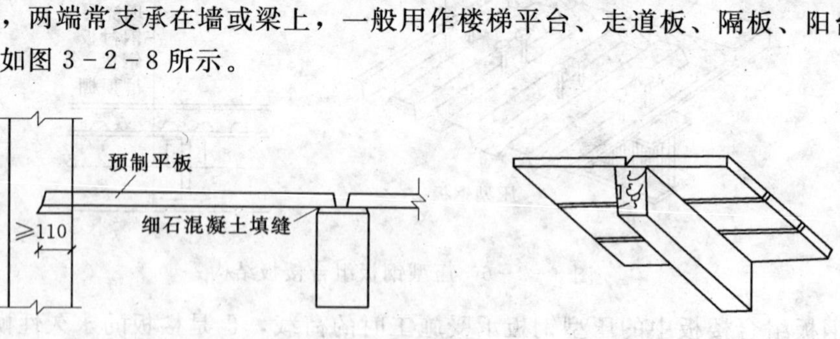

图3-2-8 预制钢筋混凝土平板

2. 槽形板

槽形板是一种肋板结合的预制构件，即在实心板的两侧设有纵肋，构成Ⅱ形截面，作用在板上的荷载主要由板侧的纵肋承受，因此板可做得较薄。为便于搁置和提高板的刚度，通常在板的两端常设端肋封闭、跨度较大的板。为提高刚度，还应在板的中部增设横肋。槽形板有预应力和非预应力两种，如图 3－2－9 所示。

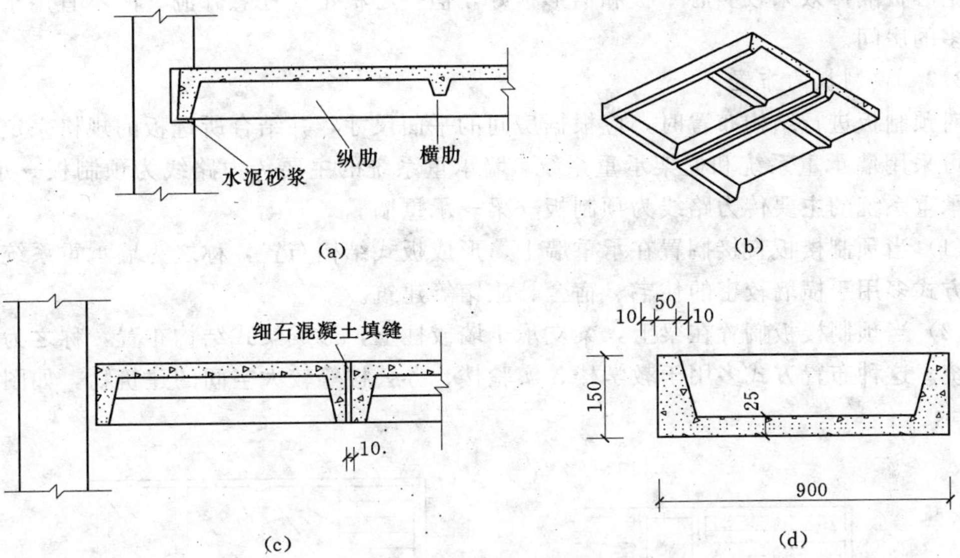

图 3－2－9　预制钢筋混凝土槽形板

(a) 纵剖面；(b) 槽形板地面；(c) 横剖面；(d) 倒置槽形板横剖面

槽形板的设计减轻了板的自重，具有省材料、便于在板上开洞等优点，但隔声效果差。为提高板的隔声性能，可在槽内填充隔声材料。

3. 空心板

空心板也是一种梁板结合的预制构件，其结构计算理论与槽形板相似，两者的材料消耗也相近，但空心板上下板面平整，且隔声效果优于槽形板，因此是目前广泛采用的一种形式，如图 3－2－10 所示。

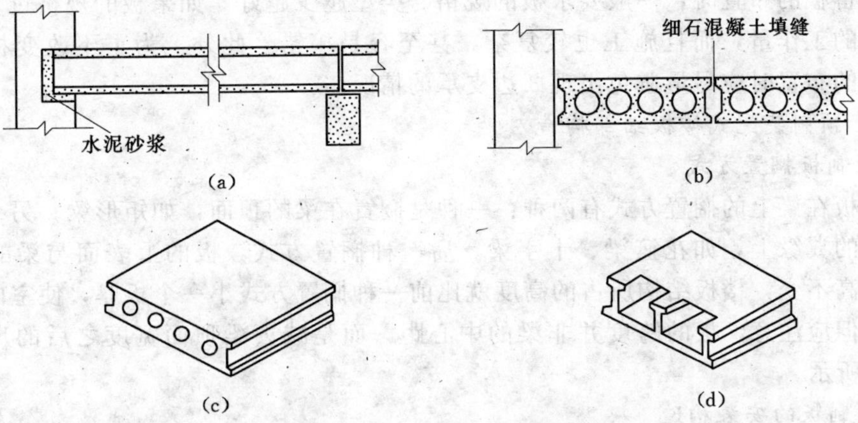

图 3－2－10　空心板

(a) 空心板纵剖面；(b) 空心板横剖面；(c) 剖面形式；(d) 端头形式

空心板的具体做法为：将楼板中部沿纵向抽孔而形成中空的一种钢筋混凝土楼板。孔的断面形式有圆形、椭圆形、方形和长方形等，由于圆形孔制作时抽芯脱模方便且刚度好，故应用最普遍。空心板有预应力和非预应力之分，一般多采用预应力空心板。

空心板隔声效果较实心平板和槽形板好，但空心板不能任意开洞，故不宜用于管道穿越较多的房间。

2.2.3.2 预制板的布置

对预制板进行结构布置时，应根据房间的平面尺寸，并结合所选板的规格来定。板的布置可采用墙承重系统和框架承重系统，墙承重系统的主要传力路线为预制板→承重墙；框架承重系统的主要传力路线为预制板→梁→承重墙。

(1) 当预制楼板直接搁置在承重墙上，形成板式结构布置，称之为墙承重系统。这种布置方式多用于横墙较密的住宅、宿舍、旅馆等建筑。

(2) 当预制楼板搁置在梁上，梁支承于墙或柱上，形成梁式结构布置，称之为框架承重系统。这种布置方式多用于教学楼、实验楼、办公楼等较大空间的建筑物，如图3-2-11所示。

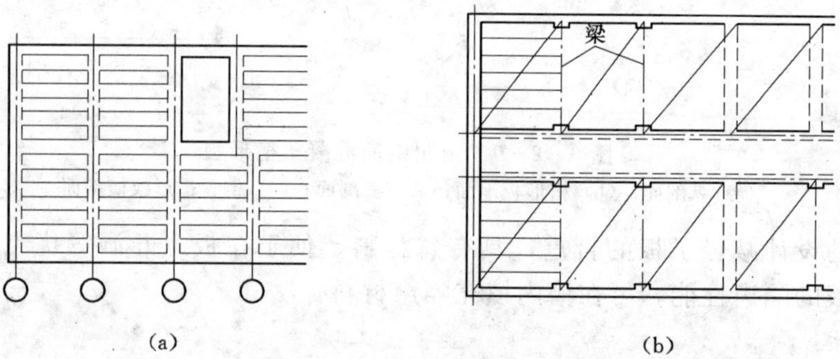

图3-2-11 预制板的布置

(a) 墙承式结构布置；(b) 梁承式结构布置

在进行板的布置时，一般要求板的规格、类型越少越好，如果板的规格过多，不仅增加板制作的工作量，而且施工也较复杂，甚至容易搞错。此外，为了不改变板的受力状况，在板的布置时应尽量避免出现3边支承的情况。

2.2.3.3 预制装配式楼板细部构造

1. 预制板搁置方式

预制板在梁上的搁置方式有两种：一种是搁置在梁的顶面，如矩形梁；另一种是搁置在梁出挑的翼缘上，如花篮梁、十字梁。后一种搁置方式，板的上表面与梁的顶面相平齐，若梁高不变，楼板结构所占的高度就比前一种搁置方式小一个板厚，使室内的净空高度增加。但应注意，板的跨度并非梁的中心距，而是减去梁顶面宽度之后的尺寸，如图3-2-12所示。

2. 预制板的安装构造

空心板安装前，为了提高板端的承压能力，避免灌缝材料进入孔洞内，应用混凝土或砖填塞端部孔洞。

预制板安装时，应先在墙或梁上铺10～20mm厚的M5水泥砂浆进行坐浆，然后再铺

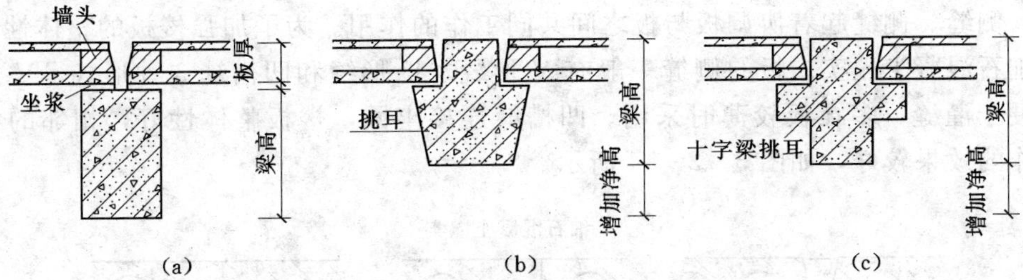

图 3-2-12　板在梁上的搁置方式

(a) 板搁置在矩形梁的顶面；(b) 板搁置在花篮梁的翼缘上；(c) 板搁置在十字梁的翼缘上

板，以使板与墙或梁有较好的连接，也能保证墙或梁受力均匀。同时，预制板在墙或梁上均应有足够的搁置长度，在梁上的搁置长度应不小于 80mm，在砖墙上的搁置长度应不小于 100mm。

预制板安装后，板的端缝与侧缝应用细石混凝土灌筑，以提高板的整体性。

3. 预制板的拉结

为了增加建筑物的整体刚度，可用钢筋将板与墙、板与板或板与梁之间进行拉结。拉结钢筋的配置应视建筑物对整体刚度的要求及抗震要求而定。

4. 预制板板缝调整

在布置房间楼板时，预制板的总宽度可能与房间的平面尺寸之间存在差额，即出现不足以排开一块板的缝隙，此时，可根据不同情况采取相应的措施来解决。按照缝隙的宽度不同，具体处理方式如下：①当缝隙小于 60mm 时，可调节板缝（使其不大于 30mm，灌 C20 细石混凝土），当缝隙在 60～120mm 时，可在灌缝的混凝土中加配 2 φ 6 通长钢筋；②当缝隙在 120～200mm 时，设现浇钢筋混凝土板带，且将板带设在墙边或有穿管的部位；③当缝隙大于 200mm 时，调整板的规格，如图 3-2-13 所示。

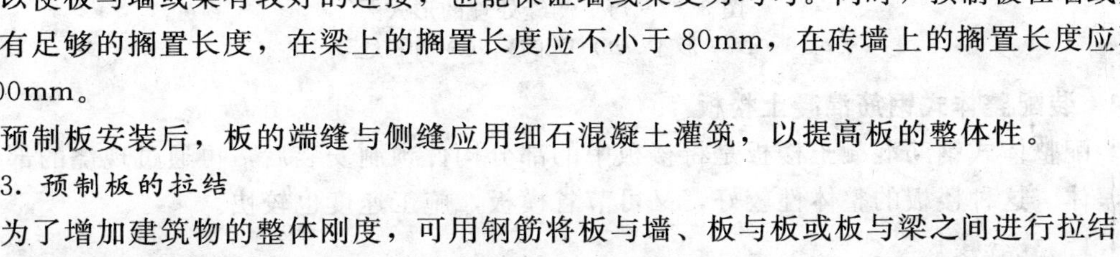

图 3-2-13　板缝调整

5. 预制板接缝处理

预制板板缝起着连接相邻两块板协同工作的作用，使楼板成为一个整体。在具体布置楼板时，往往出现缝隙，按照缝隙出现的部位不同，预制板之间的接缝分为端缝和侧缝两种，其具体处理要求如下：

(1) 端缝。端缝的处理一般是用细石混凝土灌缝，使之相互连接。为了增加建筑物的整体性和抗震性能，可将板端外露的钢筋交错搭接在一起，或加钢筋网片，并用细石混凝土灌实。

(2) 侧缝。侧缝起着协调板与板之间共同工作的作用。为了加强楼板的整体性，侧缝内应用细石混凝土灌实。板的侧缝一般有V形缝、U形缝和凹槽缝3种形式，V形缝和U形缝便于灌缝，多在板较薄时采用。凹槽缝连接牢固，楼板整体性好，相邻的板之间共同工作的效果较好，如图3-2-14所示。

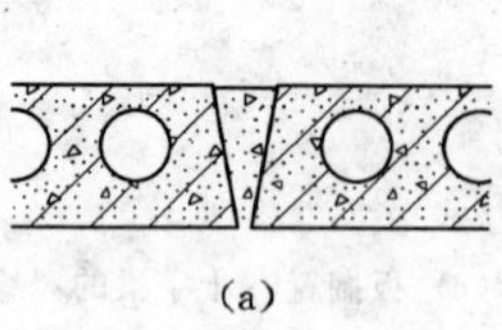

图3-2-14　侧缝处理的形式
(a) V形缝；(b) U形缝；(c) 凹槽缝

2.2.4　装配整体式钢筋混凝土楼板

装配整体式钢筋混凝土楼板是将楼板中的部分构件预制安装后，再通过现浇的部分连接成整体。这种楼板的整体性较好，又可节省模板，施工速度也较快。

2.2.4.1　叠合楼板

叠合楼板是预制薄板（预应力）与现浇混凝土面层叠合而成的装配整体式楼板，又称预制薄板叠合楼板。预制板既是楼板结构的组成部分，又是现浇钢筋混凝土叠合层的永久性模板。现浇叠合层内应设置负弯矩钢筋，并可在其中敷设水平设备管线，如图3-2-15所示。

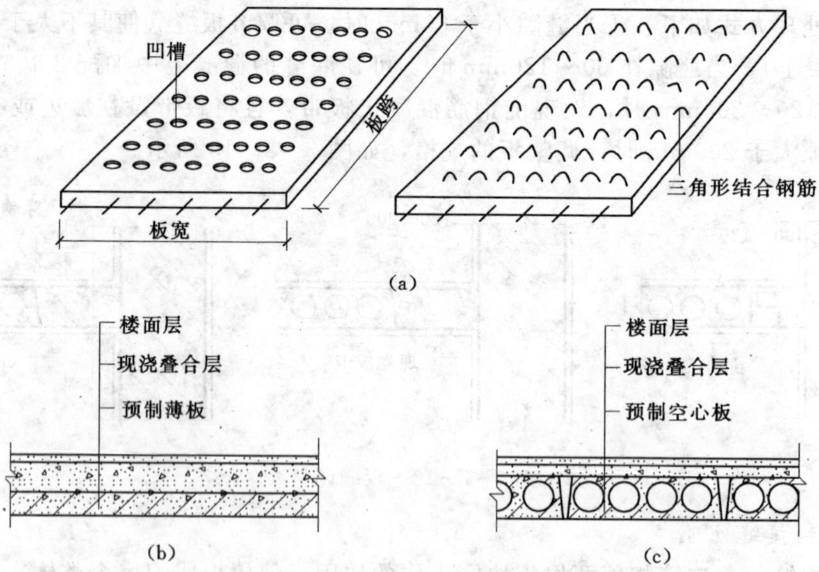

图3-2-15　叠合楼板
(a) 预制薄板的板面处理；(b) 预制薄板叠合楼板；(c) 预制空心板叠合楼板

叠合楼板的预制部分，可以采用预应力和非预应力实心薄板。板的跨度一般为4～6m，预应力薄板的跨度最大可达9m，通常以5.4m以内较为经济。板的宽度一般为1.1

～1.8m，板厚通常不小于50mm。叠合楼板的总厚度视板的跨度而定，以不小于预制板的2倍为宜，通常为150～250mm。为了保证预制薄板与叠合层有较好的连接，薄板上表面需做处理，常见的有两种：一种是在上表面作刻槽处理，刻槽直径为50mm，深为20mm，间距为150mm；另一种是在薄板表面露出较规则的三角形的结合钢筋等。

叠合楼板的预制板，也可采用钢筋混凝土空心板，此时现浇叠合层的厚度较薄，一般厚度为30～50mm。

2.2.4.2 密肋填充块楼板

密肋填充块楼板是指现浇（或预制）密肋小梁间安放预制空心砌块并现浇面板而制成的楼板结构。这种楼板底面平整，隔声效果好，能充分利用不同材料的性能，节约模板，且整体性好。

密肋填充块楼板的密肋小梁有现浇和预制两种。现浇密肋填充块楼板以陶土空心砖、矿渣混凝土空心块等作为肋间填充块，然后现浇密肋和面板。填充块与肋和面板相接触的部位带有凹槽，用来与现浇肋或板咬接，使楼板的整体性更好。肋的间距视填充块的尺寸而定，一般为300～600mm，面板厚度一般为40～50mm，如图3-2-16所示。

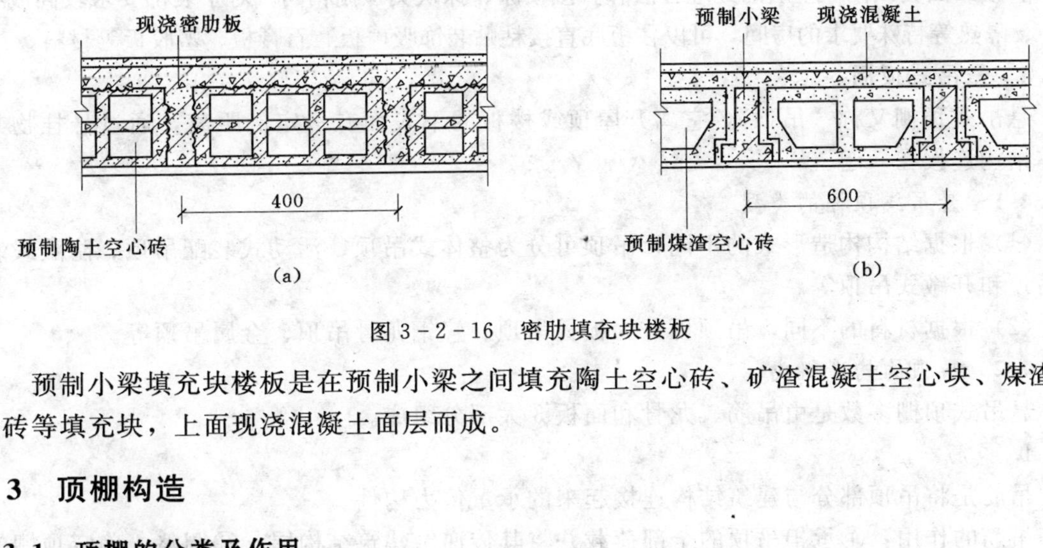

图3-2-16 密肋填充块楼板

预制小梁填充块楼板是在预制小梁之间填充陶土空心砖、矿渣混凝土空心块、煤渣空心砖等填充块，上面现浇混凝土面层而成。

2.3 顶棚构造

2.3.1 顶棚的分类及作用

2.3.1.1 顶棚的分类

顶棚按构造形式不同，可分为直接式顶棚和悬吊式顶棚，悬吊式顶棚又称“吊顶”。

2.3.1.2 顶棚的作用

(1) 增强室内装饰效果，给人以美的享受；顶棚的造型、高低、灯光布置和色彩处理，都会使人们对空间的视觉、音质环境产生不同的感受。

(2) 满足使用功能的要求，隐藏与室内环境不协调因素。

2.3.2 顶棚的设计要求

(1) 用来遮挡结构构件及各种设备管道和装置。

(2) 对于有声学要求的房间顶棚，其表面形状和材料应根据音质要求来考虑。

(3) 应结合室内设计进行统筹考虑，装设在顶棚上的各种灯具和空调风口应成为吊顶装修的有机整体。

（4）要便于维修隐藏在吊顶内的各种装置和管线。

（5）吊顶应便于工业化施工，并尽量避免湿作业。

2.3.3　直接式顶棚

直接式顶棚是指直接在钢筋混凝土屋面板或楼板下表面直接喷浆、抹灰或粘贴装修材料的一种构造方法。当板底平整时，可直接喷、刷大白浆或106涂料；当楼板结构层为钢筋混凝土预制板时，可用1∶3水泥砂浆填缝刮平，再喷刷涂料。这类顶棚构造简单、施工方便，具体做法和构造与内墙面的抹灰类、涂刷类、裱糊类基本相同，常用于装饰要求不高的一般建筑。

1. 直接喷涂、抹灰类顶棚

直接喷涂、抹灰，保证顶棚饰面的平整和增加抹灰层与基层的粘结力。具体做法为：先在顶棚的基层上刷一遍素水泥浆，然后用混合砂浆打底找平。对于要求较高的房间，可以采用抹灰吊顶的做法。

2. 直接贴面类顶棚

直接贴面类顶棚，基层的处理方法和直接喷涂、抹灰类顶棚相同。对于装饰要求较高或有隔声、隔热等特殊要求的房间，可以在板底直接粘贴装饰吸声板、石膏板、塑胶板等材料。

2.3.4　悬吊式顶棚

悬吊式顶棚又称"吊顶"，它离开屋顶或楼板的下表面有一定的距离，通过悬挂物与主体结构连接在一起。

2.3.4.1　悬吊式顶棚的类型

（1）根据结构构造形式的不同，吊顶可分为整体式吊顶、活动式装配吊顶、隐蔽式装配吊顶和开敞式吊顶等。

（2）根据材料的不同，吊顶可分为板材吊顶、轻钢龙骨吊顶、金属吊顶等。

2.3.4.2　吊顶的构造组成

悬吊式顶棚多数是由吊筋、龙骨和面板3大部分组成。

1. 吊筋

吊筋是将吊顶部分与建筑结构连接起来的承重传力构件。

吊筋的作用：①承担吊顶的全部荷载并将其传递给建筑结构层；②调整、确定顶棚的空间高度，以适应顶棚的不同部位需要。

吊筋的分类：①按施工方法划分为：建筑施工期间预埋吊筋或连接吊筋的埋件；二次装修使用射钉，将吊筋固定在建筑结构层上，如图3-2-17所示；②按荷载类型划分为上人吊顶吊筋和不上人吊顶吊筋；③ 按材料划分有型钢、方钢、圆钢、铅丝几种不同类型。

2. 吊顶龙骨

吊顶龙骨分为主龙骨与次龙骨，主龙骨为吊顶的承重结构，次龙骨则是吊顶的基层。主龙骨通过吊筋或吊件固定在楼板结构上，次龙骨用同样的方法固定在主龙骨上。龙骨可用木材、轻钢、铝合金等材料制作，其断面大小视其材料品种、是否上人和面层构造做法等因素而定。主龙骨断面比次龙骨大，间距约为2m。悬吊主龙骨的吊筋为φ8～10钢筋，间距也是不超过2m。次龙骨间距视面层材料而定，间距一般不超过600mm。

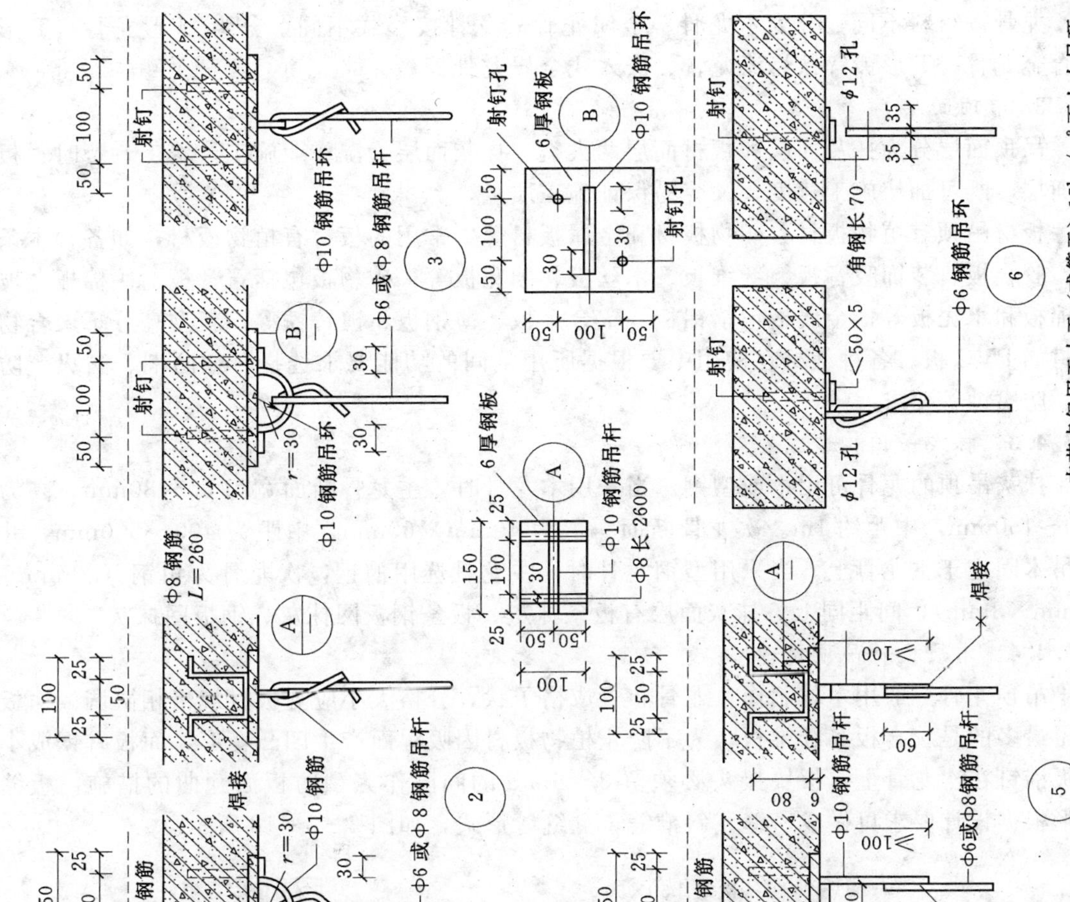

本节点仅用于小于（或等于）15kg/m² 不上人吊顶

图 3-2-17　吊杆安装构造详图

龙骨按材料不同，分为木龙骨、金属龙骨。龙骨按形式不同，分为U形龙骨、T形铝合金龙骨、T形镀锌铁烤漆龙骨、嵌入式金属龙骨等。

3. 吊顶面层

吊顶面层分为抹灰面层和板材面层两大类。抹灰面层为湿作业施工，费工、费时；板材面层，既可加快施工速度，又容易保证施工质量。

板材吊顶有植物板材、矿物板材和金属板材等。常用的板材有植物板材，如各种木条板、胶合板、装饰吸音板、纤维板、木丝板、刨花板等；矿物板包括石膏板、矿棉板、玻璃棉板和水泥板等；金属板包括铝板、铝合金板、薄钢板、镀锌铁等；新型高分子聚合物板材如PVC板。各种板材在使用中要根据所用空间的功能要求选择，如防潮、防火、防震、防腐蚀等要求。

2.3.4.3 抹灰吊顶构造

抹灰吊顶的龙骨可用木或型钢。当采用木龙骨时，主龙骨断面宽为60～80mm，高为120～150mm，中距约1m。次龙骨断面一般为40mm×60mm，中距为400～500mm，并用吊木固定于主龙骨上。当采用型钢龙骨时，主龙骨选用槽钢，次龙骨为角钢（20mm×20mm×3mm），间距同上。抹灰面层有板条抹灰、板条钢板网抹灰、钢板网抹灰。

2.3.4.4 木质板材吊顶构造

吊顶龙骨一般用木材制作，龙骨布置成格子状，分格大小应与板材规格相协调。面板用得最多的是胶合板和纤维板，为了防止植物板材因吸湿而产生凹凸变形，面板宜锯成小块板铺钉在次龙骨上，板块接头必须留3～6mm的间隙作为预防板面翘曲的措施。板缝缝形根据设计要求可做成密缝、斜槽缝、立缝等形式，如图3-2-18所示。

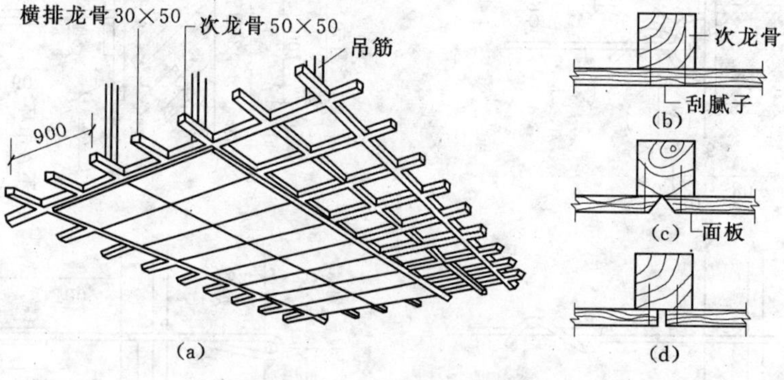

图3-2-18 木质板材吊顶构造

(a) 吊顶龙骨布置；(b) 密缝；(c) 斜槽缝；(d) 立缝

2.3.4.5 矿物板材吊顶构造

矿物板材吊顶常用石膏板、石棉水泥板、矿棉板等板材作面层，轻钢或铝合金型材作龙骨。这类吊顶的优点是自重轻、施工安装速度快、无湿作业、耐火性能优于植物板材吊顶和抹灰吊顶，故在公共建筑或高级工程中应用较广泛。

轻钢和铝合金龙骨的布置方式有两种，即龙骨外露和不露龙骨的布置方式。

1. 龙骨外露的布置方式

龙骨外露的布置方式，如图3-2-19所示。

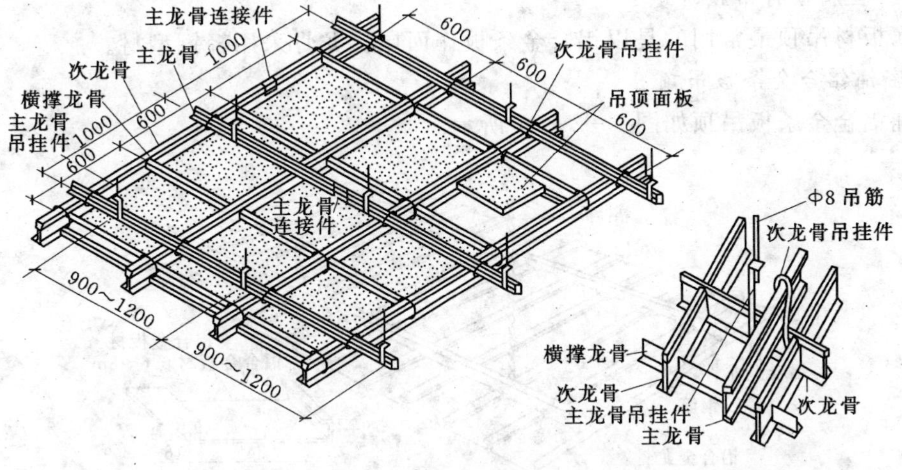

图3-2-19 龙骨外露吊顶的构造

2. 不露龙骨的布置方式

这种布置方式的主龙骨仍采用槽形断面的轻钢型材，但次龙骨采用U形断面轻钢型材，用专门的吊挂件将次龙骨固定在主龙骨上，面板用自攻螺钉固定于次龙骨上，如图3-2-20所示。

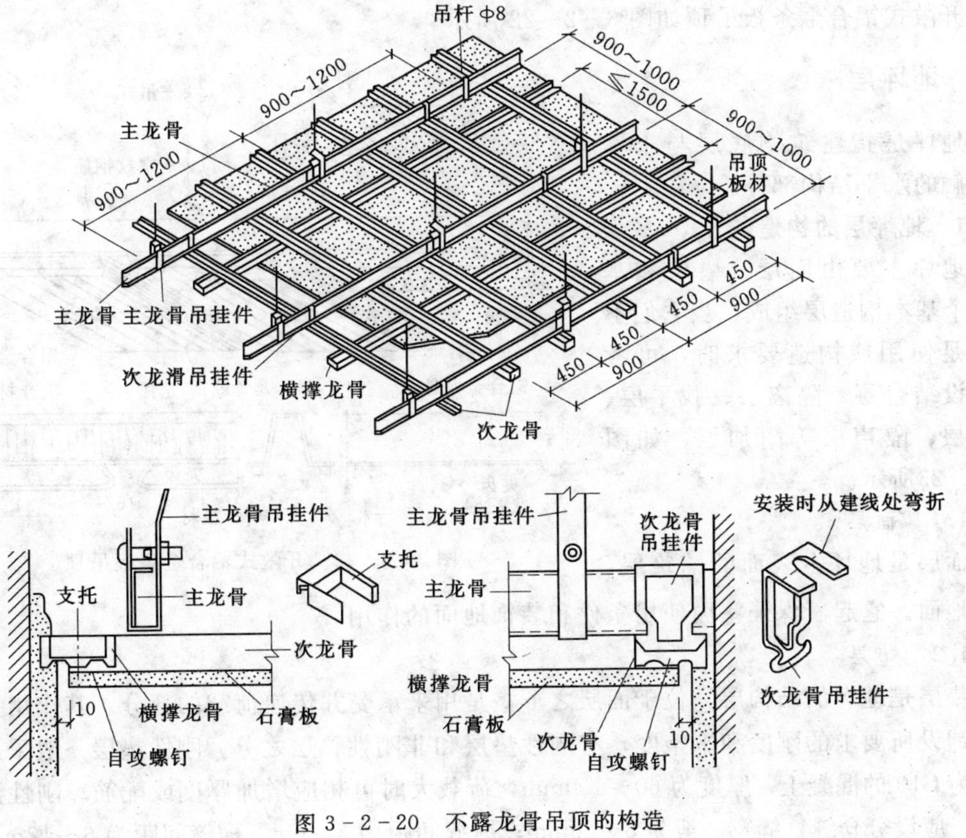

图3-2-20 不露龙骨吊顶的构造

2.3.4.6 金属板材吊顶构造

金属板材吊顶最常用的是以铝合金条板作面层，龙骨采用轻钢型材。

1. 密铺铝合金条板吊顶

密铺铝合金条板吊顶如图3-2-21所示。

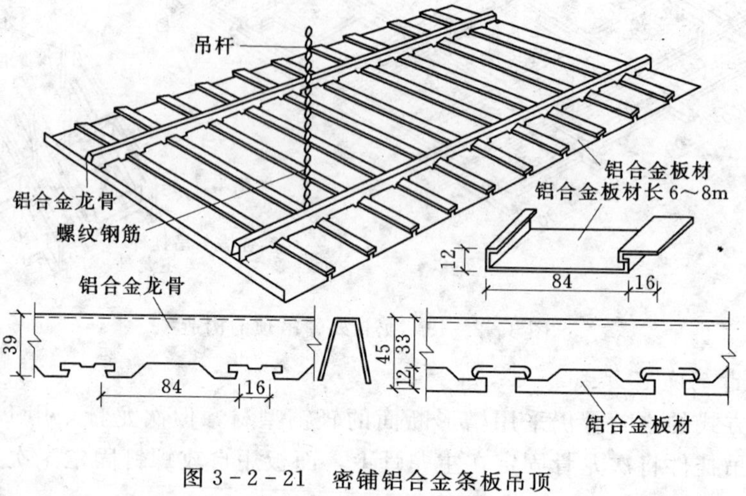

图3-2-21 密铺铝合金条板吊顶

2. 开敞式铝合金条板吊顶

开敞式铝合金条板吊顶如图3-2-22所示。

2.4 地坪层

地坪是指建筑物底层与土壤相接触的水平结构部分。

2.4.1 地坪层的构造

地坪主要由面层、垫层和基层3个基本构造层组成，当它们不能满足使用或构造要求时，可考虑增设结合层、隔离层、找平层、防水层、隔声层等附加层，如图3-2-23所示。

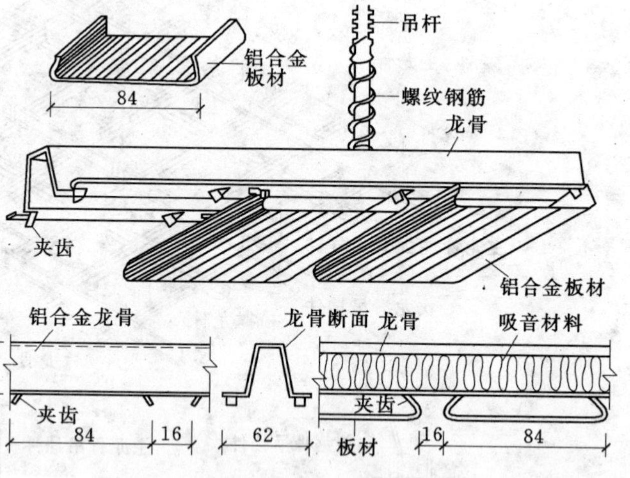

图3-2-22 开敞式铝合金条板吊顶

2.4.1.1 面层

面层是地坪上表面的铺筑层，又称地面。它起着保证室内使用条件和装饰地面的作用。

2.4.1.2 垫层

垫层是地坪的结构层，位于面层之下，是用来承受并传递荷载的部分。其作用是满足面层铺设所要求的刚度和平整度，有刚性垫层和非刚性垫层之分。刚性垫层一般采用强度等级为C10的混凝土，厚度为60～100mm，荷载大时可相应增加厚度或配筋。刚性混凝土垫层，应设分仓缝，缝宽一般为5～20mm；纵缝间距为3～6m，横缝间距为6～12m。刚性

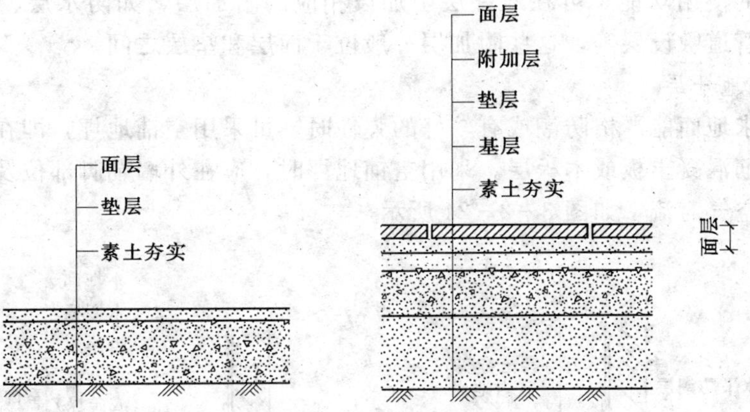

图 3-2-23　地坪层的组成

垫层适用于整体面层和小块料面层的地坪中，如水磨石、水泥砂浆、陶瓷锦砖、缸砖等地面。非刚性垫层一般采用砂、碎石、三合土等散粒状材料夯实而成，厚度为 60～120mm，用于强度高、厚度大的大块料面层地坪中，如预制混凝土地面等。在北方少雨地区，一般用灰土、三合十等非刚性垫层，地面垫层的最小厚度应符合表 3-2-1 的规定。

表 3-2-1　　**垫 层 最 小 厚 度**

垫 层 名 称	材料强度等级或配合比	厚度（mm）
混凝土	≥C10	60
四合土	1：1：6：12（水泥：石灰膏：砂：碎砖）	80
三合土	1：3：6（熟化石灰：砂：碎砖）	100
灰土	3：7 或 2：8（熟化石灰：黏性土）	100
砂、炉渣、碎（卵）石		60
矿渣		80

注　1. 一般民用建筑中的混凝土垫层最小厚度可采用 50mm。
2. 表中熟化石灰可用粉煤灰、电石渣等代替，砂可用炉渣代替，碎砖可用碎石、矿渣、炉渣等代替。

2.4.1.3　基层

基层位于垫层之下，多为垫层与地基之间的找平层或填充层，主要起加强地基、帮助结构层传递荷载的作用。通常是将土层压实来作基层（素土夯实），基层也称地基。当建筑物标准较高或地面荷载较大及室内有特殊使用要求时，应在素土夯实的基础上，再加铺灰土、三合土、碎石、矿渣等材料，以加强地基处理，其厚度不宜小于 60mm。基层可就地取材，如北方可用灰土或碎砖，南方多用碎砖石或三合土，均须夯实。

2.4.1.4　附加层

为了满足某些特殊使用功能要求而设置的一些层次，如结合层、保温层、防水层、埋设管线层等。

2.4.2　地坪层的分类

2.4.2.1　实铺地坪层

实铺地坪层在建筑工程中的应用较广，一般由面层、垫层、基层 3 个基本层次组成。

为了满足更多的使用功能，可在地坪层中加设相应的附加层，如防水层、防潮层、隔声层、隔热层、管道敷设层等，这些附加层一般位于面层和垫层之间。

2.4.2.2　空铺地坪层

当房间要求地面能严格防潮或有较好的弹性时，可采用空铺地坪，即在夯实的地垄墙上铺设预制钢筋混凝土板或木板层。采用空铺地坪时，应在外墙勒脚部位及地垄墙上设置通风口，以便空气对流，如图 3-2-24 所示。

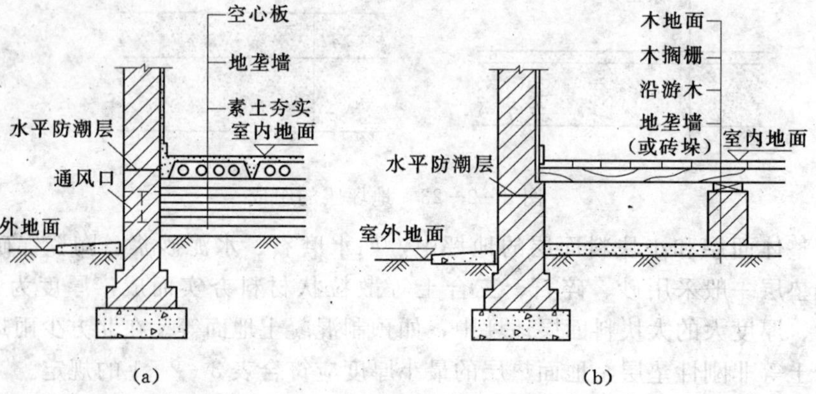

图 3-2-24　空铺地坪层

(a) 钢筋混凝土预制板空铺地坪层；(b) 木板空铺地坪层

2.5　楼地面的构造

2.5.1　整体楼地面

整体楼地面是采用在现场拌和的湿料，经浇抹形成的面层，具有构造简单、造价低的特点，是一种应用较广泛的楼地面。

2.5.1.1　水泥砂浆楼地面

水泥砂浆楼地面是在混凝土垫层或楼板上涂抹水泥砂浆而形成的面层，其构造比较简单，且坚固、耐磨、防水性能好，但热导率大、易结露、易起灰、不易清洁，是一种被广泛采用的低档楼地面。通常有单面层和双面层两种做法，如图 3-2-25 所示。

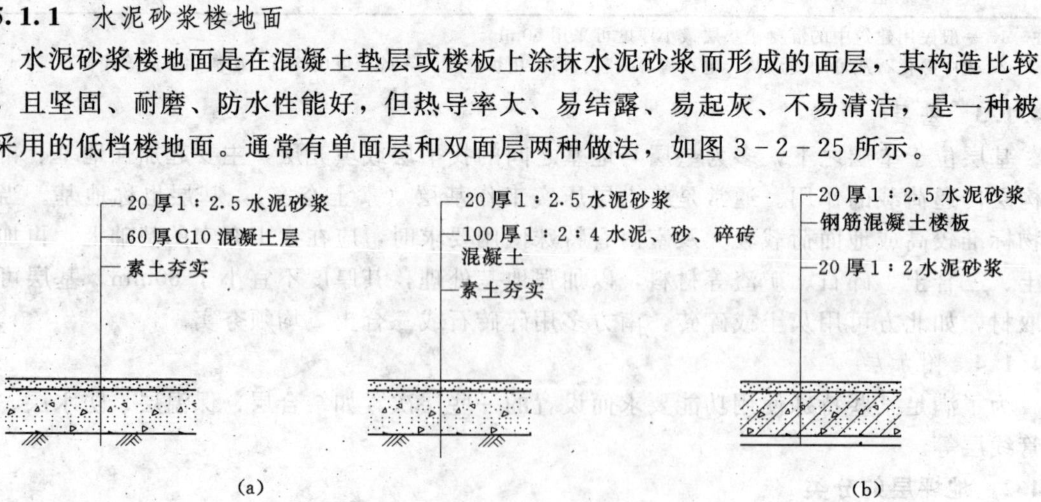

图 3-2-25　水泥砂浆楼地面

(a) 底层地面；(b) 楼层地面

2.5.1.2 现浇水磨石楼地面

现浇水磨石楼地面的构造多采用双层构造。施工时，底层应先用 10～15mm 厚的水泥砂浆找平，然后按设计图案用 1：1 的水泥砂浆固定分隔条（如铜条、铝条或玻璃条等），最后用 1：(1.5～2.5) 的水泥石渣浆抹面，其厚度为 12mm，经养护一周后磨光打蜡形成，如图 3-2-26 所示。

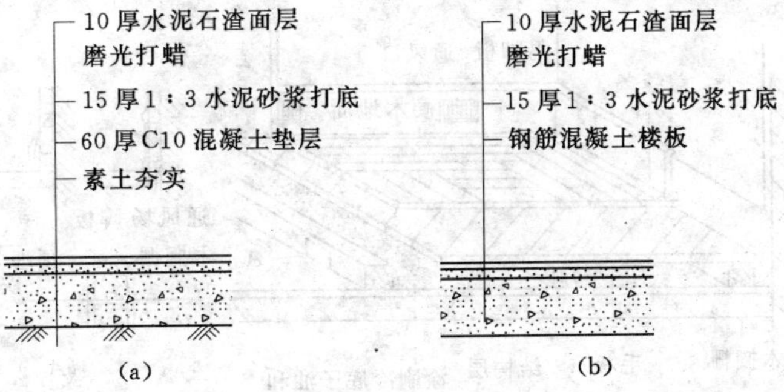

图 3-2-26 水磨石楼地面

(a) 底层地面；(b) 楼层地面

现浇水磨石楼地面整体性好、防水、不起尘、易清洁、装饰效果好，但热导率偏大、弹性小，适用于人群停留时间较短，或需经常用水清洗的楼地面，如门厅、营业厅、厨房、盥洗室等房间。

2.5.2 块材楼地面

块材楼地面属于中高档楼地面，它是通过铺贴各种天然或人造的预制块材或板材而形成的建筑地面。这种楼地面易清洁、经久耐用、花色品种多、装饰效果强，但工效低、价格高，主要适用于人流量大、清洁要求和装饰要求高的建筑。

2.5.2.1 缸砖、瓷砖、陶瓷锦砖楼地面

缸砖、瓷砖、陶瓷锦砖的共同特点是表面致密光洁、耐磨、吸水率低、不变色，属于小型块材，其铺贴工艺是：先在混凝土垫层或楼板上抹 15～20mm 厚 1：3 的水泥砂浆找平，用素水泥浆擦缝。

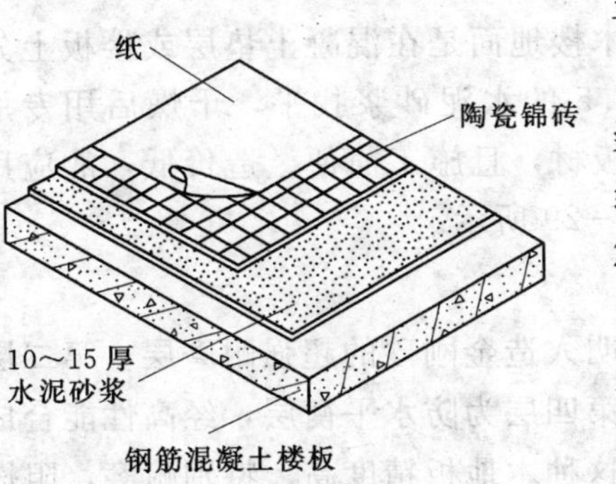

图 3-2-27 陶瓷锦砖楼地面

陶瓷锦砖在整张铺贴后，用滚筒压平，使水泥砂浆挤入缝隙，待水泥砂浆硬化后，用草酸洗去牛皮纸，然后用白水泥浆擦缝，如图 3-2-27 所示。

2.5.2.2 花岗石板、大理石板楼地面

板材铺设前应按房间尺寸预定制作；铺设时应预先试铺，合适后再开始正式粘贴，具体做法是：先在混凝土垫层或楼板找平层上实铺 30mm 厚 1：(3～4) 干硬性水泥砂浆作结合层，上面撒素水泥面（洒适量清水），然后铺贴楼地面板材，缝隙挤紧，用橡皮锤或木锤敲实，最后用素水泥浆擦缝。

2.5.3 木楼地面

按构造方式，木楼地面可分为空铺式和实铺式两种。木楼地面是一种高级楼地面的类型，具有弹性好、不起尘、易清洁和热导率小的特点，但是造价较高，故应用不广泛。

2.5.3.1 空铺式木楼地面

空铺式木楼地面的构造比较复杂，一般是将木楼地面进行架空铺设，使板下有足够的空间，以便于通风，保持干燥。空铺式木楼地面耗费木材量较多，造价较高，多不采用，主要用于要求环境干燥且对楼地面有较高的弹性要求的房间，如图 3-2-28 所示。

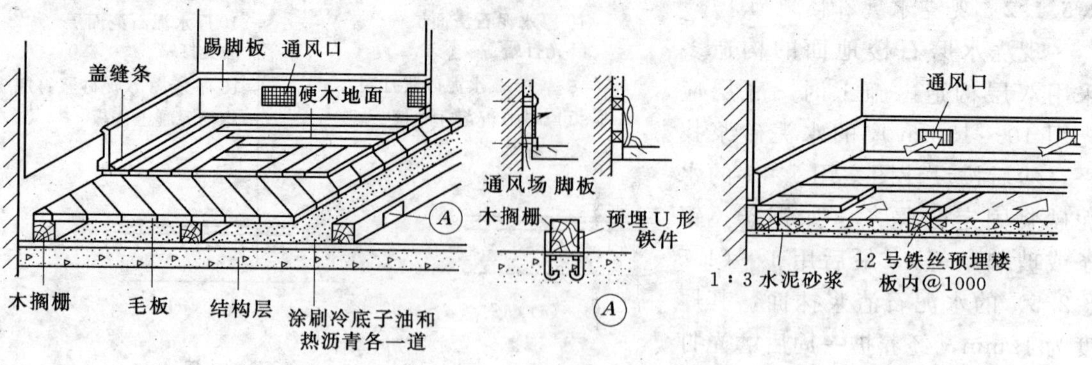

(a)　(b)

图3-2-28　空铺木地板

(a) 双层木地板；(b) 单层木地板

2.5.3.2　实铺式木楼地面

实铺式木楼地面有铺钉式和粘贴式两种做法。当在地坪层上采用实铺式木楼地面时，必须在混凝土垫层上设防潮层。

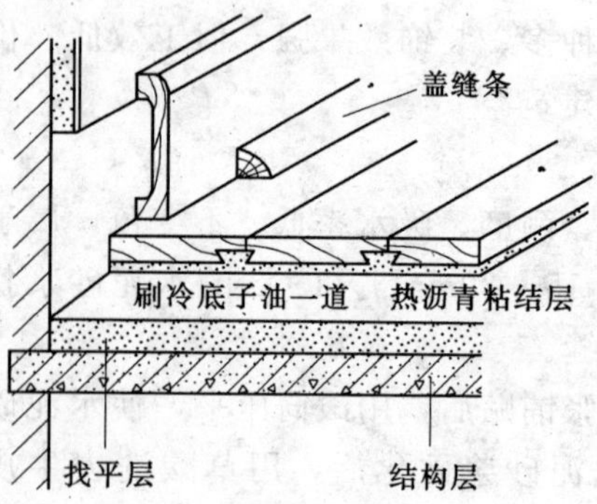

图3-2-29　实铺木地板（粘贴式）

(1) 铺钉式木楼地面是在混凝土垫层或楼板上固定小断面的木搁栅，木搁栅的断面尺寸一般为50mm×50mm或50mm×70mm，其间距为400～500mm，然后在木搁栅上铺木板材。木板材可采用单层和双层做法。

(2) 粘贴式木楼地面是在混凝土垫层或楼板上先用20mm厚1∶2.5的水泥砂浆找平，干燥后用专用胶粘结剂粘结木板材，且施工简便、造价低，故应用广泛，如图3-2-29所示。

2.5.4　复合木地板楼地面

复合木地板一般是由4层复合而成。第一层为透明人造金刚砂的超强耐磨层；第二层为木纹装饰纸层；第三层为高密度纤维板的基材层；第四层为防水平衡层，经高性能合成树脂浸渍后，再经高温、高压压制，四边开榫而成。这种木地板精度高，特别耐磨，阻燃性、耐污性好，保温、隔热及观感方面可与实木地板相媲美。

复合木地板的规格一般为8mm×190mm×1200mm，一般采用悬浮铺设，即在较平整的基层（在1m的距离内高差不应超过3mm）上先铺设一层聚乙烯薄膜作防潮层。铺设时，复合木地板四周的榫槽用专用的防水胶密封，以防止地面水向下浸入。

2.6　楼板层防水及隔声构造

2.6.1　楼地层防潮

楼地层与土层直接接触，土壤中的水分会因毛细现象作用上升引起地面受潮，严重影响室内卫生和使用。为有效防止室内受潮，避免地面因结构层受潮而破坏，需对地层做必要的防潮处理，如图 3－2－30 所示。

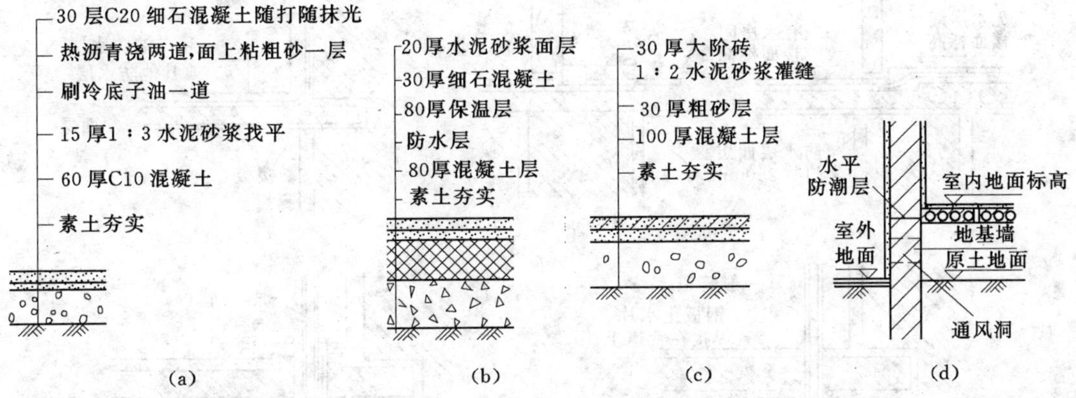

图 3－2－30　楼地层防潮

(a) 防潮地面构造；(b) 保温地面构造；(c) 吸湿地面构造；(d) 墙体水平防潮构造

2.6.1.1　架空式地坪

架空式地坪是将地坪底层架空，使地坪不接触土壤，形成通风间层，以改变地面的温度状况，同时带走地下潮气。

2.6.1.2　保温地面

对地下水位低，地基土壤干燥的地区，可在水泥地坪以下铺设一层 150mm 厚 1：3 水泥煤渣保温层，以降低地坪温度差。在地下水位较高地区，可将保温层设在面层与混凝土结构层之间，并在保温层下铺设防水层，上铺 30mm 厚细石混凝土层，最后做面层。

2.6.1.3　吸湿地面

吸湿地面是指采用黏土砖、大阶砖、陶土防潮砖来做地面的面层。由于这些材料中存在大量孔隙，当返潮时，面层会暂时吸收少量冷凝水，待空气湿度较小时，水分又能自动蒸发掉，因此地面不会感到有明显的潮湿现象。

2.6.1.4　防潮地面

在地面垫层和面层之间加设防潮层的地面称为防潮地面。其一般构造为：先刷冷底子油一道，再铺设热沥青、油毡等防水材料，阻止潮气上升；也可在垫层下均匀铺设卵石、碎石或粗砂等，切断毛细水的通路。

2.6.2　楼地层排水与防水

在建筑物内部，如厕所、盥洗室、淋浴间等部位，由于其使用功能的要求，往往容易积水，处理稍有不当就会出现渗水、漏水现象，因此，必须做好这些房间楼地层的排水和防水工作，如图 3－2－31 所示。

2.6.2.1　楼地面排水

为使楼地面排水畅通，需将楼地面设置一定的坡度，一般为 1%～1.5%，并在最低处设置地漏。为防止积水外溢，用水房间的地面应比相邻房间或走道的地面低 20～30mm，或在门口做 20～30mm 高的挡水门槛。

2.6.2.2　楼地面防水

现浇混凝土楼板是楼地面防水的最佳选择，楼面面层应选择防水性能较好的材料，如

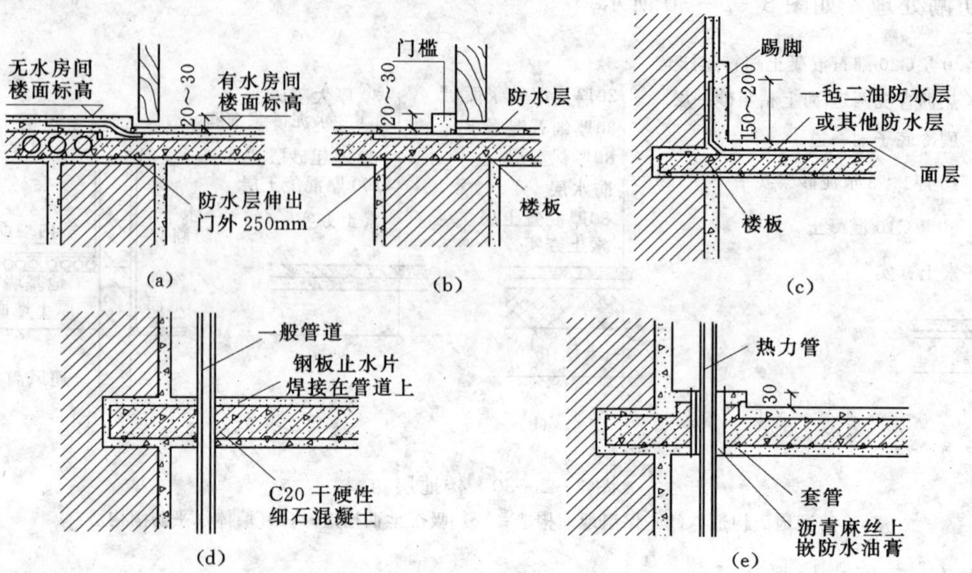

图3-2-31　楼地层排水与防水

(a)、(b)、(c) 楼地层的防水层设置；(d)、(e) 管道穿过楼板处的防水

防水砂浆、防水涂料、防水卷材等。对防水要求较高的房间，还需在结构层与面层之间增设一道防水层，同时，将防水层沿四周墙身上升150～200mm。

当有竖向设备管道穿越楼板层时，应在管线周围做好防水密封处理。一般在管道周围用C20干硬性细石混凝土密实填充，再用沥青防水涂料做密封处理。热力管道穿越楼板时，应在穿越处埋设套管（管径比热力管道稍大），套管高出地面约30mm。

2.6.3　楼地面隔声处理

为避免上下楼层之间的相互干扰，楼层应满足一定的隔声要求。楼层隔声的重点是隔绝固体传声，减弱固体的撞击能量，可采用以下几项措施。

2.6.3.1　采用弹性面层材料

在楼层地面上铺设弹性材料，如铺设木板、地毯等，以降低楼板的振动，从而减弱固体传声。这种方法效果明显，是目前最常用的构造措施。

2.6.3.2　采用弹性垫层材料

在楼板结构层与面层之间铺设片状、条状、块状的弹性垫层材料，如木丝板、甘蔗板、软木板、矿棉毡等，使面层与结构层分开，形成浮筑楼板，以减弱楼板的振动，进一步达到隔声的目的。

2.6.3.3　增设吊顶

在楼层下做吊顶，利用隔绝空气声的措施来阻止声音的传播，也是一种有效的隔声措施，其隔声效果取决于吊顶的面层材料，应尽量选用密实、吸声、整体性好的材料。吊顶的挂钩宜选用弹性连接。

任务实施

(1) 研究学生宿舍房间和盥洗室楼地层的构造并绘图表示。

（2）分析钢筋混凝土楼板的类型及特点。

（3）介绍学校各建筑的楼板层与地坪层的装修类别。

（4）研究学校教室、礼堂的顶棚构造。

（5）说明楼地层保温、防水等的特殊要求。

任务3　阳 台、雨 篷

学习目标

★ 了解阳台的类型和结构布置方法及设计要求；熟悉阳台的构造、雨篷的类型及构造要点。

任务描述

★ 认识不同类型的雨篷、阳台，能够绘图表示雨篷和阳台的构造。

任务分析

★ 阳台与雨篷的结构方案及构造。

3.1　阳台

3.1.1　阳台的类型

阳台泛指有永久性上盖、有围护结构、有台面与房屋相连、可以活动和利用的房屋附属设施，供居住者进行室外活动、晾晒衣物等的空间。

（1）据其与外墙面的关系分为挑阳台、凹阳台、半挑半凹阳台，如图3-3-1所示。

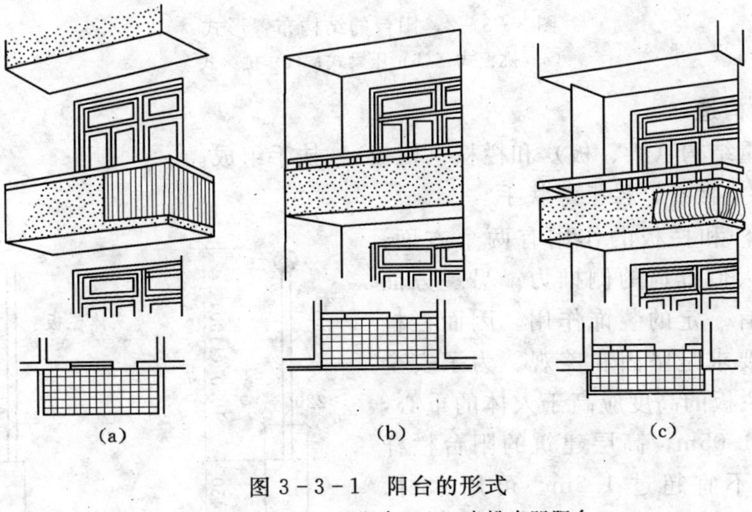

图3-3-1　阳台的形式

(a) 挑阳台；(b) 凹阳台；(c) 半挑半凹阳台

（2）根据其封闭情况可分为非封闭阳台和封闭阳台。

（3）根据其在外墙上所处的位置，可分为中间阳台和转角阳台。

（4）根据使用功能不同，可分为生活阳台（靠近卧室或客厅）和服务阳台（靠近厨房）。

3.1.2 阳台的结构布置（图3-3-2）

1. 压梁式

阳台板与墙梁现浇在一起，墙梁的截面应比圈梁大，以保证阳台的稳定，而且阳台悬挑不宜过长，一般为1.2m左右，并在墙梁两端设拖梁压入墙内。

2. 挑板式

当楼板为现浇楼板时，可选择挑板式，悬挑长度一般为1.2m左右。即从楼板外延挑出平板，板底平整美观，而且阳台平面形式可做成半圆形、弧形、梯形、斜三角形等各种形状。挑板厚度不小于挑出长度的1/12。

3. 挑梁式

从横墙内外伸挑梁，其上搁置预制楼板，这种结构布置简单，传力直接明确，阳台长度与房间开间一致。挑梁根部截面高度 H 为（1/6～1/5）L（L 为悬挑净长），截面宽度为（1/3～1/2）h。为美观起见，可在挑梁端头设置面梁，既可以遮挡挑梁头，又可以承受阳台栏杆重量，还可以加强阳台的整体性。

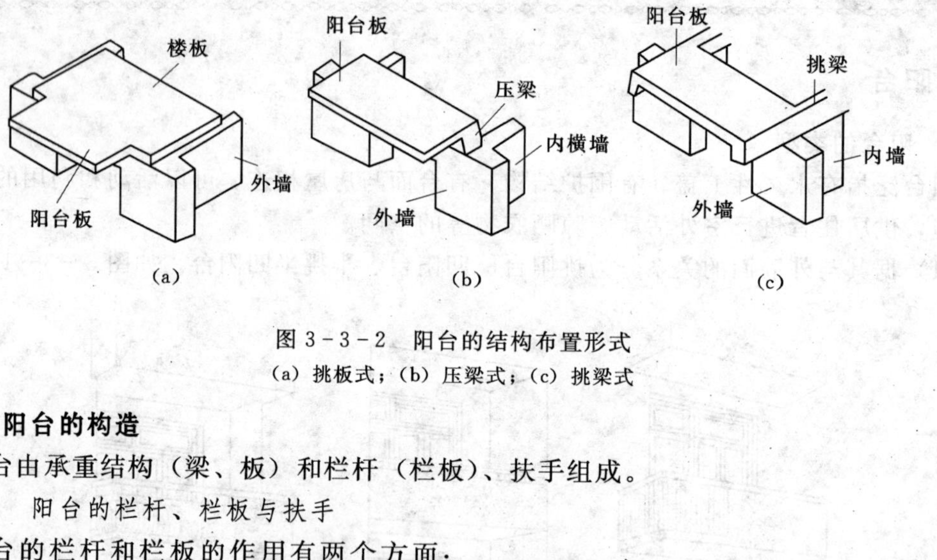

图3-3-2 阳台的结构布置形式

（a）挑板式；（b）压梁式；（c）挑梁式

3.1.3 阳台的构造

阳台由承重结构（梁、板）和栏杆（栏板）、扶手组成。

3.1.3.1 阳台的栏杆、栏板与扶手

阳台的栏杆和栏板的作用有两个方面：一方面是承担人们推倚的侧推力；另一方面是对整个房屋有一定的装饰作用。因而栏杆和栏板的构造要求是坚固和美观。为了安全起见，栏杆和栏板的高度应高于人体的重心，一般不宜小于1.05m，高层建筑的阳台栏杆还应加高，但不宜超过1.2m。可用木材、砖、钢筋混凝土或金属等材料制成，上加扶手，如图3-3-3所示。

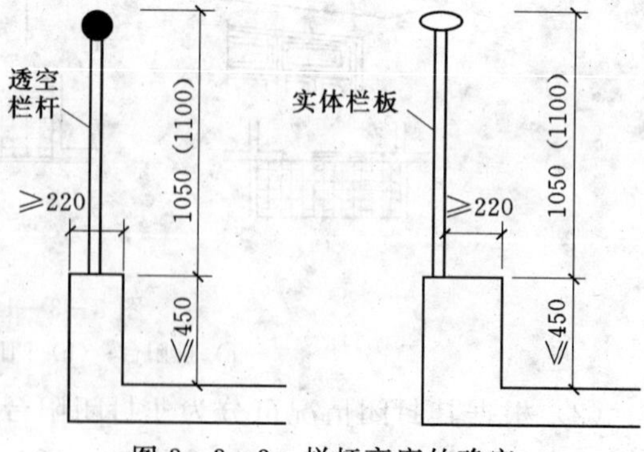

图3-3-3 栏杆高度的确定

栏杆的形式有空花、实体和混合式；按

材料可分为砖砌、钢筋混凝土和金属栏杆，如图3－3－4所示。

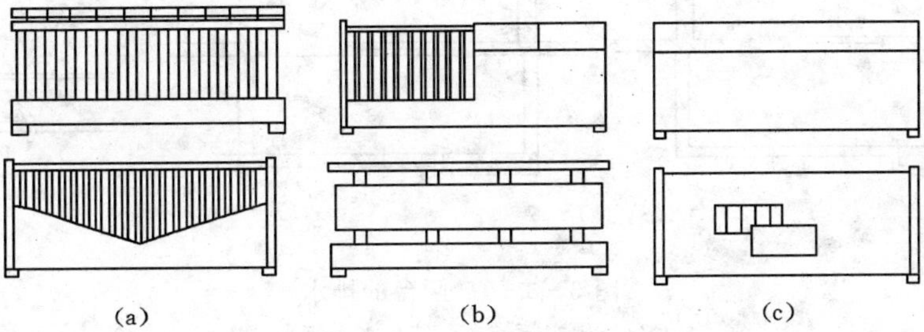

图3－3－4　阳台栏板（栏杆）

(a) 空花式；(b) 混合式；(c) 实体式

1. 金属栏杆

金属栏杆一般由方钢、圆钢、扁钢和钢管等组成，图案由建筑设计确定。金属栏杆与阳台板的连接一般有两种方法：一种是阳台板上留孔槽，将栏杆立柱插入，用水泥砂浆灌注；另一种是在阳台板上预埋钢板或钢筋，将栏杆与钢板或钢筋焊在一起。

2. 钢筋混凝土栏板或栏杆

采用钢筋混凝土栏板或栏杆可节省钢材，可以采用栏板与栏杆结合的形式，便于进行立面处理，故当前采用较多。栏杆与阳台板（或边梁）的连接有两种做法：一种是在阳台板顶面预埋通长扁钢与栏杆焊接；另一种是采用预留孔洞插接等方法。组合式栏杆中的金属栏杆有时需与混凝土栏板连接，其连接方法一般为预埋铁件焊接。预制混凝土栏杆与阳台板的连接，通常是将预制混凝土栏杆端部的预留钢筋，与阳台板顶面的后浇混凝土挡水边坎现浇在一起，也可采用预埋铁件焊接或预留孔洞插接等方法。

3. 砖砌栏板

砖砌栏板的厚度一般为半砖厚，在栏板上部的灰缝中加入长钢筋，并将钢筋端部与砌入墙内的预留钢筋绑扎或焊接在一起。

4. 栏杆扶手

栏杆扶手有金属和钢筋混凝土两种。

金属扶手一般为钢管与金属栏杆焊接。钢筋混凝土扶手用途广泛，形式多样，有不带花台、带花台、带花池等几种形式。

3.1.3.2　阳台的排水

阳台地面一般低于室内地面30mm以上，防止雨水倒灌室内。阳台排水有外排水和内排水两种，外排水是在阳台外侧设置泄水管将水排出，泄水管为ϕ40mm镀锌铁管或塑料管，外挑长度不少于80mm，以防雨水溅到下层阳台。内排水适用于高层和高标准建筑，即在阳台内侧设置排水立管和地漏，将雨水直接排入地下管网，保证建筑物立面美观，如图3－3－5所示。

3.1.3.3　阳台的装修

阳台的地面和饰面材料，应具有抵抗大气和雨水侵蚀、防止污染的性能。砖和钢筋混凝土面可抹灰，或铺贴缸砖、塑料板，镶贴大理石、金属板等，阳台的底部外缘80～

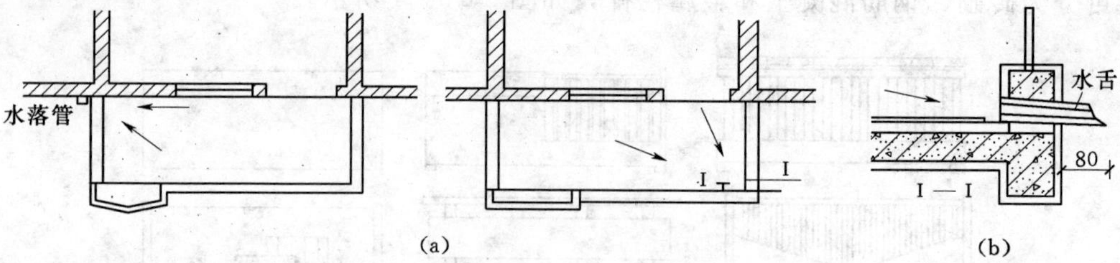

图3-3-5 阳台的排水
(a) 雨水管排水；(b) 水舌排水

100mm以内可用水泥砂浆抹面，并加设滴水。木扶手应涂油漆防腐，金属构、配件应做防锈处理。

3.1.3.4 其他设施

居住建筑中几户连在一起的阳台，各户之间应设隔板或隔墙。阳台外侧安装玻璃窗便成为封闭式的日光室，用以晒太阳取暖；玻璃窗要能开启和便于拆装，以利夏季通风。为节约能源，还可利用阳台板作集热构件。

3.1.4 阳台的设计要求

1. 安全适用

悬挑阳台的挑出长度不宜过大，应保证在荷载作用下不发生倾覆现象，以1.2～1.8m为宜。低层、多层住宅阳台栏杆净高不低于1.05m，中高层住宅阳台栏杆净高不低于1.1m，但也不大于1.2m。阳台栏杆形式应防坠落（垂直栏杆间净距不应大于110mm）、防攀爬（不设水平栏杆），以免造成恶果。放置花盆处，也应采取防坠落措施。

2. 坚固耐久

阳台所用材料和构造措施应经久耐用，承重结构宜采用钢筋混凝土，金属构件应做防锈处理，表面装修应注意色彩的耐久性和抗污染性。

3. 排水顺畅

为防止阳台上的雨水流入室内，设计时要求将阳台地面标高低于室内地面标高60mm左右，并将地面抹出5‰的排水坡将水导入排水孔，使雨水能顺利排出。

还应考虑地区气候特点。南方地区宜采用有助于空气流通的空透式栏杆，而北方寒冷地区和中高层住宅应采用实体栏杆，并满足立面美观的要求，为建筑物的形象增添风采。

3.2 雨篷

雨篷是建筑出、入口处门洞上部的水平构件，可遮挡雨水、保护外门及装饰建筑。较大的雨篷常由梁、板、柱组成，其构造与楼板相同。较小的雨篷常与凸阳台一样作成悬挑构件。

3.2.1 雨篷的类型

根据雨篷板的支承方式不同，有悬板式和梁板式两种。

1. 悬板式

悬板式雨篷外挑长度一般为0.9～1.5m，板根部厚度不小于挑出长度的1/12，雨篷宽度比门洞每边宽 250mm，雨篷排水方式可采用无组织排水和有组织排水两种。雨篷顶面距过梁顶面 250mm 高，板底抹灰可抹 1∶2 水泥砂浆内掺 5%防水剂的防水砂浆 15mm 厚，多用于次要出、入口，如图 3－3－6 所示。

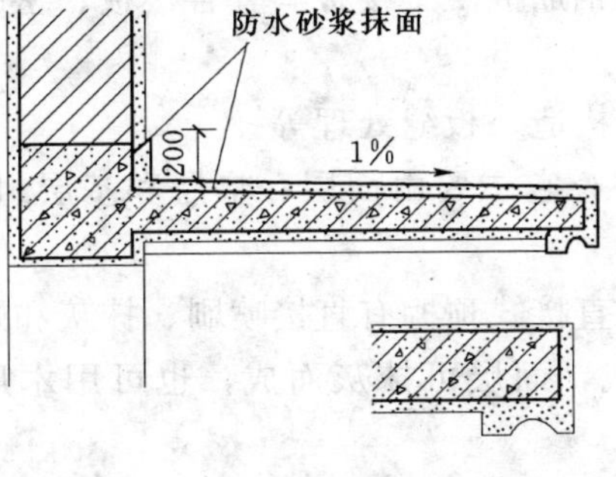

图 3－3－6　悬板式雨篷

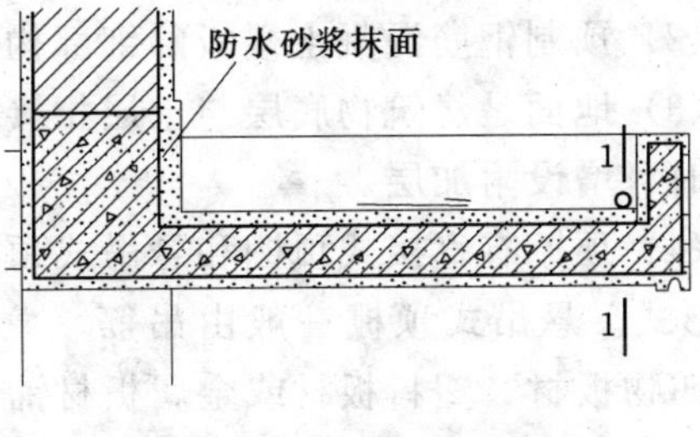

图 3－3－7　梁板式雨篷

2. 梁板式

梁板式雨篷多用在宽度较大的入口处，悬挑梁从建筑物的柱上挑出，为使板底平整，多做成倒梁式，如图 3－3－7 所示。

3.2.2　雨篷的构造

雨篷在构造上需解决好两个问题：一是防倾覆，保证雨篷梁上有足够的压重；二是板面上要做好排水和防水。

1. 悬挑要求

为防止倾覆，一般把雨篷板与入口门过梁浇筑在一起，形成由梁挑出的悬臂板。主要目的是保证其结构的牢固安全（防倾覆等）。

2. 防水构造

通常为了立面处理的需要，往往将雨篷处沿用砖砌出一定高度或用混凝土浇筑出一定高度。板面通常采用刚性防水层，即在雨篷顶面用防水砂浆抹面，并向排水口做出 1%的坡度；当雨篷面积较大时，也可采用柔性防水。

3. 排水构造

对于挑出长度较大的雨篷，为了立面处理的需要，通常将周边梁向上翻起成侧梁式，可在雨篷外沿用砖或钢筋混凝土板制成一定高度的卷檐，雨篷的排水口可以设在前面，也可以设在两侧。雨篷上表应用防水砂浆向排水口作出 1%的坡度，以便排除雨篷上部的雨水。雨篷也可采用无组织排水，在板底周边设滴水，雨篷顶面抹 15mm 厚 1∶2 水泥砂浆内掺 5%防水剂。

任务实施

研究学生宿舍楼、教师住宅楼的雨篷、阳台的类型、构造，并绘图表示雨篷、阳台的构造。

模块小结

(1) 楼板层是建筑物中用来分隔空间的水平构件，也是承重构件，并对墙体起水平支承作用。它应具有足够的强度和刚度以及隔声、防火、防水等能力，同时还应满足美观、经济和建筑工业化等方面的要求。楼板层主要由面层、结构层和顶棚层组成，根据使用要求，还可增设附加层。钢筋混凝土楼板按施工方式不同有现浇整体式、预制装配式和装配整体式3种类型。现浇钢筋混凝土楼板有板式楼板、梁式楼板和无梁楼板；预制钢筋混凝土楼板有实心平板、槽形板和空心板等，装配整体式钢筋混凝土楼板有叠合楼板、密肋填充块楼板等。

(2) 预制钢筋混凝土楼板的细部构造有板的搁置构造、板缝处理等。

(3) 地面是建筑物底层与土层相接触的水平构件，它主要由面层、垫层和基层组成，必要时可增设附加层。

(4) 顶棚有直接式顶棚和悬吊式顶棚两种类型。直接式顶棚有直接喷刷、抹灰和贴面3种形式。悬吊式顶棚一般由吊筋、龙骨和面层组成，面层可抹灰而成，也可用木质板材、矿物板材、塑料板材或金属板材铺钉而成。

(5) 阳台有挑阳台、凹阳台、半凹半挑阳台及转角阳台。阳台的结构布置应合理，栏杆与扶手、阳台板等应有可靠的连接，并应做好阳台面的排水处理。

(6) 雨篷多采用悬挑式，有板式和梁板式两种结构形式。雨篷应做好防水和排水处理。

复习思考题

1. 楼地层的设计要求有哪些？
2. 楼层和地层的基本组成是什么？各组成部分有何作用？
3. 现浇肋梁楼板的布置原则是什么？
4. 压型钢板组合楼板有何特点？构造要求如何？
5. 装配式钢筋混凝土楼板的结构布置原则有哪些？画图示出表示板与板、板与墙和梁的连接构造。
6. 水泥砂浆地面和水磨石地面的层面如何设置？
7. 水磨石地面分格的作用是什么？分格材料有哪些？
8. 常用块材地面的种类、优缺点及适用范围是什么？
9. 有水房间的楼地层如何防水？
10. 顶棚的作用是什么？有哪两种基本形式？
11. 顶棚有哪些设计要求？
12. 轻钢龙骨吊顶如何构造？面板有哪些形式？如何固定？
13. 阳台有哪些类型？阳台板的结构布置形式有哪些？
14. 阳台栏杆有哪些形式？各有何特点？
15. 雨篷有哪些类型？其构造要点是什么？

综合练习

根据一实例的设计条件，试手绘其地坪层及楼板层构造详图。其设计条件如下：

某一梯两户5层砖混结构住宅，层高2800mm；室内外高差为600mm；地面采用现浇水磨石地面，厨房和卫生间地面有防水要求，楼板采用预制空心板，有保温隔热及隔声要求；试设计并绘制此住宅的楼地面、阳台、入口处雨篷。

【设计要求】

1. 地坪层、楼板层剖面图 1：50。
2. 阳台、雨篷的防水及排水构造详图。
3. 按楼地层设计的方法与步骤及施工图的要求绘制，各部位的标注要规范完整。
4. 自选大样。有阳台栏杆、扶手等部位的详图。比例为 1：10 或 1：20。
5. 按建筑制图标准，绘制图纸，钢笔墨线完成。线条要求清晰、美观，图纸表达要完整、规范。
6. 图幅按建筑制图图幅以 A3 为标准张，要求图纸布置均衡、充满度适中。

模块4 楼　梯

任务1 认 识 楼 梯

学习目标

★ 掌握楼梯的作用、类型、设计要求及常见的楼梯组成，会根据建筑物的类型和特点选择楼梯的材料和做法。

任务描述

★ 建筑物楼梯的构造形式的选择和做法。

任务分析

★ 包括楼梯的作用、类型及各部分的构造要求，重点讲解楼梯的各部分构造要求。

随着建筑的发展，简单的单层建筑已经不能满足人们的需要，建筑要向高度方向发展，就必须要解决垂直运输的问题。通常用来解决不同楼层之间上下交通联系的设施是楼梯，其次还有电梯、自动扶梯、台阶、坡道、爬梯等。楼梯作为竖向交通和人员疏散的主要交通设施使用是最为广泛的；电梯主要用于高层建筑和一些标准较高的中、低层建筑，比如图书馆的货运电梯。自动扶梯适用于人流量较大且使用要求较高的场所，如大型商场、超市、车站、机场等；坡道则是设在建筑物主要入口的地方，方便行车用或是有些建筑，如医院、疗养院、幼儿园等由于特殊需要（如行走担架车，疗养人员、幼儿行走楼梯不便等）而设置；台阶是用来解决同层地面高差或室内外高差的措施；爬梯则主要做消防和检修用。

1.1 楼梯的作用

在建筑中，楼梯是联系上下层的垂直交通设施。它的首要作用是联系上下交通通行、搬运家具设备和紧急情况下的安全疏散，其数量、位置、形式等均应符合有关规范和标准的规定；其次，楼梯作为建筑物的主体结构还起着承重的作用，所以设计中要求楼梯要坚固、耐久、安全，除此之外，大多数的楼梯对建筑具有美观、装饰的作用，因此应考虑楼梯对建筑整体空间效果的影响。设有电梯或自动扶梯等垂直交通设施的建筑物也必须同时设有楼梯作为安全疏散通道。

1.2 楼梯的类型

建筑中楼梯的形式较多，一般按照以下原则对楼梯进行分类：

（1）按照楼梯所用的材料不同，可分为木楼梯、钢筋混凝土楼梯、钢楼梯、组合楼梯。

（2）按照楼梯的位置不同，可分为室外楼梯和室内楼梯。

（3）按照楼梯的使用性质不同，可分为主要楼梯、辅助楼梯、疏散楼梯、消防楼梯等。

（4）按照楼梯间的平面形式不同，可分为开敞式楼梯间、封闭楼梯间、防烟楼梯间，如图 4－1－1 所示。

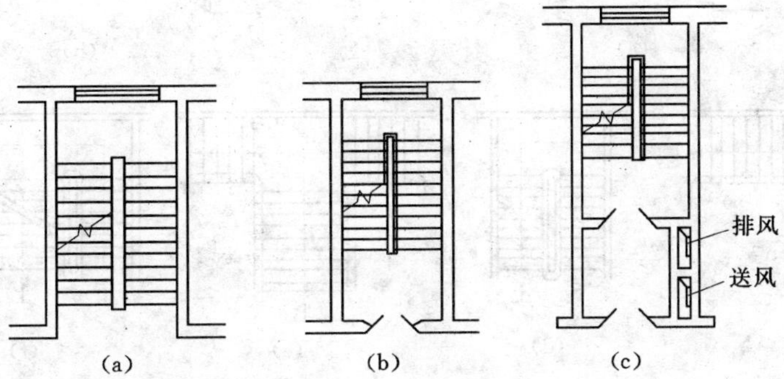

图 4－1－1 楼梯间平面形式
(a) 开敞楼梯间；(b) 封闭楼梯间；(c) 防烟楼梯间

（5）按照楼梯的平面形式不同，可分为单跑直楼梯、双跑直楼梯、曲尺楼梯、双跑平行楼梯、双分转角楼梯、双分平行楼梯、三跑楼梯、三角形三跑楼梯、圆形楼梯、中柱螺旋楼梯、无中柱螺旋楼梯、单跑弧形楼梯、双跑弧形楼梯、交叉楼梯、剪刀楼梯，如图 4－1－2所示。

楼梯的平面形式是根据其使用要求、建筑功能、平面和空间的特点以及楼梯在建筑中的位置等因素确定的。目前在建筑中使用最为广泛的是双跑平行楼梯简称双跑楼梯或两段式楼梯，其他如三跑楼梯、双分平行楼梯、双合平行楼梯均是在双跑楼梯的基础上变化而成的。

1）单跑直楼梯。单跑直楼梯不设中间平台，由于规范规定楼梯一跑的踏步数不能超过 18 步，因此，单跑直楼梯一般用于层高较小的建筑内。

2）双跑直楼梯。直楼梯也可以是多跑（超过两个梯段）的，双跑直楼梯设一个中间平台，可以用于层高较大的建筑或连续上几层的高空间。这种楼梯导向性强，给人一种直接、顺畅的感受。在公共建筑中常用于人流较多的大厅。用在多层楼面时会增加交通面积并加长人流行走的距离，比较浪费空间。

3）曲尺楼梯。曲尺楼梯也叫转角楼梯，它可以通过平台改变人流方向，导向较自由。通常用于一层楼的影剧院、体育馆等建筑的门厅中。

4）双跑平行楼梯。这是应用最为广泛的楼梯，因为这种楼梯上完一层楼刚好回到原起步方位，与楼梯上升的空间回转往复性吻合，比直跑楼梯省面积且大大缩短了人流行走的距离。

5）双分楼梯。双分楼梯是由双跑楼梯演变而来的，通常用在人流多、需要楼梯宽度较大时，如作办公建筑的主楼梯，双合楼梯与双分式楼梯相似。

6）三跑楼梯。这种楼梯中部形成较大梯井，可利用做电梯井的位置，因为有三跑梯

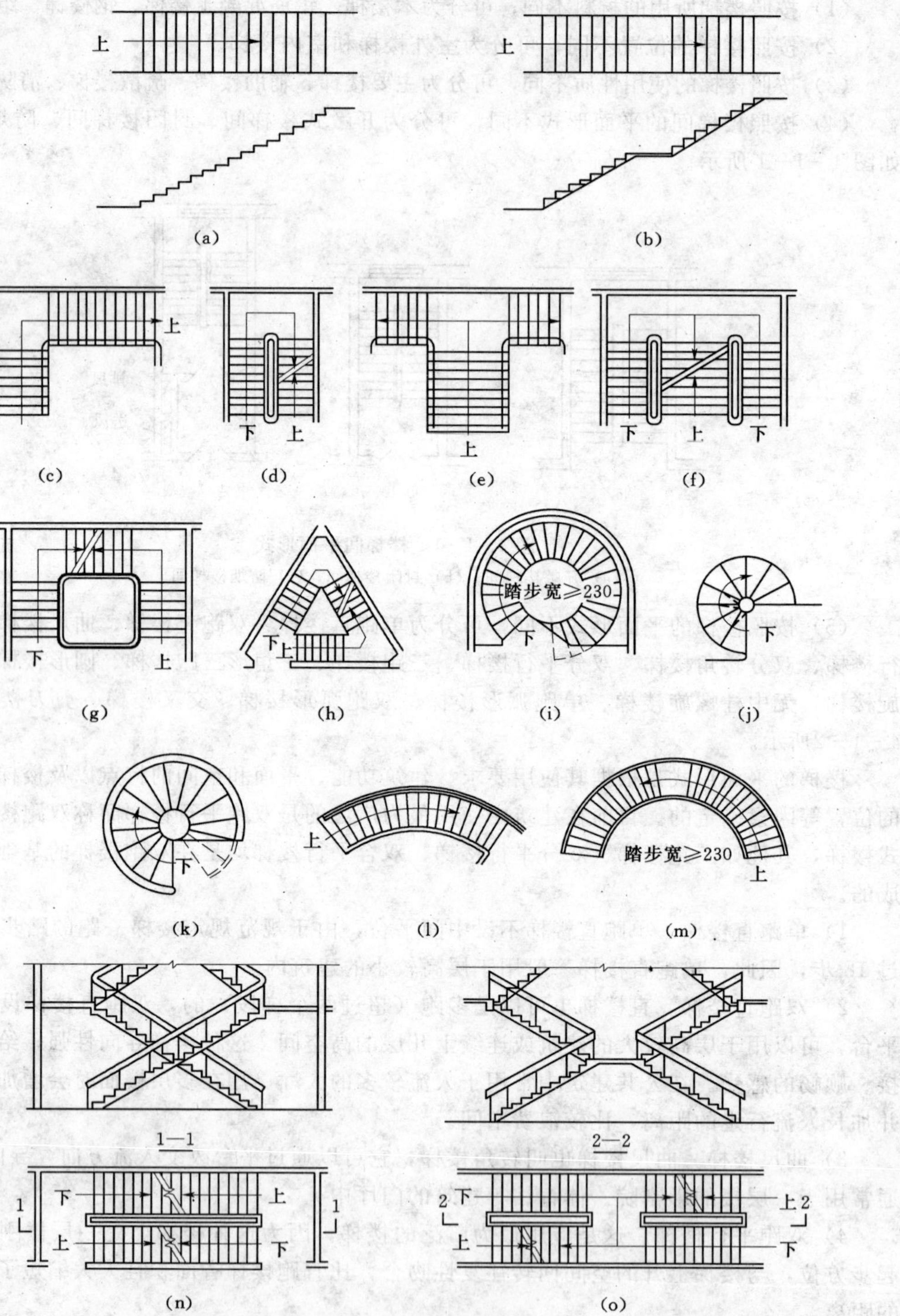

图4-1-2　楼梯平面形式

(a) 单跑直楼梯；(b) 双跑直楼梯；(c) 曲尺楼梯；(d) 双跑平行楼梯；(e) 双分转角楼梯；(f) 双分平行楼梯；(g) 三跑楼梯；(h) 三角形三跑楼梯；(i) 圆形楼梯；(j) 中柱螺旋楼梯；(k) 无中柱螺旋楼梯；(l) 单跑弧形楼梯；(m) 双跑弧形楼梯；(n) 交叉楼梯；(o) 剪刀楼梯

段，踏步数量较多，适用于层高较大的公共建筑。

7）螺旋楼梯。螺旋楼梯通常是围绕一根单柱布置，平面呈圆形。其平台和踏步均为扇形平面，踏步内侧宽度很小，并形成较陡的坡度，行走时不安全，且构造较复杂。这种楼梯不能作为主要人流交通和疏散楼梯，但由于其流线形造型美观，常作为建筑小品布置在庭院或室内。

8）弧形楼梯。弧形楼梯与螺旋楼梯的不同之处在于它围绕一较大的轴心空间旋转，未构成水平投影圆，仅为一段弧环，并且曲率半径较大。其扇形踏步的内侧宽度也较大（大于220mm），使坡度不至于过陡，可以用来通行较多的人流。弧形楼梯也是折行楼梯的演变形式。这种楼梯具有明显的导向性和优美轻盈的造型，可以作为疏散楼梯，通常用在大空间公共建筑的门厅里，用来通行1～2层之间较多的人流。但是它的结构施工难度较大、成本高，通常采用现浇混凝土制作。

9）交叉楼梯。交叉楼梯由两个直行单跑梯段交叉并列布置而成。通行人流量较大，且为上下楼层的人流提供了两个方向，对于空间开敞，楼层人流多方向进入有利，但仅适用于层高较小的建筑。

10）剪刀楼梯。剪刀楼梯实际是由两个双跑直楼梯交叉并列布置而成的。既增大了人流的通行能力，又为人流变换行进方向提供了方便。适用于商场、多层食堂等。

1.3 楼梯的组成

通常情况下，楼梯是由楼梯段、楼梯平台、栏杆（栏板）和扶手这3部分组成的，如图4-1-3所示。

1.3.1 楼梯段

楼梯段又称楼梯跑，是楼梯的主要使用和承重部分。它由若干个踏步组成。每个踏步一般由两个互相垂直的平面组成，供人们行走时踏脚的平面称为踏面，与踏面垂直的面称为踢面。踏面和踢面的尺寸关系决定了楼梯的坡度。为减少人们上下楼梯时的疲劳和适应人行的习惯，一个楼梯段的踏步数要求最多不超过18级，最少不少于3级。

1.3.2 楼梯平台

楼梯平台是指两楼梯段之间的水平板，有楼层平台、中间平台之分。与楼层标高一致的平台称为楼层平台，位于两个楼层之间的平台称为中间平台。楼梯平台主要用于缓解疲劳，让人们在连续上楼时可在平台上稍加休息，故又称休息平台。同时，楼梯平台还是梯段之间转换方向的连接处。

1.3.3 栏杆（栏板）和扶手

大多数楼梯段至少有一侧临空，为了确保使用安全，应在楼梯段的临空一侧设置栏杆或栏板。栏

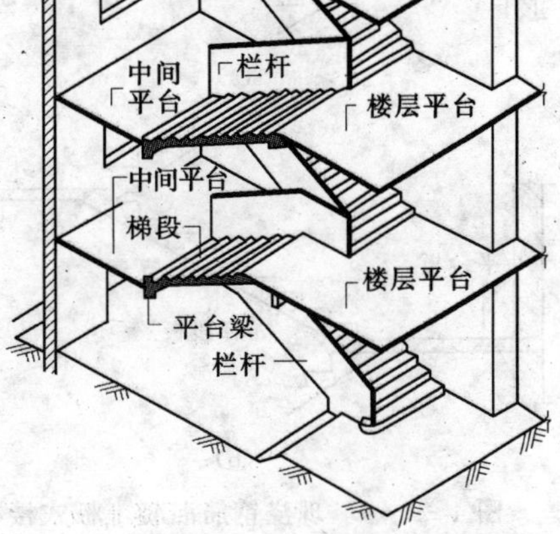

图4-1-3 楼梯的组成

杆或栏板上部供人们手扶的连续斜向配件称为扶手。栏杆（栏板）是楼梯段的安全设施，要求它必须坚固、可靠，并保证有足够的安全高度。

1.4 楼梯的设计要求

（1）作为主要楼梯，应与主要出、入口邻近，且位置明显；同时还应避免垂直交通与水平交通在交接处拥挤、堵塞。

（2）楼梯的间距、数量、宽度应经过计算满足防火疏散要求。楼梯间不得有影响疏散的凸出部分，以免挤伤人；除允许直接对外开窗采光外，不得向室内任何房间开窗；四周墙壁必须为防火墙；对防火要求高的建筑物特别是高层建筑，应设计成封闭式楼梯间或防烟楼梯间。

（3）楼梯间必须有良好的自然采光。

（4）在满足上述功能的前提下，应力求有良好的空间效果。

1.5 几种不同形式楼梯的构造

楼梯按照构成材料的不同，可以分为木楼梯、钢筋混凝土楼梯、钢楼梯和组合楼梯等。由于楼梯是建筑中重要的安全疏散设施，耐火性能要求较高，因此作为燃烧体的木材显然已经不宜用来制作楼梯。钢材虽然是非燃烧体，但是其受热后易产生变形，耐火极限极短，只有大约15min，作为楼梯一般都要进行特殊的防火处理，而且钢楼梯在使用时易发生振动噪声、对环境影响较大，不宜在民用建筑中使用。组合楼梯适用于做小型楼梯，多用于跃层住宅的户内。钢筋混凝土的耐火性能和耐久性能均好于木材和钢材，因此在民用建筑中大量使用的是钢筋混凝土楼梯。

钢筋混凝土楼梯按施工方式不同，可分为现浇式钢筋混凝土楼梯和预制装配式钢筋混凝土楼梯两类。

1.5.1 现浇钢筋混凝土楼梯

现浇钢筋混凝土楼梯是将楼梯段和楼梯平台整体浇筑在一起的。其特点是：整体性好、刚度大，施工不需大型起重设备，但是施工进度慢，支模和绑钢筋难度大，需耗费大量的模板，施工程序较复杂。现浇钢筋混凝土楼梯按楼梯段的受力和传力方式的不同，分为板式楼梯和梁板式楼梯两种。一般情况下，梯段水平投影长度不大于3m宜采用板式楼梯，梯段水平投影长度大于3m宜采用梁板式楼梯。

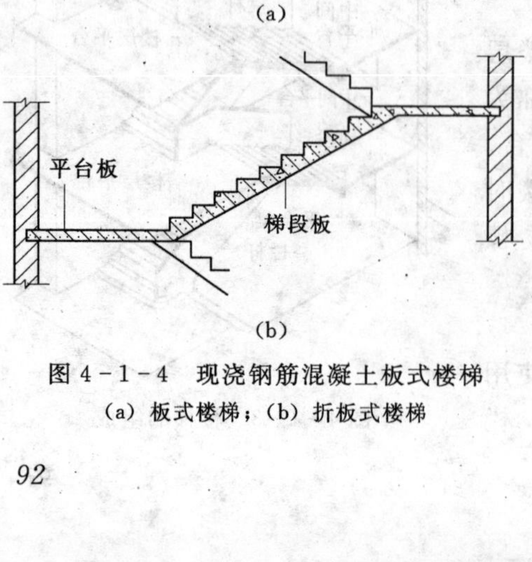

图4-1-4 现浇钢筋混凝土板式楼梯
(a) 板式楼梯；(b) 折板式楼梯

（1）板式楼梯。板式楼梯是指楼梯段作为一块整板，斜搁在楼梯的平台梁上。楼梯段承受梯段上全部的荷载。梯段相当于一块斜放的现浇板，平台梁是支座，如图4-1-4 (a) 所示。平台梁之间的距离便是这块板的跨度，梯段内的受力钢筋沿梯段的长向布置。有时为了保证平台过道处的净空高度，可以在板式楼梯的局部位置取消平台梁，称为折板式楼梯，如图 4-1-4（b）所示。此时板的跨度应为梯段水平投影长度与平台深度尺寸之和。板式楼梯适用于荷载较小、层高较小的建筑，如住宅、宿舍建筑。

（2）梁板式楼梯。当梯段较宽或楼梯负载较大时，采用板式楼梯往往不经济，需增加梯段斜梁（简称梯梁）以承受板的荷载，并将荷载传给平台梁，这种楼梯称为梁板式楼梯，如图 4-1-5 所示。梁板式楼梯的宽度相当于踏步板的跨度，平台梁之间的间距即为斜梁的跨度。梁板式楼梯在结构布置上有双梁布置和单梁布置之分。双梁布置比较常见，斜梁设置在梯段的两侧，有时为了节省材料，在梯段靠楼梯间横墙一侧不设置斜梁而直接由墙体承受踏步板的重量。此时，踏步板一端搁置在斜梁上，另一端搁置在墙上。在梁板式结构中，单梁式楼梯是近年来公共建筑中采用较多的一种结构形式。这种楼梯的每个梯段由一根梯梁支承踏步。梯梁布置有两种方式：一种是单梁悬臂式楼梯；另一种是单梁挑板式楼梯。单梁楼梯受力复杂，梯梁不仅受弯，而且受扭。但这种楼梯外形轻巧、美观，常常为建筑空间造型所采用。

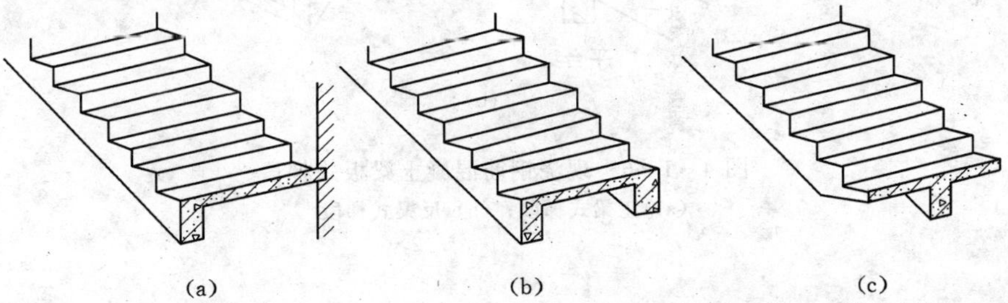

图 4-1-5 梁板式钢筋混凝土楼梯

(a) 梯段一侧设斜梁；(b) 梯段两侧设斜梁；(c) 梯段中间设斜梁

梁板式楼梯的斜梁一般是暴露在踏步板的下面，称为正梁式楼梯，也叫明步楼梯。这种楼梯在梯段下部形成梁的暗角，容易积灰，而且梯段侧面经常被清洗踏步产生的脏水污染，特别影响美观。而若将梯梁反向放置在上面就弥补了明步楼梯的缺陷，称为反梁式楼梯，也叫暗步楼梯。暗步楼梯因为斜梁宽度要满足结构要求，通常宽度较大，从而使梯段宽度变小，如图 4-1-6 所示。

1.5.2 预制装配式钢筋混凝土楼梯

预制装配式钢筋混凝土楼梯中楼梯的各部分构件是在预制厂预制，并在现场组装，与现浇钢筋混凝土楼梯相比，预制钢筋混凝土楼梯施工进度快、受气候影响较小、构件生产工厂化、质量较易保证，但是施工时需要配套的起重设备，投资多。因为建筑的层高、楼梯间的开间、进深及建筑的功能等都影响着楼梯的尺寸，而且楼梯的平面形式也是多种多样，因此，目前除了成片建设的大量性建筑（如住宅小区）外，建筑中较多采用的是现浇钢筋混凝土楼梯。

预制装配式楼梯根据生产、运输、吊装和建筑体系的不同，有许多不同的构造形式。根据组成楼梯的构件尺寸及装配的程度，一般可分为小型构件装配式和中、大型构件装配

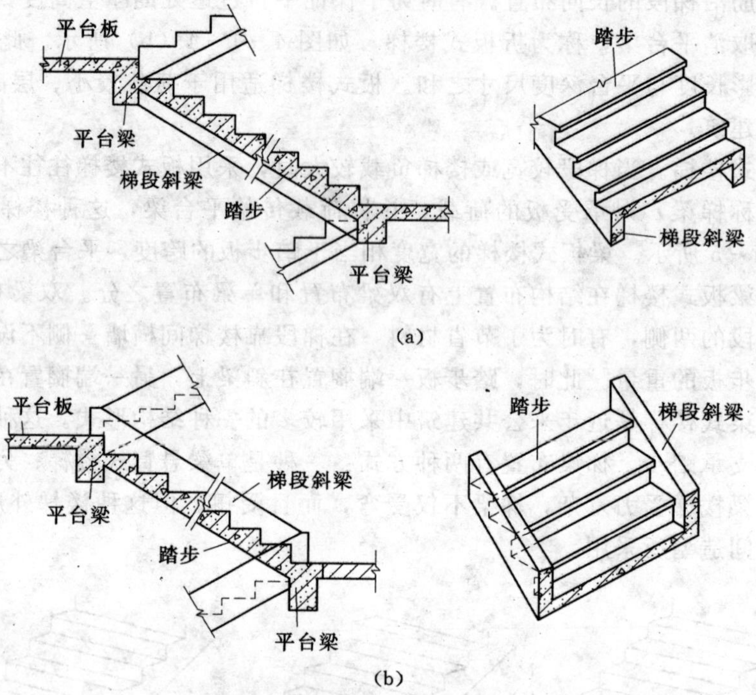

图 4－1－6　现浇钢筋混凝土梁板式梯段

(a) 正梁式梯段；(b) 反梁式梯段

式两大类。

1.5.2.1　小型构件装配式楼梯

小型构件包括踏步板、斜梁、平台梁、平台板等单个构件，小型构件装配式楼梯按其构造方式不同，可分为梁承式、墙承式和墙悬臂式等类型。

1. 梁承式钢筋混凝土楼梯

梁承式钢筋混凝土楼梯是预制构件装配而成的梁式楼梯，指梯段由平台梁支承的楼梯构造方式。预制装配梁承式楼梯的构造如图 4－1－7 所示。

梁承式楼梯踏步板的断面形式是三角形、正 L 形、反 L 形和一字形。斜梁有矩形、L 形、锯齿形。三角形踏步板配合矩形斜梁，拼装之后形成明步楼梯；若三角形踏步板配合 L 形斜梁则拼装后形成暗步楼梯。

不管采用的是哪种形式，预制踏步板与斜梁之间都应有可靠的连接，通常由水泥砂浆铺浆，逐个叠置。如需加强，可在梯斜梁上预埋插筋，与踏步板支承端预留孔插接，用高标号水泥砂浆填实。梯段梁与平台梁之间的连接在支座处除了用水泥砂浆坐浆外，应在连接端预埋钢板焊接。

2. 墙承式钢筋混凝土楼梯

墙承式钢筋混凝土楼梯是指把预制钢筋混凝土踏步板直接搁置在墙上，并按照事先设计好的方案，在施工时按照顺序搁置，形成楼梯段的一种楼梯形式，这时踏步板相当于一块靠墙体支承的简支板。其踏步板一般采用一字形、L 形断面。平台板可以采用实心板、

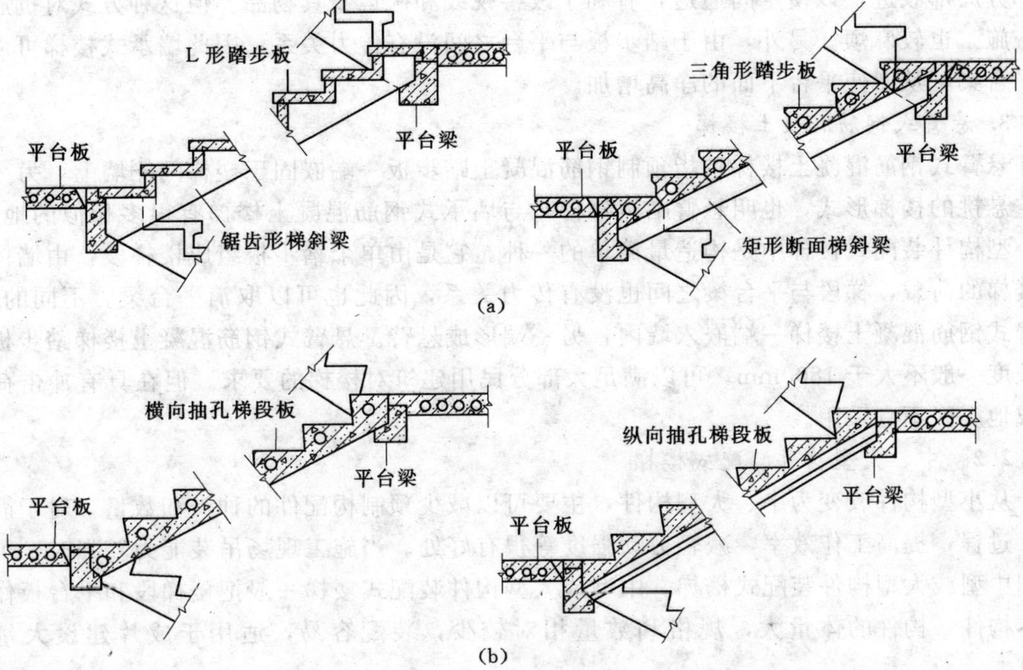

图 4-1-7 预制装配梁承式楼梯

空心板或槽形板。为了确保行人的通行安全，应在楼梯间侧墙上设置扶手。墙承式钢筋混凝土楼梯的构造如图 4-1-8 所示。

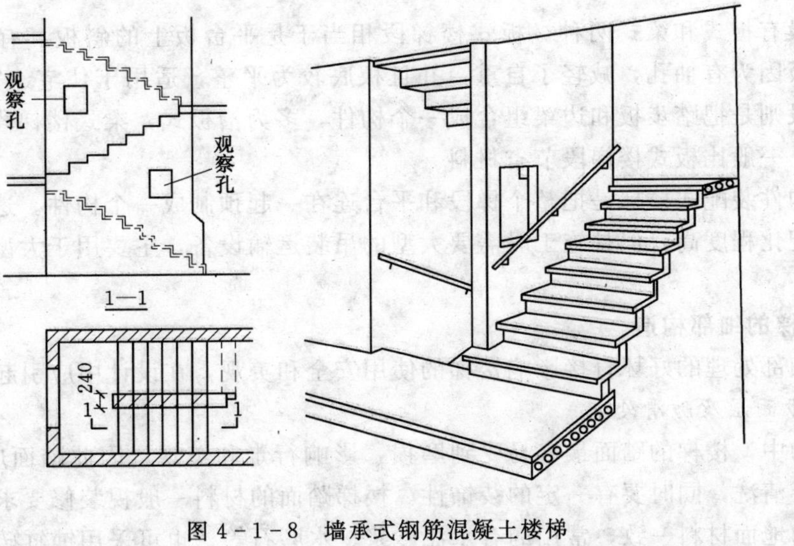

图 4-1-8 墙承式钢筋混凝土楼梯

墙承式钢筋混凝土楼梯适用于两层建筑的直跑楼梯或中间设有电梯井的三跑楼梯。双跑平行楼梯如果采用墙承式，必须在原楼梯井处设墙，作为踏步板的支座。这样处理之后，由于在梯段之间有墙，搬运家具不方便，也阻挡视线，上下人流易相撞。为了解决通视的问题，通常在中间墙上开设观察口，以使上下人流视线流通。也可将中间墙两端靠平台部分局部收进，以使空间通透，有利于改善视线和搬运家具物品。但这种方式对抗震不利，施工也较麻烦。另外，由于踏步板与平台之间没有传力关系，因此墙承式楼梯可以不设平台梁，从而使平台下面的净高增加。

3. 悬臂式钢筋混凝土楼梯

悬臂式钢筋混凝土楼梯系指预制钢筋混凝土踏步板一端嵌固于楼梯间侧墙上，另一端凌空悬挑的楼梯形式，也叫悬臂踏板楼梯，与墙承式钢筋混凝土楼梯有很多相似的地方，在小型构件装配式楼梯中是构造最简单的一种。它是由单个踏步板组成楼梯段，由墙体承担楼梯的荷载，梯段与平台梁之间也没有传力关系，因此也可以取消平台梁。不同的是，悬臂式钢筋混凝土楼梯一端嵌入墙内，另一端形成悬臂。悬臂式钢筋混凝土楼梯踏步板悬挑长度一般不大于1800mm，可以满足大部分民用建筑对楼梯的要求。但在具有冲击荷载时或地震区不宜采用。

1.5.2.2 中、大型构件装配式楼梯

从小型构件改变为中、大型构件，主要可以减少预制构配件的种类和数量，对于简化施工过程，提高工作效率，减轻劳动强度等很有好处。当施工现场吊装能力较强时，可以采用中型或大型构件装配式楼梯。中型或大型构件装配式楼梯一般把楼梯段和平台板作为基本构件，构件的体量大，规格和数量相对较少，装配容易，适用于成片建设大量性建筑。

1. 平台板

平台板有带梁和不带梁两种。带梁平台板是把平台梁和平台板制作成一个构件。平台板一般为槽形断面，其中一个边肋截面加大，并留出缺口，以供搁置楼梯段用。

2. 楼梯段

楼梯段有板式和梁式两种。板式楼梯段相当于是平台板上的斜板，有实心和空心之分。空心板因为有抽孔，减轻了自重，并且板底较为平整，适用于住宅、宿舍等建筑中。梁式楼梯段则是把踏步板和边梁组合成一个构件，多为槽板式，梁式楼梯段因为是梁板合一的构件，一般比板式楼梯段节省材料。

大型构件装配式楼梯是把整个梯段和平台连在一起预制成一个构件。这种方式施工速度快，装配化程度高，但是施工时需要大型的吊装运输设备，主要用于大型预制装配式建筑中。

1.5.3 楼梯的细部构造

楼梯细部处理的好坏直接影响楼梯的使用安全和美观，在设计中应引起足够的重视。

1. 踏步面层及防滑处理

建筑物中，楼梯的踏面最容易受到磨损，影响行走和美观，因此踏面应光洁、耐磨、防滑、便于清洗，同时要有一定的装饰性。楼梯踏面的材料一般视装修要求而定，常与门厅或走道的地面材料一致，常用的有水泥砂浆、水磨石等，也可采用铺缸砖、贴油地毡或铺大理石板。前两种多用于一般工业与民用建筑中，后几种多用于有特殊要求或较高级的公共建筑中，如图4-1-9所示。

为了防止行人在行走时滑倒，踏步表面应采取防滑和耐磨措施，通常是在距踏步面

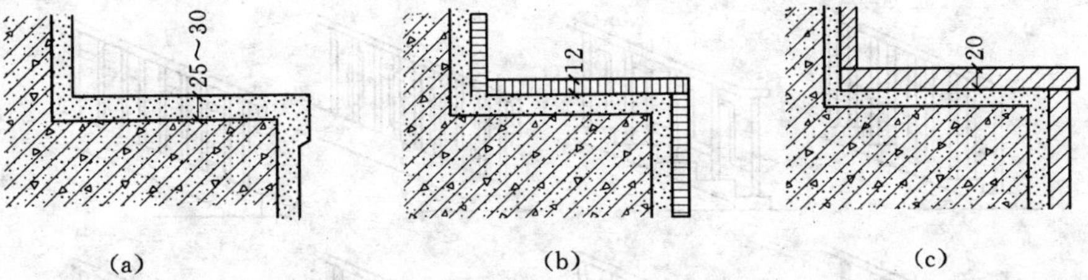

图 4-1-9　踏面面层的类型

(a) 水磨石面层；(b) 缸砖面层；(c) 花岗石、大理石或人造石面层

层前缘 40～50mm 的位置设置防滑条。防滑条的材料可用铁屑水泥、金刚砂、塑料条、橡胶条、金属条、马赛克等。最简单的做法是做踏步面层时，在靠近踏步面层前缘 40mm 处留两三道凹槽。也可以采用耐磨防滑材料，如缸砖、铸铁等做防滑包口，既能防滑又能起到保护作用。标准比较高的建筑，也可以铺地毯、防滑塑料或用橡胶贴面。防滑条或防滑凹槽长度一般按踏步长度每边减去 150mm，如图 4-1-10 所示。

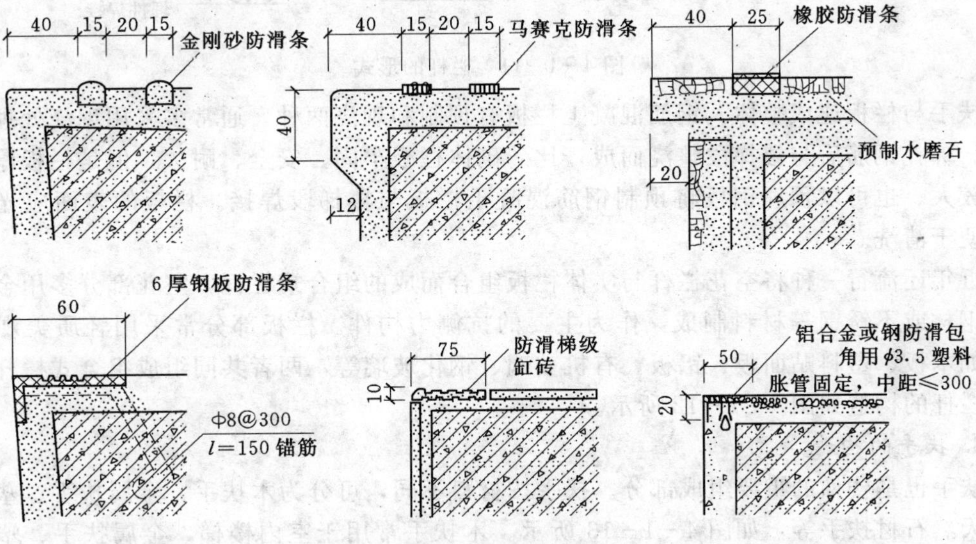

图 4-1-10　踏步防滑构造

2. 栏杆（栏板）的构造

栏杆和栏板是楼梯中保护行人上下安全的围护措施。栏杆多采用方钢、圆钢、钢管或扁钢等材料，可以焊接或铆接成各种图案，既起到防护作用又起到装饰作用，图 4-1-11 所示为常见栏杆的形式。常用栏杆的断面尺寸：方钢 15mm×15mm～25mm×25mm，圆钢 φ16～25mm，钢管 φ20～50mm，扁钢（30～50）mm×（3～6）mm。栏杆应有足够的强度，能够保证在人多拥挤时楼梯的使用安全。在经常有儿童活动的场所，如幼儿园、住宅等建筑，为了防止儿童穿过栏杆空当发生危险，栏杆垂直构件之间的净距不应大于 110mm，且不能采用易于攀登的花饰。

栏板是用实体材料制作的，常用的材料有加设钢筋网的砖砌体、钢筋混凝土、木材、玻璃等。砖砌栏板是用普通砖侧砌，厚度为 60mm，栏板外侧用钢筋网加固，再用钢筋混

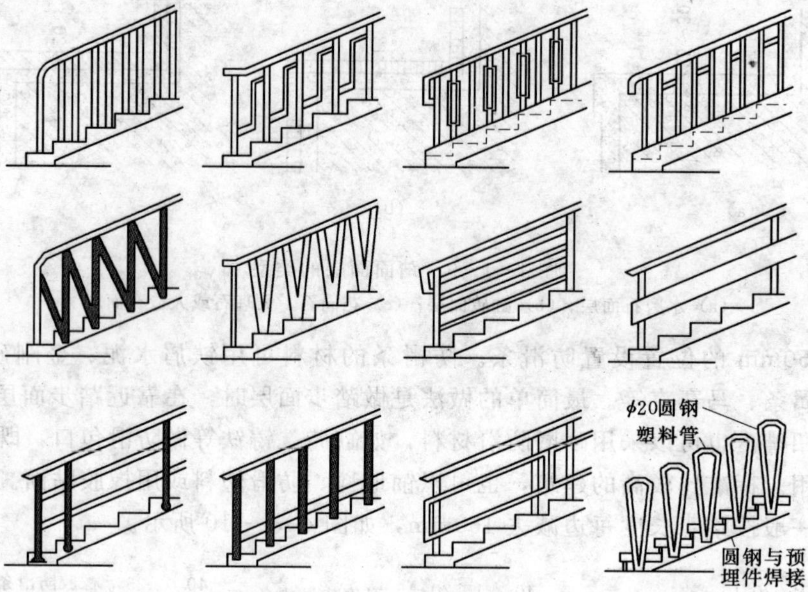

图 4-1-11 栏杆的形式

凝土扶手与栏板连成整体。钢筋混凝土栏板有预制和现浇两种，通常多采用现浇处理，经支模、绑扎钢筋后与楼梯段整浇而成，比砖砌体栏板牢固、安全、耐久，但是栏板厚度和自重较大。也可以预埋钢板将预制钢筋混凝土栏板与楼梯段焊接。栏板的表面应光滑平整，便于清洗。

近年还流行一种将空花栏杆与实体栏板组合而成的组合式栏杆，空花部分多用金属材料如钢材或不锈钢等材料制成，作为主要的抗侧力构件。栏板部分常采用轻质美观的材料，如木板、塑料贴面板、铝板、有机玻璃、钢化玻璃等，两者共同组成组合式栏杆。组合式栏杆的构造如图 4-1-12 所示。

3. 扶手的构造

扶手也是楼梯的重要组成部分。扶手按材料不同，可分为木扶手、金属扶手、塑料扶手、天然石材扶手等，如图 4-1-13 所示。木扶手常用于室内楼梯，金属扶手、塑料扶手、天然石材扶手是室外楼梯常用的材料。无论采用何种材料的扶手，其表面都应光滑、圆顺，便于手扶。绝大多数扶手都是连续设置的，接头处应当仔细处理，使之平滑过渡。

4. 各种连接构造

(1) 栏杆与踏步的连接。栏杆与踏步的连接有铆接、焊接和螺栓连接 3 种。铆接是在踏步上预留孔洞，预留孔一般为 50mm×50mm，插入洞内至少 80mm，然后将钢条插入孔内，洞内浇筑水泥砂浆或细石混凝土嵌固。焊接则是在浇筑楼梯踏步时，在需要设置栏杆的部位，沿踏面预埋钢板或在踏步内埋套管，然后将钢条焊接在预埋钢板或套管上。螺栓连接是利用螺栓将栏杆固定在踏步上，方式有多种。栏板可以与楼梯段直接相连，也可以安装在垂直构件上。栏杆与踏步的连接如图 4-1-14 所示。

(2) 扶手与栏杆的连接。当采用木材或塑料扶手时，一般在栏杆顶部设置通长扁钢，与扶手底面或侧面槽口榫接，再用木螺栓固定。金属扶手与金属栏杆的连接一般采用焊接

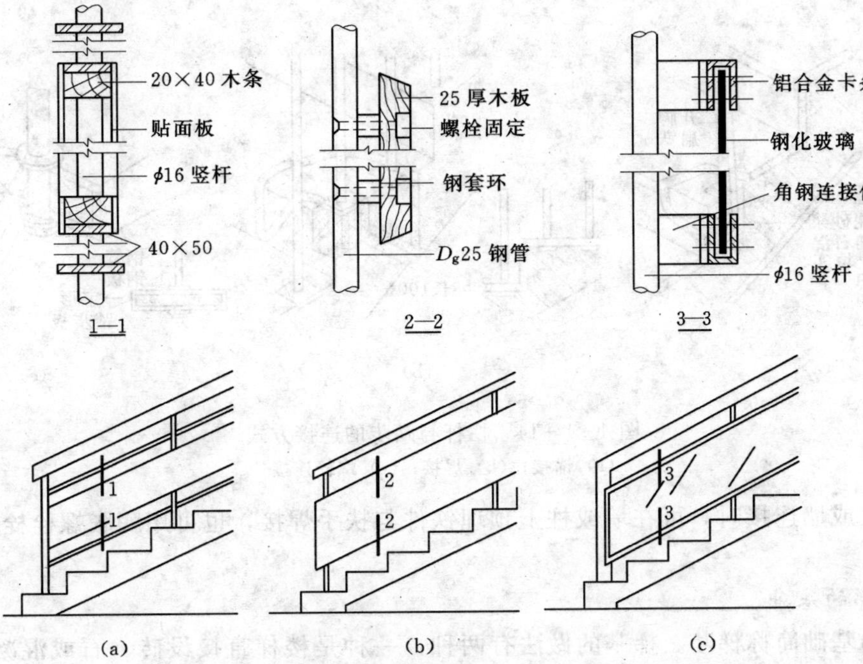

图 4-1-12 组合式栏杆构造

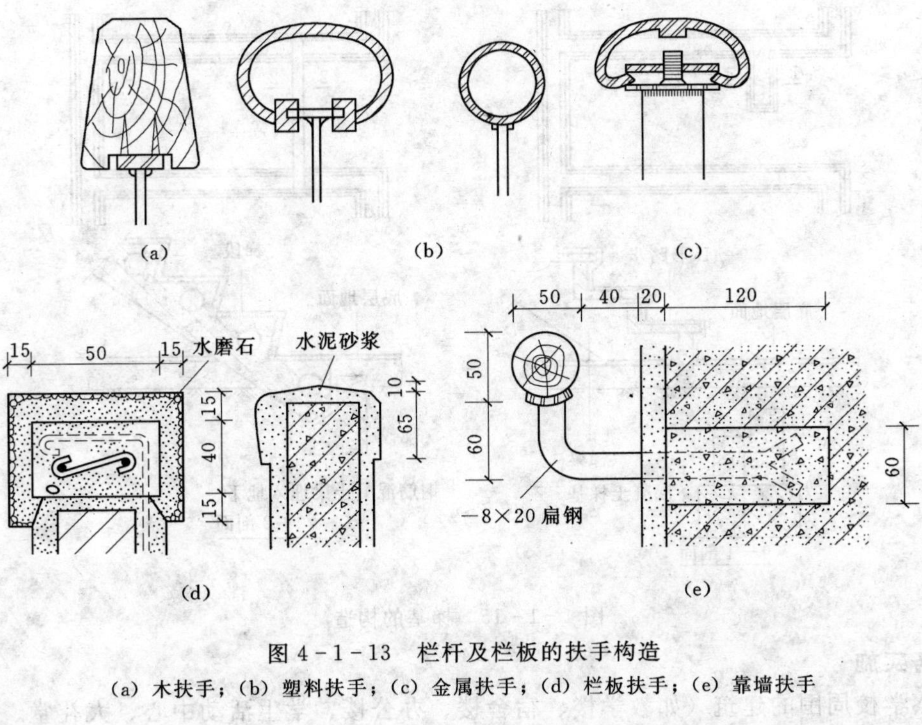

图 4-1-13 栏杆及栏板的扶手构造

(a) 木扶手；(b) 塑料扶手；(c) 金属扶手；(d) 栏板扶手；(e) 靠墙扶手

或铆接。

(3) 扶手与墙体的连接。扶手如果需要固定在砖墙上时，可在墙上预留 120mm×120mm×120mm 的孔洞，将扶手伸入洞内，再用细石混凝土或水泥砂浆填实；扶手与钢

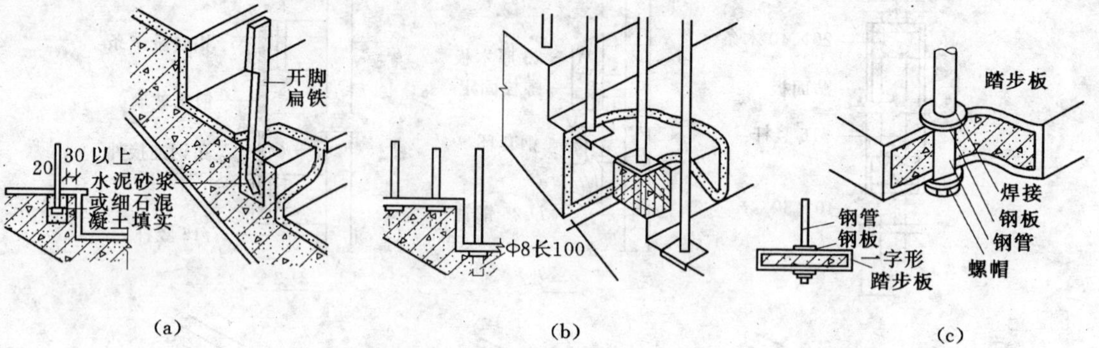

图 4-1-14 栏杆与踏步的连接方式

(a) 锚接；(b) 焊接；(c) 螺栓连接

筋混凝土柱或墙连接时，可在墙或柱上预埋铁件与扶手焊接，也可用膨胀螺栓栓接或预留孔洞插接。

5. 楼梯的基础

楼梯的基础简称梯基。梯基的做法有两种：一种是楼梯直接设砖、石或混凝土基础；另一种是楼梯支承在钢筋混凝土地基梁上，如图 4-1-15 所示。

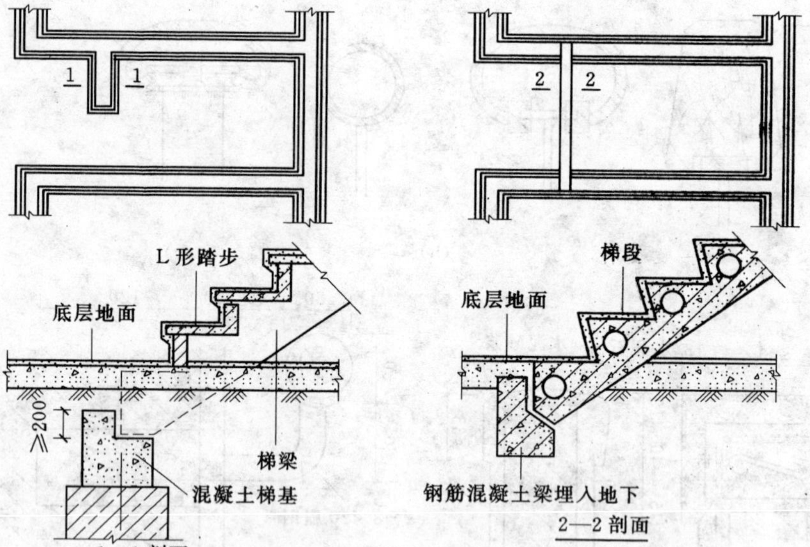

图 4-1-15 梯基的构造

任务实施

观察学校周围的建筑（如教学楼、宿舍楼、办公楼、学生活动中心、大礼堂、学生食堂、学校招待所、教师家属楼等）中的楼梯，将它们的形式、所用材料及特点及有何异同记录下来。

任务2 设 计 楼 梯

学习目标

★ 掌握楼梯各部分的尺度要求及确定的原则和方法，会根据建筑物的类型和特点进行楼梯的平面图和剖面图的设计。

任务描述

★ 建筑物楼梯的构造设计。

任务分析

★ 包括楼梯各部分的尺度要求及确定的原则和方法，重点讲解建筑物楼梯的设计。

2.1 楼梯的尺度

楼梯的尺度涉及楼梯的坡度、楼梯的踏步尺寸、楼梯段宽度、长度、高度、平台宽度、楼梯段及平台净空高度等多个尺寸，如图 4-2-1 所示。

2.1.1 楼梯的坡度

楼梯的坡度即楼梯段的坡度，指的是楼梯段沿水平面倾斜的角度。一般采用两种方法来表示楼梯的坡度：一种是用楼梯段与水平面的倾斜夹角来表示楼梯的坡度，称为角度法；另一种是用楼梯段在垂直面上的投影高度与在水平面上的投影长度来表示楼梯坡度的，称为比值法。在实际工程中，比值法采用较为广泛。一般来讲，若建筑物的层高不变，则楼梯的坡度大，楼梯段的水平投影长度越短，楼梯占地面积就越小，也就越经济，但是人在上面行走就会比较吃力；楼梯的坡度越小，踏步相对平缓，行走就越舒适，但是楼梯占地面积大，会增加投资，经济性较差，所以，在确定楼梯坡度时，应当兼顾使用性和经济性二者的要求，根据具体情况合理地进行选择。对人流集中、交通量大的建筑，楼梯的坡度应小些，如医院、影剧院等。对使用人数较少、交通量小的建筑，楼梯的坡度可以略大些，如住宅、别墅等。

楼梯常见的坡度范围为 23°～45°，其中以 30°左右较为通用。坡度过小（小于 23°），只需把其处理成斜面就可以解决通行的问题，称为坡道。由于坡道占地面积较大，过去只在医院建筑中为解决运送病人推床的交通而使用，现在电梯在建筑中已经大量采用，坡道在建筑内部基本不用，而在室外应用较多。坡道的坡度在 1∶12 以下时，属于平缓坡道，坡度超过 1∶10 时，应设防滑措施。坡度过大时（大于 45°），由于坡度较陡，人们已经不能自如地上下，需要借助扶手的助力扶持，此时称为爬梯。由于爬梯对使用者的身体状况及持物情况有限制，因此爬梯在民用建筑中并不多见，一般只在通往屋顶、电梯机房等非公共区域采用。公共建筑的楼梯坡度较平缓，常用 26°34′（正切值为 1/2 左右）。住宅中的公用楼梯坡度可以稍陡些，常用 33°42′（正切值为 1/1.5 左右）。楼梯坡度一般不宜超过 38°，供少量人流通过的内部交通楼梯，坡度可适当增大，楼梯、爬梯、坡道的坡度范围如图 4-2-2 所示。

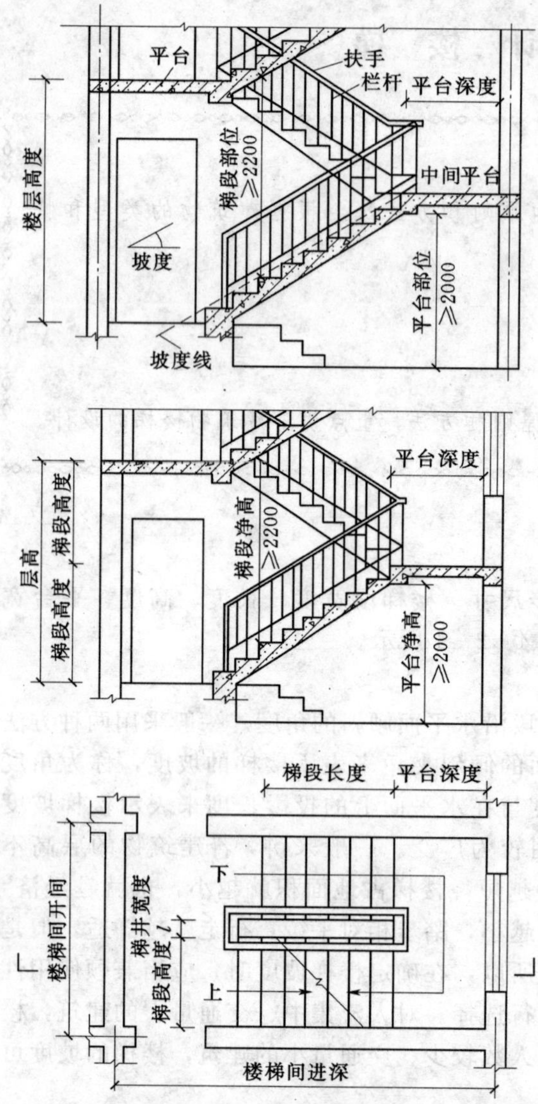

图 4-2-1 楼梯各部分尺度

2.1.2 楼梯的踏步尺寸

楼梯的坡度取决于楼梯踏步的高度与宽度之比。因此，必须选择合适的踏步尺寸以控制坡度。楼梯的踏步尺寸包括踏面宽和踢面高，踏面是人脚踩的部分，其宽度不应小于成年人的脚长，使人们在上、下楼梯时脚可以全部落在踏面上，以保证行走时的舒适。一般为250～320mm。踢面高与踏面宽有关，根据人上一级踏步相当于在平地上的平均步距的经验，踏步尺寸可按下面的经验公式来确定，即

$$2h + b = 600 \sim 620\text{mm}$$

$$b + h = 450\text{mm}$$

式中 h——踢面高度；

b——踏面宽度，通常为600～620mm，即人的平均步距。

踏步尺寸一般是根据建筑的使用功能、使用者的特征及楼梯的通行量综合确定的，在建筑工程中，踏面宽范围一般为250～320mm，踢面高范围一般为140～180mm。具体地，应根据建筑物的功能和实际情况来确定，常见的民用建筑楼梯的适宜踏步尺寸见表4-2-1。

对于成年人而言，楼梯踏步高度以150mm左右较为舒适，不应高于175mm。踏面宽度以300mm左右为宜，不应窄于250mm。民用建筑中，楼梯踏面的最小宽度与最大高度的限制值见表4-2-2。

当踏面宽度过窄时，会使人们行走时产生危险。而踏面过宽时，将导致楼梯段长度增加，由于踏面宽度往往受到楼梯间进深的限制，有时为了人们上、下楼梯时更加舒适，在不改变楼梯坡度的情况下，可采用下列措施来增加踏面宽度，如采取加做踏步檐或使踢面倾斜（图4-2-3）。踏步檐的挑出尺寸一般不大于20mm，挑出尺寸过大则踏步檐容易损坏，而且会给行走带来不便。

2.1.3 楼梯段的尺度

楼梯段的尺度分为楼梯段的宽度和楼梯段的长度。楼梯段宽度如图4-2-4所示。楼梯段的宽度必须满足上下人流及搬运物品的需要。从确保安全角度出发，楼梯段宽度应根据楼梯的设计人流股数、防火要求及建筑物的使用性质等因素确定。为了保证建筑的使用安全，《建筑设计防火规范》（GB 50003—2006）规定了学校、商店、办公楼、候车室等民

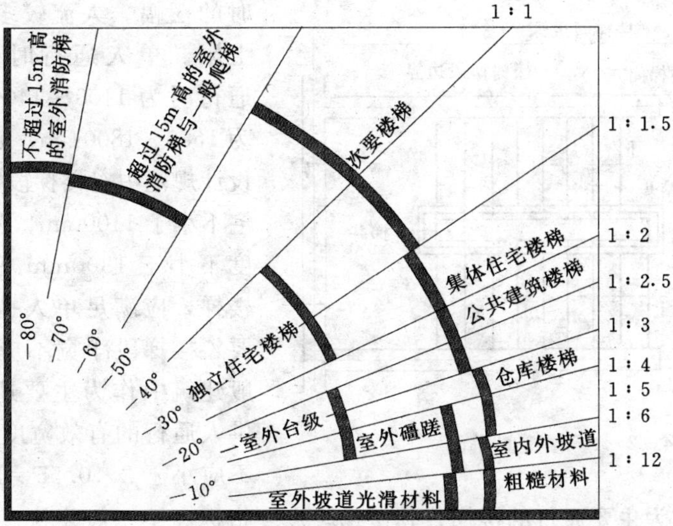

图 4-2-2 楼梯的坡度

表 4-2-1 **楼梯适宜的踏步尺寸** 单位：mm

名称	住宅	学校、办公室	剧院、会堂	医院（病人用）	幼儿园
踏面宽度	260～300	280～340	300～350	300	260～300
踢面高度	156～175	140～160	120～150	150	120～150

表 4-2-2 **楼梯踏面最小宽度和最大高度** 单位：mm

楼梯类别	最小宽度 b	最大高度 h	楼梯类别	最小宽度 b	最大高度 h
住宅公用楼梯	260	175	学校、办公楼等楼梯	260	170
幼儿园楼梯	260	150	剧院、会堂等楼梯	220	200
医院、疗养院等楼梯	280	160			

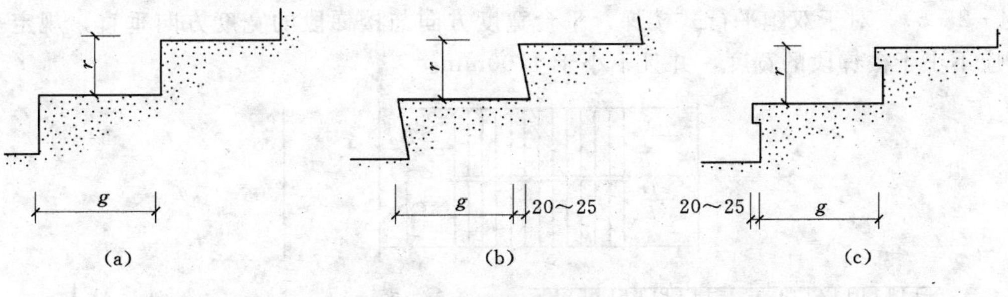

图 4-2-3 踏步细部尺寸

(a) 正常处理的踏步；(b) 踢面倾斜的踏步；(c) 加做踏步檐的踏步

用建筑楼梯的总宽度。这些建筑楼梯的总宽度应通过计算确定，以每100人拥有的楼梯宽度作为计算标准，俗称百人指标。通常情况下，作为主要通行用的楼梯，其楼梯段宽度应满足至少两人相对通行（即不小于两股人流）。我国规定单股人流通行的宽度按0.55m+（0～0.15）m计算，其中0.55m为正常人体的宽度，0～0.15m为人行走

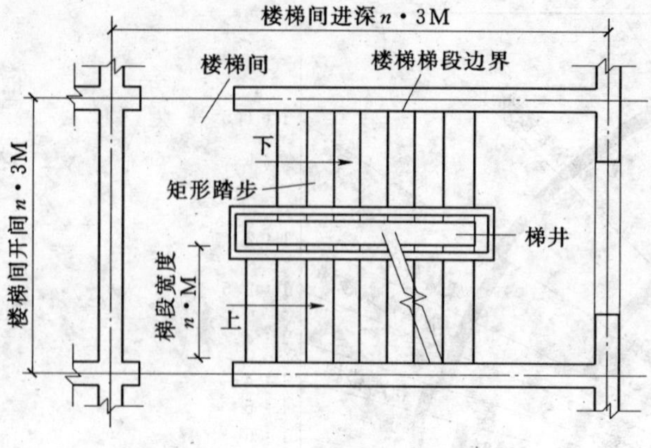

图 4-2-4 楼梯间平面

时的摆幅。人流较多的公共建筑应取上限。单人通行时为 900mm，双人通行时为 1100～1400mm，3 人通行时为 1650～1800mm，并应满足各类建筑设计规范中对楼梯段宽度的限定，如住宅不小于 1100mm、公共建筑楼梯段宽度不小于 1300mm 等。非主要通行的楼梯，应满足单人携带物品通过的需要，楼梯段净宽不应小于 900mm。一般建筑中作为主要通行用的楼梯，其供人通行的有效宽度（即楼梯段净宽）不应小于 $2\times 0.55=1.1$（m）。

高层建筑中作为主要通行的楼梯，其楼梯段宽度指标高于一般建筑。《高层民用建筑设计防火规范》（GB 50045—1995）规定，高层建筑每层疏散楼梯总宽度应按照其通过人数每 100 人不小于 1.00m 计算。各层人数不相等时，楼梯的总宽度可分段计算，下层疏散楼梯总宽度按其上层人数最多的一层计算。疏散楼梯的最小净宽不应小于表 4-2-3 的规定。

表 4-2-3　　高层建筑疏散楼梯的最小净宽度

高层建筑	疏散楼梯的最小净宽（m）	高层建筑	疏散楼梯的最小净宽（m）
医院病房楼	1.30	其他建筑	1.20
居住建筑	1.10		

梯段长度（L）：指每一楼梯段的水平投影长度，其值 $L=b(N-1)$。b 为踏步宽，N 为楼梯段踏步数，即踢面高步数。

2.1.4 平台的宽度

为了保证通行顺畅和搬运家具设备的方便，楼梯平台的宽度应不小于楼梯段的宽度（图 4-2-5）。对于双跑平行式楼梯，平台宽度方向与楼梯段的宽度方向垂直，规定平台宽度应不小于楼梯段的宽度，并且不小于 1100mm。

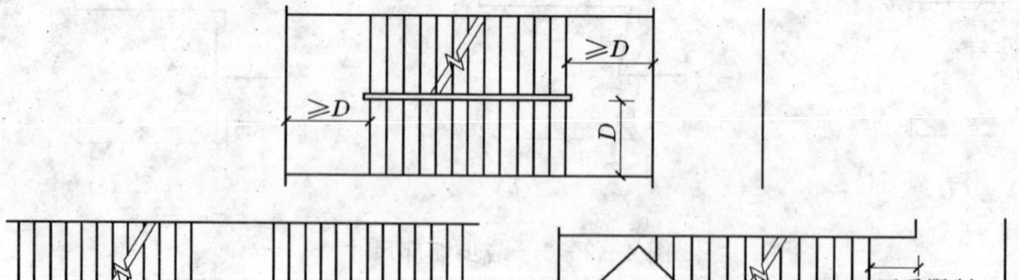

图 4-2-5 楼梯段和平台的尺寸关系

D—楼梯段的宽度

对于开敞式楼梯间，由于楼层平台已经同走廊连成一体，这时楼层平台的净宽为最后一个踏步前缘到靠走廊墙面的距离，此时平台净宽度可以小于上述规定，一般不小于500mm，如图4-2-6所示。

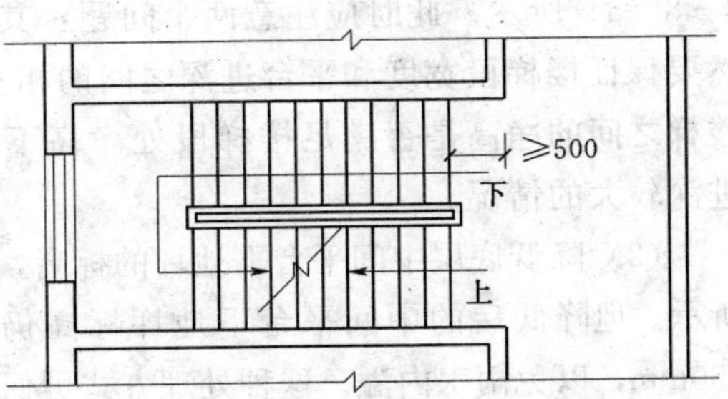

图4-2-6 开敞式楼梯间楼层平台的宽度

有些建筑为了满足特定的需要，在上述要求的基础上，对楼梯及平台的尺寸另行作了具体的规定。如《综合医院建筑设计规范》(JGJ 49—1988）规定：医院建筑主楼梯的楼梯段宽度不应小于1.65m，主楼梯和疏散楼梯的平台深度不应小于2.0m。

2.1.5 楼梯井宽度

楼梯井的宽度是指楼梯段之间形成空隙的宽度，此空隙从顶层贯通到底层。考虑到消防安全和施工的要求，住宅、中小学校等楼梯井的宽度一般在60～200mm之间。儿童用楼梯应小于120mm。公共建筑中的楼梯井宽度不应小于150mm（水平净距）。楼梯井宽度超过200mm时，必须采取安全措施。

2.1.6 楼梯的净空高度

楼梯的净空高度包括楼梯段上的净空高度和平台上的净空高度。

楼梯段上的净空高度是指楼梯段空间的最小高度，即下层梯段踏步前缘到上部结构底面之间的垂直距离。楼梯段上的净空高度与人体尺度、楼梯的坡度有关；平台上的净空高度指平台面到上部结构最低处之间的垂直距离，平台上的净空高度与人体尺度有关。在确定这两个净高时，还应充分考虑人们肩扛物品对空间的实际需要，避免由于碰头而产生压抑感。我国规范规定：楼梯段上的净空高度应不小于2200mm，平台上的净空高度应不小于2000mm，另外，确定楼梯段上的净空高度时，楼梯段的计算范围应从楼梯段最前和最后踏步前缘分别往外300mm算起，如图4-2-7所示。

由于一般民用建筑的层高均在3.0m以上，而楼梯段间的净高与房间净高相差不大，所以，一般可以满足不小于2200mm的要求。

一般情况下，楼梯的中间平台设计在楼层的1/2处，因此平台过道处净高不小于2000mm的要求往往不容易自然实现，必须经过仔细设计和调整才行。例如，单元式住宅通常把单元门设在楼梯间首层，其入口处平台净高应不小于2000mm，假设住宅的首层层高为3.0m，则第一个休息平台的标高为1.5m，此时平台的净高约为1.2m，距2000mm的要求相差较远。为了使平台下净高满足不小于2000mm的要求，可采取下列处理方法来解决：

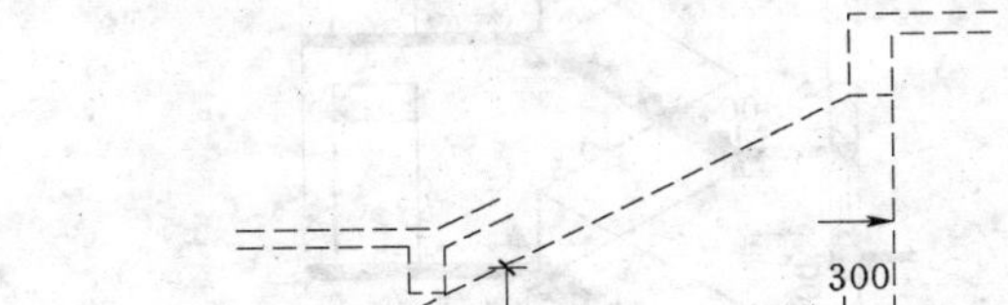

图4-2-7 楼梯段及平台部位净高的要求

(1) 增加底层第一楼梯段的踏步数量，达到提高底层中间平台标高的目的，如图4-

2-8（a）所示。此时应注意两个问题：其一是第一段楼梯是整部楼梯中最长的一段，仍然要保证楼梯段宽度和平台进深之间的相互关系，其次当层高较小时，应检验第一、三段楼梯之间的净高是否满足楼梯段处净高不小于2200mm的要求。这种方法适用于楼梯间进深较大的情况。

（2）降低底层中间平台下地坪的标高，即将部分室外台阶移至室内，如图4-2-8（b）所示。但降低后的中间平台下地坪标高仍应比室内地面高出一级台阶的高度，即100～150mm，以免雨水内溢。这种处理方式可保持等跑楼梯段，使构件统一。但中间平台下地坪标高的降低，常依靠底层室内地坪±0.00标高绝对值的提高来实现，可能增加填土方量或将底层地面架空。这种方法构造简单，但增加了整个建筑物的高度，会使建筑造价升高。其次移至室内的台阶前檐线与顶部平台梁内边缘之间的水平距离不应小于300mm。

（3）将上述两种方法进行综合，既增加底层第一楼梯段的踏步数量，又降低底层中间平台下地坪的标高，如图4-2-8（c）所示。这种方法可避免前两种方法的缺点。

（4）建筑物的底层楼梯采用直行单跑或直行双跑楼梯直接从室外上二层，如图4-2-8（d）所示。这种方法适用于南方地区的建筑。设计时需注意入口处雨棚底面标高的位置，保证净空高度要求。除此之外，也可以取消平台梁，即平台板和楼梯段组合成一块折形板。

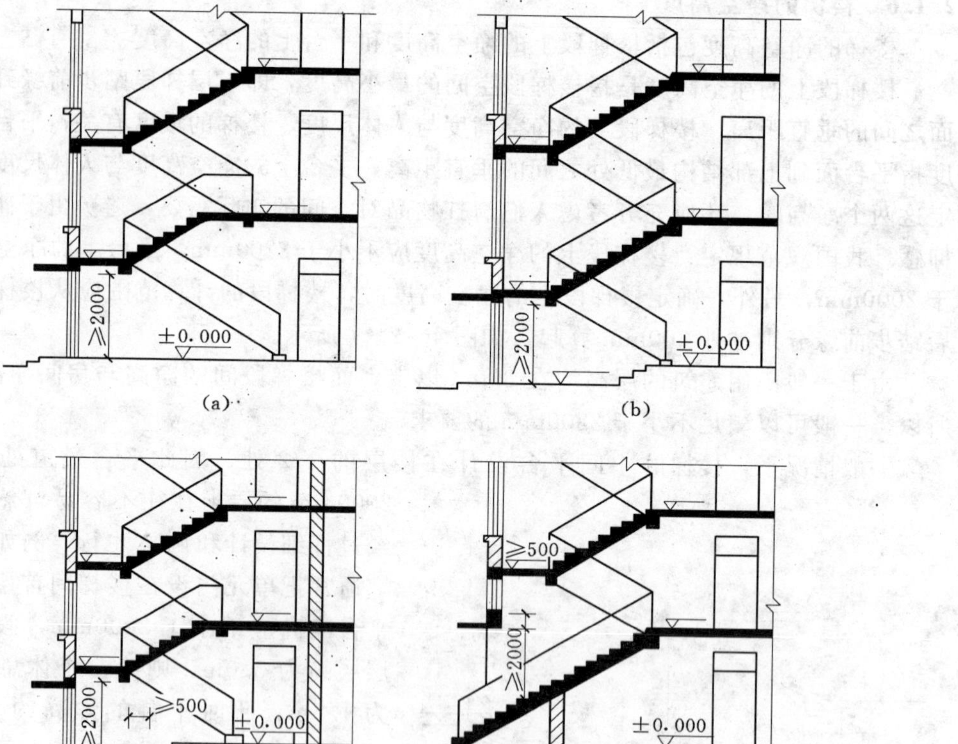

图4-2-8 底层楼梯平台做出入口时的处理方式

（a）增加底层第一楼梯段的踏步数；（b）降低底层中间平台下地坪的标高；
（c）两种方法进行综合；（d）底层楼梯采用直跑楼梯

2.1.7 栏杆扶手的高度

楼梯的栏杆和扶手是与人体尺度关系密切的建筑构件，应合理确定栏杆高度。栏杆高度是指踏步前缘至上方扶手中心线的垂直距离。一般室内楼梯栏杆高度不应小于0.9m，室外楼梯栏杆高度不应小于1.05m，高层建筑室外楼梯栏杆高度不应小于1.1m。如果当顶层平台上水平扶手长度超过500mm时，其高度不应小于1m。幼儿园、托儿所建筑的扶手高度不能降低，可增加一道500～600mm高的儿童扶手，如图4-2-9所示。有一些建筑根据使用要求对楼梯栏杆的高度做出了具体的规定，应参照单项建筑设计规范的规定执行。

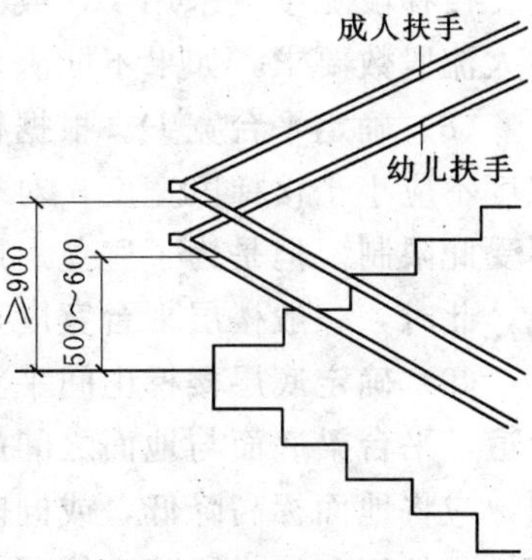

图4-2-9 栏杆扶手高度

2.2 楼梯的设计

2.2.1 楼梯的设计步骤及方法

已知楼梯间开间、进深和层高，进行楼梯的设计，步骤如下：

(1) 进行楼梯形式的选择。即根据已知的楼梯间尺寸选择合理的楼梯形式。进深较大而开间较小时，可以选择双跑平行楼梯。开间和进深均较大时，可以选择双分平行楼梯；进深不大并且与开间尺寸接近时，可以选择三跑楼梯等。

(2) 确定踏步尺寸。根据建筑物的使用性质和楼梯的使用要求，确定楼梯的适宜坡度，初步选择合适的踏步高度 h 和踏步宽度 b，参见表4-2-1。

(3) 确定各层踏步数量。根据楼梯间的层高和初步确定的楼梯踏步高度，计算楼梯各层的踏步数量，及踏步数量为

$$N = 层高\ H/\ 踏步高度\ h$$

如果得出的踏步数量 N 不是整数，可以调整踏步高度值 h，使踏步数量为整数。为了减少构件规格，一般应尽量采用等跑楼梯段，因此 N 宜为偶数。如所求出的 N 为奇数或非整数，可反过来调整步高 h。

(4) 确定各楼梯段的踏步数量。根据各层踏步数量、楼梯形式等，确定各楼梯段的踏步数量。如双跑平行楼梯：各楼梯段踏步数量 n=各层踏步数量 $N/2$。注意建筑规范规定：每一个楼梯段的踏步数不能超过18级，也不能小于3级。

(5) 确定楼梯段的水平投影长度和梯段的高度。根据踏步尺寸和各楼梯段的踏步数量，计算楼梯段长度和楼梯段的高度。计算公式为

$$楼梯段长度 = (该楼梯段踏步数量\ n-1) \times 踏步宽度\ b$$

$$楼梯段高度 = 该楼梯段踏步数量\ n \times 踏步高度\ h$$

(6) 确定是否设梯井及梯井宽度 B_2。如楼梯间宽度较富裕，可在两楼梯段之间设梯井。供少年儿童使用的楼梯梯井不应大于120mm，以利于安全。

(7) 确定楼梯段宽度 B_1。根据楼梯间的开间、楼梯形式和楼梯的使用要求，确定楼梯段宽度。

$$楼梯段宽度\ B_1 = (楼梯间净宽 - 梯井宽度\ B_2)/2$$

楼梯段宽度应采用1M或1/2M的整数倍数，同时检验其通行能力是否满足紧急疏散时人流股数要求，如果不能满足要求，则应对楼梯井宽度或楼梯间开间净宽进行调整。

(8) 确定平台宽 D。根据楼梯间的尺寸、楼梯段宽度等，确定平台宽度。注意：平台宽度不应小于楼梯段宽度，对于直接通向走廊的开敞式楼梯间而言，其楼层平台宽度可以不受此限制。但是为了避免走廊与楼梯的人流相互干扰并便于使用，应留有一定的缓冲余地，此时，一般楼层平台宽度至少为500～600mm。

(9) 确定底层楼梯中间平台下的地面标高和中间平台面标高。如果底层中间平台下设通道，平台梁底面与地面之间的垂直距离应满足平台净高的要求，即不小于2000mm；否则，应将地面标高降低，或同时抬高平台面标高。此时，底层楼梯各楼梯段的踏步数量、楼梯段长度和楼梯段高度均需要进行相应的调整。调整的方法参见上一节的相关内容。

(10) 校核进深尺寸。根据初选中间平台宽 D_1 和楼层平台宽 D_2 以及楼梯段水平投影长度检验楼梯间进深净长度 B，$D_1+L+D_2=B$。如果计算的结果比已知的楼梯间进深小，通常只需要调整平台宽度；当计算结果大于已知的楼梯间进深，而平台宽度又没有调整的余地时，可对楼梯段水平投影 L 值进行调整（即调整 b 值）。按照以上步骤重新进行计算，直到与已知的楼梯间尺寸一致为止。必要时，则需调整 B 值。在 B 值一定的情况下，如尺寸有富裕。一般可加宽 b 值以减缓坡度或加宽 D_2 值以利于楼层平台分配人流。在装配式楼梯中，D_1 和 D_2 值的确定尚需注意使其符合预制板安放尺寸，或使异形规格尺寸板仅在一个平台，减少异形规格板数量。

2.2.2 楼梯设计实例分析

例2-2-1 已知某住宅为6层砖混结构，楼梯间开间为2700mm，进深为6000mm，层高为2.8m，室内外高差为450mm，楼梯间的墙体均为240mm砖墙，轴线居中，底层中间平台下设有住宅的出入口。结构形式和楼地面的做法自定，试设计该楼梯。

解：(1) 进行楼梯形式的选择。对于开间为2700mm，进深为6000mm的住宅楼梯间，适合选用双跑平行楼梯。

(2) 确定踏步尺寸。住宅规范要求楼梯踏步最小宽度为260mm，最大高度为175mm，由公式 $2h+b=600\sim620$mm 或 $h+b=450$mm，初步确定踏步宽为 $b=290$mm，踏步高为 $h=160$mm。

(3) 确定踏步数量。由层高 $H=2.8$m，可计算出踏步级数 $n=H/h=2800/160\approx17.5$，由于 n 为整数，且 n 最好为偶数，故取 $n=18$ 级，两跑等跑楼梯段每段为9级，调整踏步高 $h=H/n=2800/18\approx155.6$ (mm)，取 $b=290$mm。

(4) 开间方向的细部尺寸。开间净尺寸为 $2700-2\times120=2460$ (mm)，取楼梯井宽为60mm，每楼梯段宽度 $B=(2460-60)/2=1200$ (mm)。

(5) 进深方向的细部尺寸。进深净尺寸为 $6000-2\times120=5760$ (mm)，楼梯段的水平投影长度 $L=290\times(9-1)=2320$ (mm)，取中间平台宽度 $D_1\geqslant1200$mm（$D_1\geqslant$梯段宽 B）取为1300mm，楼层平台宽 $D_2\geqslant1200$mm，取为1500mm（注：D_1 和 D_2 在画草图时可以调整）。

(6) 校核。

$L+D_1+D_2=2320+1300+1500=5120$ (mm) <5760mm（进深净尺寸）将楼层平

台加大至 1500＋（5760－5120）＝2040（mm）。

（7）验算楼梯净空高度。

底层平台下净空高度的验算。楼梯的水平投影长度为 2320mm，小于 3m，采用板式楼梯较为经济，现采用现浇钢筋混凝土板式楼梯。

楼梯段板厚：楼梯段板在建筑图上可按 100mm 厚画图，具体厚度由结构计算确定。楼梯段板厚约为板斜向跨度的 1/25～1/30，板的斜向跨度由勾股定理计算 $(2320^2+1400^2)^{1/2}\approx 2720$（mm），2720×（1/25～1/30）≈109～91（mm）。

平台板厚度：平台板通常是 4 边支承板。可近似按小跨方向的剪支板设计，板厚一般为平台板宽度的 1/30～1/40，楼板的最小厚度为 60mm，取平台板厚度为 60mm。

平台梁截面尺寸：平台梁截面高为梁跨度的 1/15，2700×1/15＝180（mm），但由图 4－2－10 所示构造，取平台梁截面高为 300mm。梁截面宽度为高的 1/2～1/2.5，可取 200mm（考虑受扭力的因素可取大些）。

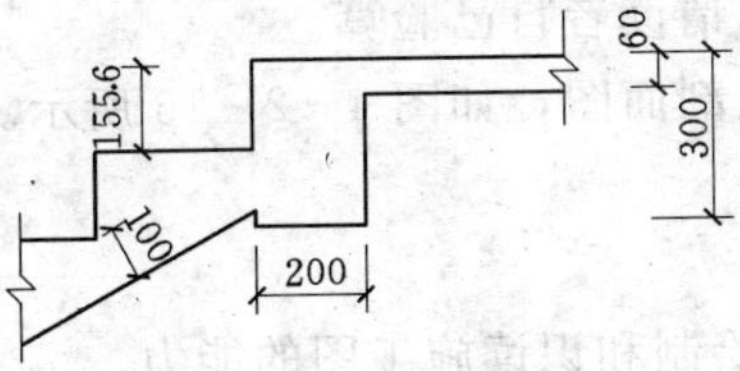

图 4－2－10　构件截面尺寸

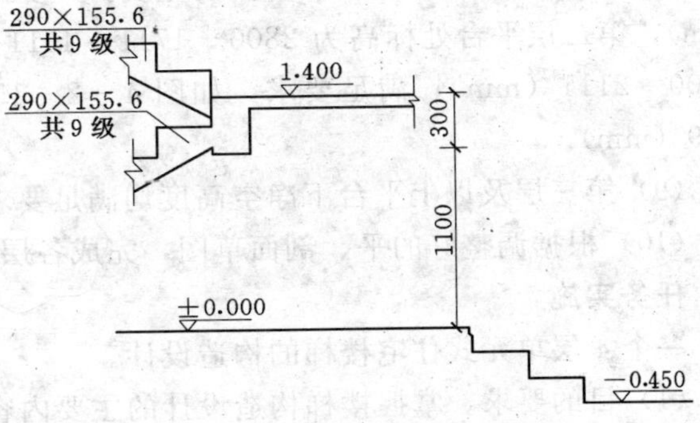

图 4－2－11　底层平台下净高验算

底层平台下净空高度验算如图 4－2－11 所示。

1400－300＝1100（mm）＜2000mm，需作调整。

首先将平台下室内地坪降低 300mm，此时平台下净空高度调为 1100＋300＝1400（mm），如图 4－2－12 所示。

其次，调整第一层楼梯，取踏步宽度 270mm，高为 175mm，踏步级数为 $n=H/h=$ 2800/175＝16（级），第一跑 12 级，楼梯段高为 175×12＝2100（mm），则平台底下净空高度为 2100＋300－300＝2100（mm）＞2000mm，满足要求，如图 4－2－13 所示。

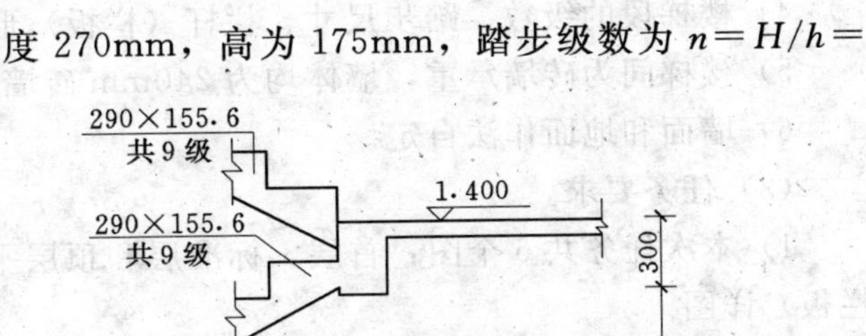

图 4－2－12　降低底层平台下地坪后净高验算

此时第二跑楼梯段高为 175×4＝700（mm），梯段长为 270×3＝810（mm）。

（8）第二层楼梯平台下净空高度的验算，如图 4－2－14 所示。

第二层楼梯平台下净空高度：

2800＋1400－2100－300＝1800（mm）＜2000mm。

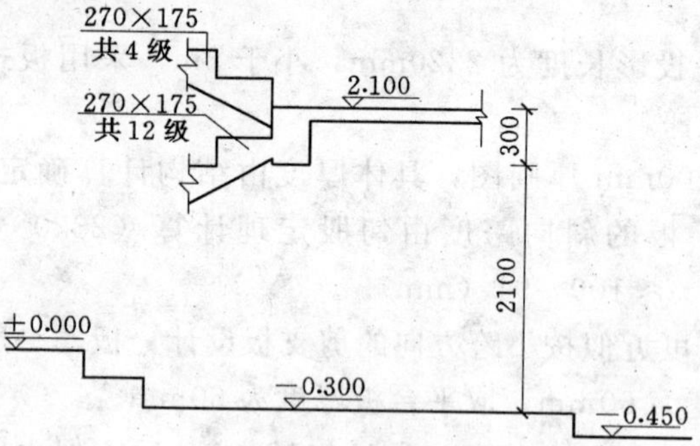

图 4-2-13 降低底层平台下地坪且将首层楼梯段坡度增大后净高验算

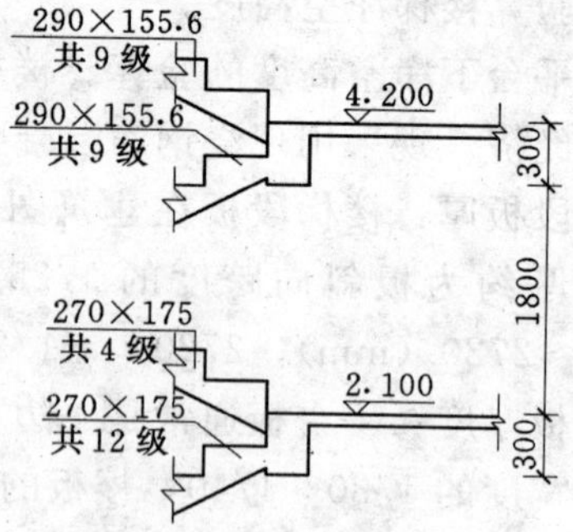

图 4-2-14 二层楼梯平台下净高验算

将第二层楼梯第一跑由 9 步调整为 11 步，第一跑楼梯段高为 155.6×11≈1711（mm），第二层平台处标高为 2800＋1711＝4511（mm）。平台下净空高度为 4511－2100－300＝2111（mm），满足要求，如图 4-2-15 所示。第二跑楼梯段高为 155.6×7≈1089（mm）。

（9）第三层及以上平台下净空高度均满足要求（略），请读者自己验算。

（10）根据调整好的平、剖面草图，完成各层平面图及剖面图，如图 4-2-16 所示。

任务实施

一个 4 层单元式住宅楼梯的构造设计。

（1）目的要求。掌握楼梯构造设计的主要内容，训练绘制和识读施工图的能力。

（2）任务条件。

1）4 层单元式住宅楼梯，首层中间平台下为住宅出、入口。楼梯间开间尺寸为 2600mm，进深为 5400mm。

2）住宅室内、外高差为 600mm，层高为 3.0m。

3）双跑式楼梯形式，现浇钢筋混凝土板式楼梯。

4）楼梯段的级数、踏步尺寸、栏杆（栏板）形式、所选用材料和尺寸自定。

5）楼梯间为砖墙承重，墙体均为 240mm 砖墙，轴线居中。

6）墙面和地面作法自定。

（3）任务要求。

1）本次任务共 6 个图：首层、标准层和顶层平面图、剖面图、踏步详图、栏杆（或栏板）详图。

2）比例：平、剖面为 1∶50，详图为 1∶10。

3）用 2 号绘图纸一张，以铅笔或墨线绘成。

（4）作业深度。

1）在各图中绘出定位轴线，标出定位轴线至墙边的尺寸。平面中绘出门窗、楼梯踏步、折断线。以各层楼地面为基准标注楼梯的上、下指示箭头。

2）在各层平面图中注明中间平台及各层楼地面的标高。

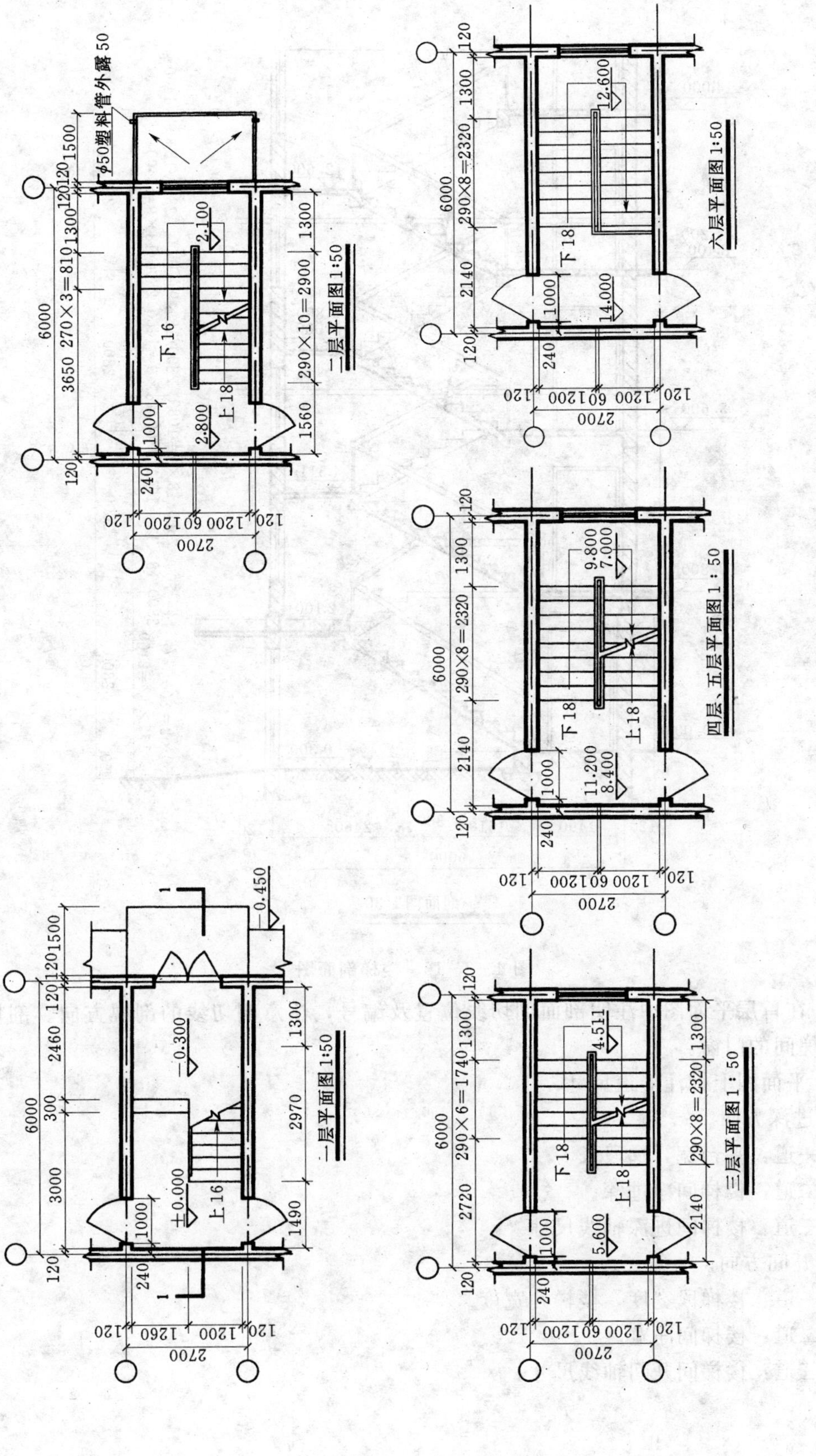
φ50塑料管外露50
二层平面图1:50
六层平面图1:50
四层、五层平面图1:50
一层平面图1:50
三层平面图1:50
下16
上18
下18
上16
2700
6000

图 4-2-15 楼梯平面图

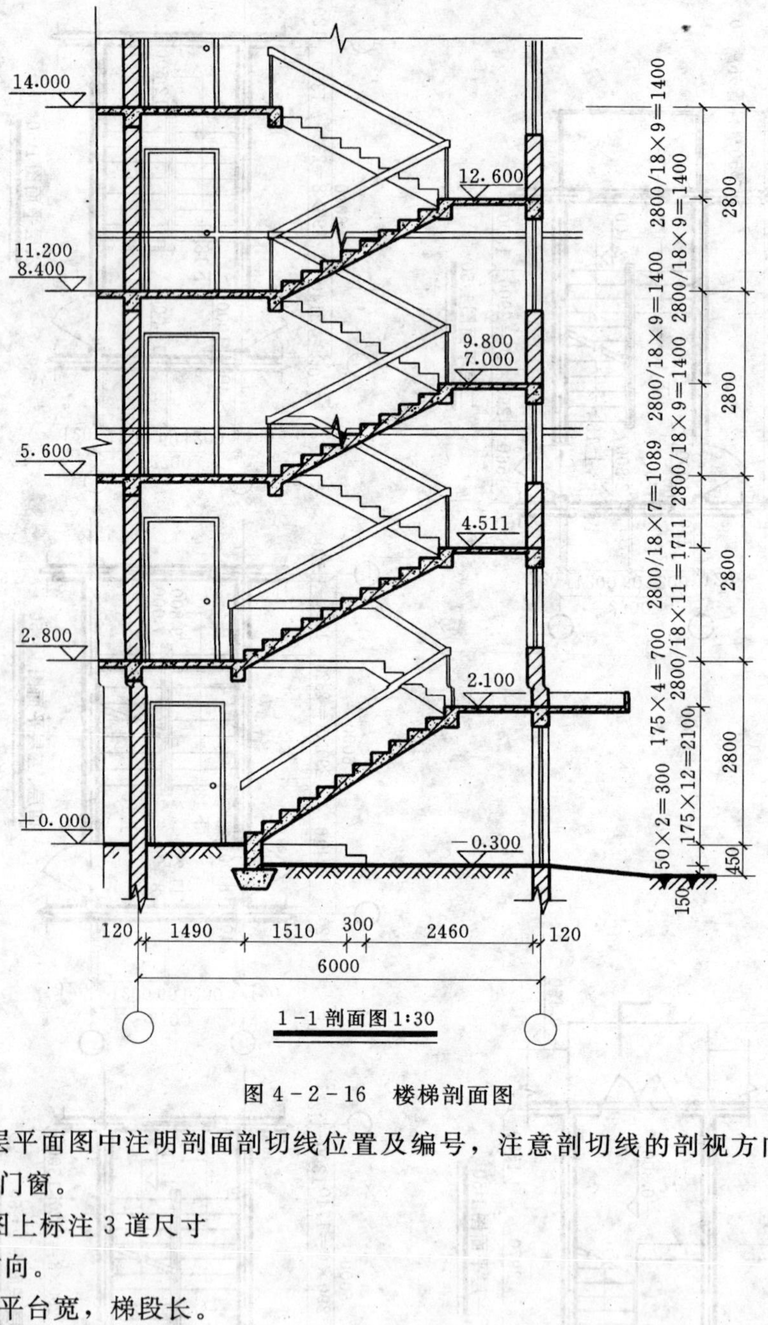

图 4-2-16　楼梯剖面图

3）在首层平面图中注明剖面剖切线位置及编号，注意剖切线的剖视方向。剖切线应通过楼梯间的门窗。

4）平面图上标注 3 道尺寸

a. 进深方向。

第一道：平台宽，梯段长。

第二道：楼梯间净进深。

第三道：楼梯间进深轴线尺寸。

b. 开间方向。

第一道：楼梯段宽度，楼梯井宽度。

第二道：楼梯间净宽。

第三道：楼梯间开间轴线尺寸。

5）首层平面绘出室外（内）台阶、散水，二层平面应绘出雨篷。

6）剖面图可绘至顶层栏杆扶手，以上用折断线切断，暂时不要求绘屋顶。

7）剖面图内容有：楼梯的断面形式，栏杆（栏板）、扶手形式，墙、楼板和楼层地面、顶棚、台阶、室外地面、首层地面等。

8）标注标高。室内外地面、各层平台、窗台及窗顶、门顶、雨篷等处标高。

9）剖面图应绘出定位轴线，标注定位轴线间尺寸，注出详图索引号。

10）详图应注明材料、作法和尺寸。标注详图编号。

任务3　台 阶 与 坡 道

学习目标

★ 了解台阶与坡道的形式，掌握台阶和坡道的平面尺寸要求和台阶与坡道的构造做法，会进行台阶坡道的构造形式和做法的选择。

任务描述

★ 台阶坡道的构造形式和做法的选择。

任务分析

★ 包括台阶和坡道的形式、台阶和坡道的平面尺寸及台阶坡道的构造，重点台阶和坡道的平面尺寸及台阶坡道的构造。

房屋底层为了防潮和防水，一般建筑物室内外地坪均设有高差，所以通常需要在建筑入口处设置台阶和坡道作为建筑室内外的过渡。台阶是供人们进出建筑之用，坡道是为车辆及残疾人而设置的，有时会把台阶和坡道合并在一起共同工作。从规划要求来看，台阶和坡道被视为建筑主体的一部分，不允许进入道路红线，因此在一般情况下台阶的踏步数不多，坡道长度也不大。有些建筑由于使用功能或精神功能的需要，有时设有较大的室内外高差或者把建筑入口设在二层，此时就需要大型的台阶和坡道与其配合。台阶和坡道在建筑入口处对建筑立面具有一定的装饰作用，因此设计时既要考虑实用性又要考虑其美观性能。

3.1　室外台阶与坡道的形式

台阶由踏步和平台组成。它的平面形式种类较多，应当与建筑级别、功能及基地周围的环境相适应，如图4-3-1所示。比较常见的台阶形式有单面踏步式、两面踏步式、三面踏步式等。由于台阶位于房屋的出入口处有美观的要求，因此台阶的两边常与花池、垂带石、方形石等组合在一起布置。

坡道多为单面坡形式，极少三面坡的。按照其用途的不同，可以分成行车坡道和轮椅坡道两类。行车坡道又可分为普通行车坡道和回车坡道两种，如图4-3-2所示。普通行车坡道布置在有车辆进出的建筑入口处，如车库、厂房等。回车坡道与台阶踏步组合在一起布置在某些大型公共建筑的入口处，如办公楼、旅馆、医院等。轮椅坡道是专供残疾人使用的。随着我国社会文明程度的提高，为使残疾人能平等地参与社会活动，体现社会对特殊人群的关爱，应在为公众服务的建筑及市政工程中设置方便残疾人使用的设施，轮椅坡道就是其中之一。台阶与坡道的形式如图4-3-1和图4-3-2所示。

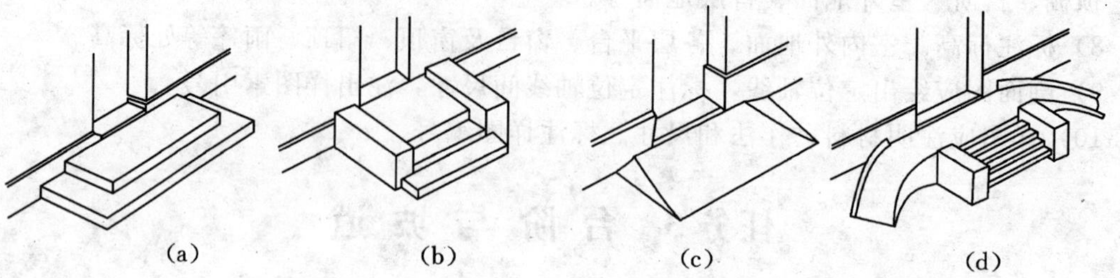

图4-3-1　台阶与坡道的形式

(a) 三面踏步式；(b) 单面踏步式；(c) 坡道式；(d) 踏步坡道结合式

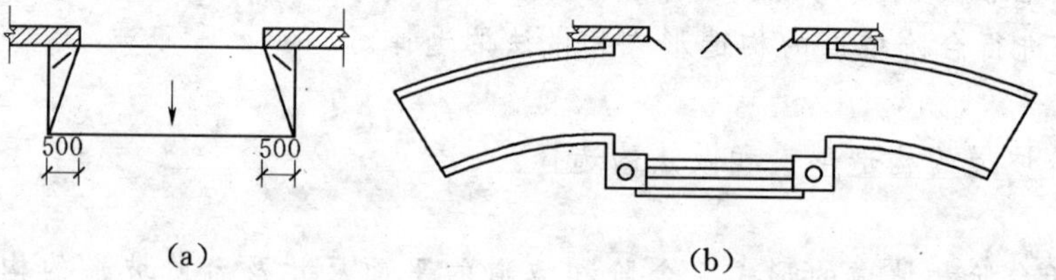

图4-3-2　行车坡道

(a) 普通行车坡道；(b) 回车坡道

3.2　室外台阶与坡道的平面尺寸

台阶与坡道的平面尺寸一般取决于房屋室内外高差的大小和门洞的口宽度。为了满足起码的使用要求，台阶和普通行车坡道顶部平台的宽度应大于所连通门洞的宽度，一般至少每边宽出500mm。台阶处于室外，踏步宽度应比楼梯大一些，使坡度平缓，以提高行走舒适度。其踏步高一般为100～150mm，公共建筑主要出入口处的台阶每级一般不超过150mm高，踏面宽度最好选择为350～400mm，也可以根据需要设置得更宽，一些医院及运输港的台阶常选择100mm左右的步高和400mm左右的步宽，以方便病人及负重的旅客行走。台阶步数根据室内外高差确定。在台阶与建筑出入口大门之间，常设一缓冲平台，作为室内外空间的过渡。室外台阶顶部平台深度一般不应小于1000mm，平台需设3%左右的排水坡度，以利雨水排除。

坡道的坡度应以有利推车通行为佳，一般为1/10～1/8，也有1/30的。在某些大型公共建筑中，为考虑汽车能在大门入口处通行，可采用单面台阶与两侧坡道相结合的形式。普通坡道的坡度还与室内外高差及坡道的面层处理方法有关。光滑材料坡道不应大于1∶12；粗糙材料坡道（包括设置防滑条的坡道）可以适当加大坡度，但是也不宜大于1∶6；带防滑齿的坡道可加大至1∶4。回车坡道的宽度与坡道半径及车辆规格有关，坡道的坡度应不大于1∶10。由于轮椅坡道是供残疾人使用的，因此有一些特殊的规定。例如，坡道的宽度不应小于0.9m，每段坡道的坡度、允许最大高度和水平长度应符合表4-

3-1的规定；当坡道的高度和长度超过表4-3-1的规定时，应该在坡道中部设置休息平台，其宽度不应小于1.2m，坡道在转弯处应设置休息平台，休息平台的宽度不应小于1.5m；在坡道的起点及终点，应留有深度不小于1.5m的轮椅缓冲地带；坡道两侧应在0.9m高度处设置扶手，两段坡道之间的扶手应保持连贯；坡道起点及终点处的扶手应水平延伸0.3m以上；坡道两侧凌空时，在栏杆下端宜设置高度不小于50mm的安全挡台。

表4-3-1 每段坡道坡度、最大高度和水平长度

坡道坡度（高/长）	1/8*	1/10*	1/12
每段坡道允许高度（m）	0.35	0.60	0.75
每段坡道允许水平长度（m）	2.80	6.00	9.00

注 加*者只适用于受场地限制的改造扩建的建筑物。

3.3 室外台阶的构造

室外台阶是建筑出入口处室内外高差之间的交通联系部件。由于其位置明显，人流量大，特别是当室内外高差较大或基层土质较差时，须慎重处理。为使台阶能满足交通和疏散的需要，台阶的设置应满足以下要求：首先人流密集的场所台阶的高度超过1.0m时，宜有护栏设施，踏步一般不直接紧靠门口设置台阶，应在出入口前留1m宽以上平台作为缓冲；在人员密集的公共场所、观众厅的入场门口、太平门，在紧靠门口1.4m范围内不应设置踏步，室内外高差较少，不经常开启的外门可在距外墙面0.3m以外设踏步；其次室内台阶踏步数不应小于两步；由于台阶位于易受雨水腐蚀的环境之中，必须慎重考虑防滑和抗风化问题。其面层材料应选择防滑和耐久的材料，如水泥石屑、斩假石（剁斧石）、天然石材、防滑地面砖等。对于人流量大的建筑台阶，还宜在台阶平台处设刮泥槽。应该注意，刮泥槽的刮齿应垂直于人流方向。

台阶构造分为实铺和架空两种形式，大多数台阶采用实铺的形式。实铺台阶的构造与室内地坪构造差不多，由垫层、结构层和面层构成。步数较少的台阶，其垫层做法与地面垫层做法类似。一般采用素土夯实后按台阶形状尺寸做C15混凝土垫层或砖、石垫层。标准较高的或地基土质较差的还可在垫层下加一层碎砖或碎石层。严寒地区的台阶还得考虑地基土冻胀因素，可用含水率低的砂石垫层换土至冰冻线以下。

对于步数较多或地基土质太差的台阶，可根据情况架空成钢筋混凝土台阶，以避免过多填土或产生不均匀沉降。架空台阶的平台板和踏步板均为预制钢筋混凝土板，分别搁置在梁或者砖砌地垄墙上。

结构层材料应采用抗冻、抗水性能好且质地坚实的材料，常见的台阶基础有就地砌造、勒脚挑出、桥式3种。面层有整体和铺贴两大类，如水泥砂浆、水磨石、剁斧石、缸砖、天然石材等。台阶的构造如图4-3-3所示。

由于台阶与建筑主体在承受荷载和沉降方面差异较大，因此大多数台阶在结构上和建筑主体是分开的。一般是在建筑主体工程完工之后再进行台阶的施工。台阶与建筑主体之间要注意解决好以下问题：首先要处理好建筑主体与台阶之间的沉降缝，常见的做法是在接缝处挤入一根10mm厚的防腐木条；其次为了防止台阶上积水向室内流淌，台阶应向

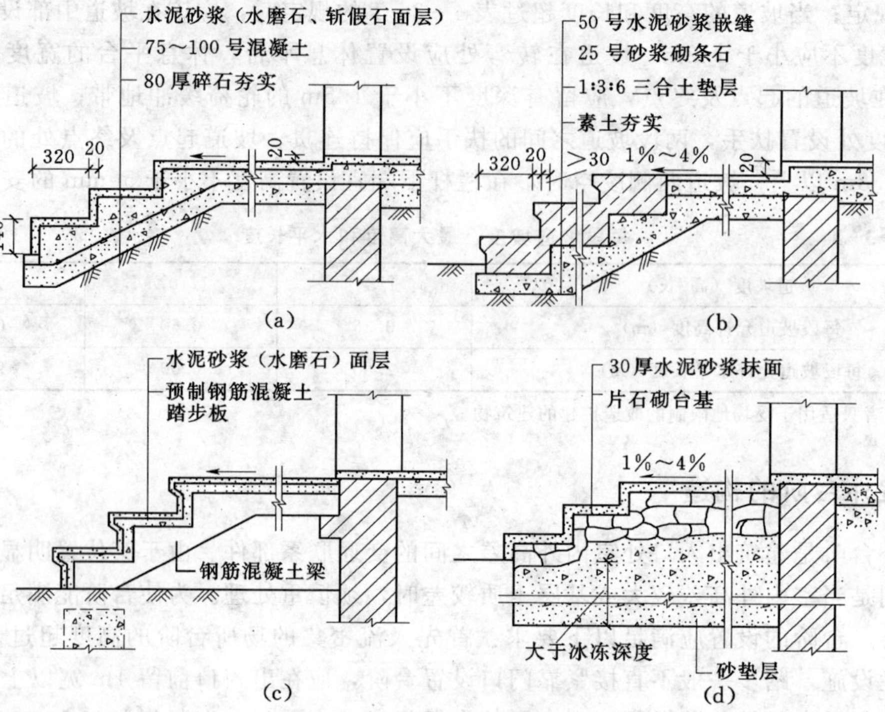

图 4-3-3　台阶构造示意

(a) 混凝土台阶；(b) 石台阶；(c) 预制钢筋混凝土台阶；(d) 换土地基台阶

外侧做0.5%～1%找坡，台阶面层标高应比室内地面标高低10mm左右。

3.4　坡道的构造

坡道一般采用实铺的形式，构造要求基本与台阶相同。垫层的厚度和强度应根据坡道长度和上部荷载的大小进行选择，严寒地区的坡道同样需要在垫层下部设置砂垫层。材料常见的有混凝土或石块等，面层亦以水泥砂浆居多，对经常处于潮湿、坡度较陡或采用水磨石作面层的，在其表面必须作防滑处理，坡道构造如图4-3-4所示。

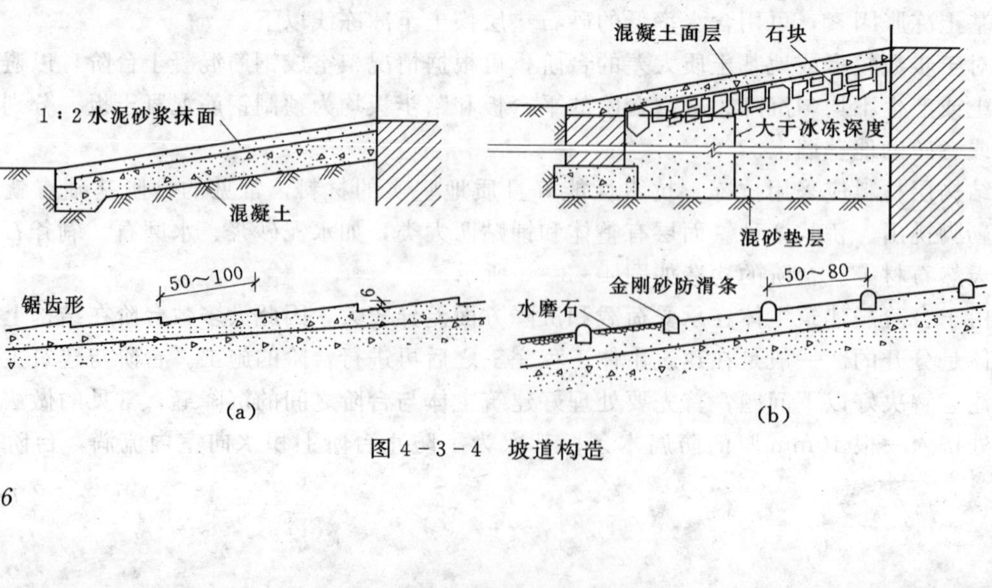

图 4-3-4　坡道构造

任务实施

(1) 严寒地区某建筑室外台阶材料的选择及构造做法，请绘图表示台阶的构造层次、材料及做法。

(2) 请绘图表示某办公楼回车坡道的构造做法。

任务4 电梯及自动扶梯

学习目标

★ 了解电梯的类型、组成及规格、电梯与建筑物相关部位的构造及自动扶梯的构造。

任务描述

★ 了解电梯及自动扶梯的构造。

任务分析

★ 包括电梯的类型、组成及规格、电梯与建筑物相关部位的构造及自动扶梯的构造。

电梯是多层及高层建筑中常用的设备，主要是为了解决人们在上下楼梯时的体力及时间的消耗问题。有的建筑虽然层数不多，但由于建筑级别较高或使用的特殊需要，往往也设置电梯，如高级宾馆、多层仓库等。部分高层及超高层建筑为了满足疏散和救火的需要，还要设置消防电梯。

自动扶梯是人流集中的大型公共建筑常用的建筑设备。在大型商场、超市、展览馆、火车站、航空港等建筑设置自动扶梯，对方便使用者、疏导人流起到很大作用。有些占地面积大，交通量大的建筑还要设置自动人行道，以解决建筑内部长距离水平交通，如大型航空港。

电梯及自动扶梯的安装及调试一般由生产厂家或专业公司负责。不同厂家提供的设备尺寸、规格和安装要求均有所不同，土建专业应按照厂家的要求在建筑的指定部位预留出足够的空间以安装基础设施和设备。

4.1 电梯的类型

电梯的类型很多，通常按使用性质对其进行分类如下：

(1) 客梯。为运送乘客设计的电梯，要求有完善的安全设施及一定的轿内装饰。主要用于人们在建筑物中的垂直联系。

(2) 载货电梯。主要为运送货物而设计，通常是有人伴随的电梯。

(3) 消防电梯。用于发生火灾、爆炸等紧急情况下作安全疏散人员和消防人员紧急救援使用。

(4) 观光电梯。井道和轿厢壁至少有同一侧透明，乘客可观看轿厢外景物的电梯。

(5) 医用电梯。为运送病床、担架、医用车而设计的电梯，轿厢具有长而窄的特点。

（6）杂物电梯。供图书馆、办公楼、饭店运送图书、文件、食品等设计的电梯。

其他类型的电梯，除上述常用电梯外，还有些特殊用途的电梯，如冷库电梯、防爆电梯、矿井电梯、电站电梯、消防员用电梯等。

4.2 电梯的组成及规格

电梯由电梯井道、电梯机房、井道地坑和轿厢等部分组成。

4.2.1 电梯井道

电梯井道是电梯运行的通道，井道内包括出入口、电梯轿厢、导轨、导轨撑架、平衡锤及缓冲器等。不同用途的电梯，其井道的平面形式不同。图4-4-1所示为井道平面图。电梯井道可以用砖砌筑，也可以采用现浇钢筋混凝土墙。在每层楼面应留出门洞，并设置专用门，在升降过程中，轿厢门和每层专用门全部封闭，以保证安全。门的开启方式一般为中分推拉式或旁开的双折推拉式。砖砌井道一般每隔一段应设置钢筋混凝土圈梁，供固定导轨等设备用。井道的净宽、净深尺寸应当满足生产厂家提出的安装要求。

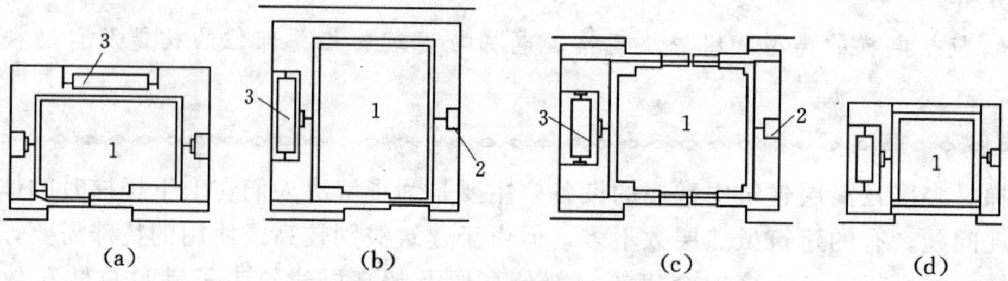

图4-4-1 电梯分类及井道平面

（a）客梯；（b）病床梯；（c）货梯；（d）小型杂物货梯

1—电梯厢；2—导轨及承架；3—平衡重

4.2.2 电梯机房

电梯机房一般设在井道的顶部，也有少数电梯把机房设置在井道底层的侧面。机房的平面及剖面尺寸均应满足布置电梯机械和电控设备的需要，并应留有足够的管理、维护空间，同时要把室内温度控制在设备运行的允许范围之内。由于机房的面积要大于井道的面积，因此允许机房任意向一个或两个相邻方向伸出，并满足机房有关设备安装的要求。通往机房的通道、楼梯和门的宽度不应小于1.2m。机房楼板应按机器设备要求的部位预留孔洞。电梯机房的平面、剖面尺寸及内部设备的布置均由电梯生产厂家给出。

4.2.3 井道地坑

井道地坑在最底层平面标高下不小于1.4m，考虑电梯停靠时的冲力，作为轿厢下降时所需的缓冲器的安装空间。

4.2.4 组成电梯的有关部件

（1）轿厢。轿厢是直接载人、运货的厢体。电梯轿厢应造型美观、经久耐用，当今轿厢采用金属框架结构，内部用光洁有色钢板壁面或有色有孔钢板壁面，花格钢板地面，荧光灯局部照明及不锈钢操纵板等。入口处则采用钢材或坚硬铝材制成的电梯门槛。

（2）井壁导轨和导轨支架。它是支承、固定厢上下升降的轨道。

（3）牵引轮及其钢支架、钢丝绳、平衡锤、轿厢开关门、检修起重吊钩等。

（4）有关电器部件。交流电动机、直流电动机、控制柜、继电器、选层器、动力、照明、电源开关、厅外层数指示灯和厅外上下召唤盒开关等。

4.2.5 电梯的规格

目前多采用载重量作为划分电梯规格的标准（如400kg、1000kg、2000kg）。较少使用载客人数来划分电梯的规格。电梯的载重量和运行速度等技术指标，在生产厂家的产品说明书中均有详细的指标。

4.3 电梯与建筑物相关部位的构造

4.3.1 井道、机房建筑的一般要求

（1）通向机房的通道和楼梯宽度不小于1.2m，楼梯坡度不大于45°。

（2）机房楼板应平坦整洁，能承受6kPa的均布荷载。

（3）井道壁多为钢筋混凝土井壁或框架填充墙井壁。井道壁为钢筋混凝土时，应预留150mm见方、150mm深孔洞、垂直中距2m，以便安装支架。

（4）框架（圈梁）上应预埋铁板，铁板后面的焊件与梁中钢筋焊牢。每层中间加一道圈梁，并需设置预埋铁板。

（5）电梯为两台并列时，中间可不用隔墙而按一定的间隔放置钢筋混凝土梁或型钢过梁，以便安装支架。

4.3.2 电梯导轨支架的安装

安装导轨支架分预留孔插入式和预埋铁件焊接式。

电梯构造如图4-4-2所示。

4.4 电梯井道构造

4.4.1 电梯井道的设计应满足的要求

1. 井道的防火

井道是建筑中的垂直通道，极易引起火灾的蔓延，因此井道四周应为防火结构。井道壁一般采用现浇钢筋混凝土或框架填充墙井壁。同时当井道内超过两部电梯时，需用防火围护结构予以隔开。

2. 井道的隔振与隔声

电梯运行时产生振动和噪声。一般在机房机座下设弹性垫层隔振；在机房与井道间设高为1.5m左右的隔声层。

3. 井道的通风

为使井道内空气流通，火警时能迅速排除烟和热气，应在井道肩部和中部适当位置（高层时）及地坑等处设置不小于300mm×600mm的通风口，上部可以和排烟口结合，排烟口面积不少于井道面积的3.5%。通风口总面积的1/3应经常开启。通风管道可在井道顶板上或井道壁上直接通往室外。

4. 其他

地坑应注意防水、防潮处理，坑壁应设爬梯和检修灯槽。

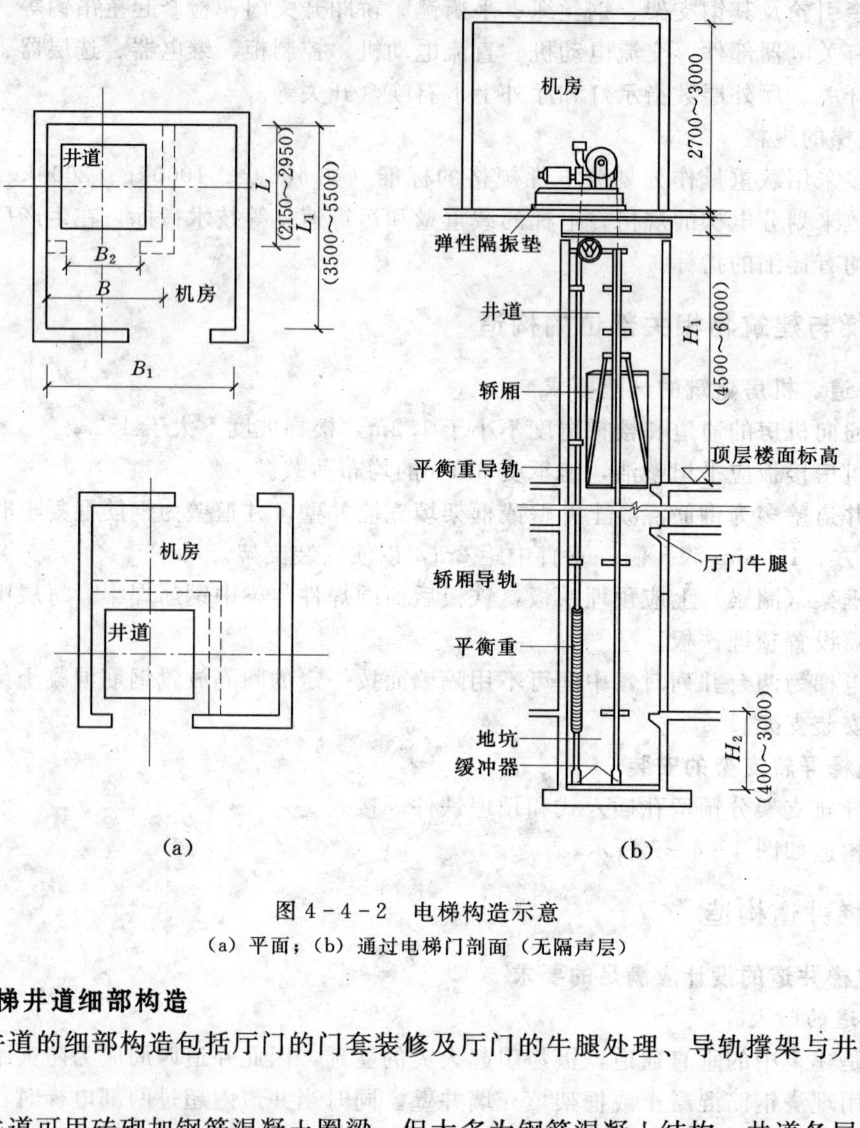

图 4-4-2　电梯构造示意

(a) 平面；(b) 通过电梯门剖面（无隔声层）

4.4.2　电梯井道细部构造

电梯井道的细部构造包括厅门的门套装修及厅门的牛腿处理、导轨撑架与井壁的固结处理等。

电梯井道可用砖砌加钢筋混凝土圈梁，但大多为钢筋混凝土结构。井道各层的出入口即为电梯间的厅门，在出入口处的地面应向井道内挑出一牛腿。

由于厅门系人流或货流频繁经过的部位，故不仅要求做到坚固适用，而且还要满足一定的美观要求。具体的措施是在厅门洞口上部和两侧装上门套。门套装修可采用多种做法，如水泥砂浆抹面、贴水磨石板、大理石板及硬木板或金属板贴面。除金属板为电梯厂定型产品外，其余材料均系现场制作或预制。厅门门套装修构造如图 4-4-3 所示。厅门牛腿部位构造如图 4-4-4 所示。

4.5　消防电梯

消防电梯是在火灾发生时供运送消防人员及消防设备，抢救受伤人员用的垂直交通工具，高层建筑发生火灾时，消防队员乘消防电梯登高灭火不但节省到达火灾层的时间，而

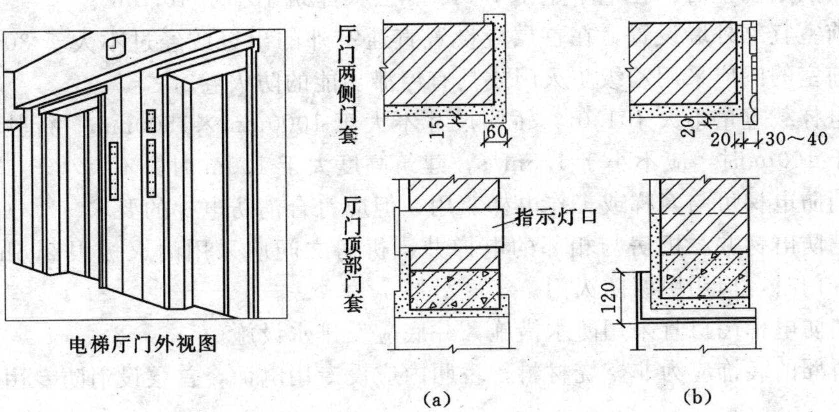

图4-4-3　厅门门套装修构造

(a) 水泥砂浆门套；(b) 水磨石门套

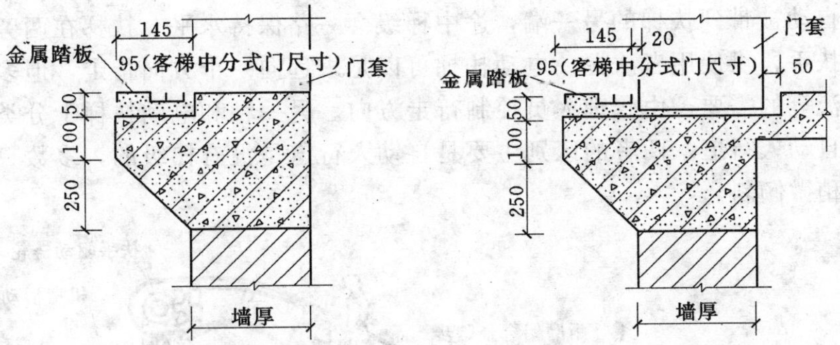

图4-4-4　厅门牛腿部位构造

且减少消防队员的体力消耗，在灭火战斗中，还能够及时向火灾现场输送灭火器材。因此，消防电梯在扑救火灾中占有很重要的地位，应根据国家有关规范设置。消防电梯的数量与建筑主体每层建筑面积有关，多台消防电梯在建筑中应设置在不同的防火分区之内。

4.5.1　消防电梯的设置范围

《高层民用建筑设计防火规范》(GB 50045—1995) 对消防电梯的设置范围作了明确规定，要求以下4种情况应设置消防电梯：

(1) 一类公共建筑。

(2) 塔式住宅。

(3) 12层及12层以上的单元式住宅和通廊式住宅。

(4) 建筑高度超过32m的其他二类公共建筑。

4.5.2　消防电梯的设置要求

消防电梯的布置、动力系统、运行速度和装修及通信等均有特殊的要求，主要有以下几项：

(1) 消防电梯应设前室。前室面积，住宅不小于4.5m²，公共建筑不小于6.0m²。与防烟楼梯间共用前室时，住宅不小于 $6.0m^2$、公共建筑不小于 $10.0m^2$。

(2) 前室宜靠外墙设置，在首层应设置直通室外的出口或经过不大于 30m 的通道通向室外。前室的门应采用乙级防火门或具有停滞功能的防火卷帘。

(3) 电梯载重量不大于 1.0t，轿厢尺寸不大于 1000mm×1500mm。行驶速度为：建筑高度小于 100m 时，应不小于 1.5m/s；建筑高度大于 100m 时，不宜小于 2.5m/s。

(4) 消防电梯可与客梯或工作电梯兼用，但应符合消防电梯的要求。

(5) 消防电梯井、机房与相邻的电梯井、机房之间应采用耐火极限 2.5h 的墙隔开，如在墙上开门时，应用甲级防火门。

(6) 消防电梯门口宜采用防水措施，井底应设排水设施。

(7) 轿厢的装饰应为非燃烧材料，轿厢内应设专用电话，首层设消防专用操纵按钮。

4.6 自动扶梯

电动扶梯也称为自动行人电梯、扶手电梯、电扶梯，是一种以运输带方式运送行人的运输工具，如图 4-4-5 所示。电动枎梯一般是斜置。行人在扶梯的一端站上自动行走的梯级，便会自动被带到扶梯的另一端，途中梯级会一路保持水平。扶梯在两旁设有跟梯级同步移动的扶手，供使用者扶握。电动扶梯可以是永远向一个方向行走，但多数都可以根据时间、人流等的需要，由管理人员控制行走方向。另一种和电动扶梯十分类似的行人运输工具，是自动人行道。两者的区别主要是自动人行道是没有梯级的，多数只会在平地上行走，或是稍微倾斜。

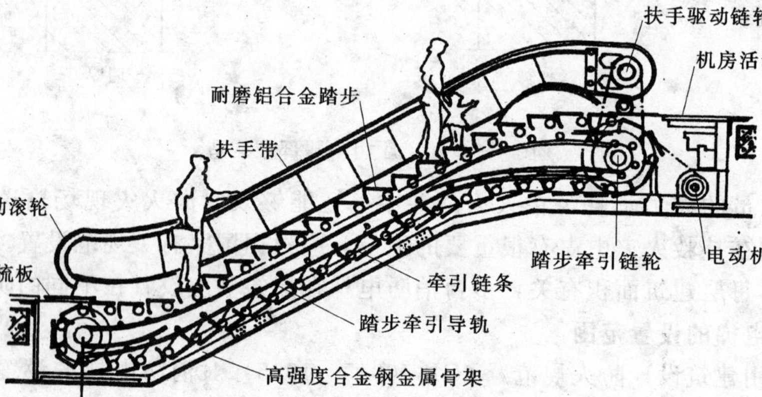

图 4-4-5 自动扶梯示意图

4.6.1 自动扶梯的分类

自动扶梯无严格分类方法，一般是分轻型和重型两类，也有按自动扶梯的装饰分为透明无支撑、全透明有支撑、半透明或不透明有支撑及室外用自动扶梯等种类。

按输送能力不同，可分为不同的梯级宽度、抬升高度和倾斜角度。输送能力以每小时运送乘客的数量划分。

按驱动办法分为端部驱动的自动扶梯（或称链条式自动扶梯）和中间驱动的自动扶梯（或称齿条式自动扶梯）。

按形态不同，可分为有载人的梯阶式和大型超市内适用于手推车的斜坡式。

按运行频率不同，可分为有等速运转和变频式（无人时几乎停顿）。

4.6.2 自动扶梯的构造

自动扶梯适用于有大量人流上下的公共场所，如车站、超市、商场、地铁车站等。自动扶梯可按正、逆两个方向运行，可作提升及下降使用，机器停转时可作普通楼梯使用。自动扶梯的驱动方式可以分为链条式和齿条式两种。它的载客能力很高，可达到4000～10000人/h。自动扶梯的构造如图4-4-6所示。

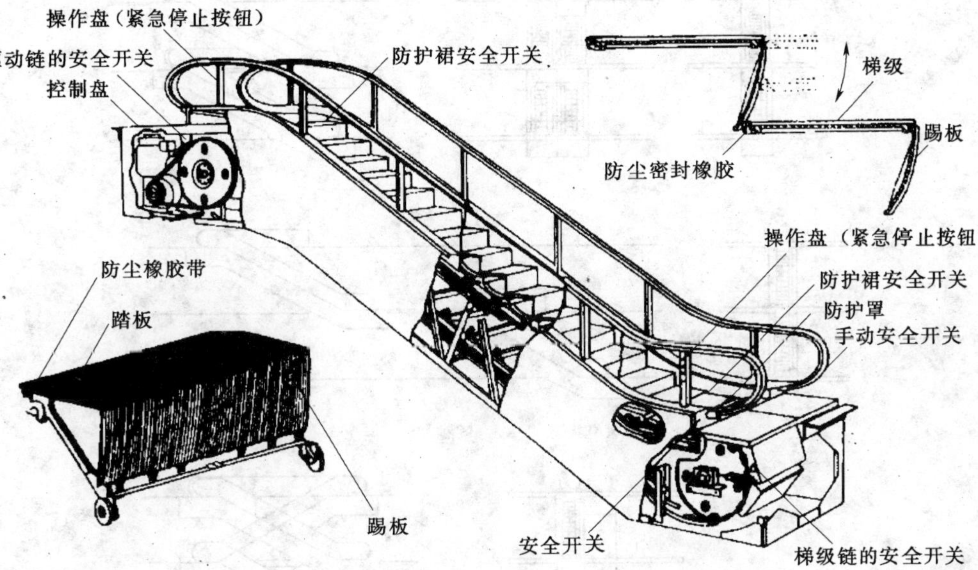

图4-4-6 自动扶梯构造

自动扶梯一般设置在室内，也可以设置在室外。根据自动扶梯在建筑中的位置及建筑平面布局，自动扶梯的布置方式主要有以下几种：

（1）并联排列式。如图4-4-7（a）所示，楼层交通乘客流动可以连续，升降两方向交通均分离清楚，外观豪华，但是安装面积大。

（2）平行排列式。如图4-4-7（b）所示，安装面积小，单楼层交通不连续。

（3）串联排列式。如图4-4-7（c）所示，楼层交通乘客流动可以连续。

（4）交叉排列式。如图4-4-7（d）所示，乘客流动升降两方向均为连续，且搭乘场相距较远，升降客流不发生混乱，安装面积小。

自动扶梯的电动机械装置设置在楼板下面，需要占用较大的空间。底层应设置地坑，供安装机械装置用，并应做好防水处理。自动扶梯应在楼板上预留足够的安装洞。此处楼板已经不能起到防火分区的作用。如果上、下两层建筑面积总和超过防火分区面积要求时，应按照防火要求设置防火卷帘，在火灾发生时封闭自动扶梯井。

4.6.3 自动扶梯的基本尺寸

自动扶梯是电动机械牵动楼梯段踏步连同栏杆扶手带一起运转。机房悬挂在楼板下面。

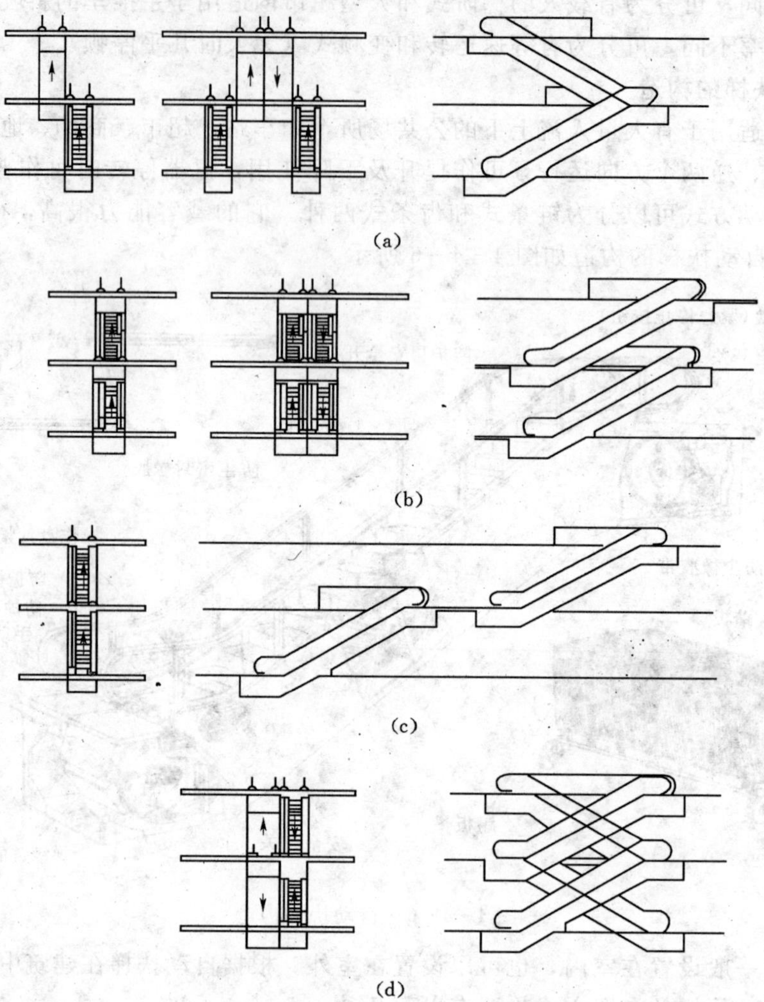

图 4-4-7　自动扶梯的布置方式

(a) 并联排列式；(b) 平行排列式；(c) 串联排列式；(d) 交叉排列式

自动扶梯基本尺寸如图 4-4-8 所示。

自动扶梯的坡道比较平缓，有 27.3°、30°、35°几种，一般采用 30°，运行速度为 0.5～0.7m/s，宽度按输送能力有单人（600mm）、单人携物（800mm）和双人（1000mm、1200mm）等。其型号规格见表 4-4-1。

表 4-4-1　　**自动扶梯型号规格**

梯　型	输送能力（人/h）	提升高度 H	速　度（m/s）	扶梯宽度	
				净宽 B（mm）	外宽 B_1（mm）
单人梯	5000	3～10	0.5	600	1350
双人梯	8000	3～8.5	0.5	1000	1750

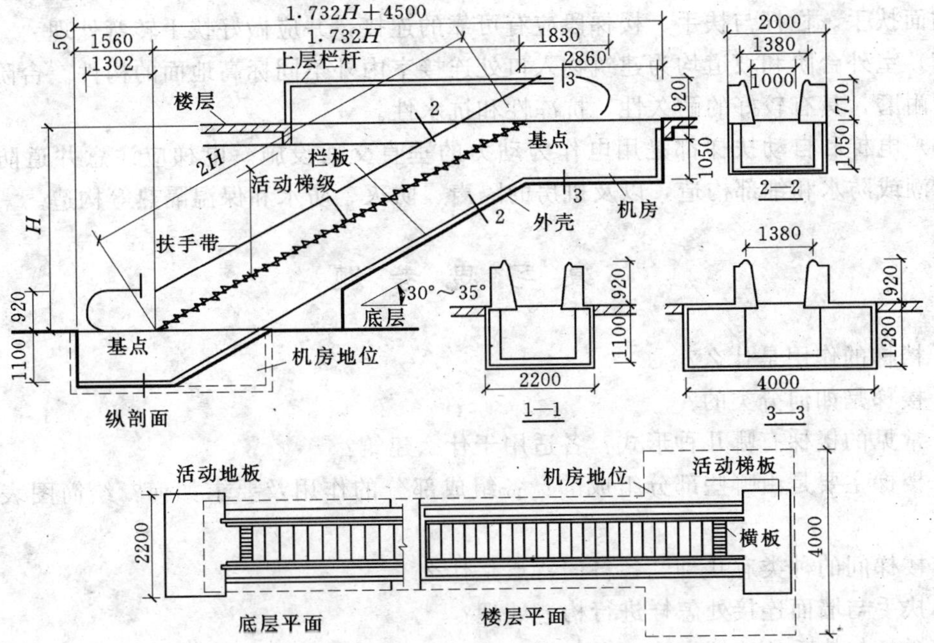

图 4-4-8 自动扶梯基本尺寸

自动扶梯对建筑室内具有较强的装饰作用。扶手多为特制的耐磨胶带，有多种颜色。栏板分为玻璃、不锈钢板、装饰面板等几种。有时还辅助以灯具照明，以增强其美观性。

任务实施

参观学校周围大型超市、商场设置的电梯和自动扶梯。

模块小结

（1）楼梯是建筑物中楼层间垂直交通联系的构件，应满足交通和疏散的要求，还应符合结构、施工、防火、经济和美观等方面的要求。楼梯由楼梯段、平台、栏杆和扶手组成。

（2）钢筋混凝土楼梯有现浇整体式和预制装配式两类。现浇钢筋混凝土楼梯有板式和梁式两种结构形式。预制钢筋混凝土楼梯的预制构件有小型、中型和大型，其中，中、小型预制构件应用较广。小型构件装配式楼梯的预制踏步有三角形、L 形和一字形 3 种形式，预制踏步的支承方式有梁承式、墙承式和悬挑式等。平台板可采用预制空心板、槽形板等。中型构件装配式楼梯的预制楼梯段有板式和梁式两种结构形式。平台梁和平台板可预制成一个构件，也可分开预制。预制楼梯段与平台梁应有可靠的连接。

（3）楼梯坡度既要便于通行，又要节省面积，一般不宜超过 38°。踏步尺寸与楼梯坡度、人脚长度、人的步距等有关。楼梯平台深度不应小于楼梯段宽度。楼梯段净高不应小于 2200mm，平台净高不应小于 2000mm。楼梯底层中间平台下做通道而平台净高不满足要求时，可采取降低梯间地坪、增加第一个楼梯段的踏步数量或两者结合的办法解决。

（4）楼梯踏步面层应耐磨、便于行走且易于清洁，踏面通常应做防滑处理。楼梯栏杆有空花栏杆、栏板式栏杆和组合式栏杆3种形式，扶手有硬木、塑料和金属扶手及各种抹面或贴面扶手。栏杆与扶手、楼梯段应有可靠的连接，并应做好扶手转弯处理。

(5) 室外台阶和坡道均为建筑物入口处连接室内外不同标高地面的构件。台阶和坡道应坚固耐磨，具有较好的耐久性、抗冻性和抗水性。

(6) 电梯和自动扶梯都是用电作为动力的垂直交通设施。电梯应注意井道防火、通风、防潮或防水和细部构造，以及机房的隔声、防火、防水和保温隔热等构造。

复习思考题

1. 楼梯的作用是什么？

2. 楼梯是如何分类的？

3. 常见的楼梯有哪几种形式？各适用于什么建筑？

4. 楼梯主要是由哪些部分组成的？各组成部分的作用及要求如何？绘简图表示楼梯的组成。

5. 楼梯间的种类有几种？各自的特点是什么？

6. 扶手与墙面连接处怎样进行构造处理？

7. 栏杆与扶手的连接在构造上怎样处理？

8. 栏杆与楼梯段、平台的连接是怎样在构造上处理的？

9. 栏杆形式可分为哪些类型？各自有哪些特点？

10. 试简述现浇钢筋混凝土楼梯的优、缺点。

11. 栏板式栏杆的优、缺点是什么？

12. 当在平行双跑楼梯底层中间平台下需设置通道时，为保证平台下净高满足要求，一般可采用哪些解决办法？请绘图说明。

13. 绘图说明室外混凝土台阶的构造。

14. 楼梯踏步的防滑措施有哪些？

15. 楼梯为什么要设栏杆？栏杆扶手的高度一般是多少？

16. 钢筋混凝土楼梯常见的结构形式有哪些？各自有何特点？

17. 现浇钢筋混凝土楼梯常见形式有哪些？各自有何特点？

模块5　屋　　顶

任务1　认　识　屋　顶

学习目标

★ 了解屋顶的作用、类型、设计要求。

任务描述

★ 观察已建或在建工程的建筑物的屋顶，了解屋顶的类型及特点。

任务分析

★ 屋顶的作用、类型、设计要求。

1.1　屋顶的作用

屋顶也称为屋盖，是房屋最上层起覆盖作用的外围护构件。一般屋顶由屋面、屋顶承重结构、保温隔热层和顶棚4部分组成。其主要作用有3个：一是承重作用，它承受作用于屋面上的所有荷载；二是围护（即排水、防水和保温隔热）作用，用以抵御自然界的雨雪风霜、太阳辐射和气温变化等方面的影响；三是装饰美化作用，屋顶的形式对建筑立面和整体造型有很大的影响，是体现建筑风格的重要手段。

1.2　屋顶的类型

1.2.1　按排水坡度与外形分类

由于房屋的使用功能、屋面材料、承重结构形式和建筑造型等不同，屋顶有多种类型，归纳起来大致可分为平屋顶、坡屋顶、曲面屋顶等。

1. 平屋顶

屋面坡度小于5%的屋顶称为平屋顶，一般常用坡度为2%～3%。平屋顶的主要特点是构造简单、节约材料、屋面便于利用等优点，同时也存在着造型单一的缺陷。目前，平屋顶的承重构件大多采用现浇钢筋混凝土板，是我国当前建筑工程中应用最广泛的屋顶形式，如图5-1-1（a）所示。

2. 坡屋顶

屋面坡度大于10%的屋顶称为坡屋顶。坡屋顶在我国有着悠久的历史，由于坡屋顶造型丰富多彩，并能就地取材，至今仍被广泛应用。坡屋顶可分为单坡、双坡、四坡和歇山等多种形式，如图5-1-1（b）所示。

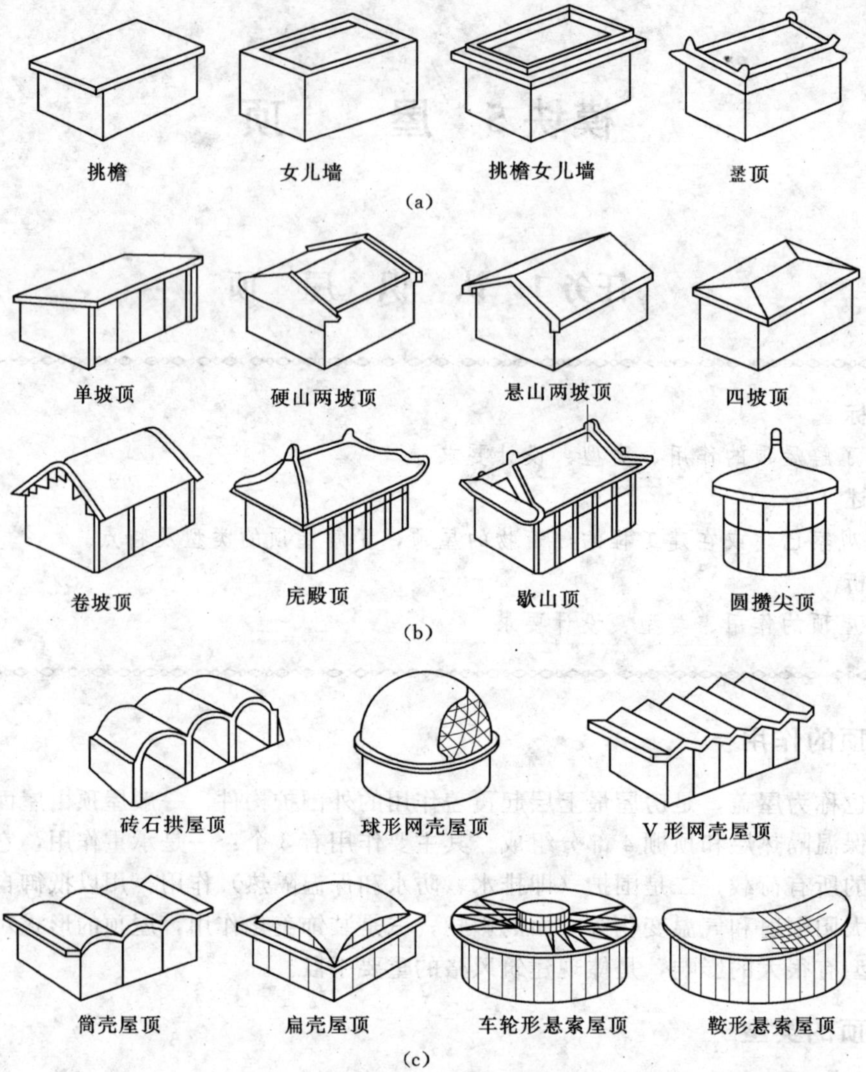

图5-1-1　屋顶的类型

(a) 平屋顶；(b) 坡屋顶；(c) 曲面屋顶

3. *曲面屋顶*

曲面屋顶是由各种薄壳结构、悬索结构及网架结构等作为屋顶承重结构的屋顶，如双曲拱屋顶、球形网壳屋顶等。这类结构的屋顶受力合理，能充分发挥材料的力学性能。但施工复杂、造价高，故常用于大跨度的大型公共建筑中，如图5-1-1 (c) 所示。

1.2.2　按屋面防水材料分类

按屋面使用的防水材料不同，可分为柔性防水屋面、刚性防水屋面、涂膜防水屋面、构件自防水屋面和瓦屋面等。柔性防水屋面是以防水卷材做屋面防水层，具有一定的柔韧性。刚性防水屋面是以细石混凝土等刚性材料做屋面防水层，无韧性。构件自防水屋面是屋面板缝用嵌缝材料防水。涂膜防水屋面是采用涂料防水的一种屋面。瓦屋面是以瓦材做防水层的屋面。

1.3　屋顶的要求

屋顶设计应满足坚固耐久、防水排水、保温隔热、形象美观、自重轻、构造简单、施工方便及经济合理等要求。其中防水是屋顶的基本功能要求，也是屋顶构造设计的核心。

我国现行的《屋面工程质量验收规范》（GB 50207—2002）根据建筑物的性质、重要程度、使用功能要求及防水层的合理使用年限，将屋面防水划分为 4 个等级，见表 5－1－1。

表 5－1－1　　屋面防水等级和设防要求

项目	屋面防水等级			
	Ⅰ	Ⅱ	Ⅲ	Ⅳ
建筑物类别	特别重要或对防水有特殊要求的建筑	重要的建筑和高层建筑	一般的建筑	非永久性建筑
防水层耐用年限（年）	25	15	10	5
防水层选用材料	宜选用合成高分子防水卷材、高聚物改性沥青防水卷材、金属板材、合成高分子防水涂料、细石防水混凝土等材料	宜选用合成高分子防水卷材、高聚物改性沥青防水卷材、金属板材、合成高分子防水涂料、高聚物改性沥青防水涂料、细石防水混凝土、平瓦、油毡瓦等材料	宜选用高聚物改性沥青防水卷材、合成高分子防水卷材、三毡四油沥青防水卷材、金属板材、高聚物改性沥青防水涂料、合成高分子防水涂料、沥青基防水涂料、细石防水混凝土、平瓦、油毡瓦等材料	可选用二毡三油沥青防水卷材、高聚物改性沥青防水涂料等材料
设防要求	三道或三道以上防水设防	二道防水设防	一道防水设防	一道防水设防

注　1. 本表中采用的沥青均为石油沥青，不包括煤沥青和煤焦油等材料。
2. 石油沥青纸胎油毡和沥青复合胎柔性防水卷材，系限制使用材料。
3. 在Ⅰ、Ⅱ级屋面防水设防中，如仅做一道金属板材时，应符合有关技术规定。

任务实施

观察已建建筑物的屋顶，根据建筑物性质确定其防水等级并进行分类。

任务 2　屋 顶 的 排 水

学习目标

★ 了解屋顶坡度的表示方法，熟悉屋顶排水方式及选择，理解屋顶排水的构造特点。

任务描述

★ 观察已建或在建工程的建筑物的屋顶，看屋面坡度的形成方法、屋顶的排水方式，体会各自适应范围，了解屋面排水组织设计的内容。

任务分析

★ 屋顶坡度大小的确定、坡度的形成方法及屋顶排水的方式，理解屋顶排水的构造要点。

2.1　屋顶的坡度

2.1.1　屋顶坡度的表示方法

为了迅速排除屋面雨水，屋顶必须具有一定坡度。常用的坡度表示方法有角度法、斜率法和百分比法。斜率法以屋顶倾斜面的垂直投影长度与水平投影长度之比来表示，如1∶5等。百分比法以屋顶倾斜面的垂直投影长度与水平投影长度之比的百分比值来表示，如 $i=2\%$ 等。角度法以倾斜面与水平面所成夹角的大小来表示，如30°。坡度较小时常用百分比法，坡度较大时常用斜率法，角度法应用较少，见表5-2-1。

表5-2-1　屋顶坡度表示方法

平屋顶	坡屋顶	
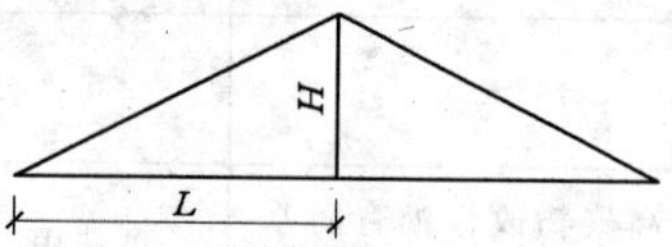 百分比法	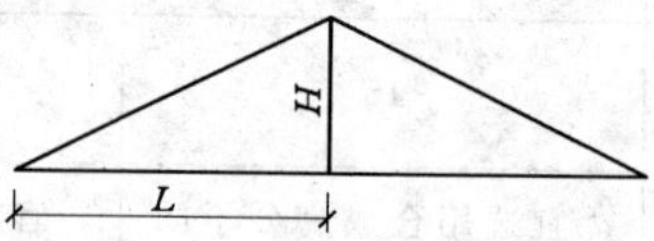 斜率法	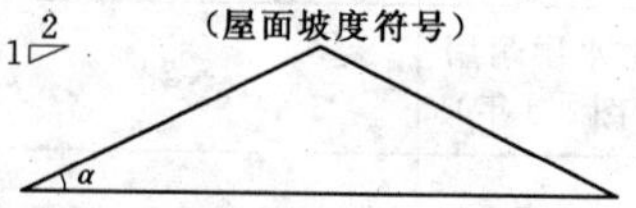 角度法
如 $i=2\%$、3%	如1∶2，1∶30	如30°、45°

2.1.2　影响屋顶坡度的因素

坡度的大小与屋面选用的材料、当地降雨量大小、屋顶结构形式、建筑造型等因素有关。屋顶坡度太小容易漏水，坡度太大则材料用量大，浪费空间。所以要综合考虑各方面因素，合理确定屋面坡度。

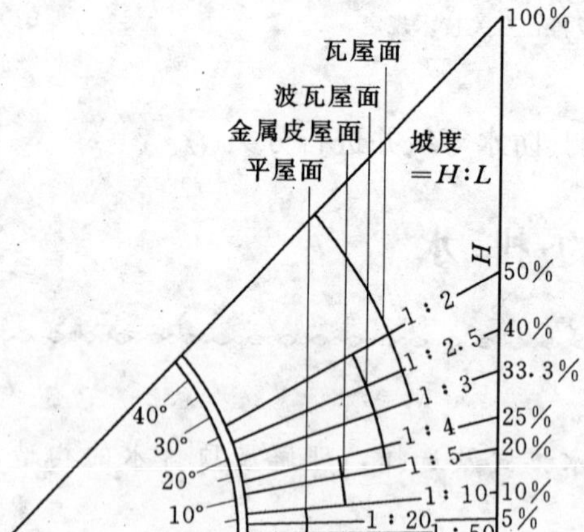

图5-2-1　屋顶坡度

1. 屋面防水材料与排水坡度的关系

单块防水材料尺寸较小，如瓦材，其接缝必然就较多，容易产生缝隙渗漏，因而屋面应有较大的排水坡度，以便将屋面积水迅速排除。如果屋面的防水材料覆盖面积大，如卷材，接缝少而且严密，屋面的排水坡度就可以小一些，如图5-2-1所示。

2. 降雨量大小与坡度的关系

降雨量大的地区，屋面渗漏的可能性较大，屋顶的排水坡度应适当加大；反之，屋顶排水坡度则宜小一些。

3. 结构形式和建筑造型与坡度的关系

从结构方面考虑，要求坡度越小越好；由于造型的需要，有时屋面坡度会大些。

综上所述，可以得出以下规律：屋面防水材料尺寸越小，屋面排水坡度就越大；反之则越小。降雨量大的地区屋面排水坡度较大；反之则较小。同时考虑结构和造型的需要。

2.2 屋顶的排水设计

2.2.1 屋顶坡度的形成方法

屋顶坡度的形成有材料找坡和结构找坡两种做法，如图 5－2－2 所示。

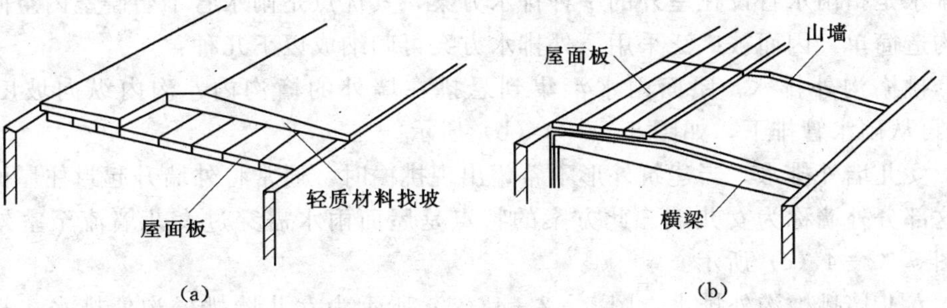

图 5－2－2 屋顶坡度的形成

(a) 材料找坡；(b) 结构找坡

1. 材料找坡（构造找坡）

材料找坡是指屋顶坡度由垫坡材料形成，一般用于坡向长度较小的屋面。为了减轻屋面荷载，应选用轻质材料找坡，如炉渣等，当保温层为松散材料时，也可利用保温材料来找坡，找坡层的厚度最薄处不小于 20mm。平屋顶材料找坡的坡度宜为 2%。

2. 结构找坡（搁置坡度）

结构找坡是屋顶结构自身带有排水坡度。例如，在上表面倾斜的屋架或屋面梁上安放屋面板，屋顶表面即呈倾斜坡面。又如，在顶面倾斜的山墙上搁置屋面板时，也形成结构找坡。平屋顶结构找坡的坡度宜为 3%。

2.2.2 屋顶的排水方式

屋顶排水方式分为无组织排水和有组织排水两大类。

2.2.2.1 无组织排水

无组织排水是指屋面雨水直接从檐口滴落至地面的一种排水方式，因为不用天沟、雨水管等导流雨水，故又称自由落水。无组织排水具有构造简单、造价低廉的优点，但也存在一些不足之处，如外墙脚常被飞溅的雨水浸蚀，降低了外墙的坚固耐久性；从檐口滴落的雨水可能影响人行道的交通等。一般适用于少雨地区的低层建筑，在积灰较多、有腐蚀性介质的工业厂房中也常采用。图 5－2－3 所示为无组织排水。

2.2.2.2 有组织排水

有组织排水是指将屋面划分成若干区域，按照一定的排水坡度把屋面雨水有组织地引导至檐沟或雨水口，通过雨水管排到散水或明沟中，如图 5－2－4 所示。其优、缺点与无组织排水相反，在建筑工程中应用广泛。有组织排水根据落水管的位置不同，分为外排水和内排水两种形式。

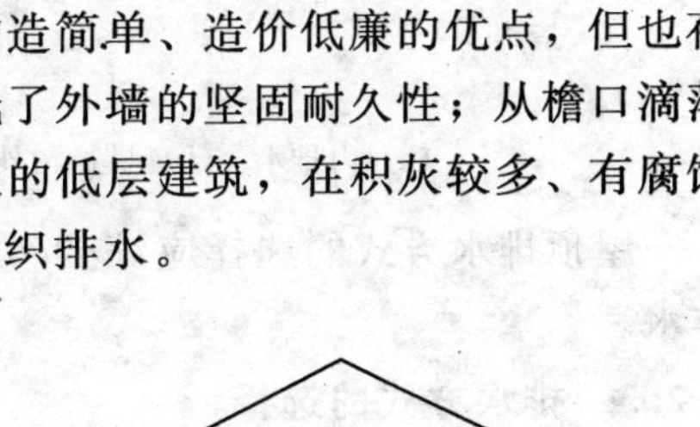

图 5－2－3 无组织排水

1. 内排水方案

内排水是指落水管设在室内的一种排水方案，主要用于多跨建筑的中间跨、高层建筑或立面有特殊要求的建筑、严寒地区建筑，如图 5-2-4（a）所示。

2. 外排水方案

外排水是指雨水管设在室外的一种排水方案，其优点是雨水管不妨碍室内空间使用和美观、构造简单，因而被广泛采用。外排水方案可归纳成以下几种：

（1）挑檐沟外排水。屋面雨水汇集到悬挑在墙外的檐沟内，沟内纵向坡度不小于 0.5%，再从雨水管排下，如图 5-2-4（b）所示。

（2）女儿墙外排水。当建筑外形不希望出现挑檐时，通常将外墙升起封住屋面，高于屋面的这部分外墙称为女儿墙。此方案的特点是屋面雨水需穿过女儿墙流至室外的雨水管，如图 5-2-4（c）所示。

（3）女儿墙挑檐沟外排水。图 5-2-4（d）所示为女儿墙挑檐沟外排水，其特点是在檐口处既有女儿墙，又有挑檐沟。

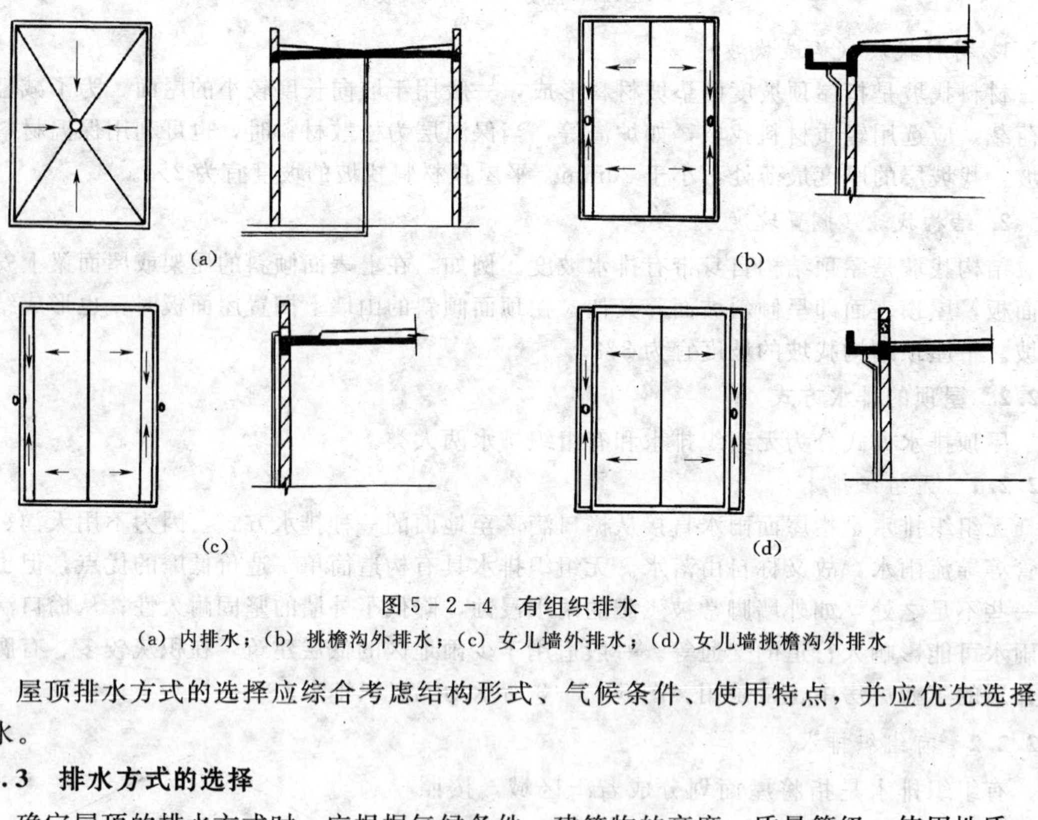

图 5-2-4 有组织排水

（a）内排水；（b）挑檐沟外排水；（c）女儿墙外排水；（d）女儿墙挑檐沟外排水

屋顶排水方式的选择应综合考虑结构形式、气候条件、使用特点，并应优先选择外排水。

2.2.3 排水方式的选择

确定屋顶的排水方式时，应根据气候条件、建筑物的高度、质量等级、使用性质、屋顶面积大小等因素加以综合考虑。一般可按下述原则进行选择：

（1）高度较低的简单建筑，为了控制造价，宜优先选用无组织排水。

（2）积灰多的屋面应采用无组织排水。如铸工车间、炼钢车间这类工业厂房在生产过程中散发大量粉尘积于屋面，下雨时被冲进天沟，易造成管道堵塞，故这类屋面不宜采用有组织排水。

(3) 有腐蚀性介质的工业建筑也不宜采用有组织排水，如铜冶炼车间、某些化工厂房等，生产过程中散发的大量腐蚀性介质，易使铸铁雨水装置等遭受浸蚀，故这类厂房也不宜采用有组织排水。

(4) 在降雨量大的地区或房屋较高的情况下，应采用有组织排水。

(5) 临街建筑的雨水排向人行道时宜采用有组织排水。

2.2.4 屋面排水组织设计

屋面排水组织设计的目的是迅速排除屋面雨水，使屋面不积水，减少渗水、漏水的可能。其设计要求是使排水线路简捷、雨水口负荷均匀、排水顺畅。

屋面排水组织设计一般可按以下步骤进行：

(1) 确定屋面排水坡度。屋面排水坡度的确定应综合考虑屋顶结构形式、屋面基层类别、防水构造形式、使用性质、防水材料性能与尺度及当地气候条件等因素的影响。平屋面采用结构找坡不应小于3%，采用材料找坡宜为2%；架空隔热屋面坡度不宜大于5%，种植屋面坡度不宜大于3%。

(2) 确定排水方式。屋顶的排水方式应根据建筑物的高度、地区年降雨量、屋顶形式及气候等情况来确定。屋面排水宜优先采用外排水；高层建筑、多跨及集水面积较大的屋面宜采用内排水。

(3) 划分排水区域。排水区域的划分应注意使每个排水区的面积大小均衡，一般不宜大于200m²，同时要考虑到雨水口的设置位置。雨水口的设置位置要尽量避开门窗洞口的垂直上方，一般设置在窗间墙部位。

(4) 确定天沟的断面形状、尺寸及纵向坡度。天沟的断面形状有槽形和三角形两种。一般天沟净宽不小于200mm，天沟上口距分水线的垂直高度不小于80mm，沟底的纵向排水坡度一般为0.5%～1%，卷材防水屋面沟底的纵向排水坡度不应小于1%，沟底落差不得超过200mm。天沟排水不得流经变形缝和防火墙。

(5) 确定雨水管所用材料、规格和雨水管间距。目前民用建筑屋面排水常常采用PVC管、PVC－U（硬塑）管和镀锌铁皮管。屋面排水雨水管管径为100mm，阳台、露台、雨罩排水管管径一般为50mm或75mm。雨水管间距一般为：挑檐沟排水不宜大于24m；其他方式排水不宜大于18m。

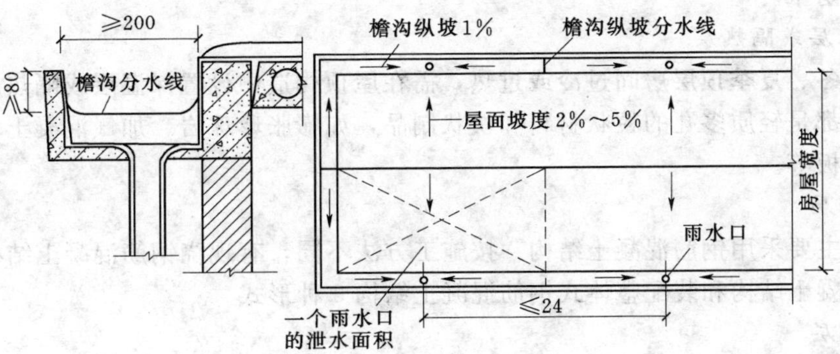

图5-2-5 屋顶排水组织设计

(6) 檐口、雨水口、泛水、变形缝等细部节点构造设计。

(7) 绘制屋顶排水平面图及各节点详图，如图5-2-5所示。

任务实施

(1) 观察日常生活中接触的各种建筑屋顶坡度的形式，掌握形成屋顶坡度的两种做法。

(2) 以学校内教学楼为例，分析屋顶的排水方式及选择。

任务3 屋顶的构造

学习目标

★ 掌握屋顶防水的类型及细部构造、屋顶保温、隔热的构造。

任务描述

★ 通过参观已建或在建工程的建筑物的屋顶，掌握屋顶的防水构造层次、做法及细部构造。熟悉屋顶的保温与隔热措施。

任务分析

★ 各类屋顶的构造层次做法和细部构造，屋顶的保温隔热的原理和构造方案。

3.1 平屋顶

3.1.1 平屋顶的构造层次

平屋顶一般由面层（防水层）、保温（隔热）层、结构层和顶棚层等4部分组成。因各地气候条件不同，所以其组成也略有差异。比如，在我国南方地区，一般不设保温层，而北方地区则很少设隔热层。

1. 面层（防水层）

屋顶通过面层材料的防水性能达到防水的目的。平屋顶坡度较小、排水缓慢，要加强面层的防水构造处理。平屋顶一般选用防水性能好和单块面积较大的屋面防水材料，并采取有效的接缝处理措施来增强屋面的抗渗能力。目前，在工程中常用的有卷材防水、刚性防水和涂膜防水。

2. 保温层或隔热层

为防止冬、夏季顶层房间过冷或过热，需在屋顶构造中设置保温层或隔热层。常用的保温材料大都是轻质多孔的粒状材料和块状制品，如膨胀珍珠岩、加气混凝土块、聚苯乙烯泡沫塑料板等。

3. 结构层

平屋顶主要采用钢筋混凝土结构。按施工方法不同，有现浇钢筋混凝土结构、预制装配式钢筋混凝土结构和装配整体式钢筋混凝土结构3种形式。

4. 顶棚层

顶棚层的作用及构造做法与楼板层顶棚基本相同，分直接抹灰式顶棚和悬吊式顶棚。

3.1.2 平屋顶的防水构造

按屋面防水层的不同，可分为卷材防水、刚性防水、涂膜防水等几种形式。

3.1.2.1 卷材防水屋面

卷材防水屋面是指将柔性的防水卷材或片材用胶结材料粘贴在屋面上，形成一个大面积的封闭防水覆盖层，又称柔性防水屋面。这种防水层具有一定的延伸性，能适应温度变化而引起的屋面变形。适用于防水等级为Ⅰ～Ⅳ级的屋面防水。

1. 卷材防水屋面的构造层次及做法

卷材防水屋面由多层材料叠合而成，其基本构造层次按构造要求由结构层、找坡层、找平层、结合层、防水层和保护层组成，如图5-3-1所示。

(1) 结构层。通常为预制或现浇钢筋混凝土屋面板，要求具有足够的强度和刚度。

(2) 找坡层。当屋顶采用材料找坡时，应选用轻质材料形成所需要的排水坡度，通常是在结构层上铺1∶(6～8) 的水泥焦渣或水泥膨胀蛭石等。当屋顶采用结构找坡时，则不设找坡层。

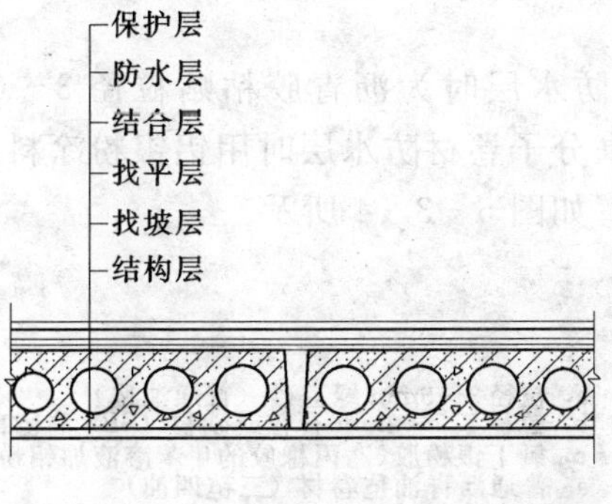

图5-3-1 卷材防水屋面的基本构造组成

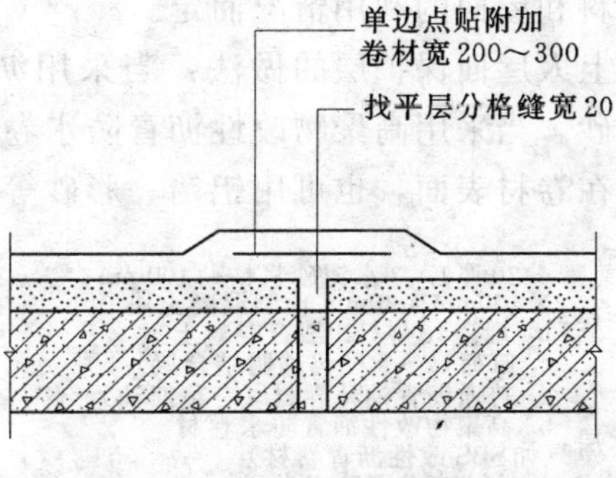

图5-3-2 找平层分格缝做法

(3) 找平层。卷材防水屋面要设置找平层来保证卷材基层表面的平整度。对于装配式结构，施工时在找平层中宜留设分格缝，上面覆盖一层200～300mm宽的卷材条，用胶结材料单边点贴，如图5-3-2所示。

(4) 结合层。结合层的作用是使卷材防水层与基层粘结牢固。结合层所用材料应根据卷材防水层材料的不同来选择，如油毡卷材、聚氯乙烯卷材及自粘型彩色三元乙丙复合卷材用冷底子油；三元乙丙橡胶卷材则采用聚氨酯底胶；氯化聚乙烯橡胶卷材需用氯丁胶乳等。

(5) 防水层。防水层是由胶结材料与卷材粘合而成，卷材连续搭接，形成屋面防水的主要部分。卷材层数或厚度由防水等级确定，当屋面防水等级为Ⅰ级或Ⅱ级时，可采用多道卷材，亦可与卷材、涂料、刚性防水复合使用。

卷材铺设方向与搭接要求：当屋面坡度小于3%时，卷材宜平行于屋脊铺贴，从檐口到屋脊层层向上粘贴，上下边搭接80～120mm，左右边搭接100～150mm，并在屋脊处用整幅卷材压住坡面卷材；当屋面坡度在3%～15%时，卷材可平行或垂直屋脊铺贴。分层铺贴时，上、下层的搭接位置应错开。

沥青胶的厚度一般控制在1～1.5mm以内，防止厚度过大而发生龟裂。粘贴时第一层粘结材料涂刷成点状或条状，如图 5-3-3 所示，点与条之间的空隙即作为排汽的通道，以防室内水蒸气渗入卷材下，在太阳辐射热的作用下，将气化膨胀，从而导致卷材起鼓而影响防水性能。

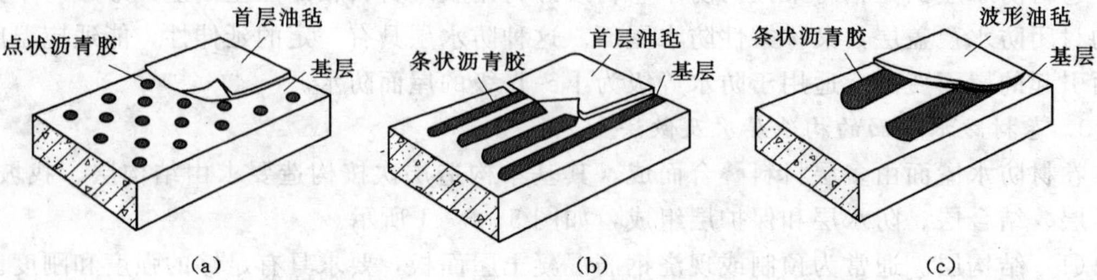

图 5-3-3 卷材防水层首层卷材的粘贴方式

(a) 沥青胶点状粘贴；(b) 条状粘贴；(c) 波形油毡条状粘贴

(6) 保护层。设置保护层的目的是保护防水层。保护层的材料和做法，应根据防水层所用材料和屋面的利用情况而定。

不上人屋面保护层的做法：当采用沥青类卷材防水层时为沥青胶粘贴粒径 3～6mm 的绿豆砂。当采用高聚物改性沥青防水卷材或合成高分子卷材防水层时用铝银粉涂料，直接涂刷在卷材表面，也可用铝箔、彩砂等做保护层，如图 5-3-4 所示。

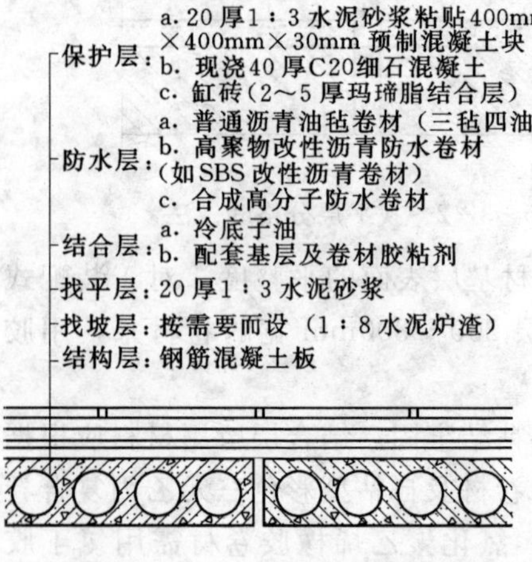

图 5-3-4 不上人卷材防水屋面

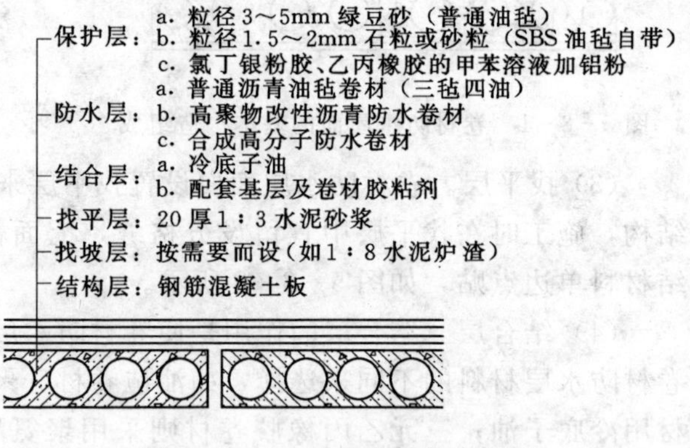

图 5-3-5 上人卷材防水屋面

上人屋面保护层的做法：一是在防水层上浇筑 30～50mm 厚细石混凝土层（每 2m 左右留分格缝，缝内用沥青胶嵌满）；二是用水泥砂浆、沥青砂浆或干砂层铺设预制混凝土板或大阶砖、水泥花砖、缸砖等。另外，还有与隔热层结合在一起的架空保护层，如图 5-3-5所示。

2. 卷材防水屋面的细部构造

卷材防水屋面发生渗漏的部位多在于房屋构造的交接处，如屋面与墙面的交接处、屋檐、变形缝、雨水口等部位。

(1) 泛水。屋面与墙面交接处的防水构造处理叫泛水，如女儿墙与屋面、高低屋面之间的墙与屋面的交接处构造。其构造要求及做法如下：

1）将屋面的卷材防水层继续铺至垂直面上，形成卷材泛水。为了增加泛水处的防水能力，应在底层加铺一层油毡。泛水高度不得小于250mm。

2）在屋面与垂直面交接处，应把卷材下的砂浆找平层抹成直径不小于150mm的圆弧或45°斜面，防止卷材架空或折断。

3）做好泛水上口的卷材收头固定。一般做法是：在垂直墙面中凿出通长凹槽，将卷材的收头压入槽内，用防水压条钉压后再用密封材料嵌填封严，外抹水泥砂浆保护。凹槽的墙体则用防水砂浆抹面。泛水构造如图5－3－6所示。

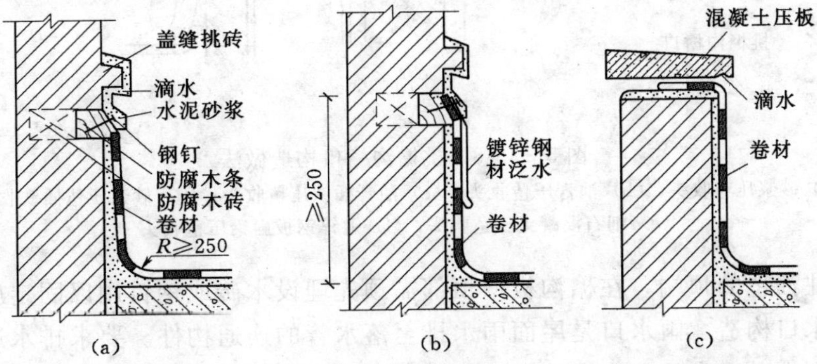

图5－3－6 泛水构造

（a）附加卷材，凹槽收头；（b）收头压入压顶；（c）混凝土墙体泛水

（2）檐口构造。卷材防水屋面的檐口有自由落水挑檐、挑檐沟、女儿墙等檐口。做挑檐檐口时，防水层在檐口的收头构造处理很关键，这个部位极易开裂、渗水。女儿墙檐口做法同泛水的做法。下面将自由落水檐口和挑檐沟檐口的构造分别加以介绍。

1）自由落水檐口。自由落水檐口常见做法如图5－3－7所示。图5－3－7（a）为在混凝土檐口上用细石混凝土或水泥砂浆先做一凹槽，然后将卷材贴在槽内，上面用沥青胶或密封膏嵌缝。图5－3－7（b）为在混凝土檐口内预埋木砖，再在木砖上钉通长木条，将卷材头钉在木条上，最后嵌填沥青胶或密封膏。图5－3－7（c）是在图5－3－7（b）的基础上再包一层镀锌薄钢板，以保护檐口。镀锌钢板上方做成保护棱，避免卷材收口处被大风吹翻，并在镀锌钢板下面钉上钢支托以增加抗风能力，钢支托用钉固定在木条上。

2）挑檐沟檐口。挑檐沟檐口常见做法如图5－3－8所示。图5－3－8（a）所示为砂浆压毡收头，其耐久性较差。几种方法中最为常用的为图5－3－8（d）所示，即采用钢筋

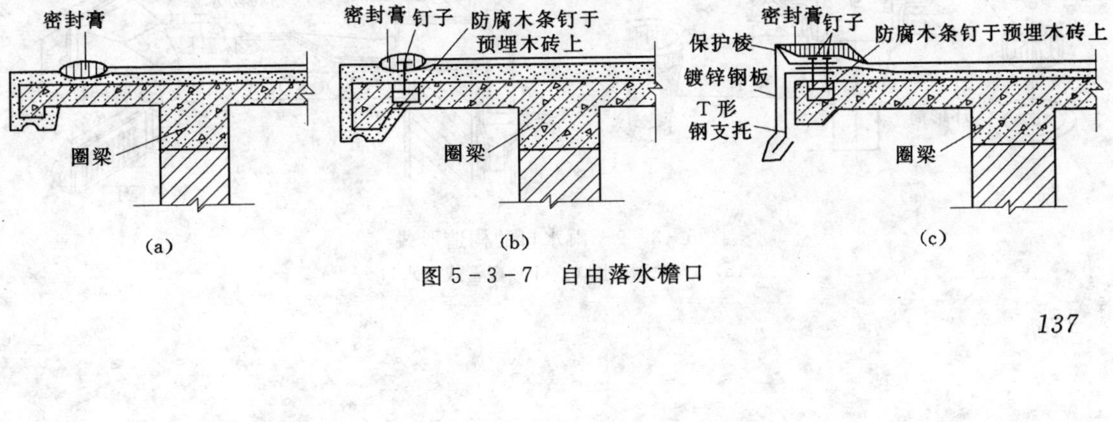

图5－3－7 自由落水檐口

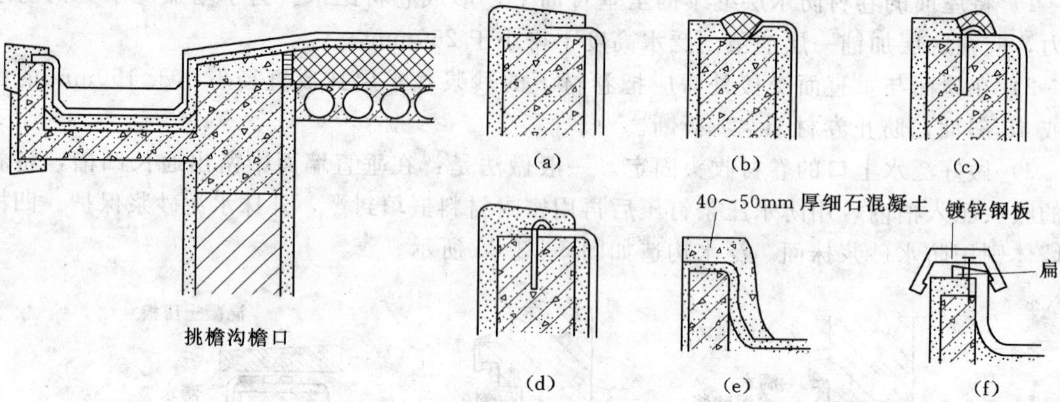

图 5-3-8　挑檐沟檐口构造做法

(a) 砂浆压毡收头；(b) 油膏压毡收头；(c) 油膏插铁压毡收头；(d) 砂浆压毡插铁收头；(e) 细石混凝土压毡收头；(f) 镀锌钢板扁钢压毡收头

作压毡条压住油毡的顶端，在檐沟板壁顶部需预先埋设木砖或钢钉用以固定压毡条。

(3) 雨水口构造。雨水口是屋面雨水排至落水管的连通构件。要求排水通畅，防止渗漏和堵塞。雨水口通常是定型产品，分为直管式和弯管式两类。直管式适用于中间天沟、挑檐沟和女儿墙内排水天沟。弯管式只适用于女儿墙外排水天沟。

1) 直管式雨水口。直管式雨水口一般用铸铁或钢板制造，有各种型号，根据降雨量和汇水面积进行选择。单层厂房和大跨度的民用建筑常用直管式雨水口。如图 5-3-9 (a) 所示，直管式雨水口由套管、环形筒、顶盖底座和顶盖几部分组成。

安装时，将套管安装在挑檐板上，各层卷材同时贴在套筒内壁。为防止漏水，此处多贴一层卷材，表面涂上沥青胶，再将环形筒嵌入套管将卷材压紧，嵌入深度至少 100mm，环形筒与底座的缝隙用密封膏嵌缝。顶盖底座有放射状格片，用来增加水流速度和阻挡杂物落入管孔中。

2) 弯管式雨水口。弯管式雨水口呈 90°弯曲状，如图 5-3-9 (b) 所示。弯管式雨水口多用铸铁或钢板制成，由弯曲套管和铁篦子两部分组成。弯曲套管镶入女儿墙预留孔洞内，屋面防水层卷材和泛水卷材铺贴到套筒内壁四周，铺入深度不小于 100mm。套管

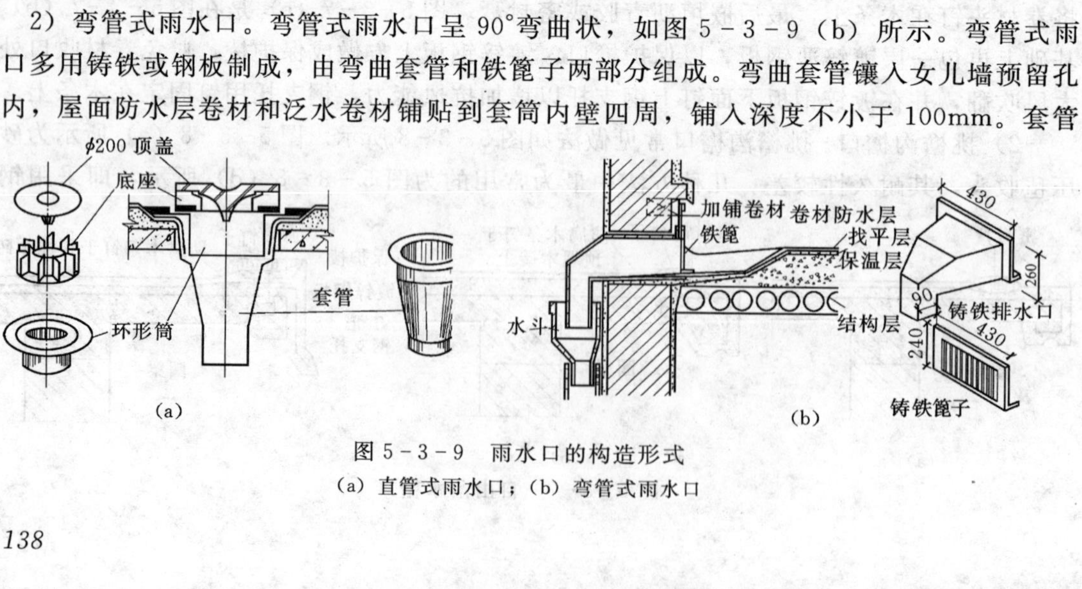

图 5-3-9　雨水口的构造形式

(a) 直管式雨水口；(b) 弯管式雨水口

口用铸铁篦子遮盖，以防杂物堵塞雨水口。

(4) 屋面检修孔、屋面出入口构造。不上人屋面的检修孔四周的孔壁可用砖立砌，也可在现浇屋面板时将混凝土上翻制成，高度一般为 300mm。壁外的防水层应做成泛水并将卷材用镀锌薄钢板盖缝并压钉好，如图 5-3-10 所示。

楼梯间的室内地坪最好与屋面间留有足够的高差，以利防水，否则需在出入口处设门槛挡水。屋面出入口处的构造与泛水构造类同，如图 5-3-11 所示。

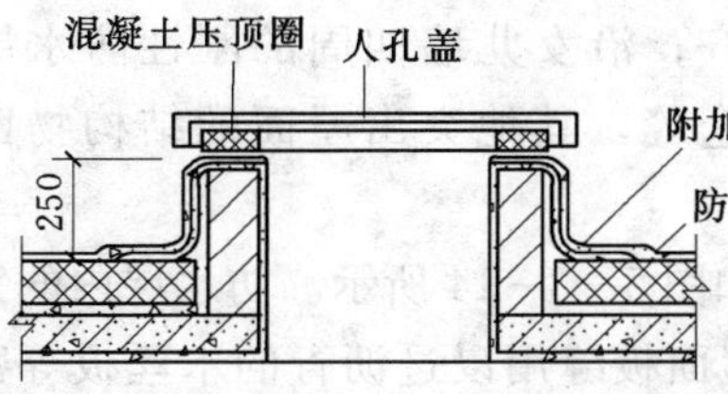

图 5-3-10　屋面检修口

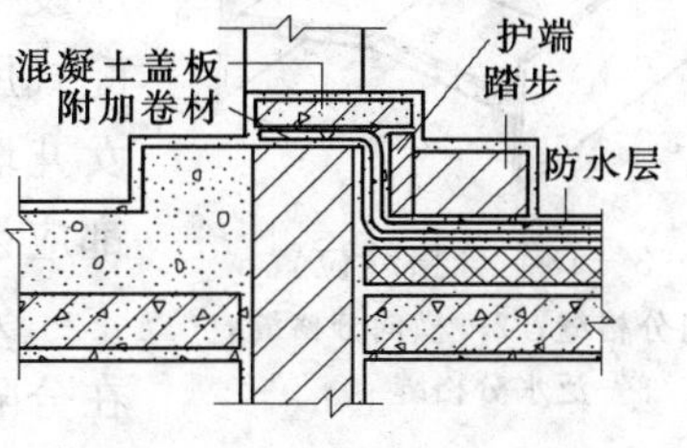

图 5-3-11　屋面出入口

3.1.2.2　刚性防水屋面

刚性防水屋面是指以刚性材料作为防水层的屋面，如防水砂浆、细石混凝土、配筋细石混凝土防水屋面等。这种屋面具有构造简单、施工方便等优点，但对温度变化和结构变形较敏感，容易产生裂缝而渗水。主要适用于防水等级为Ⅲ级的屋面防水，也可用作Ⅰ、Ⅱ级屋面多道防水设防中的一道防水层，不适于设置在有松散材料保温层的屋面及受较大震动或冲击的建筑屋面。

3.1.2.2.1　刚性防水屋面的构造层次及做法

如图 5-3-12 所示，刚性防水屋面的构造一般有防水层、隔离层、找平层、结构层等，刚性防水屋面应尽量采用结构找坡。

(1) 防水层。采用不低于 C20 的细石混凝土整体现浇而成，其厚度不小于 40mm。为防止混凝土开裂，可在防水层中配直径为 4～6mm、间距为 100～200mm 的双向钢筋网片，钢筋的保护层厚度不小于 10mm。

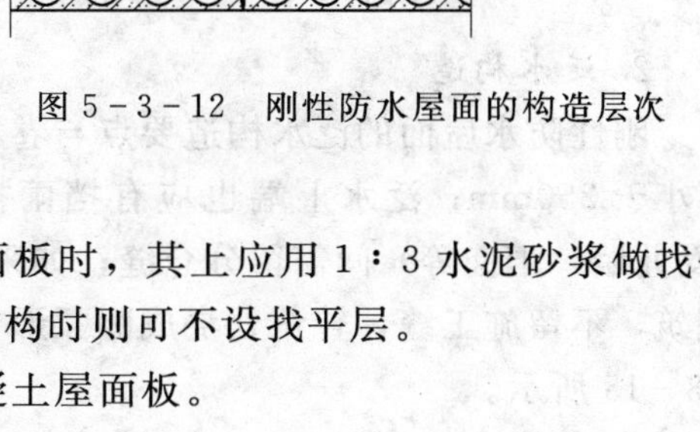

图 5-3-12　刚性防水屋面的构造层次

(2) 隔离层。位于防水层与结构层之间，其作用是减少结构变形对防水层的不利影响。隔离层可采用铺纸筋灰、低强度等级砂浆，或薄砂层上干铺一层油毡等做法。

(3) 找平层。当结构层为预制钢筋混凝土屋面板时，其上应用 1∶3 水泥砂浆做找平层，厚度为 20mm。若屋面板为整体现浇混凝土结构时则可不设找平层。

(4) 结构层。一般采用预制或现浇的钢筋混凝土屋面板。

3.1.2.2.2　刚性防水屋面的细部构造

刚性防水屋面的细部构造包括屋面防水层的分仓缝、泛水、檐口、雨水口等部位的构造处理。

1. 分仓缝构造

分仓缝构造亦称分格缝，是为适应屋面变形、防止屋面不规则裂缝而设置的人工缝。

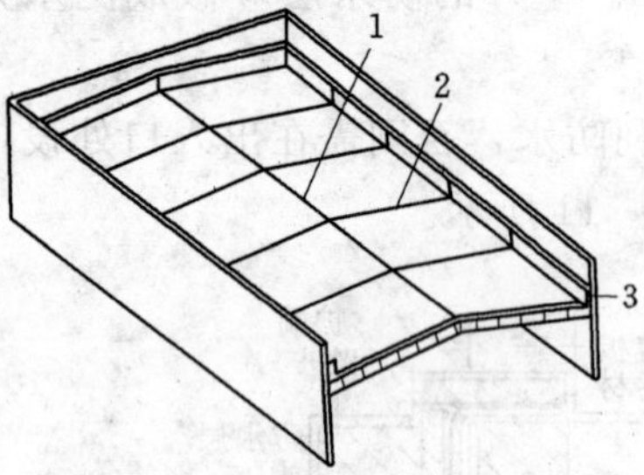

图 5-3-13 分格缝位置
1—纵向分格缝；2—横向分格缝；3—泛水分格缝

分仓缝应设置在装配式钢筋混凝土屋面板的支承端、屋面转折处、刚性防水层与立墙的交接处，并应与板缝对齐。分仓缝的纵横间距不宜大于6m。在横墙承重的民用建筑中，分仓缝的位置可如图 5-3-13 所示：屋脊处应设一纵向分仓缝；横向分仓缝每开间设一条，并与装配式屋面板的板缝对齐；沿女儿墙四周的刚性防水层与女儿墙之间也应设分仓缝。其他突出屋面的结构物四周都应设置分仓缝。

分仓缝构造要求如图 5-3-14 所示。防水层内的钢筋在分隔缝处应断开；屋面板缝用浸过沥青的木丝板等密封材料嵌填，缝口用油膏嵌填；缝口表面用防水卷材铺贴盖缝，卷材的宽度为 200～300mm。

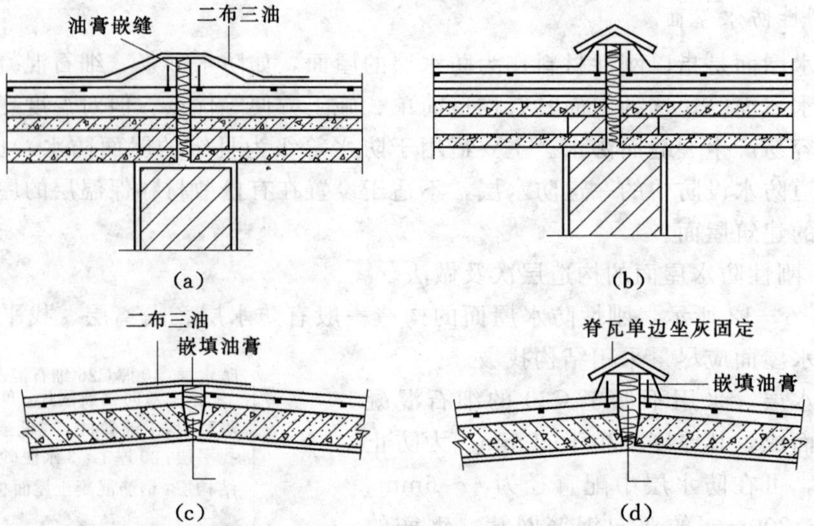

图 5-3-14 刚性防水屋面分格缝做法
(a) 横向分格缝之一；(b) 横向分格缝之二；(c) 屋脊分格缝之一；(d) 屋脊分格缝之二

2. 泛水构造

刚性防水屋面的泛水构造要点与卷材屋面相同的地方是：泛水应有足够的高度，一般不小于 250mm；泛水上端也应有挡雨措施。不同的地方是：刚性防水层与屋面突出物（女儿墙、烟囱等）间需留分仓缝；如采用刚性材料做泛水时，泛水与屋面防水层应一次浇筑，不留施工缝，转角处浇成圆弧形，细石混凝土内的钢筋网片也应同时上弯，如图 5-3-15 所示。

3. 檐口构造

刚性防水屋面常用的檐口形式有自由落水檐口（图 5-3-16）、挑檐沟外排水檐口（图 5-3-17）、女儿墙外排水檐口（图 5-3-18）和坡檐口（图 5-3-19）。

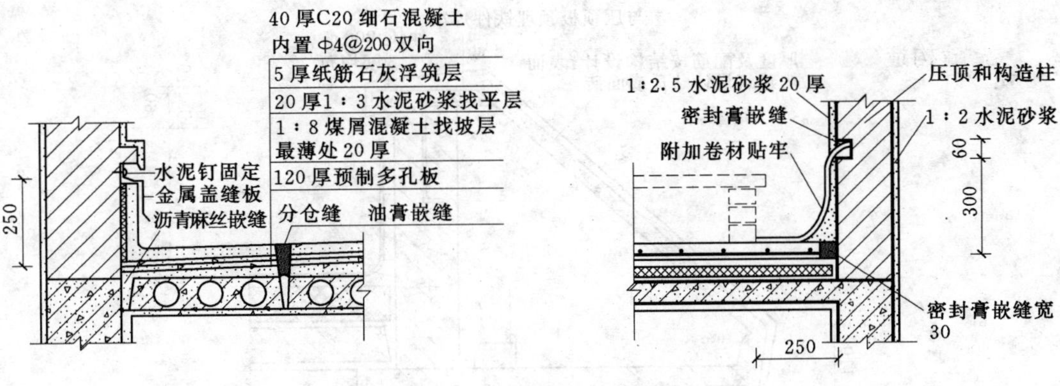

图 5－3－15　刚性防水屋面泛水构造

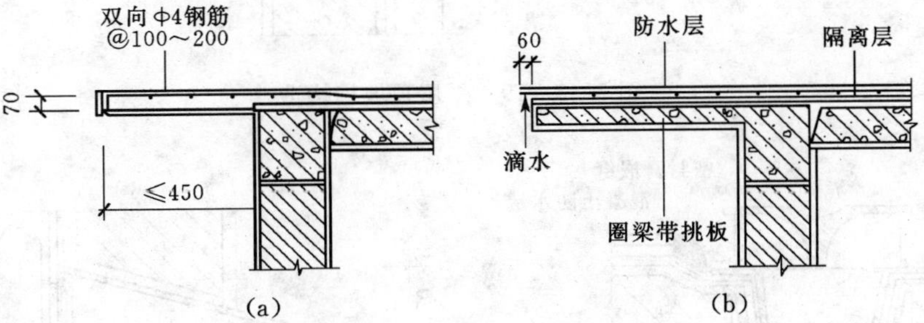

图 5－3－16　自由落水挑檐口

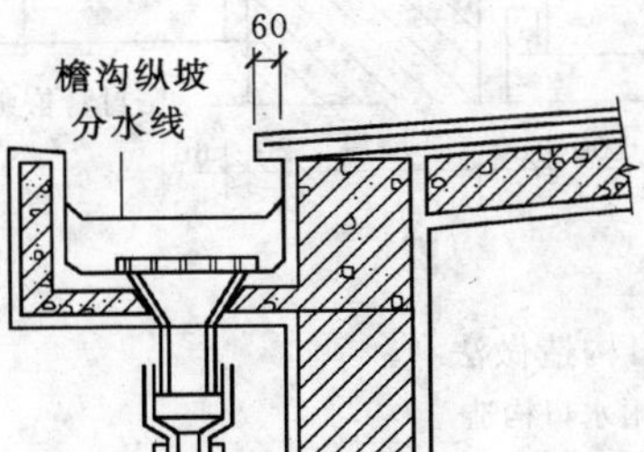

图 5－3－17　挑檐沟外排水檐口

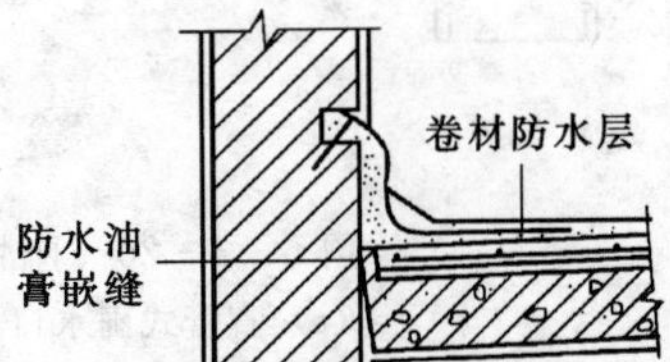

图 5－3－18　女儿墙外排水檐口

4. 雨水口构造

一般刚性防水屋面雨水口的规格和类型与前述柔性防水屋面所用雨水口相同。一种是用于檐沟排水的直管式雨水口；另一种是用于女儿墙外排水的弯管式雨水口。

(1) 直管式雨水口，具体构造如图 5－3－20（a）所示。

(2) 弯管式雨水口，用于女儿墙外排水，如图 5－3－20（b）所示。

3.1.2.3　涂膜防水屋面

涂膜防水屋面又称涂料防水屋面，是指用可塑性和粘结力较强的防水涂料直接涂刷在屋面基层上，形成一层不透水的薄膜层，以达到防水目的。主要适用于防水等级为Ⅲ、Ⅳ级的屋面，也可用做Ⅰ、Ⅱ级屋面多道防水设防中的一道防水层。

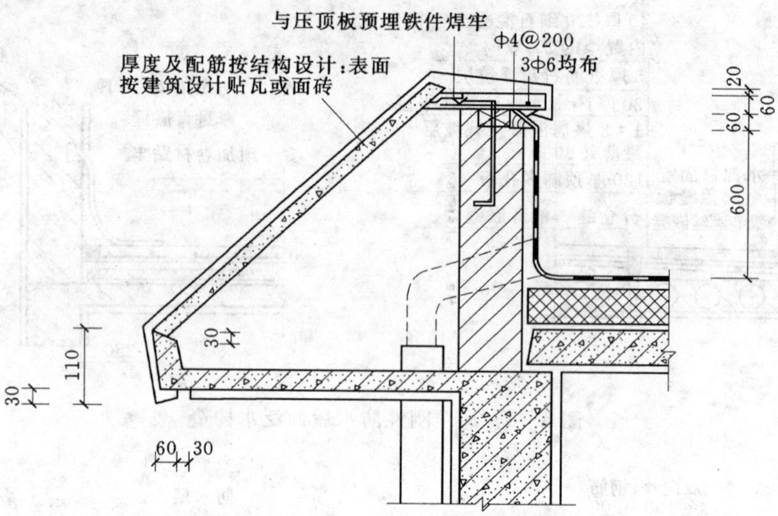

图 5-3-19 平屋顶坡檐构造

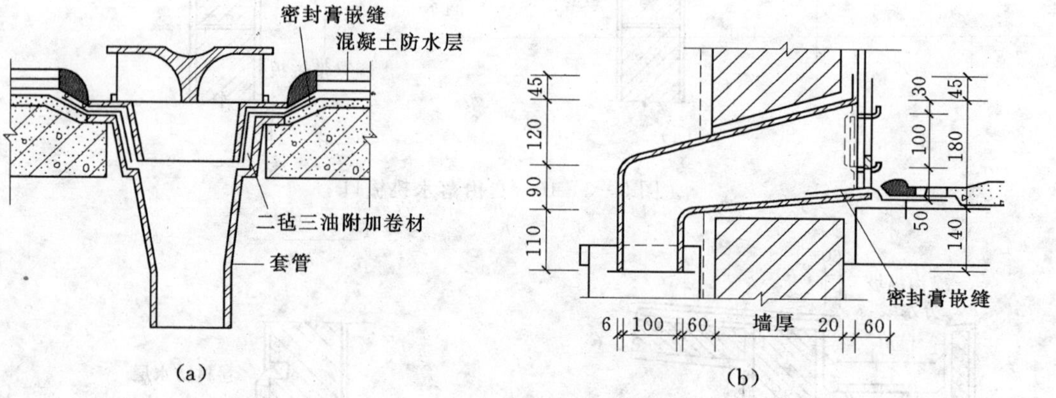

图 5-3-20 刚性防水屋面雨水口构造做法

(a) 直管式雨水口构造；(b) 弯管式雨水口构造

1. 涂膜防水材料

合成高分子类防水涂料，如聚氨酯、环氧树脂和丙烯酸类防水涂料。

高聚物改性沥青防水涂料，如再生橡胶改性沥青防水涂料、水乳型氯丁橡胶沥青防水涂料、SBS橡胶改性沥青防水涂料等。

2. 涂膜防水屋面的构造层次及做法

涂膜防水屋面的构造层次与卷材防水屋面相同，由结构层、找坡层、找平层、结合层、防水层和保护层组成，如图 5-3-21 所示。

结构层、找坡层、找平层材料做法与卷材防水屋面基本相同。

结合层：应选用与防水涂料相同的材料经稀释后满刷在找平层上，以保证防水层与基层粘结牢固。

防水层：涂刷防水涂料需分层进行，乳剂型防水涂料，一般手涂 3 遍可使涂膜厚度达

1.2mm；溶剂型防水涂料，手涂4～5遍，可作1.2mm以上的厚度。

保护层：当屋面不上人时，可用蛭石或细砂撒面、银粉涂料涂刷等做法；当屋面为上人屋面时，保护层做法与卷材防水上人屋面做法相同。

3. 涂膜防水屋面细部构造

(1) 分格缝。涂膜防水只能提高表面的防水能力，为防止由于温度和结构变形导致基层开裂而使屋面渗漏，须对屋面面积较大和结构变形敏感部位设置分格缝。分格缝的构造如图5-3-22所示。

(2) 泛水构造。涂膜防水屋面泛水构造与卷材屋面基本相同。

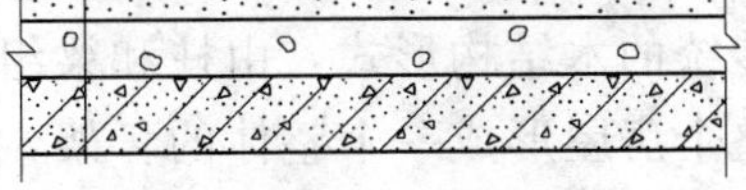

图5-3-21 涂膜防水屋面的构造层次

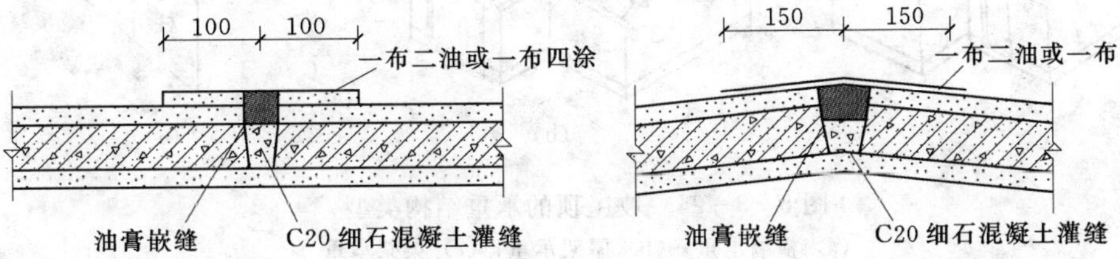

图5-3-22 分格缝构造

3.2 坡屋顶

3.2.1 坡屋顶的组成

坡屋顶由承重结构、屋面、顶棚等部分组成，根据使用要求不同，有时还需增设保温层或隔热层等，如图5-3-23所示。

1. 承重结构

承重结构主要承受作用在屋面上的各种荷载，并把它们传到墙或柱上。坡屋顶的承重结构一般由椽条、檩条、屋架或大梁等组成。

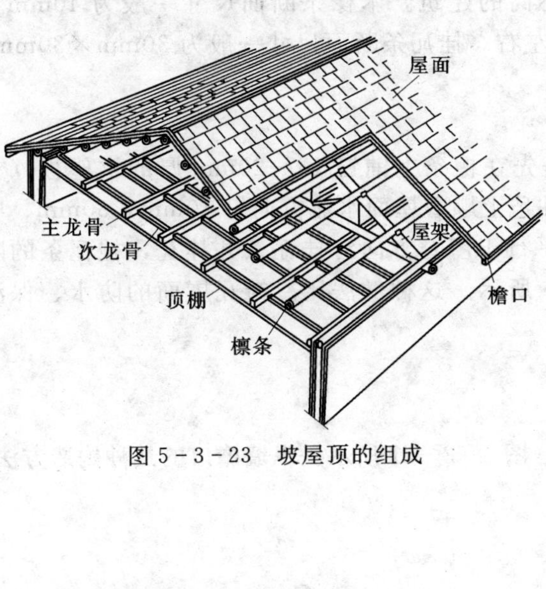

图5-3-23 坡屋顶的组成

2. 屋面

屋面是屋顶的上覆盖层，直接承受风、雨、雪和太阳辐射等大自然的作用。它包括屋面覆盖材料和基层材料，如挂瓦条、屋面板等。

3. 顶棚

顶棚是屋顶下面的遮盖部分，可使室内上部平整，起装饰作用。

4. 保温层或隔热层

保温层或隔热层可设在屋面层或顶棚处。

3.2.2 坡屋顶的承重结构类型

坡屋顶中常用的承重结构有横墙承重、屋架承重和梁架承重，如图 5－3－24 所示。横墙承重是指按屋顶所要求的坡度，将横墙上部砌成三角形，在墙上直接搁置檩条来承受屋面重量的一种结构方式。屋架承重是指由一组杆件在同一平面内互相结合成整体屋架，屋架支承于墙或柱上，在其上搁置檩条来承受屋面重量的一种结构方式。梁架承重是我国传统的木结构形式，由柱和梁组成排架，檩条置于梁间，并利用檩条及连系梁（枋），使整个房屋形成一个整体的骨架，墙只起围护和分隔作用。

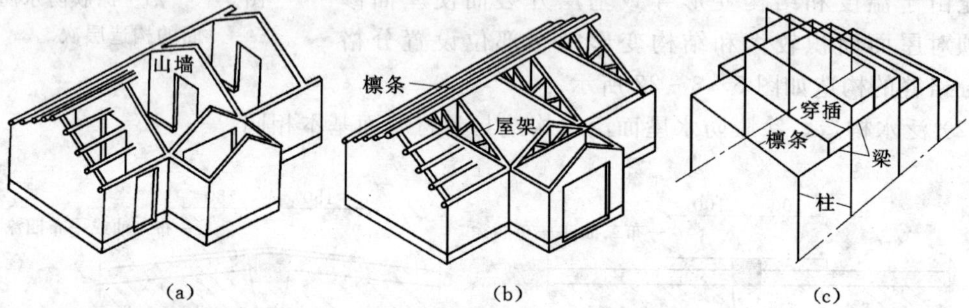

图 5－3－24 坡屋顶的承重结构类型
（a）横墙承重；（b）屋架承重；（c）梁架承重

3.2.3 坡屋顶的屋面做法

3.2.3.1 传统的坡屋顶构造

根据坡屋顶面层防水材料的不同，传统的坡屋顶可分为平瓦屋面、小青瓦屋面等。其中，平瓦应用广泛。其细部构造层次分别由屋面板、防水卷材、顺水条、挂瓦条、椽条、平瓦等所组成。这里只介绍传统平瓦屋面的构造。

传统的平瓦屋面根据基层的不同，有冷摊瓦屋面、屋面板平瓦屋面等。

3.2.3.1.1 冷摊瓦屋面

冷摊瓦屋面是平瓦屋面中最简单的构造做法，即在檩条上钉固椽条，然后在椽条上钉挂瓦条并直接挂瓦，如图 5－3－25 所示。这种做法的缺点是雨、雪易从瓦缝中飘入室内，保温效果差，通常用于南方地区质量要求不高的建筑。木椽条断面尺寸一般为 40mm×60mm 或 50mm×50mm，其间距为 400mm 左右。挂瓦条断面尺寸一般为 30mm×30mm，中距为 330mm。

3.2.3.1.2 屋面板平瓦屋面

屋面板平瓦屋面也叫木望板瓦屋面，是先在檩条上铺钉 15～20mm 厚的木望板（亦称屋面板），在木望板上干铺一层油毡，在油毡上顺着屋面水流方向钉 10mm×30mm、中距为 500mm 的顺水条，然后在顺水条上面平行于屋脊方向钉挂瓦条并挂瓦，挂瓦条的断面和间距与冷摊瓦屋面相同，如图 5－3－26 所示。这种做法比冷摊瓦屋面的防水、保温隔热效果要好，但耗用木材多、造价高。

3.2.3.1.3 平瓦屋面细部构造

1. 纵墙檐口

纵墙檐口根据造型要求做成挑檐或封檐。图 5－3－27 所示是纵墙檐口的几种构造方法，

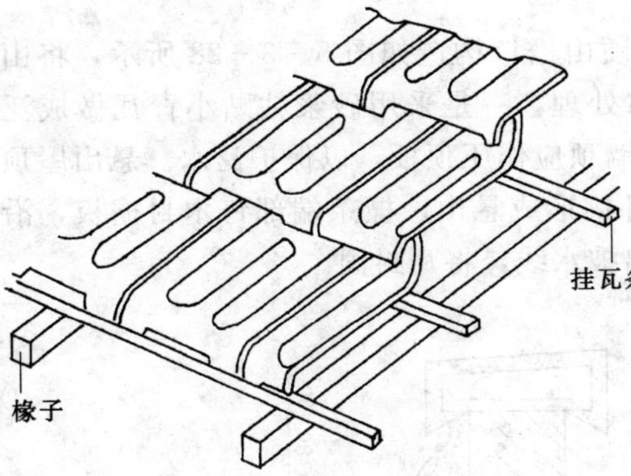

图 5-3-25 冷摊瓦屋面

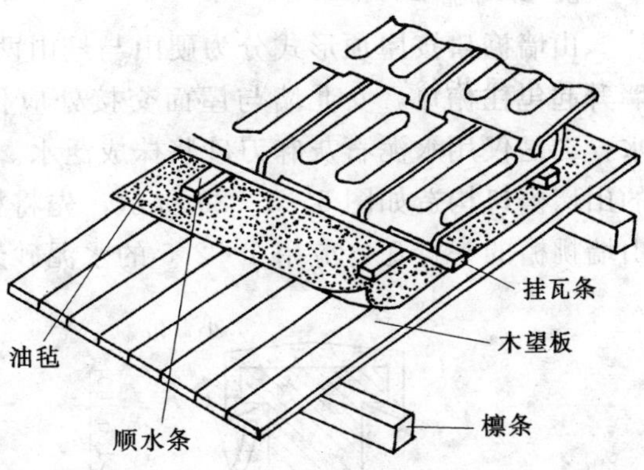

图 5-3-26 屋面板平瓦屋面

其中图 5-3-27（a）所示为砖砌挑檐，即在檐口处将砖逐皮外挑，每皮挑出 1/4 砖（60mm），挑出总长度不大于墙厚的 1/2。图 5-3-27（b）是将椽条直接外挑，适用于较小的出挑长度。当需要出挑长度大时，应采取挑檐木将檐口挑出，图 5-3-27（c）所示为挑檐木置于屋架下，图 5-3-27（d）所示为在承重横墙中置挑檐木的做法。当挑檐长度更大时，可采取图 5-3-27（e）所示的处理方式，即将挑檐木往下移，离开屋架一段距离，这时须在挑檐木与屋架下弦之间加一承木，以防止挑檐的倾覆。图 5-3-27（f）所示为女儿墙包檐口构造做法，在屋架与女儿墙相接处必须设天沟。天沟最好采用混凝土槽形天沟板，沟内铺卷材防水层，并将卷材一直铺到女儿墙上形成泛水。泛水做法与卷材屋面要求相同。

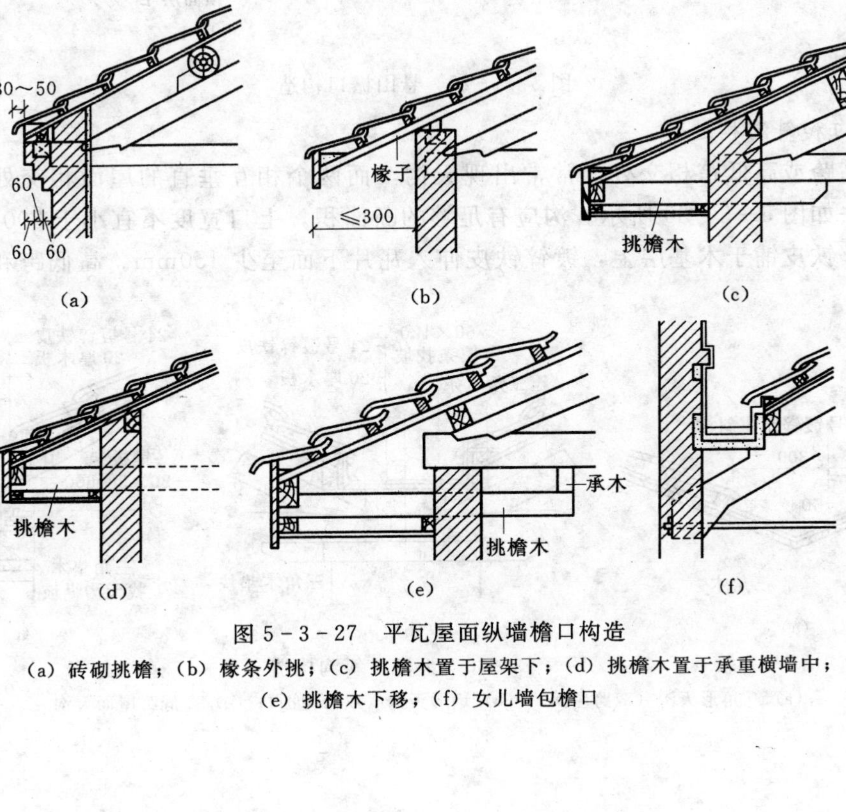

图 5-3-27 平瓦屋面纵墙檐口构造

（a）砖砌挑檐；（b）椽条外挑；（c）挑檐木置于屋架下；（d）挑檐木置于承重横墙中；（e）挑檐木下移；（f）女儿墙包檐口

2. 山墙檐口

山墙檐口按屋顶形式分为硬山与悬山两种。硬山檐口构造如图5-3-28所示，将山墙升起包住檐口，女儿墙与屋面交接处应作泛水处理，一是采用砂浆粘贴小青瓦做成泛水，二是仅用水泥石灰麻刀砂浆抹成泛水。女儿墙顶应作压顶板，以保护泛水。悬山屋顶的山墙檐口构造如图5-3-29所示，先将檩条外挑形成悬山，檩条端部钉木封檐板，沿山墙挑檐的一行瓦，应用1∶2.5的水泥砂浆做出披水线，将瓦封固。

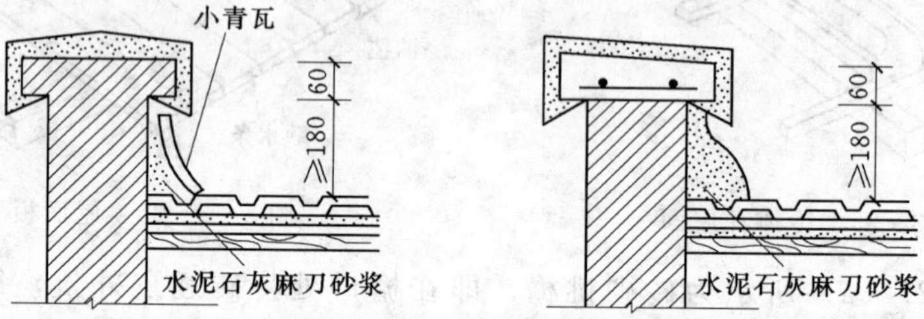

图5-3-28 硬山檐口构造

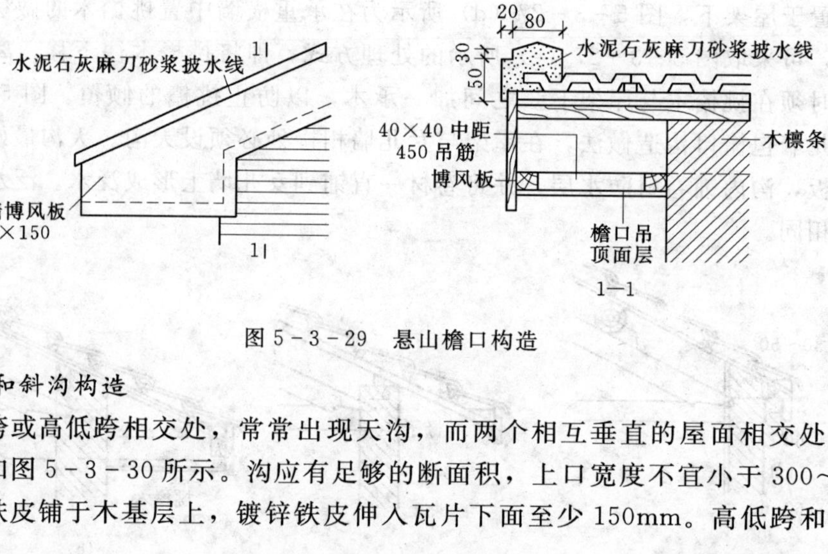

图5-3-29 悬山檐口构造

3. 天沟和斜沟构造

在等高跨或高低跨相交处，常常出现天沟，而两个相互垂直的屋面相交处则形成斜沟，其做法如图5-3-30所示。沟应有足够的断面积，上口宽度不宜小于300～500mm，一般用镀锌铁皮铺于木基层上，镀锌铁皮伸入瓦片下面至少150mm。高低跨和包檐天沟

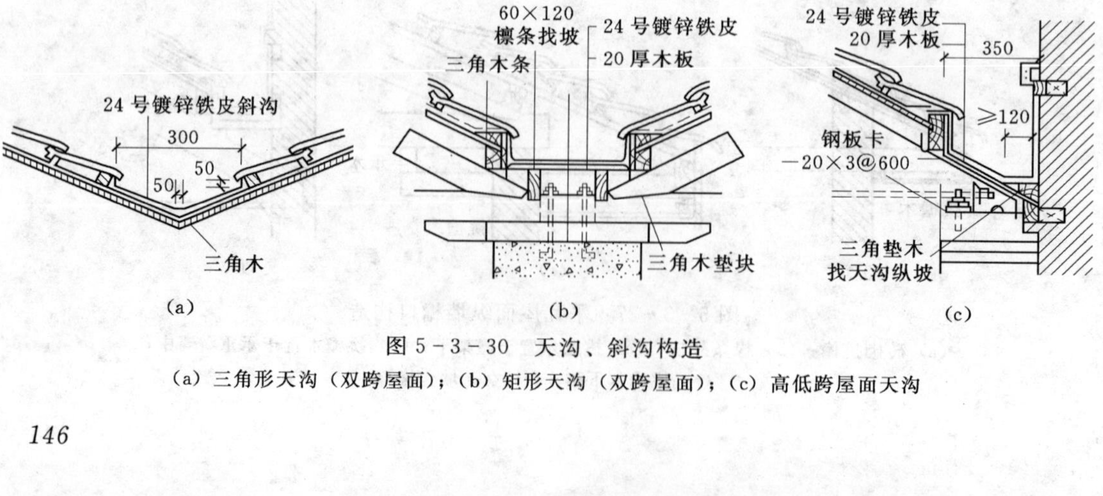

图5-3-30 天沟、斜沟构造

(a) 三角形天沟（双跨屋面）；(b) 矩形天沟（双跨屋面）；(c) 高低跨屋面天沟

若采用镀锌铁皮防水层时，应从天沟内延伸至立墙（女儿墙）上形成泛水。

3.2.3.2　钢筋混凝土坡屋顶

1. 钢筋混凝土挂瓦板平瓦屋面

钢筋混凝土挂瓦板是将檩条、望板及挂瓦条等作用结合为一体的钢筋混凝土预制构件，有预应力或非预应力构件之分，板肋根部预留泄水孔，以便排除由瓦面渗漏下的雨水。挂瓦板的断面形式有双T形、单T形、F形，板肋中距为330mm，挂瓦板直接搁置在横墙上或屋架上，板上直接挂瓦，板缝采用1∶3水泥砂浆嵌填，如图5-3-31所示。

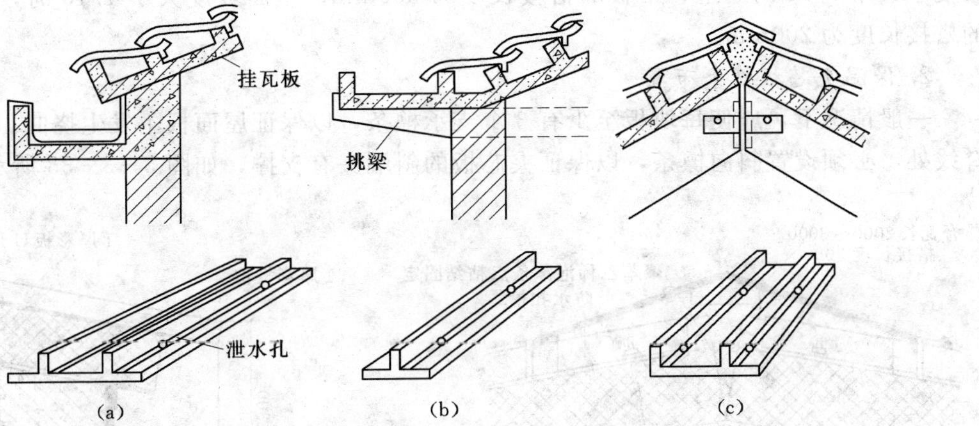

图5-3-31　钢筋混凝土挂瓦板平瓦屋面

(a) 双肋板；(b) 单肋板；(c) F板

2. 钢筋混凝土板瓦屋面

由于保温、防火或造型等的需要，可将预制钢筋混凝土空心板或现浇平板作为瓦屋面的基层，在其上盖瓦。盖瓦的方式有两种：一种是在找平层上铺油毡一层，用压毡条钉在嵌在板缝内的木楔上，再钉挂瓦条挂瓦；另一种是在屋面板上直接粉刷防水水泥砂浆并贴瓦或陶瓷面砖或平瓦。在仿古建筑中也常常采用钢筋混凝土板瓦屋面，如图5-3-32所示。

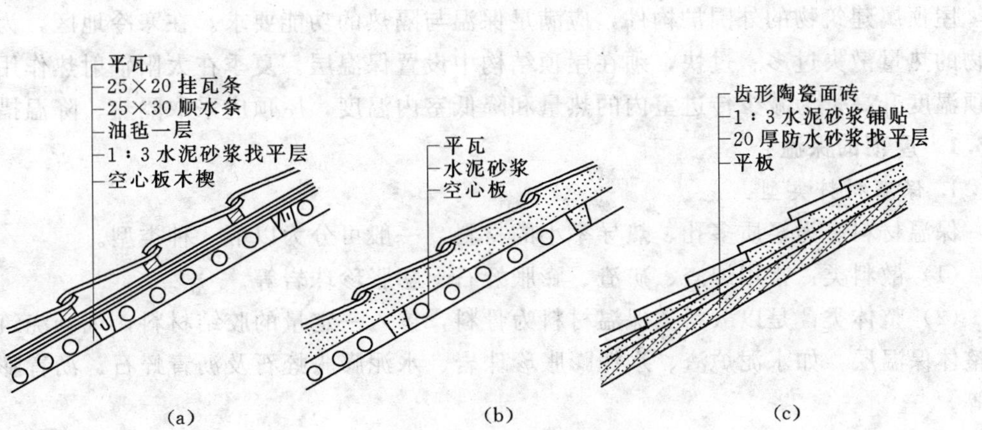

图5-3-32　屋面板盖瓦构造

(a) 木条挂瓦；(b) 砂浆贴瓦；(c) 砂浆贴面砖

3.2.3.3 彩色压型钢板屋面

金属瓦屋面是用镀锌钢板或铝合金瓦做防水层的一种屋面，适用于体育馆、游泳馆、车站、航空港、展厅等大跨度建筑。

1. 保温夹芯板板缝处理

夹芯板与配件及夹芯板之间，全部采用铝拉铆钉连接，铆钉在插入铆钉孔之前应预涂密封胶，拉铆后的钉头用密封胶封死。顺坡连接缝及屋脊缝以构造防水为主，材料防水为辅；横坡连接缝采用顺水搭接，防水材料密封，上、下两块板均应搭在檩条支座上，屋面坡度不大于1/10时，上、下板的搭接长度为300mm；屋面坡度大于1/10时，上、下板的搭接长度为200mm。

2. 保温夹芯板檩条布置

一般情况下，应使每块板至少有3个支承檩条，以保证屋面板不发生挠曲。在斜交屋脊线处，必须设置斜向檩条，以保证夹芯板的斜端头有支撑，如图5-3-33所示。

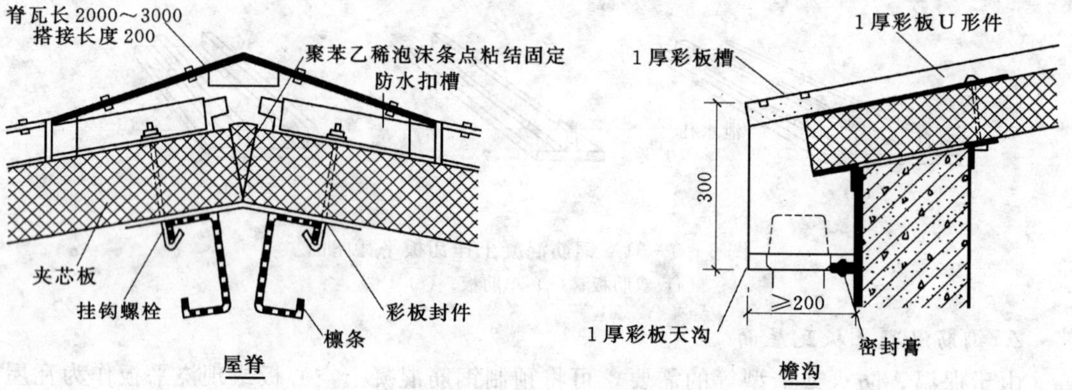

图5-3-33 保温夹芯彩色压型钢板屋顶

3.3 屋顶的保温与隔热

屋顶属建筑物的外围护构件，应满足保温与隔热的功能要求。在寒冷地区，为防止建筑物的热量散失过多、过快，须在屋顶结构中设置保温层。夏季在太阳辐射热作用下，使屋顶温度升高，为减少传进室内的热量和降低室内温度，屋顶应采取隔热、降温措施。

3.3.1 屋顶的保温

1. 保温材料类型

保温材料多为轻质多孔、热导率小的材料，一般可分为以下3种类型。

(1) 散料类：常用炉渣、矿渣、膨胀蛭石、膨胀珍珠岩等。

(2) 整体类：是以散料类保温材料为骨料，掺入一定量的胶结材料，现场浇筑而形成的整体保温层，如水泥炉渣、水泥膨胀珍珠岩、水泥膨胀蛭石及沥青蛭石、沥青膨胀珍珠岩等。

(3) 板块类：由工厂预先制作成的板块类保温材料，如预制膨胀珍珠岩、膨胀蛭石以及加气混凝土、泡沫混凝土、聚苯板、挤塑板等块材或板材。

2. 保温层的设置

(1) 正铺法。将保温层设在结构层之上、防水层之下，目前广泛采用，如图 5－3－34 所示。

这种做法在空气湿度较大时，须在保温层下设置隔蒸汽层。隔蒸汽层的作用是防止室内水蒸气透过结构层，渗入保温层内，使保温材料受潮，影响保温效果。隔蒸汽层的一般做法是在找平层上做结合层，结合层上做一布二油或热沥青两道作为隔蒸汽层。

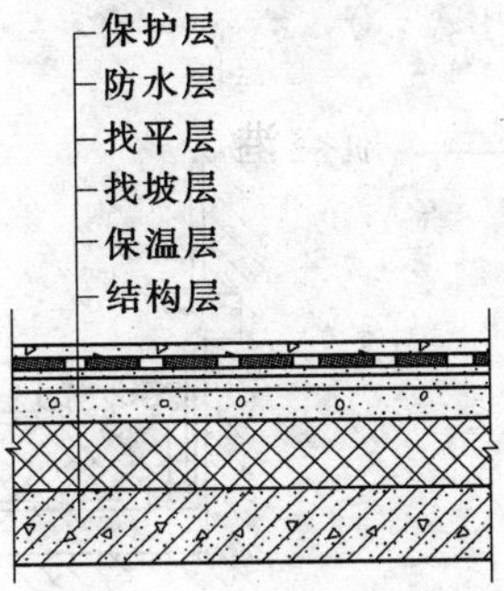

图 5－3－34 正铺法保温屋面

由于隔蒸汽层的设置，保温层成为封闭状态，施工时保温层和找平层中残留水分无法散发出去，在太阳照射下水分汽化成水蒸气，使体积膨胀，若水蒸气不排除会造成防水层鼓泡破裂。因此常在保温层中设排气道，如图 5－3－35 (b) 所示。排气道内用大粒径炉渣填塞，找平层在相应位置留槽作排气道，并在整个屋面纵横贯通。排气道上口铺一层卷材条，用胶单边点贴覆盖。水蒸气经排气道自通风帽排除。排气道应与大气连通的排气孔相通，排气孔中距不大于 6.0m，排气孔应做防水处理，图 5－3－35 (a)、(c)、(d) 所示是几种排气孔的做法示意。

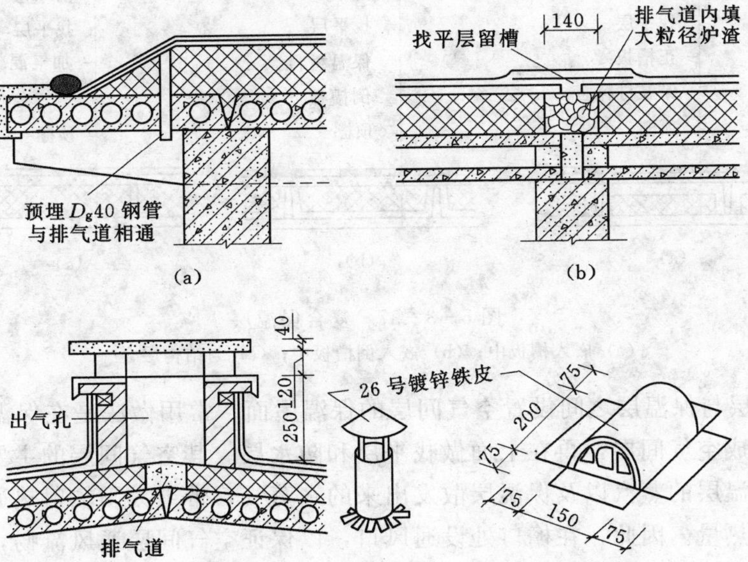

图 5－3－35 卷材屋面排气构造

(a) 檐口排气管；(b) 保温层排气道；(c) 排气孔；(d) 通气帽

(2) 倒铺法。将保温层设置在防水层之上，从而形成敞露式保温层屋面做法。其构造层次自上而下为保护层、保温层、防水层、结构层。保温层宜选用吸湿性低、耐候性强的憎水材料，如聚苯乙烯泡沫塑料板或聚氨酯泡沫塑料板。保护层要有足够的重量以防保温层在下雨时漂浮，如混凝土板或大粒径砾石。其优点是防水层不受太阳辐射和剧烈气候变化的直接影响，全年热温差小，不易受外来机械损伤，如图 5－3－36 所示。

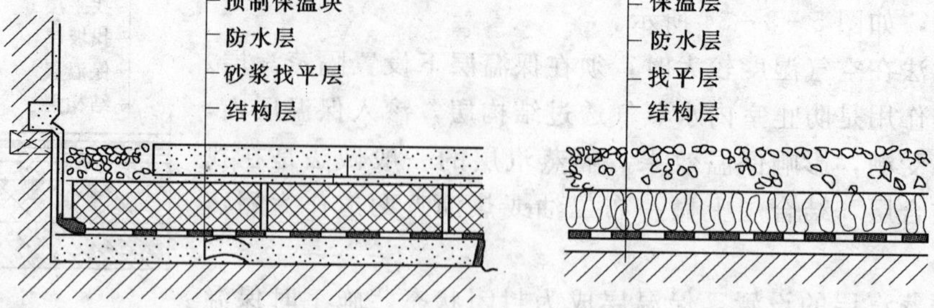

图 5-3-36 倒铺保温层屋面构造

(3) 复合法。将保温层与结构层组成复合板材，既是结构构件又是保温构件。有两种常用做法，一种是为槽板内设置保温层，如图 5-3-37 (a)、(b) 所示；另一种为保温材料与结构层融为一体，如加气的钢筋混凝土屋面板，这种构件既能承重又能达到保温效果，但板的承载力较小，耐久性也差，多适用于标准较低且不上人的屋顶中，如图 5-3-37 (c) 所示。

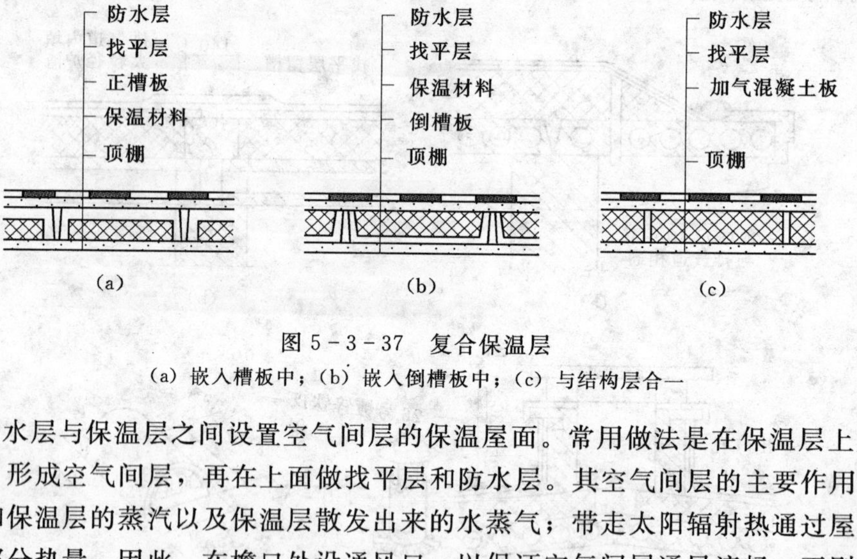

图 5-3-37 复合保温层

(a) 嵌入槽板中；(b) 嵌入倒槽板中；(c) 与结构层合一

(4) 防水层与保温层之间设置空气间层的保温屋面。常用做法是在保温层上用垫块架空预制板，形成空气间层，再在上面做找平层和防水层。其空气间层的主要作用是：带走穿过顶棚和保温层的蒸汽以及保温层散发出来的水蒸气；带走太阳辐射热通过屋面防水层传下来的部分热量。因此，在檐口处设通风口，以保证空气间层通风流畅，否则会降低保温效果，如图 5-3-38 所示。

(5) 坡屋顶的保温层一般布置在瓦材与檩条之间或吊顶棚上面。保温材料可根据工程具体要求选用松散材料、块体材料或板状材料。在一般的瓦屋面中，采用基层上铺一层厚厚的黏土稻草泥作为保温层，瓦片粘结在该层上，如图 5-3-39 (a) 所示。在平瓦屋面中，可将保温材料填充在檩条之间，如图 5-3-39 (b) 所示。在设有吊顶的坡屋顶中，常常将保温层铺设在顶棚上面，可收到保温和隔热双重效果，如图 5-3-39 (c) 所示。

3.3.2 屋顶的隔热

屋顶隔热降温的基本原理是减少太阳辐射热直接作用于屋面。常见的隔热措施有通风

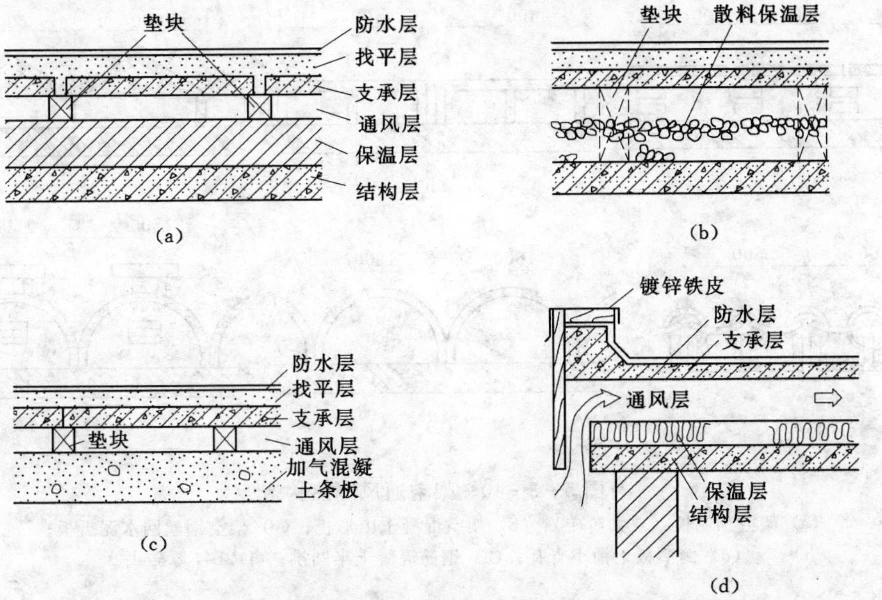

图 5-3-38 设置空气间层的保温屋面

(a) 带通风层保温屋面；(b) 散料保温；(c) 加气混凝土保温屋顶；(d) 檐口进风口

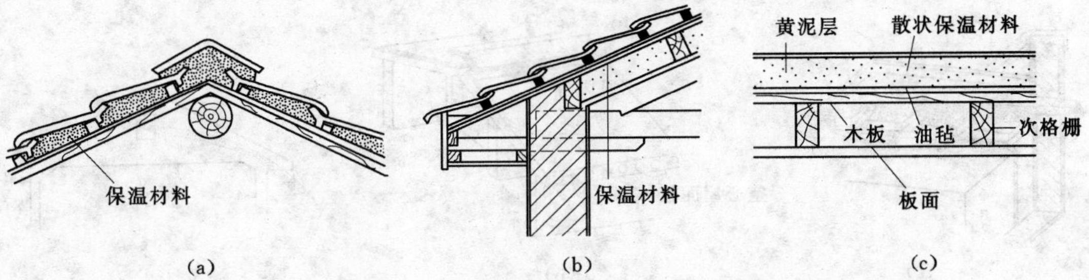

图 5-3-39 坡屋顶保温构造

(a) 瓦材下设保温层；(b) 檩条间设保温层；(c) 顶棚上设保温

隔热、蓄水隔热、种植隔热、反射降温隔热等。

3.3.2.1 通风隔热

通风隔热屋面是在屋顶中设置通风间层，其上层表面可遮挡阳光，利用风压和热压作用把间层中的热空气不断带走，以减少传到室内的热量，从而达到隔热降温的目的。通风隔热屋面一般有架空通风隔热屋面和吊顶通风隔热屋面。

1. 架空通风隔热屋面

在屋面防水层上做架空隔热层，如图 5-3-40 所示。设计时应满足：架空层应有适当的净高，一般以 180～240mm 为宜；架空板与女儿墙的距离不宜小于 500mm；隔热板的支点可做成砖垄墙或砖墩，间距视隔热板的尺寸而定；当房屋进深大于 10m 时，中部需设通风口，以加强效果。这种屋面不仅能达到通风降温、隔热防晒的目的，还可以保护屋面防水层。

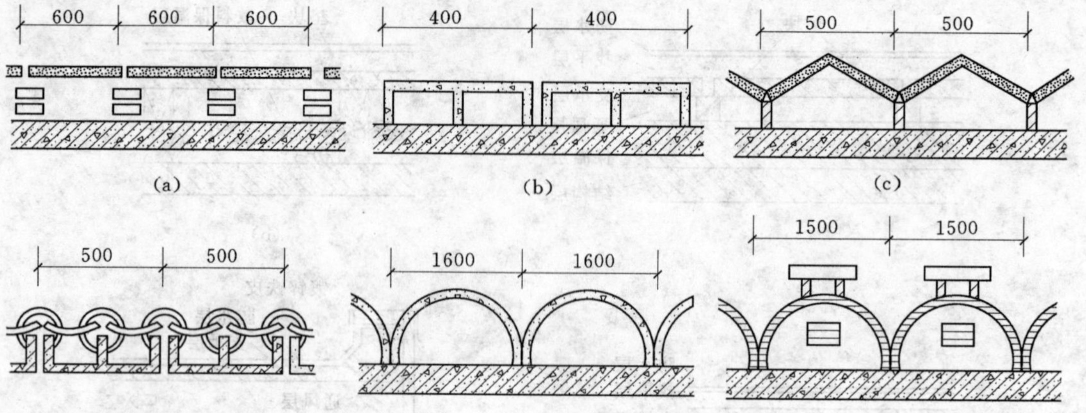

(a)　(b)　(c)　(d)　(e)　(f)

图 5-3-40　架空通风隔热构造

(a) 架空预制板（或大阶砖）；(b) 架空混凝土山形板；(c) 架空钢丝网水泥折板；
(d) 倒槽板上铺小青瓦；(e) 钢筋混凝土半圆拱；(f) 1/4 厚砖拱

2. 吊顶通风隔热屋面

吊顶通风隔热屋面是利用吊顶的空间作通风隔热层，在檐墙上开设通风口，如图 5-3-41 所示。

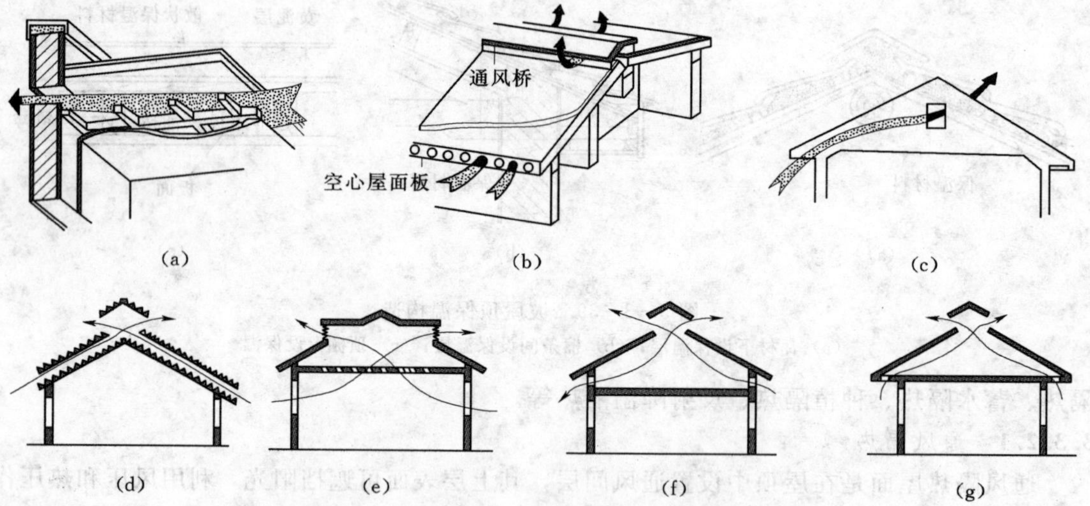

(a)　(b)　(c)　(d)　(e)　(f)　(g)

图 5-3-41　顶棚通风

(a) 外墙通风孔；(b) 屋脊设通风桥；(c) 山墙上部设通风孔；(d) 设双层顶板；
(e) 进气孔；(f) 檐口外墙通风孔；(g) 挑檐顶棚处通风孔

3.3.2.2　蓄水隔热

蓄水屋面是在平屋顶上蓄积一定深度的水，利用水吸收大量太阳辐射热，将热量散发，以减少屋顶吸收的热量，从而达到降温隔热的目的。水层对屋面还可以起到保护作用。其构造时应注意：蓄水深度宜为 150～200mm；根据屋面面积应用分仓壁划分若干蓄水区，每区边长不宜大于 10m；有足够的泛水高度，至少高出水面 100mm；合理设置溢水孔和泄水孔，并应与排水檐沟连通，以保证多雨季节不超过蓄水深度和检修屋面时能将蓄水排除，如图 5-3-42 所示。

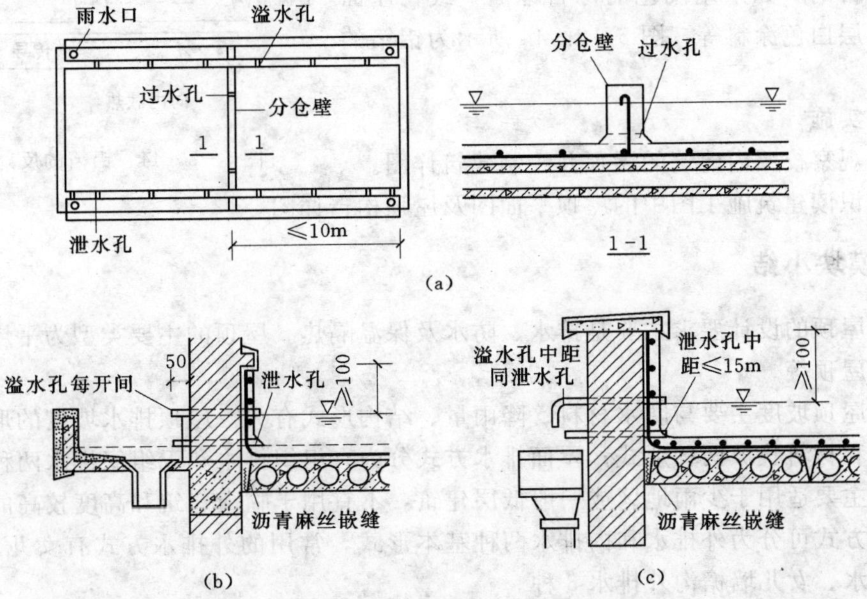

图 5-3-42 蓄水屋面

(a) 蓄水分区；(b) 溢水孔和泄水孔与檐沟连通；(c) 溢水孔和泄水孔与雨水管连通

3.3.2.3 种植屋面

种植屋面是在屋顶上种植植物，利用植物的蒸腾和光合作用，吸收太阳辐射热，从而达到降温的目的。其构造时应注意，屋顶四周须设栏杆或女儿墙作为安全防护措施，保证上屋顶人员的安全；种植介质应尽量选用谷壳、膨胀蛭石等轻质材料，以减轻屋顶自重；墙下部设排水孔和过水网，过水网可采用堆积的砾石，它能保证水通过而种植介质不流失，如图 5-3-43 所示。

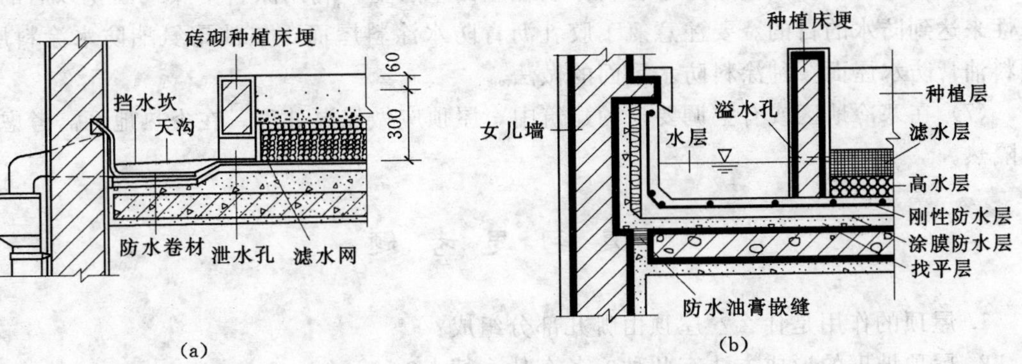

图 5-3-43 种植屋面构造示意

(a) 种植隔热降温；(b) 蓄水种植隔热降温

3.3.2.4 反射降温隔热

反射降温屋面是利用材料的颜色和光滑度对热辐射的反射作用，将一部分热量反射回去，从而达到降温的目的。如采用浅色的砾石铺面，或在屋面上涂刷一层白色涂料等，图5-3-44所示为铝箔的反射作用。

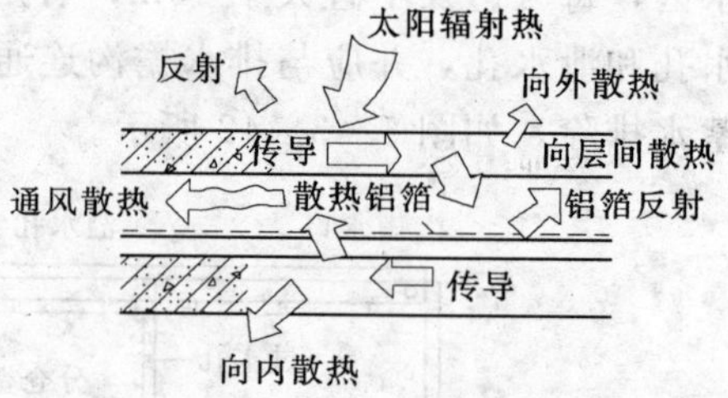

图5-3-44 铝箔的反射作用

任务实施

(1) 观察校园内建筑的屋顶并绘制建筑详图。

(2) 识读建筑施工图中的屋顶平面图及屋顶构造详图。

模块小结

(1) 屋顶的设计要求主要是排水、防水及保温隔热。屋顶的主要类型为平屋顶、坡屋顶、曲面屋顶等。

(2) 屋顶坡度主要与防水材料、降雨量、结构形式有关。屋顶排水坡度的形成方式有结构找坡和材料找坡两种形式；屋面排水方式分为有组织排水和无组织排水两种，无组织排水方式主要适用于少雨地区或一般低层建筑，不宜用于临街建筑和高度较高的建筑；有组织排水方式可分为外排水和内排水两种基本形式，常用的外排水方式有女儿墙外排水、檐沟外排水、女儿墙檐沟外排水3种。

(3) 钢筋混凝土平屋顶的应用较普遍，排水坡度为3%左右。根据建筑物的性质、重要程度、使用功能要求、防水层耐用年限、防水层选用材料和设防要求，将屋面防水分为4个等级。屋面分为柔性防水、刚性防水和涂料防水3种常用防水屋面。

(4) 柔性防水屋面的基本构造层次为保护层、防水层、结合层、找平层、结构层；细部构造中重点处理好泛水、挑檐口、水落口、屋面变形缝、屋面检修口、出入口等处。

(5) 刚性防水屋面基本构造层次为防水层、隔离层、找平层、结构层；刚性防水屋面要采取防止开裂的措施，并做好分仓缝、泛水、管道出屋面、檐口、水落口等细部构造处理。

(6) 涂膜防水屋面是用防水材料涂刷在屋面基层上，利用涂料干燥或固化以后的不透水性来达到防水的目的。要注意氯丁胶乳沥青防水涂料屋面、焦油聚氨酯防水涂料屋面、塑料油膏防水屋面3种涂料防水屋面的做法。

(7) 在寒冷地区或有空调要求的建筑中，屋顶应做保温处理。在炎热地区需考虑屋顶的隔热。

复 习 思 考 题

1. 屋顶的作用是什么？屋顶由哪几部分组成？
2. 屋顶坡度的形成方法有几种？各有什么特点？
3. 屋顶的排水方式有哪几种？屋面排水组织设计的步骤是什么？
4. 什么是刚性防水？什么是柔性防水？其优、缺点各是什么？

5. 柔性防水屋面有哪些构造层次？各有何要求？

6. 刚性防水屋面分格缝的作用是什么？通常应在哪些部位设置？

7. 绘制屋面的泛水、天沟、檐口、雨水口等细部构造。

8. 屋顶的保温层有哪几种设置方式？各有何特点？

9. 屋顶有哪些隔热措施？

综合练习

某3层办公楼，层高3.6m，顶层平面图如下。设计该办公楼屋顶平面图（比例1：100），并绘制屋顶节点详图（比例1：10）。

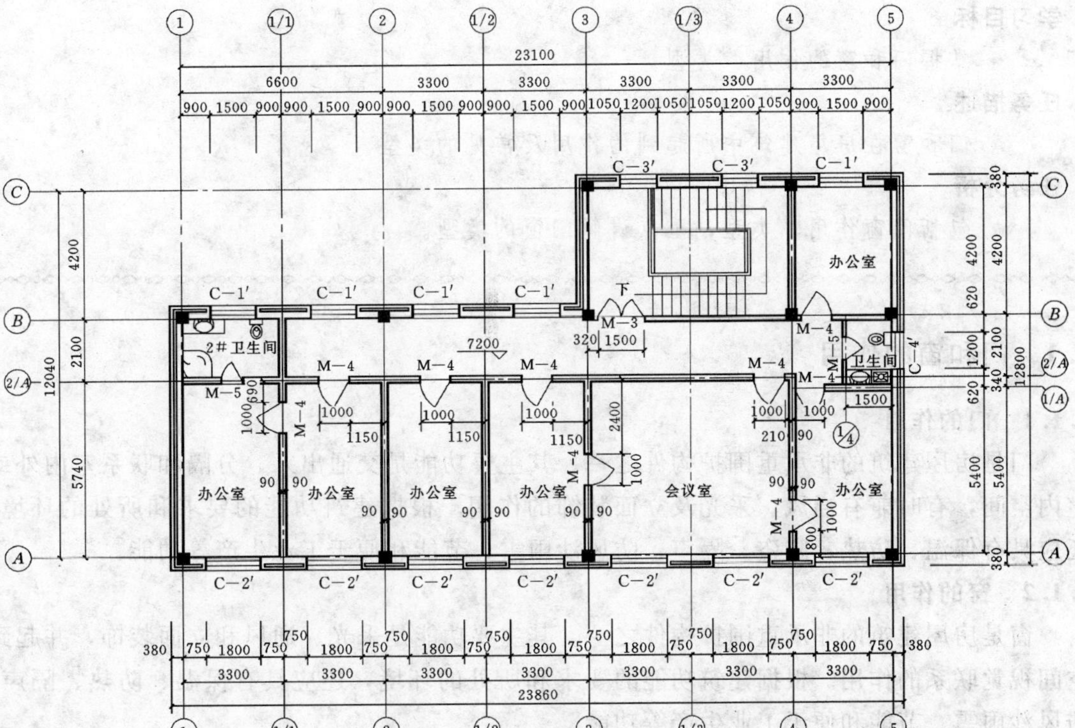

顶层平面图1：100

注：未标注的尺寸同二层平面图

1. 屋顶平面图四周主要定位轴线，画出各坡面交线、檐沟或女儿墙和天沟、雨水口等。

2. 标注屋面和檐沟或天沟内的排水方向和坡度值，标注突出屋面的女儿墙等有关尺寸及屋面标高。

3. 标注详图索引符号。

4. 屋面节点详图包括檐口构造，泛水构造，雨水口构造。标注详图符号，详图应注明材料、做法和尺寸。

模块6 门 和 窗

任务1 认 识 门 窗

学习目标

★ 掌握门和窗的作用、类型。

任务描述

★ 门和窗在房屋建筑中所起到的作用及常见的类型。

任务分析

★ 包括门窗作用、类型，重点讲解门窗的类型。

1.1 门和窗的作用

1.1.1 门的作用

门是房屋建筑的非承重围护构件之一。其主要功能是交通出入、分隔和联系室内外或室内空间，有时兼有通风、采光及立面装饰的作用。根据建筑功能的要求和所处的环境，还应具有保温、防热、防盗、隔声、防风沙雨雪、节能和便于工业生产等功能。

1.1.2 窗的作用

窗是房屋建筑的非承重围护构件之一。其主要功能是采光、通风和立面装饰，并起到空间视觉联系的作用。根据建筑功能的要求和所处的环境，还应具有保温、防热、隔声、防风沙雨雪、节能和便于工业生产等功能。

1.2 门和窗的类型

1.2.1 门的类型

1. 按位置分类

按位置分，可分为外门和内门。

内门位于内墙上，应满足分隔要求，如隔声、隔视线等；外门位于外墙上，应满足围护要求，如保温、隔热、防风沙、耐腐蚀等。

2. 按控制方式分类

按控制方式分，可分为手动门和自动门等。

手动门是通过人手动开关，应满足便于开关；自动门是由各种信号控制自动启闭。

3. 按功能分类

按功能分，可分为普通门、保温隔声门、防火门、防盗门、人防门、防辐射门、防爆门等。

4. 按门框所用材料分类

按门框所用材料分，可分为木门、钢门、铝合金门、塑钢门等。

木门重量小、制作简单、开启方便、保温隔热性能好、隔声效果好、外形精美，但防腐性差，因而常用于房屋的内门；钢门是采用型钢和钢板等焊接而成，它具有强度高、不易变形等优点，多用于防盗要求的门；铝合金门是采用铝合金型材作为门框及门扇边框，一般用玻璃作为门板，也可用铝板作为门板。它具有美观、光洁、耐久、不需要油漆等特点；塑钢门是以聚氯乙烯、改性聚氯乙烯、树脂等为主要原料，根据一定的设计要求，按照国家有关标准，在型材腔体内填放衬钢（衬钢一般采用1.5mm镀锌冷轧钢），用专用机器进行切割、焊接、安装而成的。它具有美观、隔声、绝火、保温隔热、不易老化、密封性强等特点，目前在民用建筑中大量应用。

5. 按开启的方式分类

按开启的方式分，可分为平开门、推拉门、弹簧门、折叠门、转门、卷帘门等，具体如图6-1-1所示。

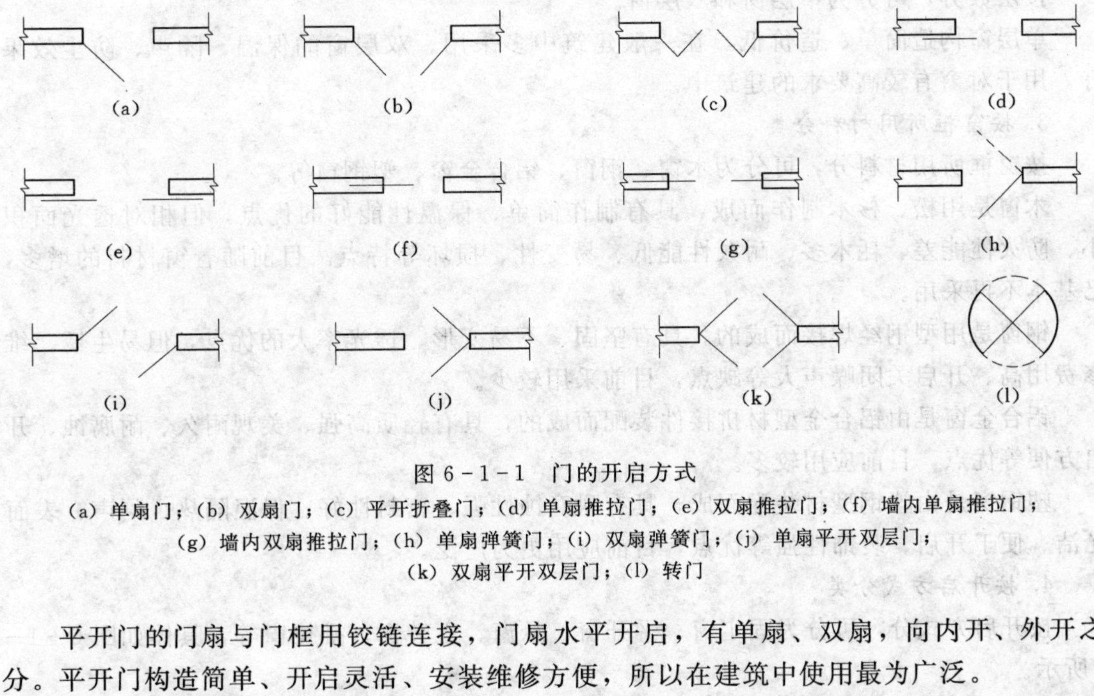

图6-1-1 门的开启方式

(a) 单扇门；(b) 双扇门；(c) 平开折叠门；(d) 单扇推拉门；(e) 双扇推拉门；(f) 墙内单扇推拉门；(g) 墙内双扇推拉门；(h) 单扇弹簧门；(i) 双扇弹簧门；(j) 单扇平开双层门；(k) 双扇平开双层门；(l) 转门

平开门的门扇与门框用铰链连接，门扇水平开启，有单扇、双扇，向内开、外开之分。平开门构造简单、开启灵活、安装维修方便，所以在建筑中使用最为广泛。

弹簧门的门扇与门框用弹簧铰链连接，门扇水平开启，分为单扇和双扇弹簧门，其最大优点是门扇能够自动关闭。适用于人流出入频繁或有自动关闭要求的建筑，如商店、医院、影剧院、会议室等。

推拉门的门扇沿着轨道左、右滑行来启闭，有单扇和双扇之分，开启后，门扇可隐藏在墙体的夹层中或贴在墙面上。推拉门开启时不占空间、受力合理、不易变形，但密封性较差，可手动和自动。自动推拉门多用于办公、商业等公共建筑，手动推拉门多用于房间的隔断和卫生间等处。

折叠门的门扇是由宽度约为600mm的窄门扇组成，窄门扇之间用铰链连接。折叠门多用于尺寸较大的门洞，开启后门扇相互折叠，占用空间较少。

转门的门扇由3扇或4扇通过中间的竖轴组合起来，在两侧的弧形门套内水平旋转来实现启闭。其密封性能、隔热性能比较好，且卫生方便，多用于宾馆、饭店、公寓等大型公共建筑中。但其通行能力差，不能用于公共建筑的疏散门。

卷帘门的门扇由金属叶片相互连接而成，在门洞的上方设卷轴，通过转轴的转动来控制叶片的启闭。卷帘门有手动和自动、正卷和反卷之分，其特点是开启时不占空间，多用于仓库和车库门等。

1.2.2 窗的类型

1. 按位置分类

按位置分，可分为内窗和外窗。

内窗位于内墙上，应满足分隔、采光、通风等要求；外窗位于外墙上，应满足围护、通风、采光等要求。

2. 按层数分类

按层数分，可分为单层窗和双层窗。

单层窗构造简单、造价低，在一般建筑中多采用。双层窗的保温、隔声、防尘效果好，用于对窗有较高要求的建筑中。

3. 按窗框所用材料分类

按窗框所用材料分，可分为木窗、钢窗、铝合金窗、塑钢窗等。

木窗是用松、杉木制作而成，具有制作简单、保温性能好的优点，但相对透光面积小、防火性能差、耗木多、耐久性能低、易变性、损坏等特点。目前随着窗材料的增多，已基本不再采用。

钢窗是用型钢经焊接而成的。具有坚固、不易变形、透光率大的优点，但易生锈、维修费用高、开启关闭噪声大等缺点，目前采用较少。

铝合金窗是由铝合金型材拼接件装配而成的，具有轻质高强、美观耐久、耐腐蚀、开启方便等优点，目前应用较多。

塑钢窗是由塑钢型材装配而成，具有耐腐蚀性强、密封性好、保温隔热、隔声、表面光洁、便于开启、装饰性强等优点，目前应用更为广泛。

4. 按开启方式分类

按开启方式分，可分为固定窗、平开窗、悬窗、立转窗、推拉窗等，具体如图6-1-2所示。

固定窗是将玻璃直接镶嵌在窗框上，不能开启、通风，只起到采光、眺望和围护的作用。一般用于饭店、商场的橱窗等。

平开窗是利用铰链把窗扇与窗框连接，可向外或向内水平开启。其构造简单，制作安装、维修、开启都很方便，并且通风面积大。但开启时会占用室内的空间，所以现在应用较少。

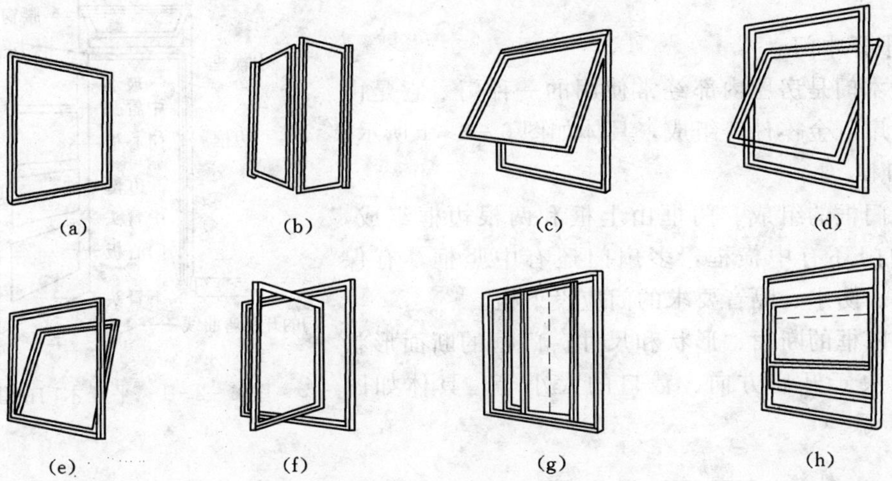

图 6-1-2　窗的开启方式

(a) 固定窗；(b) 平开窗；(c) 上悬窗；(d) 中悬窗；(e) 下悬窗；(f) 立转窗；(g) 水平推拉窗；(h) 垂直推拉窗

悬窗按照旋转轴所在位置，可分为上悬窗、中悬窗、下悬窗 3 种。上悬窗和中悬窗开启后为防止雨水进入室内，上悬窗必须向外开，中悬窗下部分向外开。下悬窗一般外开不防雨水，所以一般用于内窗。

立转窗的窗扇绕着竖向轴转动，其通风效果好，但密实性较差，所以不宜用于要求密实性较高或严寒地区的建筑。

推拉窗的窗扇可以沿着轨槽左右或上下推拉。其特点是不占开启空间，受力均匀，不易破坏，但通风面积小。

任务实施

注意观察身边建筑物的门和窗，说出它们的名称和特点。

任务2　门　窗　构　造

学习目标

★ 掌握常用门和窗的构造及安装方法；了解特殊门窗的用途。

任务描述

★ 房屋建筑中常用门和窗构造及安装方法；特殊门窗的用途。

任务分析

★ 包括木门、铝合金及塑钢门窗构造安装方法；特殊门窗的用途；重点讲解门窗的安装方法。

2.1　门的构造

2.1.1　平开木门

平开木门是房屋内部经常使用的一种门。它是由门框、门扇五金零件等组成，具体如图 6－2－1 所示。

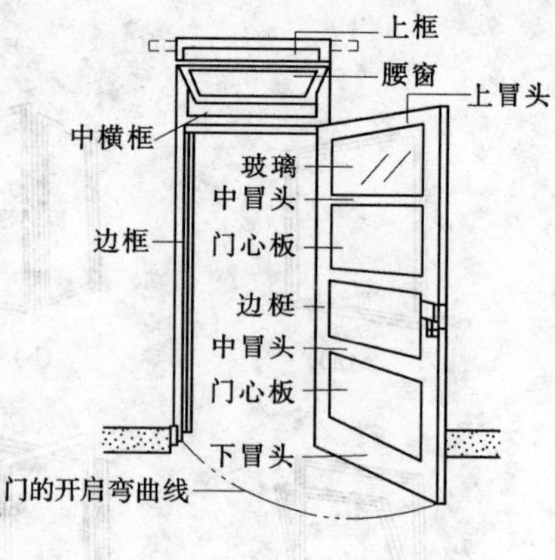

图 6－2－1　平开木门的组成

1. 门框

（1）门框的组成。门框由上框和两根边框组成，有亮子的门还有中横框，多扇门还有中竖框，有保温、防风、防水、隔音要求的门应设下槛。

（2）门框的断面、形状和尺寸。门框的断面形状和尺寸取决于开启方向、裁口的大小等，具体如图 6－2－2所示。

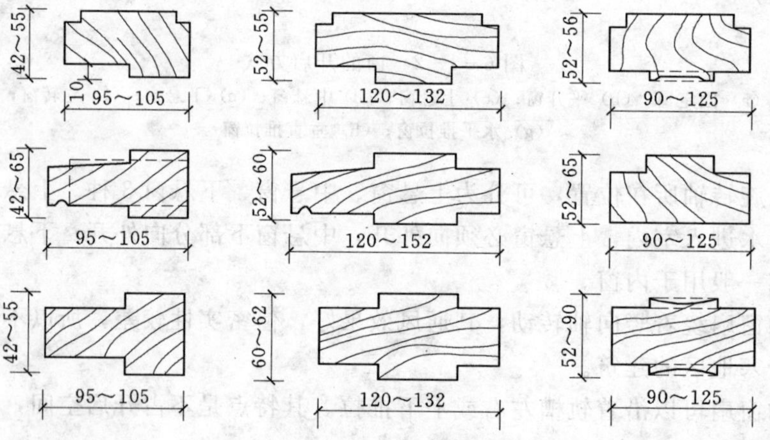

(a)　　(b)　　(c)

图 6－2－2　门框断面

(a) 单层门；(b) 双层门；(c) 弹簧门

（3）门框的安装。门框安装根据施工方法的不同可分为立口和塞口两种。立口，是在砌墙前先用支承将门框原位立好，然后砌墙。塞口，是在砌好墙后再安装门框，一般成品门多用此方法，具体如图 6－2－3 所示。

（4）门框与墙的关系。门框与墙的相对位置有内平、外平和居中 3 种情况。一般多与门扇开启方向一侧平齐，以尽可能使门开启后能贴近墙面。由于门框周围的抹灰易脱落，影响美观和卫生，因此，门框与墙体的接缝处应用木压条盖缝，装修标准较高时，还可以加设筒子板或贴脸。

2. 门扇

门的名称通常是由门扇的名称决定的。门扇一般由上冒头、中冒头、下冒头（或称上梃、中梃、下梃）、边梃、门芯板、玻璃等组成。民用建筑中平开木门常用的门扇有镶板门、夹板门、拼板门、百叶门等形式，具体如图 6－2－4 所示。

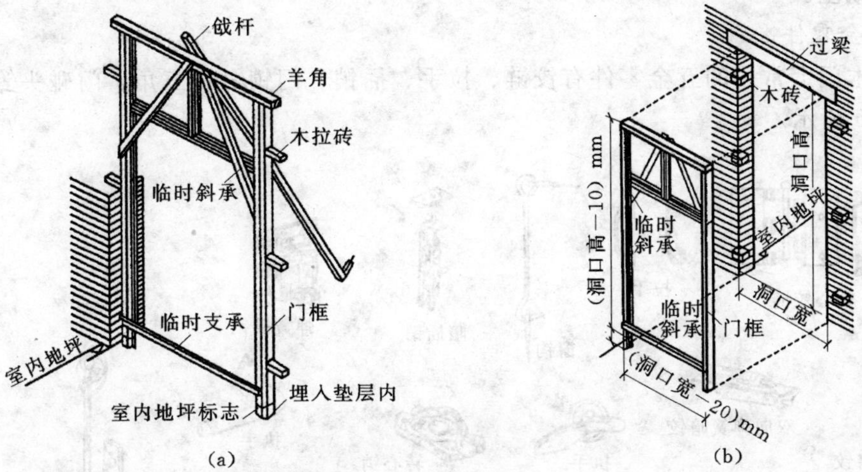

图 6-2-3 门框安装方式
(a) 立口；(b) 塞口

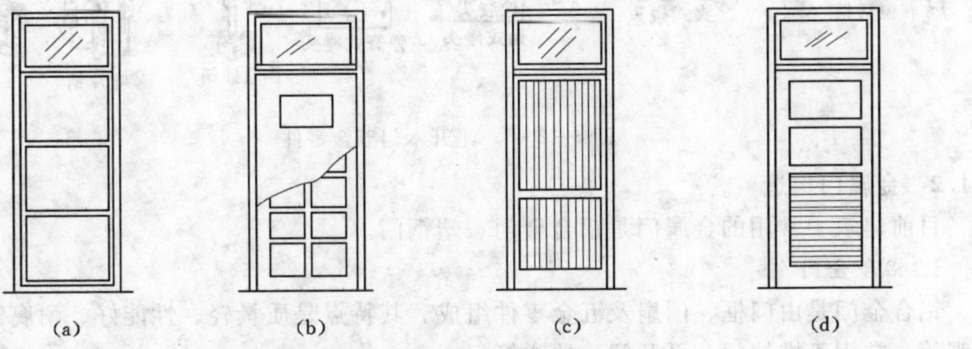

图 6-2-4 平开木门的门扇样式
(a) 镶板门；(b) 夹板门；(c) 拼板门；(d) 百叶门

(1) 镶板门。以冒头、边梃等组成骨架，在骨架内镶入门芯板而制成的门。门芯板可为木板、胶合板、硬质纤维板、玻璃、百叶等。门扇的构造简单，加工制作方便，适于一般民用建筑的内门和外门。

(2) 夹板门。是用厚 30mm、宽 30～60mm 的木料做边框，中间的肋条用厚约 30mm、宽为 10～25mm 的木条，可以是单向排列、双向排列或密肋形式，间距一般为 200～400mm 做成骨架。在骨架两侧贴上胶合板、硬质纤维板或塑料板，然后四周再用木条封闭而成。其构造简单、自重轻、外形简洁、具有较好的保温隔热性能，但牢固性一般，通常用做内门。

(3) 拼板门。拼板门与镶板门构造类似，门扇由骨架和条板组成。有骨架的拼板门称拼板门；无骨架的拼板门称实拼门；有骨架的拼板门又分为单面直拼门、单面横拼门和双面保温拼板门 3 种。其自重大，但坚固耐久，多用于库房、车间的外门。

(4) 百叶门是在门扇骨架内全部或部分安装百叶片，其具有较好的透气性，多用于卫生间、储藏室。

3. 五金零件

平开木门上常用的五金零件有铰链、拉手、插销、门锁、铁三角、门碰头等，具体如图 6-2-5 所示。

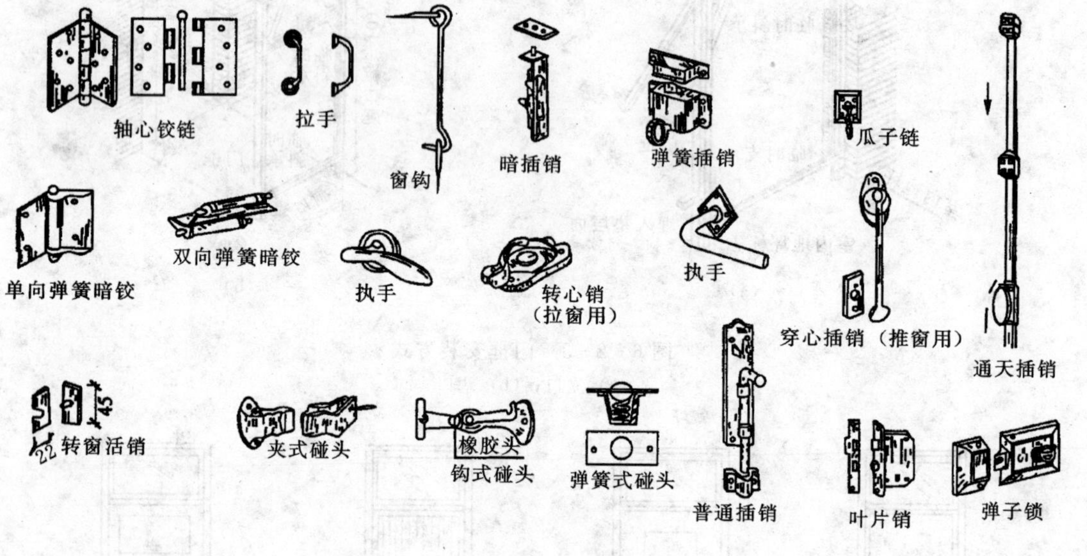

图 6-2-5　平开木门五金零件

2.1.2　金属门构造

目前建筑中常用的金属门是铝合金门、塑钢门。

1. 铝合金门

铝合金门是由门框、门扇及五金零件组成。其特点是质量轻、性能好、耐腐蚀、色泽美观等，常用于推拉门、平开门、地弹簧门。

门安装时，将门框在抹灰前立于门洞处，与墙内预埋件对正，然后用木楔将 3 面固定。经检验确定门框水平、竖直无翘曲后，用连接件将铝合金框固定在墙（柱、梁）上。连接件固定可采用焊接、膨胀螺栓或射钉的方法。门框与墙体等连接固定点，每边不得少于两点，且间距不得大于 0.7m；在基本风压不小于 0.7kPa 的地区，间距不得大于 0.5m；边框端部第一个固定点距端部的距离不得大于 0.2m。铝合金门框固定好后，应按设计进行填缝。目前常用的做法有两种：一种是采用软质保温材料填塞，如泡沫塑料条、泡沫聚氨酯条、矿棉毡条、玻璃丝棉毡条等，分层填实，外表留 5～8mm 深的槽口用密封膏密封。这种做法能起到防寒、防风、隔热的作用；另一种是在铝合金接触面做防腐处理后，用 1∶2 水泥砂浆将洞口与框之间的缝隙分层填实。

2. 塑钢门

塑钢门是用改性硬质聚氯乙烯为主要原料，加上一定比例的稳定剂、着色剂、填充剂、紫外线吸收剂等辅助剂，经挤出机挤出成型为各种断面的中空异型材。经切割后在其内腔衬以型钢加强筋，用热熔焊接机焊接成型为门框扇，配装上橡胶密封条、压条、五金零件等附件而制作成的门称为塑钢门。其特点是强度好、耐冲击、保温隔热、节约能源、

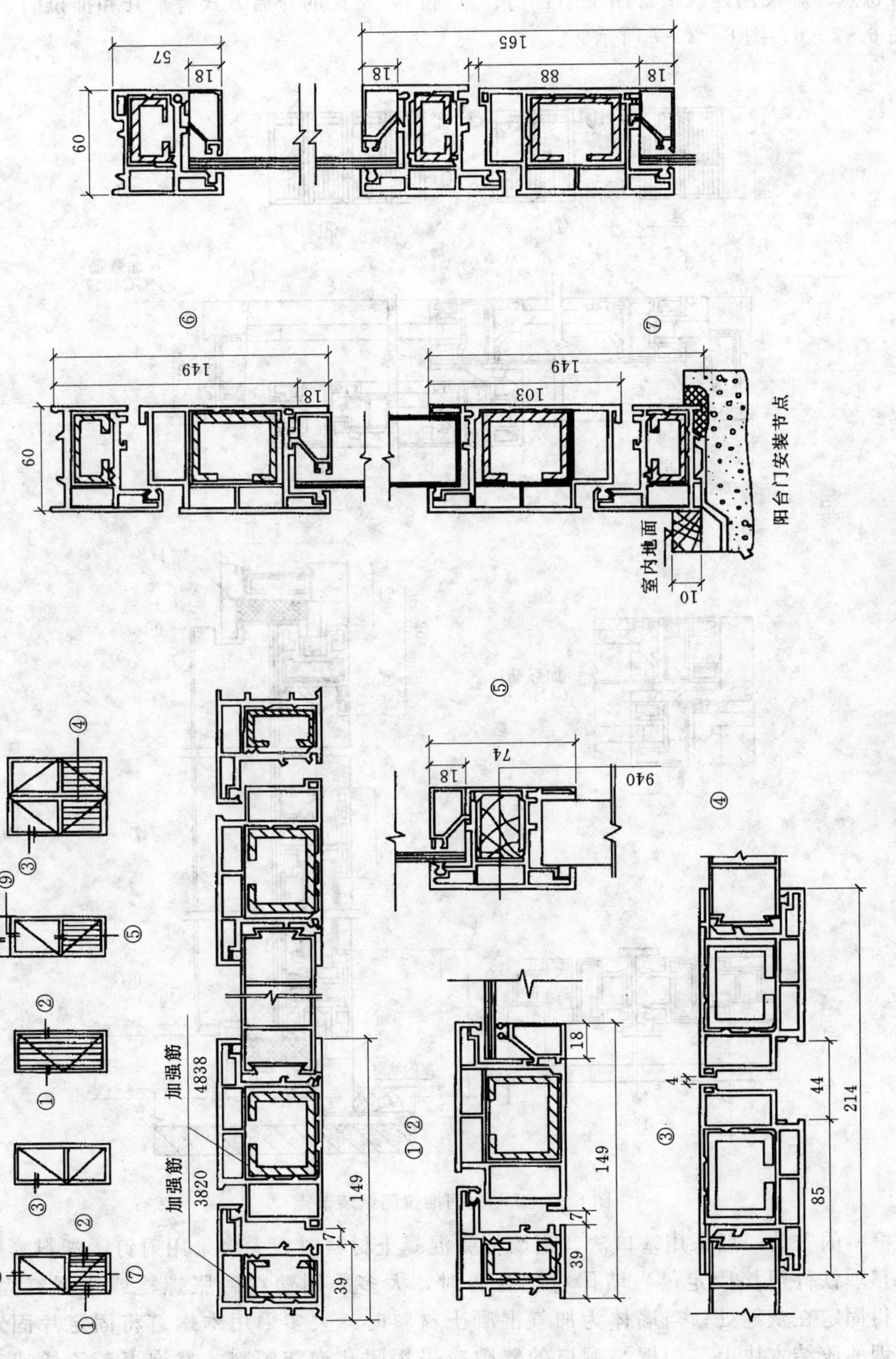

图 6-2-6 塑钢平开门组装节点

隔音好、气密性水密性好、耐腐蚀性强、防火、耐老化、使用寿命长、外观精美、清洗容易等特点。在民用建筑中常用于阳台门、厕所门，常见的开启方式有平开和推拉门，具体如图 6－2－6、图 6－2－7 所示。

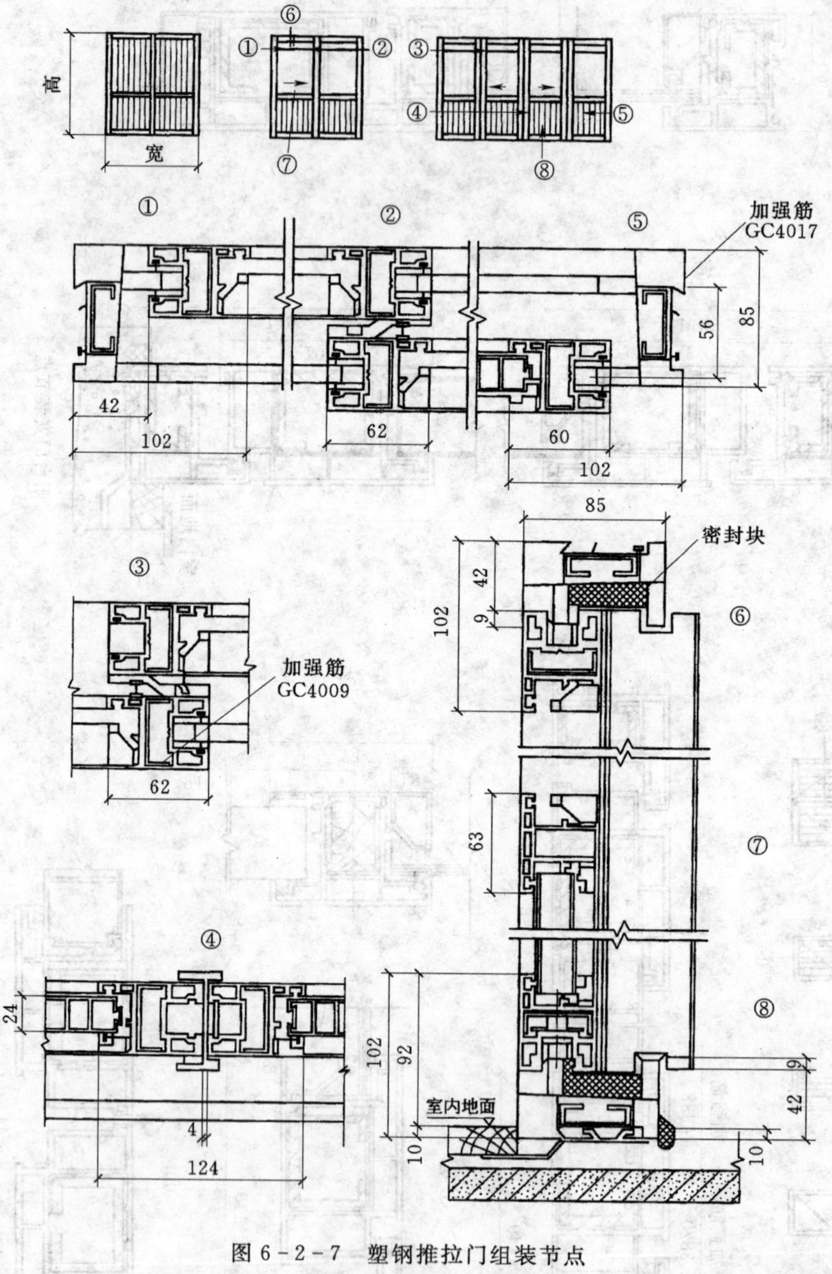

图 6－2－7　塑钢推拉门组装节点

框料的安装一般采用塞口法。当墙体为混凝土材料时，大多采用射钉、塑料膨胀螺栓或预埋铁件焊接固定；当墙体材料为砖时，大多采用塑料膨胀螺栓或水泥钉固定，且不得固定在灰缝处；当墙体为加气混凝土材料时，大多采用木螺钉将固定片固定在已预埋的胶结木块上。门框与洞口的缝隙应采用闭孔泡沫塑料、发泡聚苯乙烯或毛毡等具有弹性的材料分层填塞，不宜填塞过紧，以适应塑钢门的自由膨胀。对保温、隔热、隔声要求较高的建筑，应采用相应的材料填塞。墙体面层与门框之间的接缝用密封胶进行密封处理。

2.2 窗的构造

2.2.1 铝合金窗

铝合金窗是将经过表面处理和涂色（各种不同颜色、纹理）的铝合金型材，通过下料(断料)、打孔、铣槽、攻螺纹等工艺制作成窗框料和窗扇构件，再与玻璃、密封件、开闭五金配件等组合装配而形成的窗。

铝合金窗与传统钢木窗相比，具有质量轻、强度高、刚度大、耐腐蚀、表面光洁、造型美观、装饰性强、色泽好、密封性强等优点，但抗冲击、隔热性等较差。

铝合金窗框料的系列名称是以窗框的厚度构造尺寸来区分的，如窗框厚度构造尺寸为90mm，即称为90系列铝合金推拉窗。常见推拉式铝合金窗的型材有55系列、60系列、70系列、90系列等，其中70系列是目前广泛应用的铝合金窗用型材，具体如图6-2-8所示。

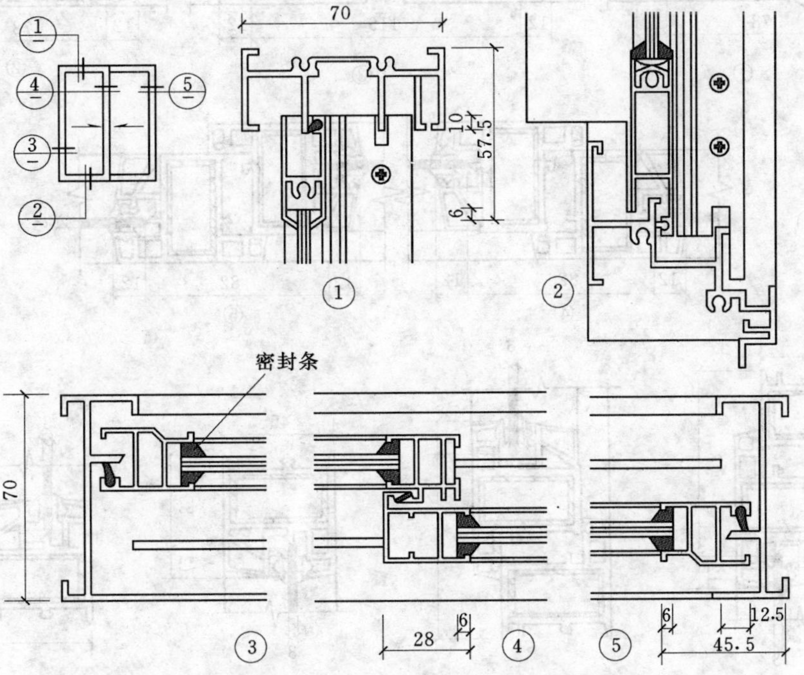

图6-2-8 70系列推拉式铝合金窗的构造

框料的安装一般采用塞口法。框与墙之间的缝隙大小视面层材料而定；一般情况下洞口抹灰处理其间隙不小于20mm；洞口采用石材、陶瓷面砖等贴面时间隙可增大到35～45mm，并保证面层与框垂直相交处正好与窗扇边缘相吻合，不能将框遮盖。框体与墙体连接方法与门类似，这里不再复述。

铝合金窗的玻璃可选用3～8mm厚度的平板玻璃、镀膜玻璃、钢化玻璃和中空玻璃等，用橡胶压条密封固定，活动窗扇四周都应用橡胶或尼龙密封条密封，并能防止金属材质框料的互相碰撞。

2.2.2 塑钢窗

塑钢窗材料和特点与塑钢门类似，这里不再复述。在民用建筑中广泛应用，常用的开启方式有平开和推拉，具体如图 6－2－9、图 6－2－10 所示。

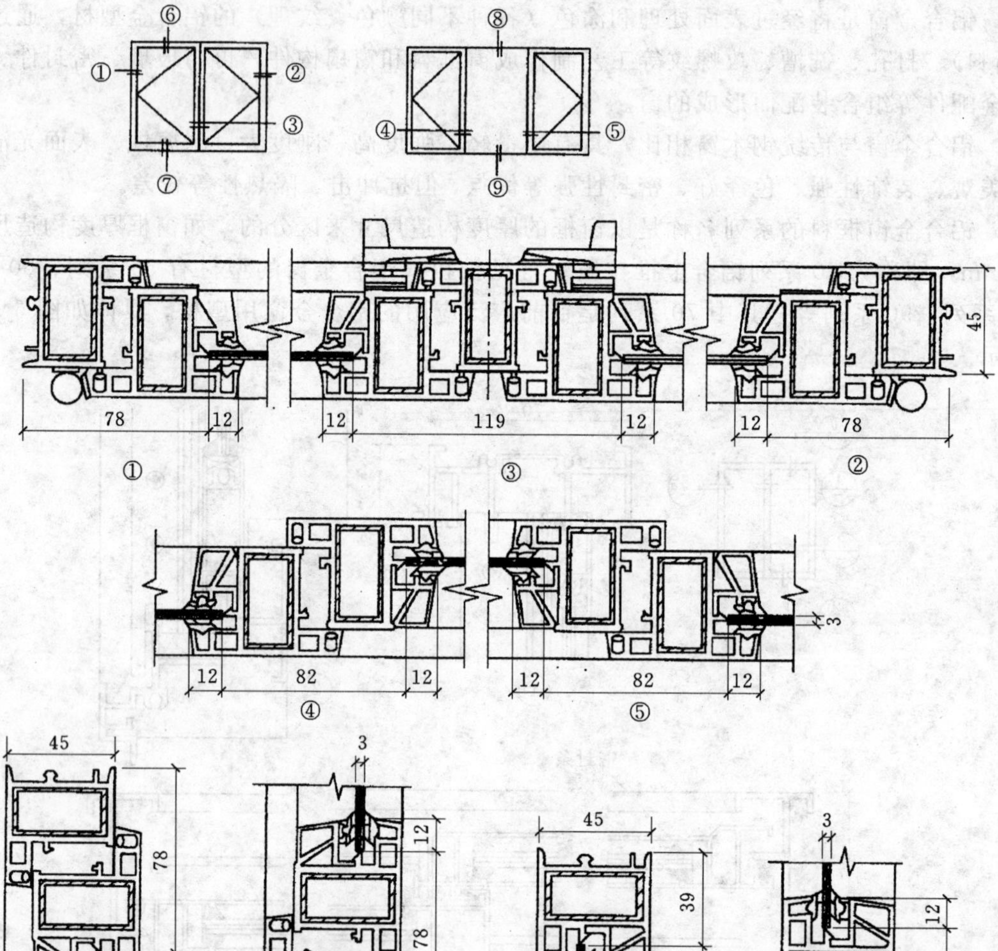

图 6－2－9 塑钢平开窗组装节点

框料的安装一般采用塞口法。窗框与墙体固定时先固定上框再固定边框。窗框固定点不能少于 3 个，且间距不能大于 600mm。其余安装方法及要求与塑钢门构造相类似，这里不再复述。

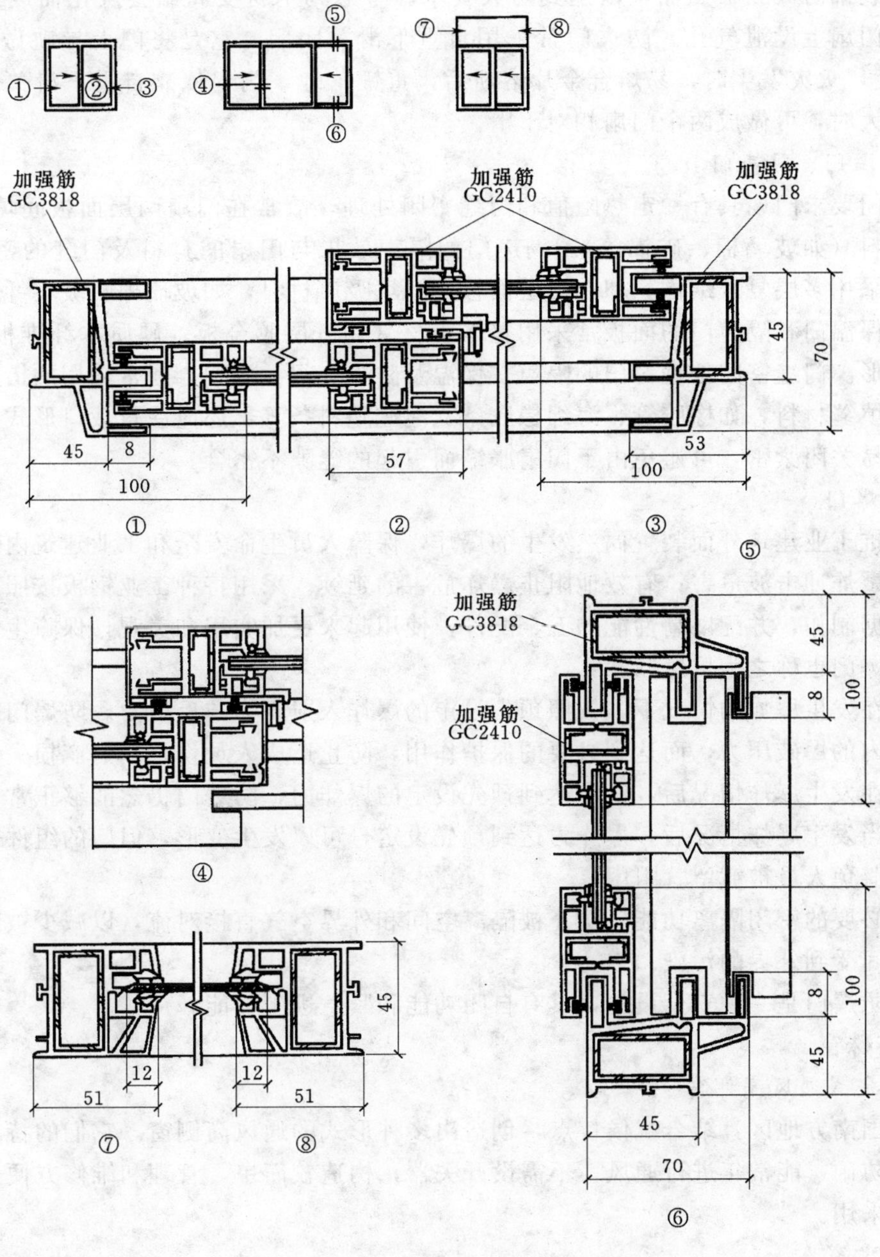

图 6-2-10 塑钢推拉窗组装节点

2.3 特殊门窗

2.3.1 特殊门

1. 防火门

防火门是用于加工或存放易燃品的房间。根据房间对防火门耐火等级的要求，门扇可以采用普通钢板制作，在门扇夹层中填入页岩棉等耐火材料；在木质门表面涂以耐火涂料，或用装饰防火胶板贴面，以达到防火要求。考虑到木材受高温会炭化而放出大量气体，应在门扇上设泄气孔。防火门常采用自重下滑关闭门，它是将门上导轨做成5%～8%的坡度，火灾发生时，易熔合金片熔断后，重锤落地，门扇依靠自重下滑关闭。当洞口尺寸较大时，可做成两个门扇相对下滑。

2. 保温门、隔声门

保温门要求门扇具有一定热阻值和门缝密闭处理，故常在门扇两层面板间填以轻质、疏松的材料（如玻璃棉、矿棉等）。隔声门的隔声效果与门扇的材料及门缝的密闭有关，隔声门常采用多层复合结构，即在两层面板之间填吸声材料，如玻璃棉、玻璃纤维板等。

一般保温门和隔声门的面板常采用整体板材（如五层胶合板、硬质木纤维板等），不易发生变形。门缝密闭处理对门的隔声、保温及防尘有很大影响，通常采用的措施是在门缝内粘贴填缝材料，如橡胶管、海绵橡胶条、泡沫塑料条等。还应注意裁口形式，斜面裁口比较容易关闭紧密，可避免由于门扇胀缩而引起的缝隙不密合。

3. 防爆门

为抵抗工业建筑外面装置偶然发生的爆炸，保障人员生命安全和工业建筑内部设备完好，不受爆炸冲击波危害；有效地阻止爆炸危害的延续。采用特种工业钢板按照严格设置的力学数据制作，并配以高性能的五金配件，使用起来更加实用和美观，保障生命和财产安全。防爆门也称之为抗爆门。

（1）在发生爆炸的情况下，按照预告设定的爆炸入射压力与反射力。防爆门能够抵挡该种范围内的爆破压力，而达到必要的保护作用，防止造成人员伤亡和财产损失。

（2）在发生爆炸情况后，没有达到预先设定的爆炸力，防爆门仍然能够正常使用。

（3）当发生爆炸情况后，爆炸力达到预先设定，可以发生变形，但门的组件仍可维持使用，以避免人员被截留、阻困。

（4）必要的密闭隔离功能，防止被隔离空间和外界空气直接对流，以减少被隔断、受保护的空间受到外界的污染。

（5）防爆门是一种安全设施，具有自闭功能和紧急逃生功能。

2.3.2 特殊窗

1. 固定式通风高侧窗

在我国南方地区，结合气候特点，创造出多种形式的通风高侧窗。它们的特点是：能采光，能防雨，能常年进行通风，不需设开关器，构造较简单，管理和维修方便，多在工业建筑中采用。

2. 防火窗

防火窗必须采用钢窗或塑钢窗，镶嵌铅丝玻璃以免破裂后掉下，防止火焰窜入室内或窗外。

3. 保温窗、隔声窗

保温窗常采用双层窗及双层玻璃的单层窗两种。双层窗可内外开或内开、外开。双层玻璃单层窗又分为以下两种：

（1）双层中空玻璃窗，双层玻璃之间的距离为5～15mm，窗扇的上、下冒头应设透气孔。

(2) 双层密闭玻璃窗，两层玻璃之间为封闭式空气间层，其厚度一般为 4～12mm，充以干燥空气或惰性气体，玻璃四周密封。这样可增大热阻、减少空气渗透，避免空气间层内产生凝结水。

若采用双层窗隔声，应采用不同厚度的玻璃，以减少吻合效应的影响。厚玻璃应位于声源一侧，玻璃间的距离一般为 80～100mm。

任务实施

用三号图纸绘制一种门的平面图、立面图及详图。

模块小结

(1) 门的作用有交通出入、分隔和联系室内外或室内空间，有时兼有通风、采光及立面装饰等；窗的作用有采光、通风和立面装饰，并起到空间视觉联系作用等。

(2) 门和窗按照材料、开启方式等进行分类。目前铝合金、塑钢门窗及木门在民用建筑中应用较为广泛。其常见的开启方式有平开、推拉。

(3) 门窗框与墙体连接的方法有立口和塞口，目前常用塞口法进行安装。

(4) 常见的特殊门有防火门、保温门、隔声门、防爆门等；常见的特殊窗有固定式通风高侧窗、防火窗、保温窗和隔声窗等。

要求学生通过学习，了解门窗的种类、适用范围、构造要求，掌握常见门窗的安装方法。

复 习 思 考 题

1. 门窗的作用有哪些?
2. 按门窗的组成材料进行分类有哪几种? 常见的有哪些?
3. 按门窗开启的方式进行分类有哪几种? 常见的有哪些?
4. 门窗安装方式有哪些?

模块7 基　础

任务1 认 识 基 础

学习目标

★ 掌握地基、基础、基础埋置深度的基本概念；了解地基与基础的设计要求；熟悉基础埋深的影响因素。

任务描述

★ 根据建筑物的特点及所处地质条件，合理分析其影响基础埋深的主要因素。

任务分析

★ 包括地基、基础、基础埋深等基本概念；重点对影响基础埋深的因素进行讲解。

1.1 地基、基础及其与建筑荷载的关系

在建筑工程中，基础是建筑物的下部结构，是埋入地下并直接作用于土壤层上的承重构件；地基则是指基础底面以下，受到荷载作用影响范围内的部分岩土体。基础承受建筑物上部结构的全部荷载，并把这些荷载连同自身的重量一起传至地基；而地基只是承受建筑物荷载的土壤层，其影响基础的结构形式和埋置深度。地基承受建筑物荷载而产生的应力和应变随着土层深度的增加而减小，当达到一定深度后就可忽略不计。直接承受建筑物荷载的土壤层为持力层。在地基受力范围内，持力层以下的土壤层为下卧层，如图 7-1-1 所示。

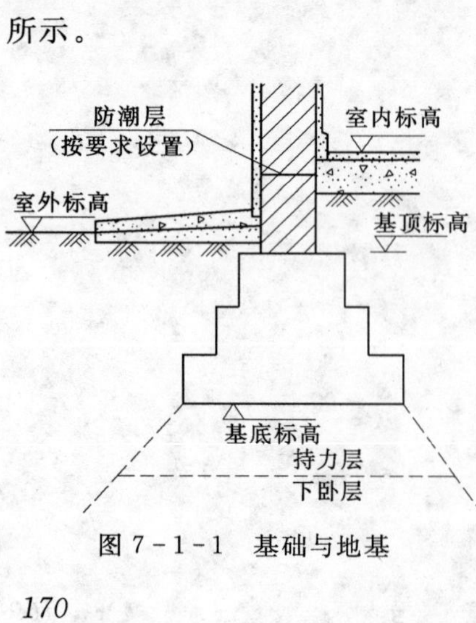

图 7-1-1　基础与地基

地基每平方米所能承受的最大压力称为地基承载力。为了保证房屋的稳定和安全，需满足基础底面的平均压力不超过地基承载力。地基上所承受的全部荷载是通过基础传递的。因此，当建筑荷载一定时，加大基础底面积可以减少单位面积上地基所受到的压力。F 为建筑物的总荷载，A 为基础底面积，f 为地基承载力，则有以下关系式，即

$$F/A \leqslant f$$

通过上式可知，当地基承载力不变时，建筑总荷载越大基础底面积就越大；或者，当建筑总荷载不变时，地基承载力越小，基础底面积就越大。因

此，在建筑设计中，根据总荷载和建筑地点的地基承载力来确定基础底面积。

1.2 地基的分类

地基可分为天然地基和人工地基两类。

凡天然土层具有足够的承载力，不需人工加固，可直接在天然土层上建造房屋的地基称为天然地基。岩石、碎石土、砂土、黏性土可作为天然地基。当天然土层的承载力较差或由于建筑物上部荷载较大，需对土层进行人工补强和加固，从而使地基具有足够的承载力，这种经人工处理的地基称为人工地基。

人工加固地基的处理方法有压实法、换填法、预压固结法、强夯法、化学固化法等。

压实法是指在基础施工前，对地基土预先进行加载预压，小颗粒土压进大颗粒土的孔隙中，排除空隙中的空气，使土壤板结，提高地基土的强度和抵抗沉降的能力。适用于杂填土、黄土的浅层地基处理。

换填法是指用砂石、灰土、工业废渣等强度较高的材料，置换基础底面以下一定范围内的软弱土，再逐层夯实以作为基础持力层的地基处理方法。适用于厚度较薄的软弱土、杂填土、淤泥质土、湿陷性黄土等浅层地基处理。

预压固结法指先在建筑场地上施加或分级施加与其相当的荷载，使土体中孔隙水排出，孔隙体积变小，土体密实度增大，从而提高地基承载力和稳定性。适用于淤泥型地基土质。

强夯法是利用强大的夯击功，迫使深层土液化和动力固结而密实。强夯对地基土有加密作用、固结作用和预加变形作用，从而提高了地基承载力，降低了压缩性。目前强夯法又发展为强夯置换法，即在加密同时对部分软弱土用粗骨料取代，然后夯实；或是利用砂石及其他颗粒材料填入夯坑内，从而形成夯扩短桩。适用于市区以外的深层地基处理。

化学固化法是指用喷射、搅拌、注入等方法使固化剂与土体充分混合固化，利用固化剂和软土发生一系列物理和化学反应，使其凝结成桩。由桩和桩间土层一起组成复合地基，从而提高地基的承载力。例如，水泥土搅拌桩复合地基适用于含沙量较大的软土地基；旋喷桩复合地基适用于局部地基强度不足的建筑物或已建建筑物加固等。

1.3 地基与基础的设计要求

1. 地基应有足够的承载力和均匀程度

建筑物的建造地址尽可能选择在地基承载力较高而且土质分布均匀的地段，如岩石类、碎石类等。地基在荷载作用下沉降均匀，才能保证建筑物的沉降均匀。若地基土质分布不均匀，处理不好就会使建筑物产生不均匀沉降，此极易产生墙体开裂、建筑物倾斜、甚至破坏的现象。

2. 基础应有足够的强度和耐久性

基础是建筑物埋在室外地坪以下的重要承重构件，它承受建筑物上部结构的全部荷载，是建筑物安全的重要保证。如果基础在承受荷载后受到破坏，必然会使建筑物出现裂缝，甚至坍塌。因此基础必须具备足够的强度，才能保证将建筑物的全部荷载可靠地传递给地基。由于基础属于埋在地下的隐蔽工程，在土中经常受潮，若基础先于上部结构破坏检查和维修加固都将十分困难，所以在选择基础所用的材料和构造形式时，应与上部结构等级相适应，并符合耐久性要求。

3. 基础工程的经济要求

基础工程造价占建筑总造价的10%～40%，降低基础工程的造价是减少建筑总投资的有效方法之一。这就要求在设计时尽量选择土质好的地段；需要特殊处理的地基和基础，也要尽量选用地方材料，并采用合理的构造形式及构造方法，从而节约工程投资。

1.4 基础埋深及其影响因素

1.4.1 基础埋深

基础埋深指从室外设计地坪至基础底面的垂直距离，如图7-1-2所示。基础按其埋置深度大小分为浅基础和深基础。基础埋深不超过5m的称为浅基础；超过5m的称为深基础。从经济和施工角度考虑，在满足使用要求的情况下，一般民用建筑应优先选用浅基础，但其埋深最小不能小于0.5m；否则，基础会受到雨水冲刷、机械扰动等因素的影响而破坏，从而影响建筑安全。

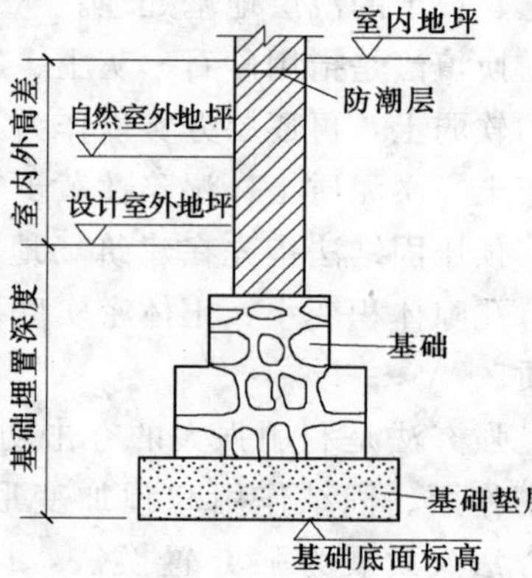

图7-1-2 基础的埋置深度

1.4.2 基础埋深的影响因素

基础埋深的大小关系到地基的可靠性、施工的难易程度及造价的高低。影响基础埋深的因素很多，其主要影响因素有下列几个方面。

1.4.2.1 建筑物的使用要求及荷载

当建筑物设置地下室、设备基础或地下设施时，基础埋深应满足其使用要求；高层建筑基础埋深随建筑高度增加适当增大，才能满足稳定性要求；荷载大小也影响基础埋深，一般情况下荷载较大时埋深也较大；受上拔力的基础，其埋深应增大以满足抗拔力的要求。

1.4.2.2 地基土质的影响

基础应建造在坚实、可靠的地基上，即基础底面应尽量埋在常年未经扰动且坚实平坦的土层或岩石上，不能设置在承载力低、压缩性高的软弱土层上。根据地基土层分布不同，基础埋深一般有下面几类典型情况：

(1) 在满足地基稳定和变形的前提下，基础尽量浅埋，但通常不浅于0.5m［图7-1-3 (a)］。

(2) 地基土层的上层为软弱土层，厚度在2m以内，下层为低压缩性土层时，此时应将基础埋在低压缩性土层内，此时土方开挖量不大，较经济［图7-1-3 (b)］。

(3) 如地基软弱土层厚在2～5m间，低层轻型建筑争取将基础埋于表层软弱土层内，但应加强上部结构的整体性，并可加大基础底面积。若为高层建筑或重型建筑的基础时，则应将基础埋在好土上［图7-1-3 (c)］。

(4) 如地基软弱土层厚度大于5m时，对于总荷载较小的建筑应尽量利用表层软弱土层作为地基，将基础埋于软弱土层内。必要时应加强上部结构的整体性，增大基础底面积或用换土、压实等方法对地基进行人工加固处理；否则是采用人工地基还是把基础埋在低压缩性土层内，应进行经济比较后确定［图 7－1－3（d）］。

（5）如地基土上层为低压缩性土层，下层为软弱土层时，应尽量把基础埋在上层，适当减小基础埋深，以便有足够厚度的持力层，并验算下卧层的应力和应变，确保结构的安全稳固［图 7－1－3（e）］。

（6）地基土层由软弱土层和坚硬土层交替组成且建筑上部荷载很大时，常采用深基础方案，如桩基等［图 7－1－3（f）］。

（7）按地基条件选择埋深时，还要求从减少不均匀沉降的角度来考虑，当土层分布明显不均匀或各部分荷载差别很大时，同一建筑物可采用不同的埋深来调整不均匀沉降量。

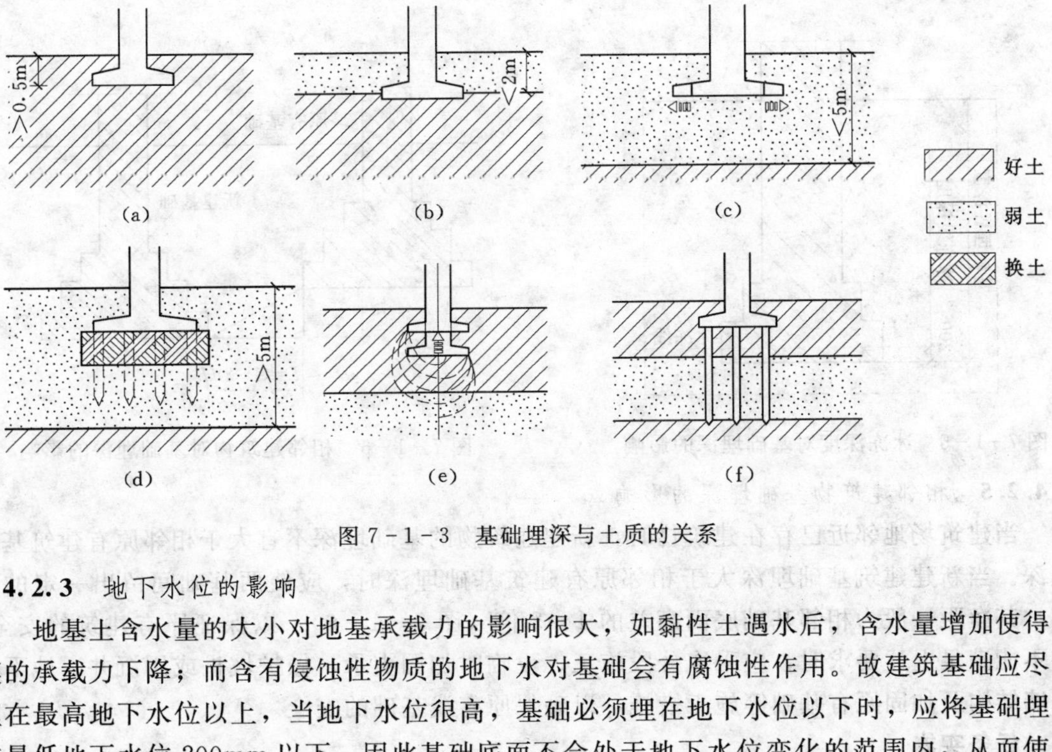

图 7－1－3　基础埋深与土质的关系

1.4.2.3　地下水位的影响

地基土含水量的大小对地基承载力的影响很大，如黏性土遇水后，含水量增加使得土壤的承载力下降；而含有侵蚀性物质的地下水对基础会有腐蚀性作用。故建筑基础应尽量埋在最高地下水位以上，当地下水位很高，基础必须埋在地下水位以下时，应将基础埋置在最低地下水位 200mm 以下，因此基础底面不会处于地下水位变化的范围内，从而使基础避免了地下水浮力的影响，如图 7－1－4 所示。

1.4.2.4　土的冻结深度的影响

地面以下的冻结土与非冻结土的分界线叫冰冻线；地面至冰冻线的距离即为土的冻结深度。粉砂、粉土和黏性土等细粒土具有冻胀现象，土层冻结，体积膨胀，产生冻胀力，可使基础与墙体向上拱起而开裂；土层解冻，地基土强度降低，产生沉降，从而使基础又下沉，使其处于不稳定状态。冻融的不均匀致使建筑处于不均匀的升降状态中，势必会导致建筑产生变形，严重时会产生开裂等破坏情况。因此，基础应埋置在冰冻层以下不小于 200mm 处，如图 7－1－5 所示。对于冰冻线浅于 500mm 的南方地区或地基土为非冻胀土时，可不考虑土的冻融循环对基础埋深的影响。

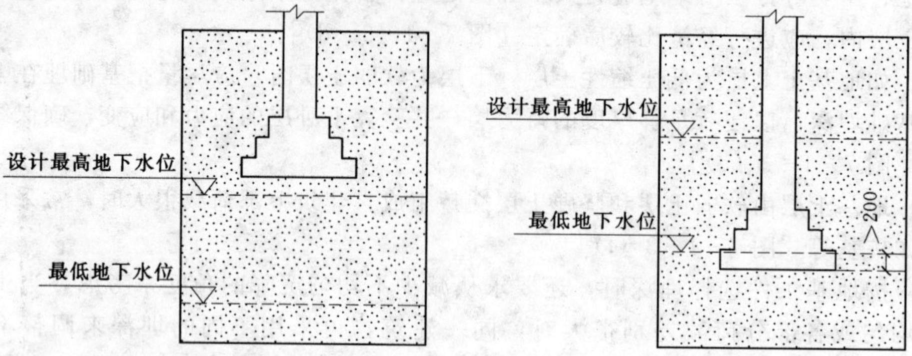

图 7-1-4 地下水位对基础埋深的影响

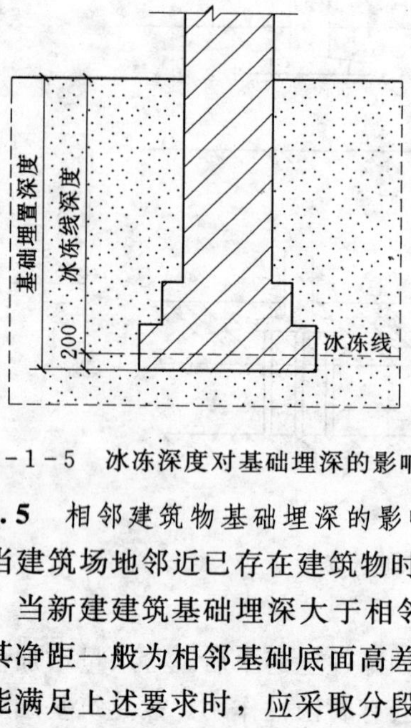

图 7-1-5 冰冻深度对基础埋深的影响

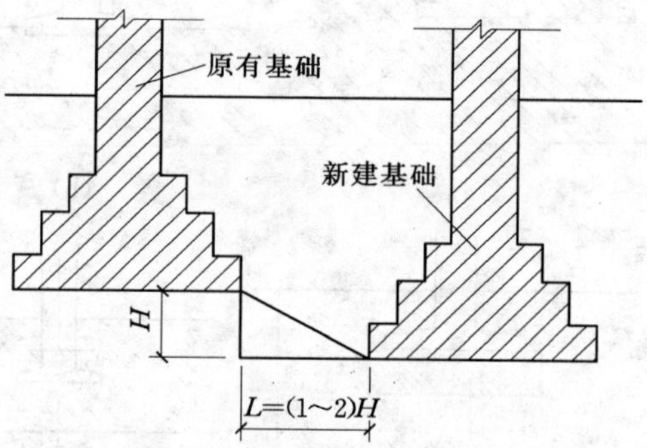

图 7-1-6 相邻建筑物对基础埋深的影响

1.4.2.5 相邻建筑物基础埋深的影响

当建筑场地邻近已存在建筑物时，新建建筑物的基础埋深不宜大于相邻原有建筑基础埋深。当新建建筑基础埋深大于相邻原有建筑基础埋深时，应使两基础间留出一定的距离，其净距一般为相邻基础底面高差的1～2倍（图7-1-6），以保证原有建筑的安全。如不能满足上述要求时，应采取分段施工、设临时加固支承、做护坡桩或用沉井、地下连续墙结构及加固原有基础等施工措施，以确保原有浅基础的安全。

任务实施

（1）某办公楼地下水位深约3.0m，地面以下约5.0m处存在粉砂层，厚度达5m左右，基槽开挖最深为7.76m。办公楼东侧与某药店楼房基础净距仅65cm，药店楼基础埋深3.10m。试分析影响办公楼基础埋深的因素有哪些？应采取哪些有效措施？

（2）北京某小区地下室外墙砌好后，因冬季气温低砂浆冻结而停工，第二年春天准备继续施工时，发现墙体严重开裂破坏，裂缝最大宽度达60～70mm，这样大的裂缝有多条。试分析其原因何在？如何解决？

任务2　基础的分类及构造

学习目标

★ 掌握常见基础的分类，熟悉各类基础的一般构造及适用范围。

任务描述

★ 建筑物基础类型及材料的选择和构造要点。

任务分析

★ 包括基础类型、各类基础构造要求及做法、各类基础适用范围等知识，重点对基础构造要求的讲解。

研究基础的类型是为了经济合理地选择基础的形式和材料，确定其构造形式。对于民用建筑的基础，按所用材料及受力特点可分为刚性基础和柔性基础；按构造形式可分为独立基础、条形基础、筏片基础、箱形基础、桩基础等。

2.1　按材料受力特点分类及构造

2.1.1　刚性基础

刚性基础是指由砖、毛石、混凝土或毛石混凝土、灰土和三合土等刚性材料形成的基础。根据《建筑地基基础设计规范》(GB 50007—2002) 已将刚性基础定名为无筋扩展基础。从受力和传力的角度考虑，建筑上部结构是通过基础将其荷载传给地基的，由于土壤单位面积的承载能力有限，当建筑物荷载增大时，只有将基础底面积不断扩大，才能适应地基承载力的要求。

根据试验得知，上部结构（墙或柱）在基础中传递压力是沿一定角度分布的，即基础放宽的引线与墙体垂直线之间的夹角，将这个传力角度称为压力分布角，或称刚性角，以 α 表示。刚性角通常用基础放宽的级宽与级高的比值来表示［图 7-2-1 (a)］。

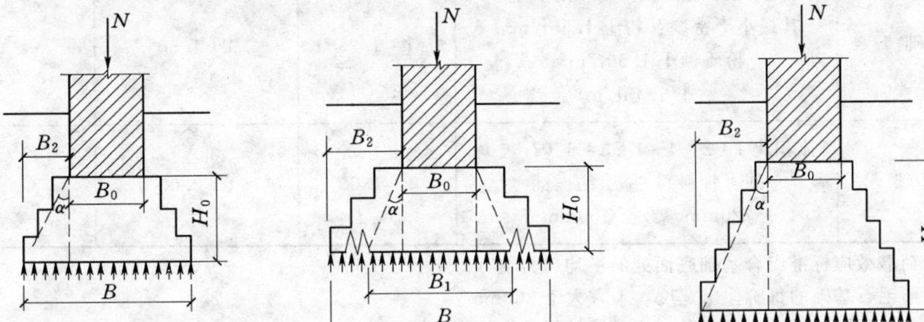

图 7-2-1　刚性基础的受力和传力特点

(a) 基础受力在刚性角范围内；(b) 基础宽度超过刚性角范围而破坏；(c) 保证基础受力在刚性角范围内，加大基础宽度的同时，增加基础高度由于刚性材料抗压能力强，抗拉、抗剪能力差，因此，刚性角只能在材料的抗压范围内控制。如果基础底面宽度超过控制范围，即由图中的 B_1 增大到 B，致使刚性角扩大。这时，基础会因受拉而破坏［图 7-2-1（b）］。若要保证基础不被拉力或冲切破坏，基础就必须在加大宽度的同时，增加基础高度，使得 B_2/H_0 在允许宽高比范围内［图 7-2-1（c）］。所以，刚性基础底面宽度的增大要受到刚性角的限制。

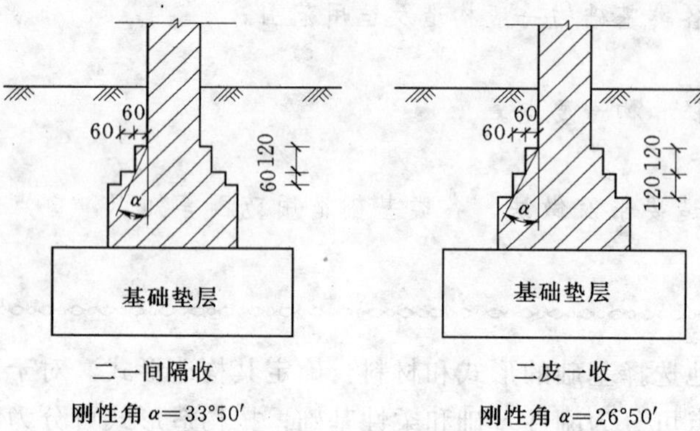

图 7-2-2 砖砌基础的刚性角范围及大放脚做法

不同材料基础的刚性角是不同的，通常砖砌基础的刚性角控制在 26°～33°之间较好。为了设计和施工方便，将刚性角换算成 α 的正切值 b/h，即宽高比。表 7-2-1 是各种材料基础的宽高比容许值，如砖基础的大放脚宽高比应不大于 1∶1.5。

大放脚的做法一般采用等高式和不等高式两种（图 7-2-2）。等高式大放脚是两皮一收，即每砌两皮砖，两边各收进 1/4 砖长；不等高式大放脚是两皮一收与一皮一收相间隔，即砌两皮砖，收进 1/4 砖长，再砌一皮砖，收进 1/4 砖长，如此往复。

表 7-2-1　　刚性基础台阶宽高比的允许值

基础材料	质 量 要 求	台阶宽高比的允许值		
		$p_k \leqslant 100$	$100 < p_k \leqslant 200$	$200 < p_k \leqslant 300$
混凝土基础	C15 混凝土			
毛石混凝土基础	C15 混凝土	1∶1.00	1∶1.00	1∶1.25
砖基础	砖不低于 Mu10、砂浆不低于 M5	1∶1.00	1∶1.25	1∶1.50
毛石基础	砂浆不低于 M5	1∶1.25	1∶1.50	1∶1.50
灰土基础	体积比为 3∶7 或 2∶8 的灰土，其最小干密度：粉土 1.55t/m³；粉质黏土 1.50t/m³；黏土 1.45t/m³	1∶1.25	1∶1.50	—
三合土基础	体积比 1∶2∶4～1∶3∶6（石灰∶砂∶骨料），每层约虚铺 220mm，夯至 150mm	1∶1.50	1∶2.00	—

注 1. p_k 为荷载效应标准组合基础底面处的平均压力值（kPa）。
2. 阶梯形毛石基础的每阶伸出宽度，不宜大于 200mm。
3. 当基础由不同材料叠合组成时，应对接触部分作抗压验算。
4. 基础底面处的平均压力值超过 300kPa 的混凝土基础，尚应进行抗剪验算。

2.1.2 柔性基础

刚性基础因受刚性角的限制，当建筑物荷载较大，或地基承载能力较差时，如按刚性角逐步放宽，则需要很大的埋置深度，这在土方工程量及材料使用上都很不经济。在这种情况下，基础宜采用钢筋混凝土材料，这种材料不仅抗压而且具有抗弯抗剪性能，是基础的最优材料。利用钢筋来承受拉力，使基础底部能够承受较大弯矩。这时，基础宽度的加大不受刚性角的限制。故称钢筋混凝土基础为柔性基础［图7-2-3（b）］。在同样条件下，采用钢筋混凝土与混凝土基础比较［图7-2-3（a）］，可节省大量的混凝土材料和挖土工作量。钢筋混凝土基础适用于高层建筑、重型设备或软弱地基及地下水位以下的基础。

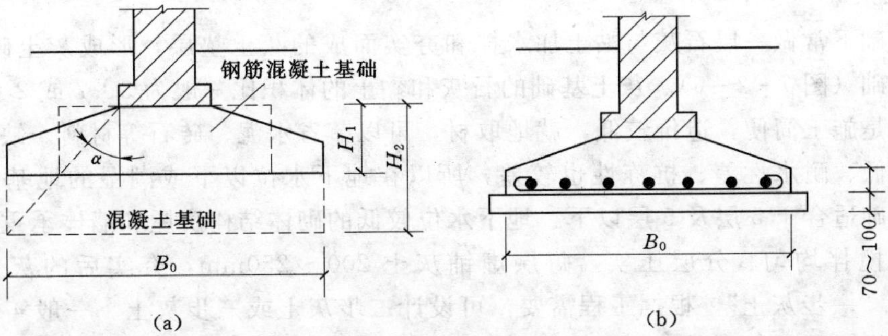

图7-2-3　钢筋混凝土基础

（a）混凝土与钢筋混凝土基础比较；（b）钢筋混凝土基础构造

2.2　按基础的构造形式分类及构造

基础构造形式的选择与建筑上部结构形式、地基土质情况、地基承载力、荷载大小等条件密切相关。一般情况下，上部结构形式直接影响基础形式，当上部荷载增大，且地基承载能力有变化时，基础构造形式也随之变化。

2.2.1　条形基础

条形基础为连续的带形，也叫带形基础。当地基条件较好，基础埋深较浅时，墙承式的建筑多采用墙下条形基础［图7-2-4（a）］，以便传递连续的条形荷载。当上部结构为框架结构或排架结构承重，若柱子较密或荷载分布不均匀、地基承载力偏低时，为增加基底面积或增强整体刚度，减少不均匀沉降，常采用柱下条形基础。

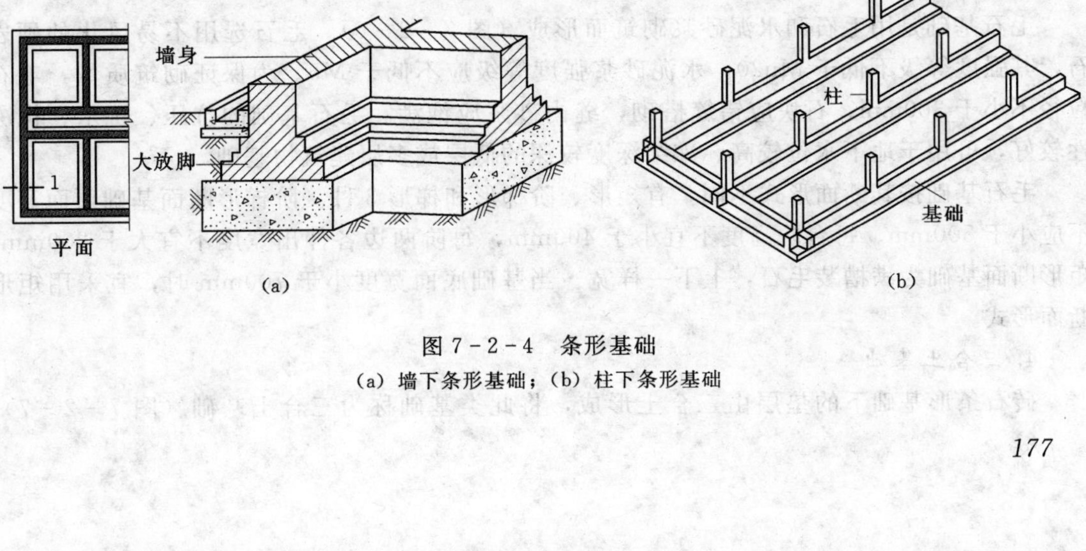

图7-2-4　条形基础

（a）墙下条形基础；（b）柱下条形基础

条形基础一般由砖、毛石、混凝土、毛石混凝土或钢筋混凝土材料形成。

1. 砖基础

用黏土砖砌筑而成的基础称为砖基础。砖基础一般采用台阶式，逐级向下放大，形成大放脚。它具有取材容易、价格低、施工简便等优点。适用于地基土质好、地下水位低，5层以下的砖木结构或砖混结构中。但其大量消耗耕地土，目前我国有些地区已限制使用黏土砖。

2. 灰土基础

砖石基础下常做一层石灰与黏土加水拌和夯实而成的灰土垫层，形成灰土砖石基础，又叫灰土基础（图7-2-5）。灰土基础的石灰和黏土的体积比一般为3∶7或2∶8。灰土基础的优点是施工简便，造价较低，就地取材，可以节省水泥、砖石等材料。缺点是灰土的早期强度低、耐水性差、抗冻性也较差，所以在地下水位以下或潮湿的地基上不宜采用。灰土基础适合于5层及5层以下、地下水位较低的砌体结构房屋和墙体承重的工业厂房。灰土应搅拌均匀、分层压实，每层虚铺灰土200～250mm，夯实后的灰土厚度为150mm，称“一步灰土”。根据工程需要，可设计二步灰土或三步灰土。一般4层及4层以上的建筑物，采用三步灰土，即450mm；3层及3层以下的建筑物，一般采用二步灰土，即300mm。

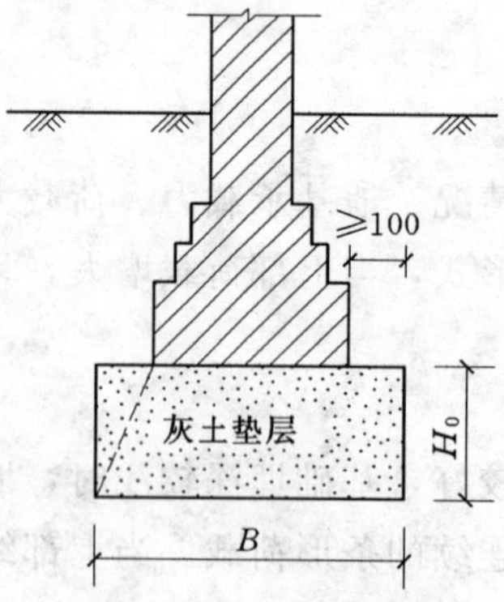

图7-2-5　灰土基础

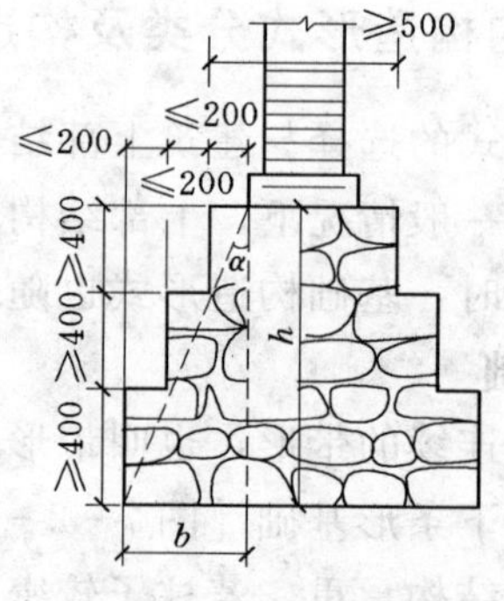

图7-2-6　毛石基础

3. 毛石基础

毛石基础是用毛石和水泥砂浆砌筑而形成（图7-2-6）。毛石选用不易风化的硬岩石，其强度等级不低于Mu20，水泥砂浆强度等级应不低于M5。为保证砌筑质量，毛石粒径不小于300mm，石块应错缝搭砌，缝内砂浆应饱满。毛石基础的抗压、抗水、抗冻性较好，可用于地下水位较高、冻结深度较深的低层或多层建筑物基础。

毛石基础按其断面形式不同，有矩形、阶梯形和梯形3种。阶梯形断面基础顶面宽度不应小于500mm。每台阶高度不宜小于400mm，每阶两边各伸出宽度不宜大于200mm。矩形断面基础为满槽装毛石，上下一样宽。当基础底面宽度小于700mm时，宜采用矩形断面形式。

4. 三合土基础

砖石条形基础下的垫层由三合土形成，将此类基础称为三合土基础（图7-2-7）。

三合土是由石灰、砂、碎砖等3种材料按1∶2∶4或1∶3∶6的体积比配合而成的，将三合土加适量水拌和分层夯实，每层夯实后净剩150mm。总厚度不小于300mm，宽度不小于600mm。此类基础施工简便，造价低，但强度较低，且宜用于地下水位以上。在我国南方地区应用较广泛，适用于4层及4层以下建筑。

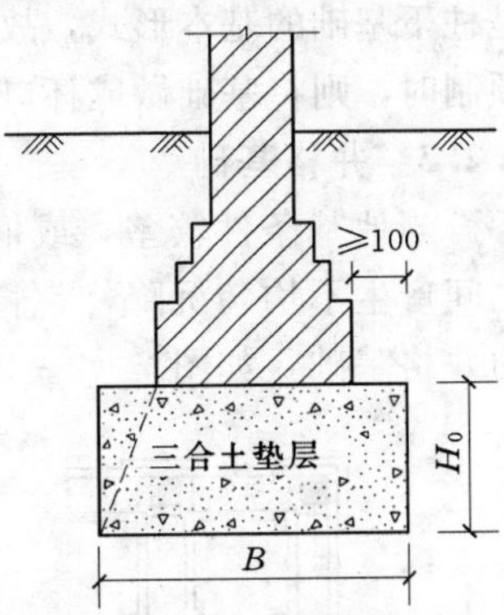

图7-2-7 三合土基础

5. 混凝土基础

混凝土基础也叫素混凝土基础。混凝土的强度、耐久性与抗冻性都优于砖，且刚性角大，便于机械化施工。但混凝土基础的水泥用量大，造价稍高，因此，混凝土基础常用于砖、石材料不满足刚性角要求的基础、地下水位以下以及有冰冻作用的基础。其断面形式有矩形、阶梯形、锥形等，如图7-2-8所示。

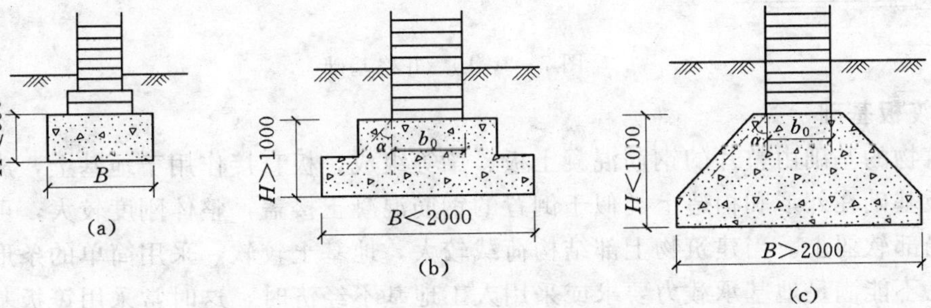

图7-2-8 混凝土基础

(a) 矩形混凝土基础；(b) 阶梯形混凝土基础；(c) 锥形混凝土基础

6. 毛石混凝土基础

对于大体积混凝土基础工程，为了节约水泥，减少发热量对结构产生的病害，在浇筑混凝土时加入20%～30%的毛石，形成毛石混凝土基础。毛石的粒径控制在300mm以内。

2.2.2 独立基础

当建筑上部采用骨架结构承重，且柱距较大时，其基础常采用方形或矩形的单独基础，这种基础称为独立基础。其常用断面形式有阶梯形、锥形、杯形等（图7-2-9）。独立基础

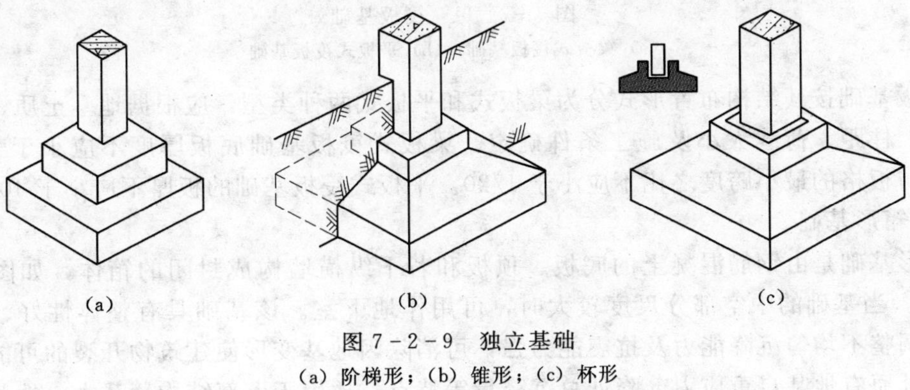

图7-2-9 独立基础

(a) 阶梯形；(b) 锥形；(c) 杯形

是柱下基础的基本形式，故适用于多层框架结构或厂房排架及刚架结构的柱下基础。当柱为预制时，则将基础做成杯口形，然后将柱子插入，并嵌固在杯口内，故称杯形基础。

2.2.3 井格基础

当地基条件较差，或框架结构上部荷载较大时，为了提高建筑的整体性，以免各柱子之间产生不均匀沉降，常将柱下独立基础沿纵、横两个方向扩展连接起来，形成十字交叉的井格基础，如图 7－2－10 所示。

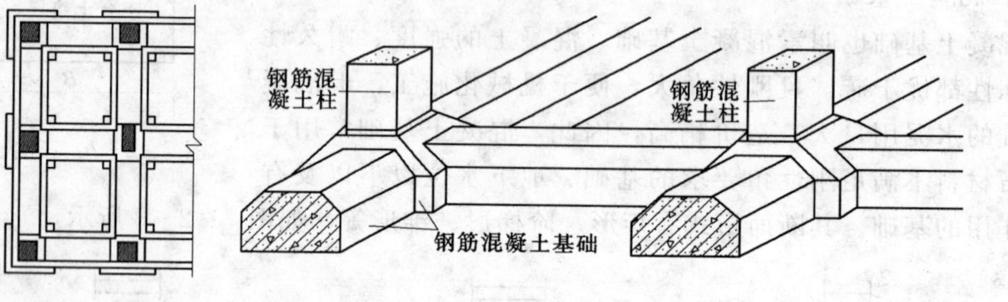

图 7－2－10　井格基础

2.2.4 筏板基础

建筑物的基础由整片的钢筋混凝土板、梁等组成，板直接作用于地基上，成为筏板基础。筏板基础在外形和构造上类似于倒置的钢筋混凝土楼盖，整体刚度较大，可以跨越基础下的局部软弱土。当建筑物上部结构荷载较大，地基土较软，采用简单的条形基础或井格基础已不能满足地基承载力要求或采用人工地基不经济时，这时常采用筏板基础，如图 7－2－11 所示。

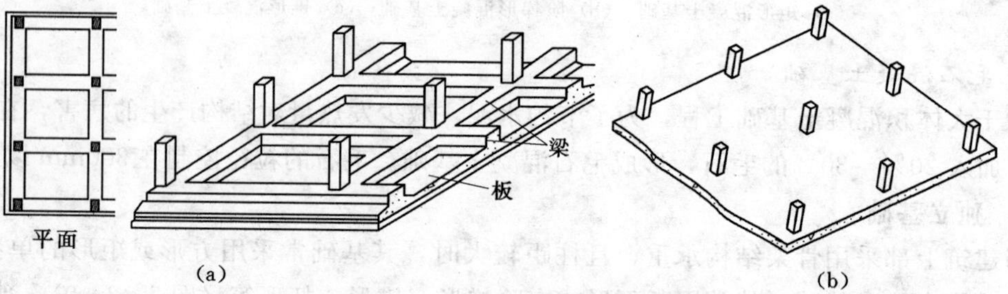

图 7－2－11　筏板基础

(a) 梁板式筏板基础；(b) 平板式筏板基础

筏板基础按其结构布置形式分为梁板式和平板式两种类型，应根据地基土质、上部结构体系、柱距、荷载大小及施工条件确定。梁板式筏板基础底板厚度不应小于 300mm，且板厚与板格的最小跨度之比不应小于 1/20。平板式筏板基础的板厚不应小于 400mm。

2.2.5 箱形基础

箱形基础是由钢筋混凝土的底板、顶板和若干纵横墙构成封闭的箱体，如图 7－2－12 所示。当基础的中空部分尺度较大时，可用作地下室。该基础具有整体性好、空间刚度大、调整不均匀沉降能力及抗震能力强，可消除因地基变形使建筑物开裂的可能性，减少基底处原有地基自重应力，降低总沉降量等特点。适用于上部结构荷载大、地基土较差的建筑物基础、对地基不均匀沉降有严格要求的建筑物基础、重型设备基础、高层建筑及地震烈度高的重要建筑物基础等。

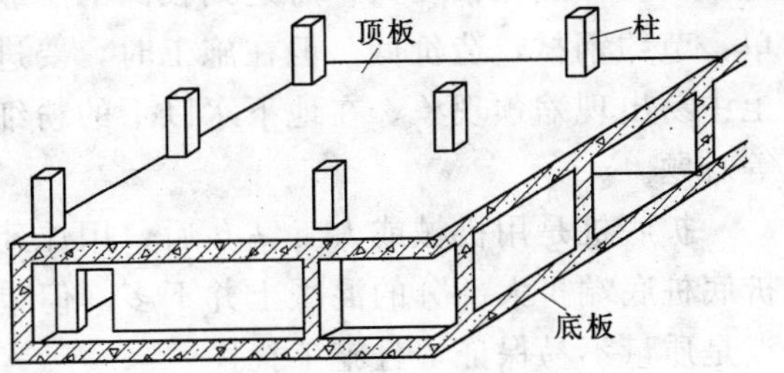

图 7-2-12 箱形基础

2.2.6 桩基础

一般建筑物都应该充分利用地基土层的承载能力，而尽量采用浅基础。但当建筑物荷载较大，地基浅层土质不良，无法满足建筑物对地基变形和强度方面的要求时，而又不适宜采取地基处理措施时，可以考虑利用下部坚实土层或岩层作为持力层的深基础，如桩基础。

桩基础一般由设置于土中的桩身和承接上部结构的承台组成（图 7-2-13）。桩的作用在于将上部建筑物的荷载传递到深处承载力较大的土层上；或使软弱土层挤压，以提高土壤的承载力和密实度，从而保证建筑物的稳定性和减少地基沉降。绝大多数桩基的桩数不止一根，而将各根桩在桩顶通过承台连成一体。在寒冷地区，承台梁下一般铺设 100～200 mm 厚的粗砂或焦渣，以防土壤冻胀引起承台的反拱破坏。

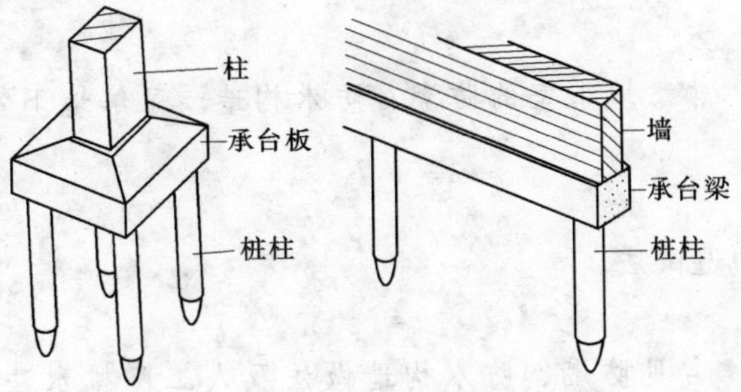

图 7-2-13 桩基础

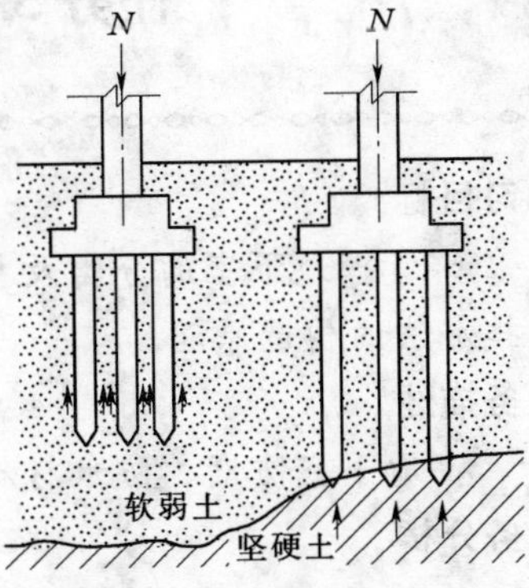

图 7-2-14 桩基础

(a) 摩擦桩；(b) 端承桩

桩基础的类型很多，按照材料不同可以分成木桩、素混凝土桩、钢筋混凝土桩、钢管桩等；按照桩的施工方法不同可以分成预制桩、灌注桩、扩底桩等；按桩的断面可分成圆形、方形、筒形、六角形等多种形式；按照桩的受力方式不同可分成摩擦桩和端承桩。摩擦桩是指在极限承载力状态下，桩顶荷载由桩侧阻力承受的桩；端承桩是指在极限承载力状态下，桩顶荷载由桩端阻力承受的桩。摩擦桩适用于坚硬土层较深、荷载较小的工程；端承桩适用于坚硬土层较浅，荷载较大的工程，如图 7-2-14 所示。

目前，较为多用的是钢筋混凝土桩，包括预制桩、灌注桩和扩底桩。

预制桩是指在施工前在混凝土构件厂或施工现场预先制作成型，待混凝土强度达到设计强度时，再用各种机械设备把桩沉入地基至设计标高的桩。这种桩的截面尺寸、桩长规格较多，制作简便，容易保证质量。但施工时振动和噪声较大，在市区内施工应予以注意。

灌注桩是指直接在建筑工地现场成孔，然后放入钢筋笼，并灌注混凝土制成的桩。灌注桩的直径变化幅度大，可达到较高的承载力；桩身长，深度可达到几十米；施工工艺简单，节约钢材，造价低。但在施工时，要进行泥浆护壁处理，给施工带来麻烦，而且在软土中易出现缩颈现象、在地下水以下的粉细砂或粉土层产生流沙以及在卵石层中发生坍孔等难题。

扩底桩是用机械或人工钻孔后，用炸药爆炸扩大孔底，再浇筑混凝土而成。其优点是扩底桩底端扩大部分的混凝土并不多，但单桩承载能力比等截面桩身的桩可成倍提高，缺点是质量不易保证，且施工扰民。

任务实施

(1) 某6层砖混结构单元式住宅采用浅基础，位于7度抗震设防地区，地基土质良好，试选择浅基础构造形式及材料并说明基础构造要点。

(2) 某4层框架结构教学楼采用浅基础，位于6度抗震设防地区，地基土质良好，试选择基础形式及材料并说明基础构造要点。

(3) 某10层框架结构商业大厦带有二层地下商场，位于8度抗震设防地区，地基土质软弱，地基承载力较小，试选择基础类型及材料并说明构造要点。

任务3 地下室的防潮和防水处理

学习目标

★ 掌握地下室的分类及构造组成；熟悉地下室的防潮、防水构造。了解地下室降排水法的构造原理。

任务描述

★ 地下室防潮、防水材料选择和构造做法。

任务分析

★ 包括地下室的分类、构造组成、常见防潮、防水构造做法及人工降排水法，重点对地下室防潮、防水构造做法进行讲解。

地下室是建筑物首层地面以下的空间。地下室一般由墙身、底板、顶板、门窗、楼梯和采光井等几部分组成，如图7-3-1所示。在城市用地日趋紧张的情况下，建筑向上下两个空间发展，高层建筑常利用箱形基础建造一层或多层地下室，能够在有限的占地面积内，增加建筑的使用空间，提高建筑用地的利用率。地下室一般适用于设备用房、储藏间、库房、旅馆、餐厅、地下商场、车库及战备人防工程等多种用途。

3.1 地下室的组成

3.1.1 墙体

地下室的外墙不仅承受垂直荷载，还承受土、地下水和土壤冻胀的侧压力，因此地下室的外墙，如用钢筋混凝土墙的最小厚度除应满足结构要求外，还应满足抗渗厚度的要求，其最小厚度不小于250mm。外墙还应做防潮或防水处理。

3.1.2　顶板

通常顶板选用钢筋混凝土预制板或现浇板。若为人防地下室，必须采用现浇板，并按人防地下室有关设计规定确定顶板厚度和混凝土强度等级。在无采暖的地下室顶板上，即首层地板处，应设置保温层，以利于首层房间的使用舒适。

3.1.3　底板

底板处于最高地下水位以上、并且无压力产生时，可按一般地面工程处理，即垫层上现浇混凝土 60～80mm 厚，再做面层。如底板处于最高地下水位以下时，底板不仅承受上部垂直荷载，还承受地下水的浮力荷载，因此应采用钢筋混凝土底板，并双层配筋，底板下垫层上还应设置防水层，以防渗漏。

3.1.4　门窗

普通地下室的门窗与地上房间门窗相同。地下室外窗若在室外地坪以下时，应设置采光井和防护箅子，以利于室内采光、通风和室外行走安全。人防地下室一般不允许设窗，如需开窗，应设置战时堵严措施。人防地下室的外门应按防空等级要求设置相应的防护构造。

3.1.5　楼梯

楼梯可与地面上房间结合设置。层高小或用作辅助房间的地下室，可设置单跑楼梯。有防空要求的地下室，至少要设置两部楼梯通向地面的安全出口，而且有一个是独立的安全出口。这个安全出口周围不得有较高建筑物，以防空袭倒塌堵塞出口而影响疏散。

3.1.6　采光井

为了充分利用地下室空间，以满足一定的采光和通风要求，往往在地下室外墙一侧设置采光井。一般沿每个开窗部位单独设一个，也可将几个采光井合并在一起。采光井由底板和侧墙构成，底板一般为现浇钢筋混凝土，侧墙可用砖或钢筋混凝土浇筑。构造要求：采光井底板应做出 1%～3%的坡度，并通过排水口及时排入室外排水管网。同时，在采光井的上部铺盖铸铁或其他金属篦子，使其既满足使用要求又保证安全，如图 7-3-2 所示。

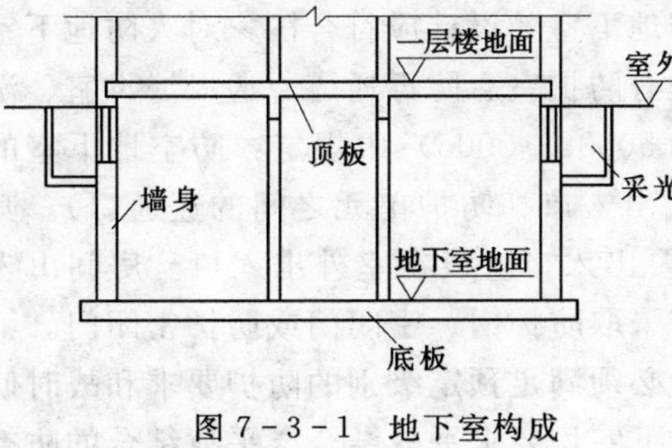

图 7-3-1　地下室构成

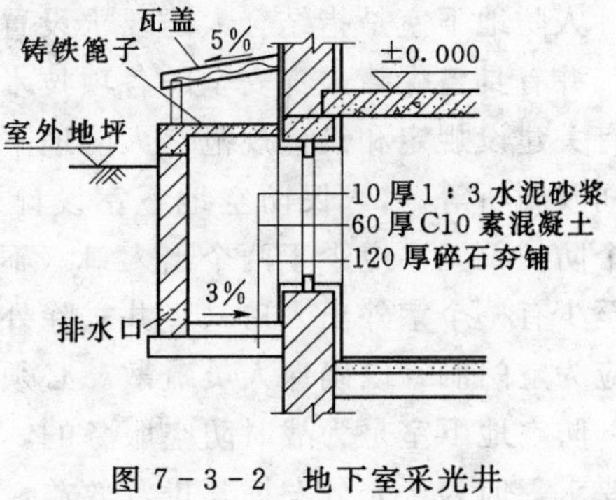

图 7-3-2　地下室采光井

3.2　地下室分类

地下室按使用功能划分，有普通地下室和人防地下室；按顶板标高划分，有半地下室和全地下室；按结构材料划分，有砖混结构地下室和钢筋混凝土结构地下室。

3.2.1 按顶板标高分类

1. 半地下室

地下室顶板标高超出室外地面标高，或地下室地面低于室外地坪高度为该房间净高的1/3～1/2 的地下室叫做半地下室（图 7-3-3）。半地下室相当于一部分在地面以上，易于解决采光、通风的问题，可作为办公室、客房等普通地下室使用。

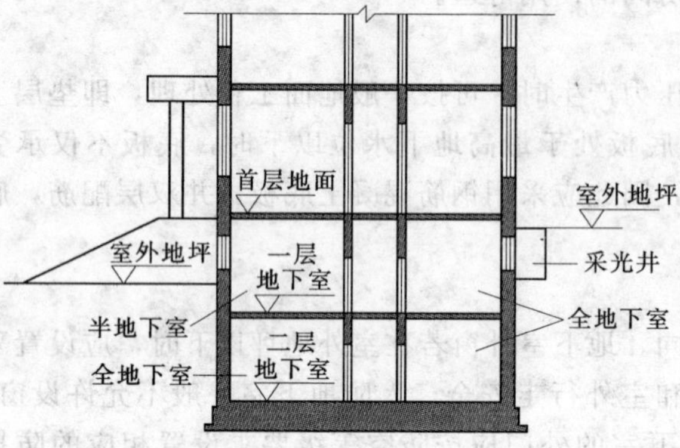

图 7-3-3　地下室类型

2. 全地下室

当地下室顶板标高低于室外地面标高，或地下室地面低于室外地坪高度超过该房间净高的 1/2 时，称全地下室（图 7-3-3）。全地下室由于埋入地下较深，通风采光较困难，一般多作为储藏仓库、设备间等建筑辅助用房。也可利用其受外界噪声、振动干扰小的特点，作为手术室和精密仪表车间，利用其受气温变化小、冬暖夏凉的特点，作为仓库使用，利用其墙体由厚土覆盖，受水平冲击和辐射作用小，作为人防地下室。

3.2.2 按使用功能分类

1. 普通地下室

地下室是建筑空间向地下的延伸，一般为单层，有时根据需要也可达数层。由于地下室与地上房间相比有许多弊端，如采光通风不利、容易受潮等，但同时也具有受外界气候影响较小的特点；因此，低标准的建筑多将普通地下室作为储藏间、仓库、设备间等建筑辅助用房，高标准的建筑，在采用了机械通风、人工照明和防潮防水措施后可用作商场、餐厅、娱乐场所等有各种功能要求的用房。

2. 人防地下室

人防地下室是指结合人防要求设置的地下空间，用以应付战时情况下人员的隐蔽和疏散，并有具备保障人身安全的各项技术措施。人防地下室的设计应符合国家对人防地下室的有关建设规定和设计规范。人防地下室一般应设有防护室、防毒通道、通风滤毒室、洗消间及厕所等。《人民防空地下室设计规范》（GB 50038—2005）中规定：防空地下室的每个防护单元不应少于两个出入口（不包括竖井式出入口、防护单元之间的连通口），其中至少有一个室外出入口（竖井式除外）。战时主要出入口应设在室外出入口。房间出入口应为空门洞，以确保人员疏散。必须设门时，应采取防护门、密闭门或防护密闭门。

防空地下室是为战时防空服务的，所以其设计必须满足预定级别的防护要求和战时使用要求。但为了充分发挥其投资效益，一般防空地下室均要求平战结合。平战结合的防空地下室设计不仅应该满足其战时要求，而且还需要满足平时生产、生活的要求。由于战时与平时的功能要求不同，且往往容易产生一些矛盾。此时对于量大面广的一般性防空地下室，规范允许采取一些转换措施，使防空地下室不仅能更好地满足平时的使用要求，而且可在临战时经过必要的改造（即防护功能平战转换措施），就能使其满足战时的防护要求和使用要求。

3.3　地下室的防潮、防水构造

地下室外墙和底板都埋于地下，长期受到地潮或地下水的侵蚀，由于水的作用，会引起室内墙面灰皮脱落，墙面上生霉，影响人体健康；甚至使地下室进水，影响建筑物的正常使用和建筑物的耐久性。因此，如何保证地下室在使用时不受潮、不渗漏，是地下室构造设计的重要问题。设计人员必须根据地下水的情况和工程的要求，对地下室设计采取相应的防潮、防水措施。

3.3.1　地下室防潮

当地下常年水位和设计最高地下水位低于地下室底板、且无形成上层滞水可能时，地下水不会浸入地下室内部，地下室的墙体和底板只受地潮的影响，即只受下渗的地表水和上升的毛细管水等无压水的影响。这时只需对地下室的底板和外墙做防潮处理。

地下室防潮的构造要求是：对于墙体，当墙体为混凝土或钢筋混凝土结构时，由于其本身的憎水性，使其具有较强的防潮作用，可不必再做防潮层。当采用砖砌或石砌墙体时，必须采用强度不低于 M5 的水泥砂浆砌筑，且灰缝饱满。还应对地下室外墙做水平和垂直方向的防潮处理［图 7－3－4（a)］：在外墙外侧设垂直防潮层做法一般为在墙外表面先抹 20mm 厚 1：2.5 水泥砂浆找平、刷冷底子油一道、热沥青两道；也可用乳化沥青或合成树脂防水涂料。防潮层做至室外散水处，然后在防潮层外侧回填低渗透性土壤，如黏土、灰土等，并逐层夯实，底宽不少于 500mm，形成隔水层（北方常用 2：8 灰土，南方常用炉渣做隔水层)，以防地表水下渗，产生局部滞水，引起渗漏。

水平防潮层有两道：一道是在外墙与地下室地坪交界处，以防止土层中潮气因毛细管作用从基础侵入地下室；另一道是外墙与首层地板层交界处，用以防止潮气沿地下室墙身和勒脚处侵入地下室或上部结构。

对于地下室地坪层，一般做法是在灰土或三合土垫层上浇筑密实的混凝土。当最高地下水位距地下室地坪较近时，应加强地坪的防潮效果，一般是在地面面层与垫层间加设防

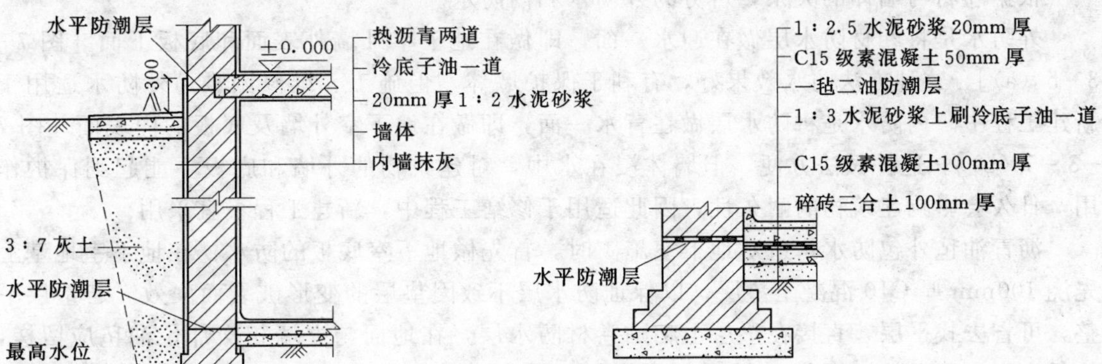

图 7－3－4　地下室防潮构造

（a）墙身防潮；（b）地坪防潮

潮层［图7-3-4（b)]，且与墙身水平防潮层在同一水平面上。

3.3.2 地下室防水构造

当设计最高地下水位高于地下室地坪时，地下室外墙和地坪都浸泡在水中，地下水不仅可以侵入地下室，而且地下室外墙和底板还分别受到地下水的侧压力和浮力。水压力大小与地下水高出地下室地坪高度有关，高差越大，压力越大。这时对地下室必须采取防水处理。

防水的具体方案和构造措施，各地有很多不同的做法，但归纳起来有隔水法、降排水法及综合防水法。隔水法是利用各种材料的不透水性来隔绝地下室外围水及毛细管水的渗透；降排水法是用人工降低地下水位或排出地下水，直接消除地下水对地下室作用的防水方法；综合防水法是指采用多种防水措施来提高防水可靠性的一种办法，一般地，当地下水量较大或地下室防水要求较高时才采用。

目前采用的隔水法是地下室防水采用最多的一种方法，又分材料防水和构件自防水两类。自防水是用防水混凝土作外墙和底板，使承重、围护、防水功能三者合一，这种防水措施施工较为简便。材料防水是在外墙和底板表面敷设防水材料，如卷材、涂料、防水水泥砂浆等，以阻止地下水的渗入。

3.3.2.1 材料防水

材料防水是在地下室外墙与底板表面敷设防水材料，借材料的高效防水特性阻止水的渗入。常用的防水材料有卷材、涂料和防水水泥砂浆等。

1. 卷材防水

卷材防水能够适应结构的微量变形和抵抗地下水中侵蚀性介质的作用，是一种比较可靠的传统防水做法。防水卷材常用的有高聚物改性沥青卷材和高分子卷材等。施工时，各自采用与卷材相适应的胶结材料胶合而成防水层。沥青卷材具有一定的抗拉强度和延伸性，价格较低，但属热操作，施工不便，且污染环境、易老化。一般为多层做法。高分子卷材具有重量轻、应用范围广、抗拉强度高、延伸率大、对基层的变形适应性强等特点，而且是冷作业，施工操作简便，不污染环境。一般为单层做法。

根据卷材与墙体的关系，可分为外防水和内防水。

外防水是将卷材防水层做在迎水一面，即做在地下室外墙外表面和底板下面［图7-3-5（a)]。这种方法防水效果好，有利于保护墙体，但施工、维修困难。外防水适用于新建工程中。内防水是将防水层做在背水一面，即做在地下室外墙及底板的内表面［图7-3-5（b)]。这种做法方便，但墙体浸在水中，对建筑物的外墙和底板不能起到保护作用，日久会影响建筑物的耐久性，因此适用于修缮工程中，新建工程不宜采用。

沥青油毡外包防水构造对地下室施工时，首先做地下室底板的防水：在地下室地基上先浇100mm厚C10混凝土垫层，以保证防水层不致因垫层的变形破裂而失效。若垫层平整，可省去找平层，直接在垫层上粘贴卷材防水层，在地面与立墙相交部位油毡应留槎，然后在防水层上抹一层20～30mm厚的1：3水泥砂浆保护层，上面做钢筋混凝土底板和立墙。对墙体的防水处理：先在外墙外面抹20mm厚1：2.5水泥砂浆找平层，并涂刷一道冷底子油，再按一层油毡一层沥青胶顺序粘贴好防水层。从底板包上来的油毡防水层，沿墙身由下而上必须连续密封粘贴，并铺设至设计地下水位以上500～1000mm处收头。

然后，其上部分作防潮处理。最后，在防水层外侧贴砌 120mm 的保护墙，在保护墙与防水层之间缝隙中灌以水泥砂浆，以保证防水层均匀受压。保护墙下应干铺油毡一层，并沿其长度方向每隔 5～8m 设一通高竖向断缝，以保证紧压防水层。

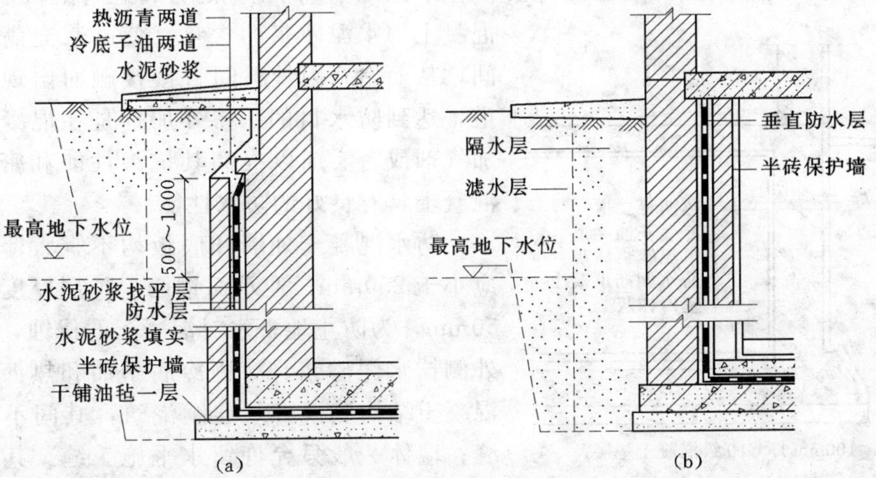

图 7－3－5　地下室卷材内防水构造

(a) 外防水；(b) 内防水

2. 涂料防水

涂料防水是指在施工现场以刷涂、滚涂等方法将无定型液态冷涂料在常温下涂敷于地下室结构表面的一种防水做法。目前，地下室防水工程应用的防水涂料包括有机防水涂料和无机防水涂料。有机防水涂料主要包括合成橡胶类、合成树脂类和橡胶沥青类。有机防水涂料固化成膜后最终形成柔性防水层，适宜做在结构主体的迎水面，并应在防水层外侧做刚性保护层；无机防水涂料主要包括聚合物改性水泥基防水涂料和水泥基渗透结晶型防水涂料，即在水泥中掺入一定的聚合物，能够不同程度地改变水泥固化后的物理力学性能，这类防水涂料被认为是刚性防水材料，所以不适用于变形较大或受振动部位，适宜做在结构主体的背水面。涂料的防水质量、耐老化性能均较油毡防水层好，故目前地下室防水工程应用广泛。

3. 水泥砂浆防水

水泥砂浆防水是采用合格材料，通过严格多层次交替操作形成的多防线整体防水层或掺入适量的防水剂以提高砂浆的密实性。水泥砂浆防水层的材料有普通水泥砂浆、聚合物水泥防水砂浆、掺外加剂或掺合料防水砂浆等。施工方法有多层涂抹或喷射等方法。水泥砂浆防水层可用于结构主体的迎水面或背水面。采用水泥砂浆防水层，施工简便、经济，便于检修；但防水砂浆的抗渗性能较弱，对结构变形敏感度大，结构基层略有变形即开裂，从而失去防水功能，因此，水泥砂浆防水构造适用于结构刚度大、建筑物变形小的混凝土或砌体结构的基层上。不适用于环境有侵蚀性、持续振动的地下工程。

3.3.2.2　构件自防水

为满足结构和防水的需要，地下室的底板和外墙材料一般采用防水混凝土。这种采用防水混凝土作为地下室外墙和底板材料的防水构造做法称为构件自防水。防水混凝土的配制和施工与普通混凝土相同。所不同的是通过采用调整混凝土的集料级配，以提高混凝土的密实性；或在混凝土中掺入一定量的外加剂等手段，来提高混凝土自身的防水性能，从而达到防水的目的。调整混凝土集料级配主要是采用不同粒径的骨料进行配料，同时提高混凝土中水泥砂浆的含量，使砂浆充满于骨料之间，从而堵塞因骨料间直接接触而出现的渗水通道，达到防水目的。掺外加剂是在混凝土中掺入加气剂或密实剂以提高其抗渗性能和密实性，使混凝土具有良好的防水性能。

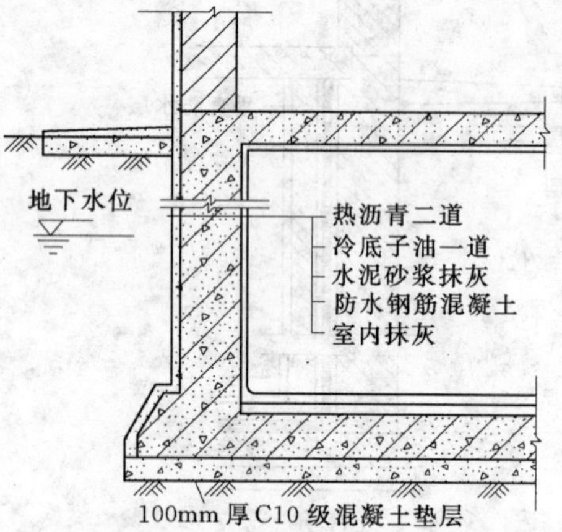

图 7-3-6　防水混凝土防水构造

防水混凝土外墙和底板均不宜太薄，一般不应小于 250mm，迎水面钢筋保护层厚度不应小于 50mm，为防止地下水对混凝土的侵蚀，并应在墙外侧抹水泥砂浆、涂刷冷底子油和热沥青。防水混凝土结构底板必须连续浇筑，其间不得留施工缝；墙体一般只允许留水平施工缝，其位置通常宜留在高出底板表面 300mm 以上。底板的混凝土垫层，强度等级不应小于 C10，厚度不应小于 100mm，在软弱土中不应小于 150mm，如图 7-3-6 所示。

3.3.3　地下室降排水

地下室降排水可分为外排水和内排水两种类型。

外排水指在建筑物周围设置永久性的降排水设施，使高过地下室底板的地下水位在地下室周围回落至其底板标高之下，或者使平时水位虽在地下室底板之下，但在丰水期有可能上升的地下水位难以达到地下室底板的标高，使得对地下室的有压水变为无压水，以减少其渗透压力。通常的做法是在建筑物四周地下室地坪标高以下设盲沟，或者设无砂混凝土管、普通硬塑料管或加筋软式管的渗水管，周围填充可以滤水的砾石及粗砂等材料。其中贴近天然土的是粒径较小的粗砂滤水层，可以使地下水通过，而不把细小的土颗粒带走；而靠近渗水管的是粒径较大的砾石渗水层，可以使较清的地下水透入渗水管中积聚后流入城市排水管网。当城市的排水管标高高于盲沟或渗水管时，则采用人工排水泵将积水排走，如图 7-3-7 所示。

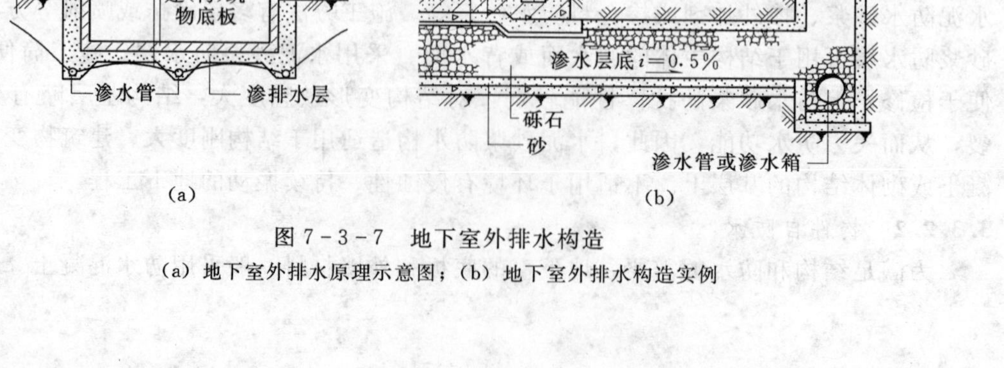

(a)　　(b)

图 7-3-7　地下室外排水构造

(a) 地下室外排水原理示意图；(b) 地下室外排水构造实例

内排水是指将有可能渗入地下室内的水，通过永久性自流排水系统如集水沟排至集水井再用水泵排除。通常的做法是将地下室地坪架空，或设隔水间层，以保持室内墙面和地坪干燥。但应该充分考虑到因动力中断而引起水位回升的可能性。为保险起见，对重要的地下室，应既做外防水又设置内排水设施，如图 7-3-8 所示。

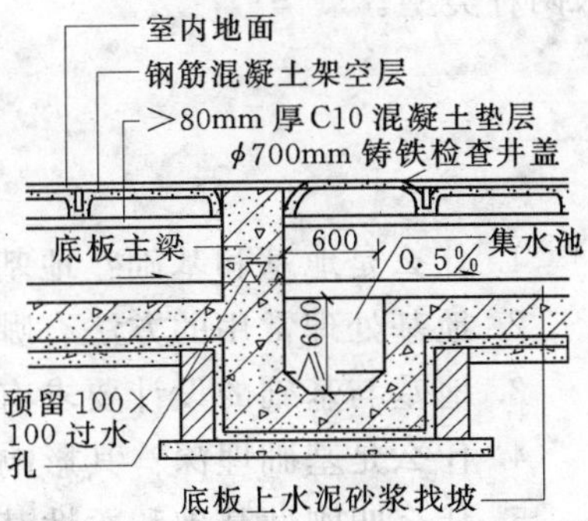

图 7-3-8 地下室内排水构造

任务实施

(1) 参观施工中的地下室，观察其构造组成、防潮或防水构造做法等。

(2) 参观一个采用人工降排水的地下室施工现场，观察其构造做法。

(3) 某砖混地下室外墙防潮层材料的选择及构造做法，并绘图表示防潮层的构造层次、材料及做法。

(4) 某砖混地下室外墙体采用材料外防水，选择合适的防水层材料及构造做法，并绘图表示防水层的构造层次、材料及做法。

模块小结

(1) 基础和地基是两个不同的概念。基础是建筑物的下部结构，是埋入地下并直接作用于土壤层上的承重构件；地基则是承受建筑物荷载的土壤层。基础是建筑物的组成部分，而地基不属于建筑物的组成部分。地基与基础要满足强度、刚度、承载力等要求来保证建筑物的安全使用。

(2) 地基可分为天然地基和人工地基。基础按基础的埋置深度可分为浅基础和深基础；按基础所采用材料和受力特点可分为刚性基础和柔性基础；按构造形式可分为条形基础、独立基础、筏片基础、箱形基础和桩基础。

(3) 基础埋深指从室外设计地坪至基础底面的垂直距离。影响基础埋深的因素有建筑物的使用要求及荷载、地基土层构造、地下水位、土的冻结深度、相邻建筑基础埋深等。

(4) 地下室是建筑物设在首层以下的房间。由底板、顶板、墙体、楼梯、门窗、采光等构件组成。按顶板标高可分为半地下室和全地下室；按使用功能可分为普通地下室和人防地下室。

(5) 当设计最高地下水位低于地下室底板、且无形成上层滞水可能时，地下室的墙体和底板只需做防潮处理。当设计最高地下水位高于地下室底板时，地下室的外墙和地坪都浸泡在水中，这时必须考虑对地下室的外墙、底板采取防水处理。

(6) 地下室防水方案的基本原理归纳起来有 3 种，即隔水法、降排水法及综合防水法。隔水法是目前采用较多的防水做法，又分材料防水和构件自防水两种。常用材料有防水卷材、防水涂料和防水砂浆等。按防水卷材铺设位置的不同，卷材防水可分为外防水和内防水；构件自防水是用防水混凝土作为地下室外墙和底板的材料以达到防水目的。防水混凝土多采用集料级配混凝土和外加剂混凝土两种。地下室降排水法可分为外排水和内排水两种类型。

复 习 思 考 题

1. 什么是地基和基础？地基和基础有何区别？地基、基础与建筑荷载三者有何联系？
2. 地基处理常用的方法有哪些？
3. 地基与基础的设计要求有哪些？
4. 什么是基础埋深？其影响因素有哪些？
5. 什么叫刚性基础和柔性基础？常用的基础材料有哪些？
6. 什么是刚性角？砖基础大放脚的构造做法有哪些？
7. 基础按构造方式分为哪些类型？一般适用于什么情况？
8. 桩基础的组成部分有哪些？如何分类？端承桩与摩擦桩的受力情况有何不同？
9. 简述地下室的构造组成及其作用。
10. 简述地下室防潮防水的条件，举例说明其构造做法。
11. 分析归纳内防水和外防水的适用条件和构造要点。
12. 简述地下室排水的分类及构造做法。

综合练习

某4层砖混住宅，层高3.0m，室内外高差600mm，外墙厚370mm，基础圈梁截面尺寸为370mm×300mm，圈梁顶位于室内地坪以下100mm处，采用灰土砖基础，基础埋深1.8m，基础等高大放脚5级。绘制外墙基础断面图，要求从室内地坪至基础垫层底。完成以下内容：

1. 绘制墙体、基础圈梁、基础、垫层的材料符号并标注。
2. 绘制墙身水平防潮层，并注明防潮层的标高。
3. 绘制室外地面并标注材料及标高。
4. 绘制室内首层地面构造、标注标高。
5. 绘制基础圈梁注明尺寸、上下皮标高。
6. 基础的细部尺寸标注及基础埋深的标注。

模块8 变 形 缝

任务1 认 识 变 形 缝

学习目标

★ 了解建筑变形缝的概念，熟悉变形缝的类型、作用、设置原则。

任务描述

★ 根据建筑物的特点确定建筑物变形缝类型、位置和缝宽。

任务分析

★ 对变形缝的种类、设置原则、缝宽等基本知识的详细讲解。

温度变化、地基不均匀沉降及地震的影响，都会导致建筑结构内部产生附加应力和变形，从而导致建筑物产生裂缝甚至破坏，影响建筑物的使用与安全。为避免这种情况的发生，通常采取两种措施：一种是加强建筑物的整体性，使其具有足够的强度和刚度来抵抗这些附加应力和变形；另一种是在建筑物变形的敏感部位或其他必要的部位预先将建筑各构件沿全高断开，预留缝隙，将建筑物分成多个独立的部分，形成自由变形而互不影响的刚度单元；或者是划分为简单、规则、均匀的段，并令各段之间的缝达到一定的宽度，以能够适应变形的需要。这种将建筑物垂直分开的预留缝隙就是变形缝。

对应不同的变形情况，变形缝可以分为：伸缩缝——对应昼夜温差引起的变形；沉降缝——对应不均匀沉降引起的变形；防震缝——对应地震可能引起的变形。

建筑中的变形缝应根据工程实际情况设置，并需符合设计规范规定，其采用的构造处理方法和材料应根据其部位和需要分别达到盖缝、防水、防火、保温等方面的要求，并确保变形缝两侧的建筑构件能自由变形而不受阻碍、不被破坏。

1.1 伸缩缝的设置原则

伸缩缝（又称温度缝）是为防止建筑因温度变化引起的破坏而设置的变形缝。建筑物因受到温度变化的影响而产生热胀冷缩，使结构构件内部产生附加应力和变形，导致构件开裂。为避免建筑物因热胀冷缩产生较大变形而使结构构件产生裂缝，建筑物中需设置伸缩缝。建筑中需设置伸缩缝的情况主要有3类：一是建筑物长度超过一定限度；二是建筑平面复杂，变化较多；三是建筑中结构类型变化较大。

设置伸缩缝时，通常是沿建筑物长度方向每隔一定距离或结构变化较大处在垂直方向预留缝隙，将基础以上的包括墙体、楼板层、屋顶、地坪层等建筑构件全部断开，分为各自独立的能在水平方向自由伸缩的部分。基础部分因受温度变化影响较小，一般不必断开。伸缩缝的宽度一般为 20～40mm，以保证缝两侧的建筑构件能在水平方向自由伸缩。

伸缩缝的最大间距即建筑物的容许连续长度主要与结构类型、材料和当地温度变化情况有关。《砌体结构设计规范》(GB 50003—2001) 中对砌体房屋伸缩缝的最大间距规定：为了防止或减轻房屋在正常使用条件下，由温差和砌体干缩引起的墙体竖向裂缝，应在墙体中设置伸缩缝。伸缩缝应设在因温度和收缩变形可能引起应力集中、砌体产生裂缝可能性最大的地方。伸缩缝的间距可按表 8-1-1 采用。

表 8-1-1　砌体房屋伸缩缝的最大间距　　单位：m

屋盖或楼盖类别		间　距
整体式或装配整体式钢筋混凝土结构	有保温层或隔热层的屋盖、楼盖	50
	无保温层或隔热层的屋盖	40
装配式无檩体系、钢筋混凝土结构	有保温层或隔热层的屋盖、楼盖	60
	无保温层或隔热层的屋盖	50
装配式有檩体系钢筋混凝土结构	有保温层或隔热层的屋盖	75
	无保温层或隔热层的屋盖	60
瓦材屋盖、木屋盖或楼盖、轻钢屋盖		100

注　1. 对烧结普通砖、多孔砖、配筋砌块砌体房屋取表中数值；对石砌体、蒸压灰砂砖、蒸压粉煤灰砖和混凝土砌块房屋取表数值乘以 0.8 的系数。当有实践经验并采取有效措施时，可不遵守本表规定。
2. 在钢筋混凝土屋面上挂瓦的屋盖应按钢筋混凝土屋盖采用。
3. 按本表设置的墙体伸缩缝，一般不能同时防止由于钢筋混凝土屋盖的温度变形和砌体干缩变形引起的墙体局部裂缝。
4. 层高大于 5m 的烧结普通砖、多孔砖、配筋砌块砌体结构单层房屋，其伸缩缝间距可按表中数值乘以 1.3 计算。
5. 温差较大且变化频繁地区和严寒地区不采暖的房屋及构筑物墙体的伸缩缝的最大间距，应按表中数值予以适当减小。
6. 墙体的伸缩缝应与结构的其他变形缝相重合，在进行立面处理时，必须保证缝隙的伸缩作用。

《混凝土结构设计规范》(GB 50010—2002) 规定：钢筋混凝土结构伸缩缝的最大间距宜符合表 8-1-2 的规定。

表 8-1-2　钢筋混凝土结构伸缩缝最大间距　　单位：m

结构类别		室内或土中	露天	结构类别		室内或土中	露天
排架结构	装配式	100	70	剪力墙结构	装配式	65	40
框架结构	装配式	75	50		现浇式	45	30
	现浇式	55	35	挡土墙、地下室墙壁等类结构	装配式	40	30
					现浇式	30	20

注　1. 装配整体式结构房屋的伸缩缝间距宜按表中现浇式的数值取用。
2. 框架—剪力墙结构或框架—核心筒结构房屋的伸缩缝间距可根据结构的具体布置情况取表中框架结构与剪力墙结构之间的数值。
3. 当屋面无保温或隔热措施时，框架结构、剪力墙结构的伸缩缝间距宜按表中露天栏的数值取用。
4. 现浇挑檐、雨罩等外露结构的伸缩缝间距不宜大于 12m。

1.2 沉降缝的设置原则

沉降缝是为防止因建筑物各部分不均匀沉降引起的破坏而设置的变形缝。沉降缝的设置，是针对有可能造成建筑物不均匀沉降的因素，如地基土质不均匀、建筑物本身相邻部分高差悬殊或荷载悬殊、建筑物结构形式变化大、新老建筑相邻等，在结构变形的敏感部位，沿结构全高，包括基础、墙体、楼板层、屋顶、地坪层全部断开。这样可以使得结构的各个独立部分能够不至于因为沉降量不同，又互相牵制而造成破坏。基础必须断开是沉降缝区别于伸缩缝的重要特征。

不过除了设沉降缝以外，不属于扩建的工程还可以用加强建筑物的整体性等方法来避免不均匀沉降；或者在施工时采用所谓的后浇板带法，即先将建筑物分段施工，中间留出约2m的后浇板带位置及连接钢筋，待各分段结构封顶并达到基本沉降量后再浇筑中间的后浇板带部分，以此来避免不均匀沉降有可能造成的影响。但是，这样做必须对沉降量把握准确，或者在建筑的某些部位会因特殊处理而需要较高的投资，因此大量的建筑目前还是选择设置沉降缝的方法来将建筑物断开。

当建筑物符合下列条件之一时，应设置沉降缝：

（1）同一建筑物相邻部分高差较大，或荷载相差悬殊、结构类型不同时。

（2）当建筑物相邻部分基础结构形式不同、宽度和埋深相差悬殊时。

（3）建筑物建造在地基承载力相差很大的地基土上时。

（4）建筑物体形比较复杂，连接部位又比较薄弱时。

（5）新建筑物与原有建筑物相毗连时。

沉降缝的宽度与地基的性质和建筑物的高度或层数有关，地基土层越软弱，建筑物高度越大，缝宽也就越大，参见表8-1-3。

表8-1-3　沉降缝的宽度

地基情况	建筑物高度（H）或层数	缝宽（mm）
一般地基	$H<5m$	30
	$H=5\sim10m$	50
	$H=10\sim15m$	70
软弱地基	2～3层	50～80
	4～5层	80～120
	6层以上	>120
湿陷性黄土地基		≥30～70

1.3 防震缝设置原则

防震缝又叫抗震缝，是为了提高建筑物的抗震能力，避免或减轻建筑物各部分在地震作用下相互撞击引起破坏而设置的变形缝。防震缝应沿建筑物全高设置，一般情况下，基础可不断开，但在平面复杂的建筑中，或建筑相邻部分刚度差别很大时，则需将基础断开，如按沉降缝要求设置的防震缝应将基础断开。强烈地震对地面建筑物和构筑物的影响或损坏是极大的，考虑地震对建筑物所造成的影响，对设防烈度为6～9度地区的建筑物，应按一般规定设置防震缝，将房屋划分成若干形体简单，质量、刚度均匀的独立单元，以减轻震害。

多层砌体房屋有下列情况之一时宜设置防震缝，缝两侧均应设置墙体，缝宽应根据烈度和房屋高度确定，可采用50～100mm。

（1）房屋立面高差在6m以上。

（2）房屋有错层，且楼板高差较大。

(3) 各部分结构刚度、质量截然不同。

(4) 建筑平面形状复杂，有较长的突出部分。

但高层钢筋混凝土房屋宜避免采用不规则建筑结构方案，不设防震缝；当需要设置防震缝时，防震缝最小宽度应符合下列要求：

(1) 框架结构房屋的防震缝宽度，当高度不超过 15m 时可采用 70mm；超过 15m 时，6～9 度相应每增加高度 5m、4m、3m 和 2m，宜加宽 20mm。

(2) 框架—抗震墙结构房屋的防震缝宽度可采用第 (1) 项规定数值的 70%，抗震墙结构房屋的防震缝宽度可采用第 (1) 项规定数值的 50%；且均不宜小于 70mm。

(3) 防震缝两侧结构类型不同时，宜按需要较宽防震缝的结构类型和较低房屋高度确定缝宽。

在抗震设防的地区，无论需要设置哪种变形缝，其宽度都应该按照防震缝的宽度来设置。这是为了避免在震灾发生时，由于缝宽不够而造成建筑物相邻的分段相互碰撞，造成破坏。

变形缝处理一般比较复杂，会给工程设计和施工增加困难，从而增加造价。所以在工程中特别是高层建筑中需通过合理选址、地基处理、结构选型、建筑体型优化等方法进行调整，尽量不设或少设变形缝。同时，在设置变形缝时应综合考虑，一缝多用，使工程建设符合使用要求，并力求更加经济、安全。

任务实施

(1) 某学生宿舍楼为 6 层砖混结构，层高 3m，采用现浇钢筋混凝土楼板（设保温层），抗震设防烈度为 7 度。地基土质良好，总长 81m，内设置一变形缝，试确定变形缝类型、设置部位及缝宽。

(2) 某商用楼为 15 层框架结构，带有二层框架结构裙房，抗震设防烈度为 6 度，建筑物中设有一变形缝，试确定变形缝的类型、设置部位及缝宽。

任务2 变 形 缝 的 构 造

学习目标

★ 掌握变形缝的结构处理方式；熟悉变形缝的构造做法。

任务描述

★ 根据建筑物的结构形式及变形缝的类型选择变形缝的缝宽、基础部位的结构处理方式及在墙体、楼地面、屋顶等部位的盖缝构造做法。

任务分析

★ 变形缝在墙、楼地层、屋顶、基础等部位的构造处理方法及盖缝板构造。

2.1 变形缝处建筑物的结构处理

2.1.1 伸缩缝的结构处理

伸缩缝是在建筑物的同一位置将基础以上的建筑构件，如墙、地面、楼面、屋顶等在垂直方向上断开，并在两部分之间留出适当的缝隙。砖混结构的伸缩缝构造一般采用单墙或双墙承重方案［图8-2-1（a）］，框架结构的伸缩缝构造一般采用双柱双梁方案［图8-2-1（b）］，也可采用挑梁方案［图8-2-1（c）］。

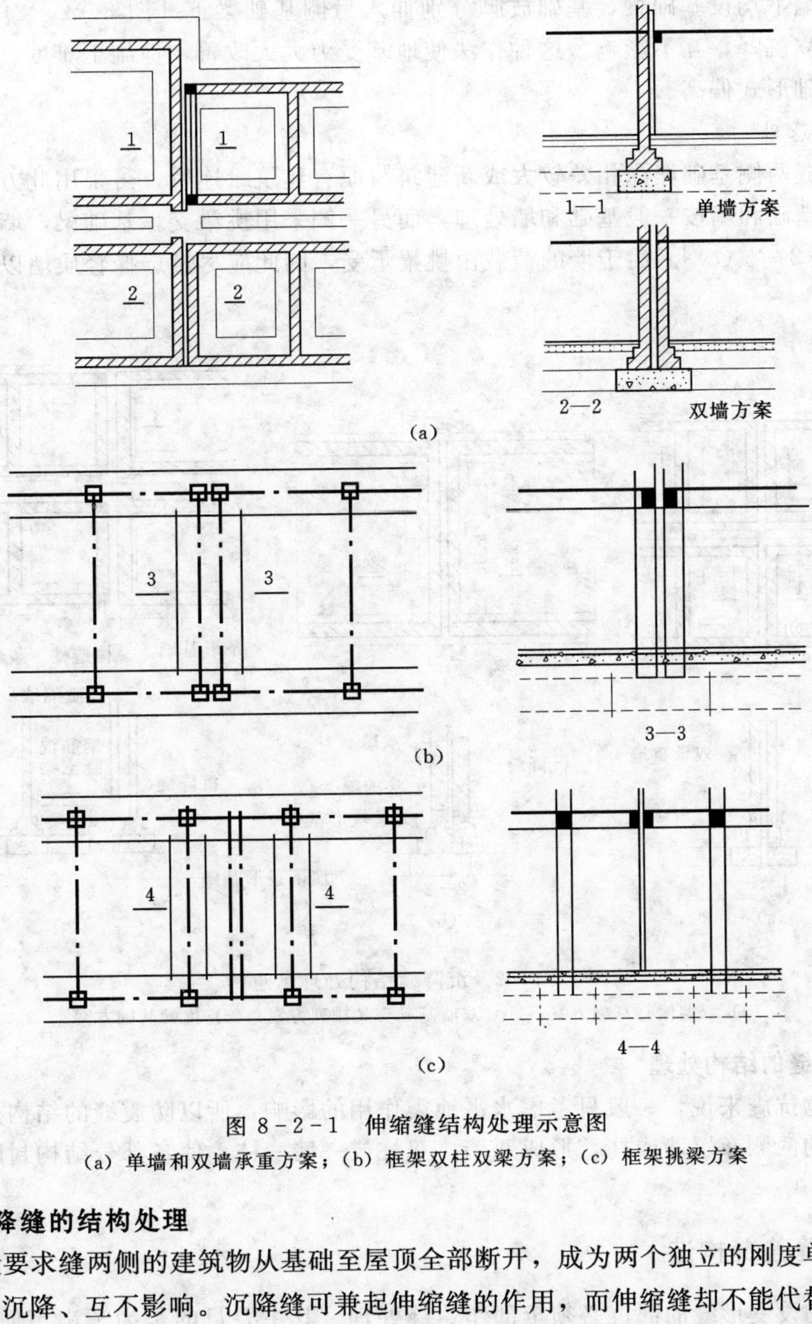

图 8-2-1　伸缩缝结构处理示意图

（a）单墙和双墙承重方案；（b）框架双柱双梁方案；（c）框架挑梁方案

2.1.2　沉降缝的结构处理

沉降缝要求缝两侧的建筑物从基础至屋顶全部断开，成为两个独立的刚度单元，各单元能竖向自由沉降、互不影响。沉降缝可兼起伸缩缝的作用，而伸缩缝却不能代替沉降缝。所以在沉降缝处理时，应兼顾伸缩缝的要求。对于基础沉降缝的处理形式，常见的有3种。

1. 双墙偏心基础

双墙偏心基础［图8-2-2（a）］是将双墙下的基础放脚断开留缝。此时基础处于偏心受压状态，地基受力不均匀，有可能向中间倾斜，只适用于低层、耐久等级低且地质条件较好的情况。

2. 双墙基础交叉排列

缝两侧墙下均设基础梁，基础放脚分别伸入另侧基础梁下［图 8－2－2（b）］，两侧基础各自独立沉降，互不影响。这种作法使地基受力大大改善，但施工难度、工程造价均较上一种基础形式偏高。

3. 挑梁基础

当沉降缝两侧基础埋深相差较大或新建筑与原有建筑毗连时，可采用此方案。即将沉降缝一侧的基础和墙按一般基础和墙处理，而另一侧采用挑梁支承基础梁，墙砌筑在基础梁上［图 8－2－2（c）］。由于墙的荷载由挑梁承受，因此应尽量选择轻质墙以减少挑梁承受的荷载。

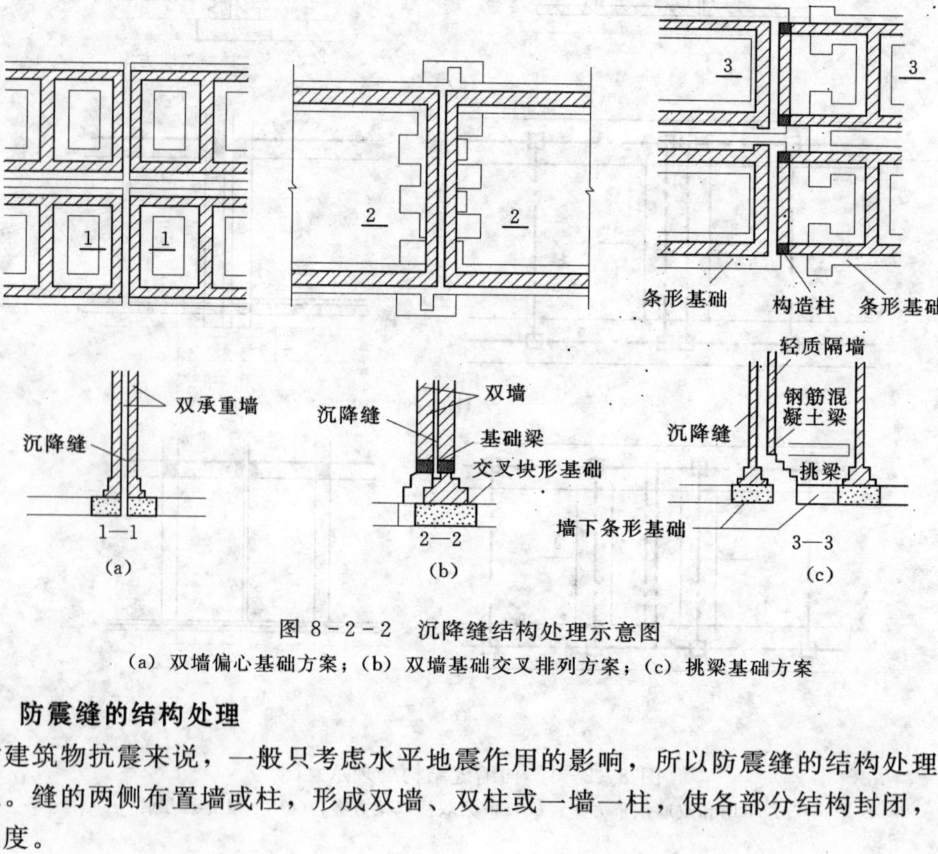

图 8－2－2 沉降缝结构处理示意图

（a）双墙偏心基础方案；（b）双墙基础交叉排列方案；（c）挑梁基础方案

2.1.3 防震缝的结构处理

对建筑物抗震来说，一般只考虑水平地震作用的影响，所以防震缝的结构处理与伸缩缝相似。缝的两侧布置墙或柱，形成双墙、双柱或一墙一柱，使各部分结构封闭，都有较好的刚度。

2.2 变形缝盖缝构造

在建筑物设变形缝的部位必须全部作盖缝处理。其主要目的是为了满足使用的需要，如通行等；此外，处于外围护结构部分的变形缝还要防止风、雨、冷热空气、灰沙侵入室内，影响建筑的使用和耐久性，当然，也为了建筑物的美观。为此，对变形缝作盖缝处理时，有以下几点注意事项：

（1）所选择的盖缝板的形式必须能够符合所属变形缝类别的变形需要（图 8-2-3）。例如，伸缩缝上的盖缝板不必适应上下方向的位移，而沉降缝上的盖缝板则必须满足这一要求。

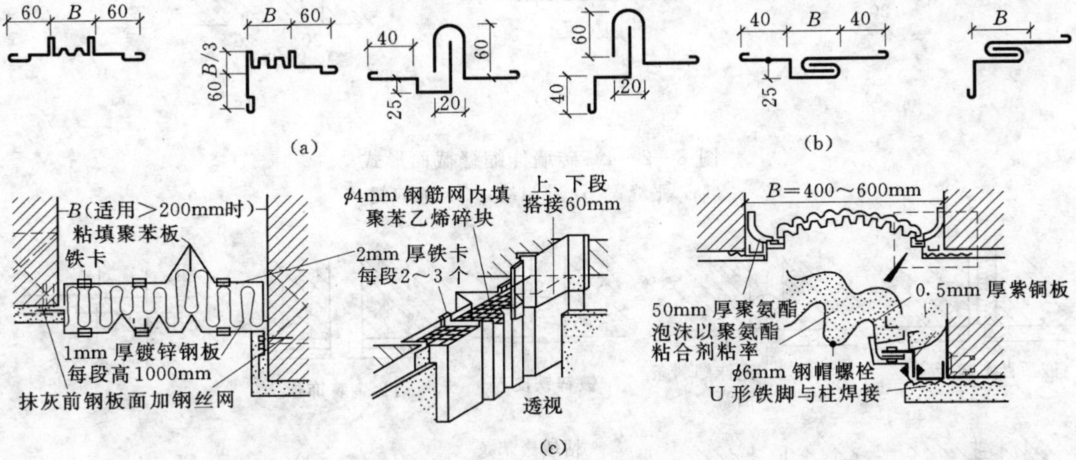

图 8-2-3 变形缝的盖缝板形式

（a）伸缩缝盖缝板形式；（b）沉降缝盖缝板形式；（c）防震缝盖缝板形式

（2）所选择的盖缝板的材料及构造方式必须能够符合变形缝所在部位的其他功能需要。例如，用于屋面和外墙面部位的盖缝板应选择不易锈蚀的材料，如镀锌铁皮、彩色薄钢板、铝皮等，并做到节点能够防水；而用于室内地面、楼板地面及内墙面的盖缝板则可以根据内部面层装修的需要来做。

不过应当注意，对于高层建筑及防火要求较高的建筑物，室内变形缝四周的基层，应采用不燃烧材料，表面装饰层也应采用不燃或难燃材料。在变形缝内不应敷设电缆、可燃气体管道和易燃、可燃液体管道，如必须穿过变形缝时，应在穿过处加设不燃烧材料套管，并应采用不燃烧材料将套管两端空隙紧密填塞。

（3）在变形缝内部应当用具有自防水功能的柔性材料来塞缝，如挤塑型聚苯板、沥青麻丝、橡胶条等，以防止热桥的产生。

2.2.1 墙体变形缝

1. 墙体伸缩缝构造

墙体伸缩缝的形式根据墙体厚度、材料及施工条件不同，可做成平缝、错口缝、企口缝等截面形式，如图 8-2-4 所示。

为防止外界自然因素对墙体及室内环境的影响，外墙外侧应填塞或覆盖具有防水、保温和防腐性能的弹性材料，如沥青麻丝、橡胶条、塑料条和油膏等材料［图 8-2-5（a）、（b）］，当缝口较宽时，还应用镀锌铁皮、铝片等金属调节片作盖缝处理［图 8-2-5（c）］。外墙内侧及内墙缝口一般结合室内装修用金属调节盖缝板或木质盖缝条单边固定覆盖［图 8-2-5（d）、（e）］。所有填缝及盖缝材料和构造均应保证结构在水平方向的自由伸缩。

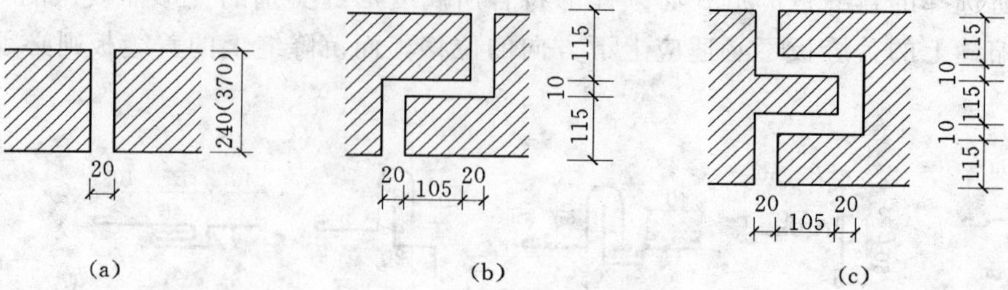

图 8-2-4 砖墙伸缩缝截面形式

(a) 平缝；(b) 错口缝；(c) 企口缝

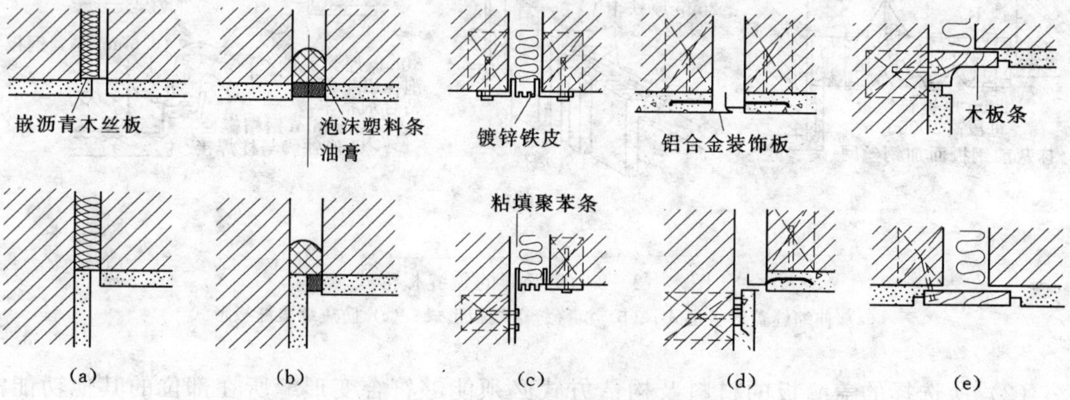

图 8-2-5 墙体伸缩缝构造

(a) 沥青麻丝；(b) 油膏；(c) 镀锌铁皮；(d) 铝合金装饰板；(e) 木板条

(a)、(b)、(c) —外墙伸缩缝构造；(d)、(e) —内墙伸缩缝构造

2. 墙体沉降缝构造

墙体沉降缝一般兼具伸缩缝的作用。其构造既要能适应垂直沉降变形的需要，又要能满足水平伸缩变形的需要。常用镀锌铁皮、铝合金板和彩色薄钢板等盖缝如图 8-2-6 所示。

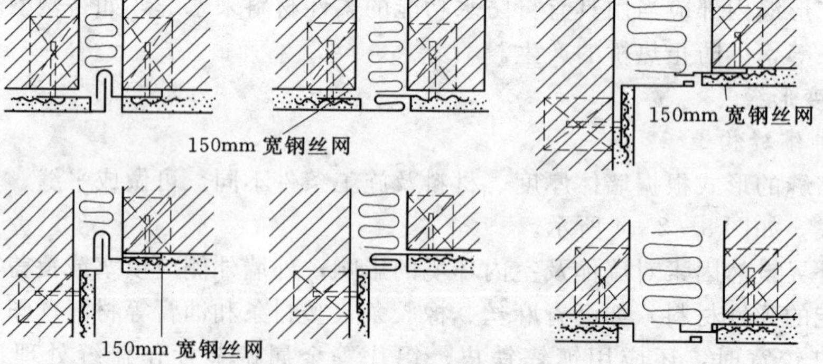

图 8-2-6 墙体沉降缝构造

(a) 外墙沉降缝构造；(b) 内墙沉降缝构造

3. 墙体防震缝构造

墙体防震缝构造与墙体沉降缝、伸缩缝构造基本相同，只是防震缝一般较宽，应注意盖缝板的牢固性及适应变形的能力；其次，沉降缝应做成平缝的形式，不应做成错口、企口等形式，以保证防震缝的作用。通常外缝口用镀锌铁皮、铝片或橡胶条覆盖，内缝口常用木质盖板遮缝。寒冷地区的外缝口常用具有弹性的软质聚氯乙烯泡沫塑料、聚苯乙烯泡沫塑料等保温材料填实，如图 8-2-7 所示。

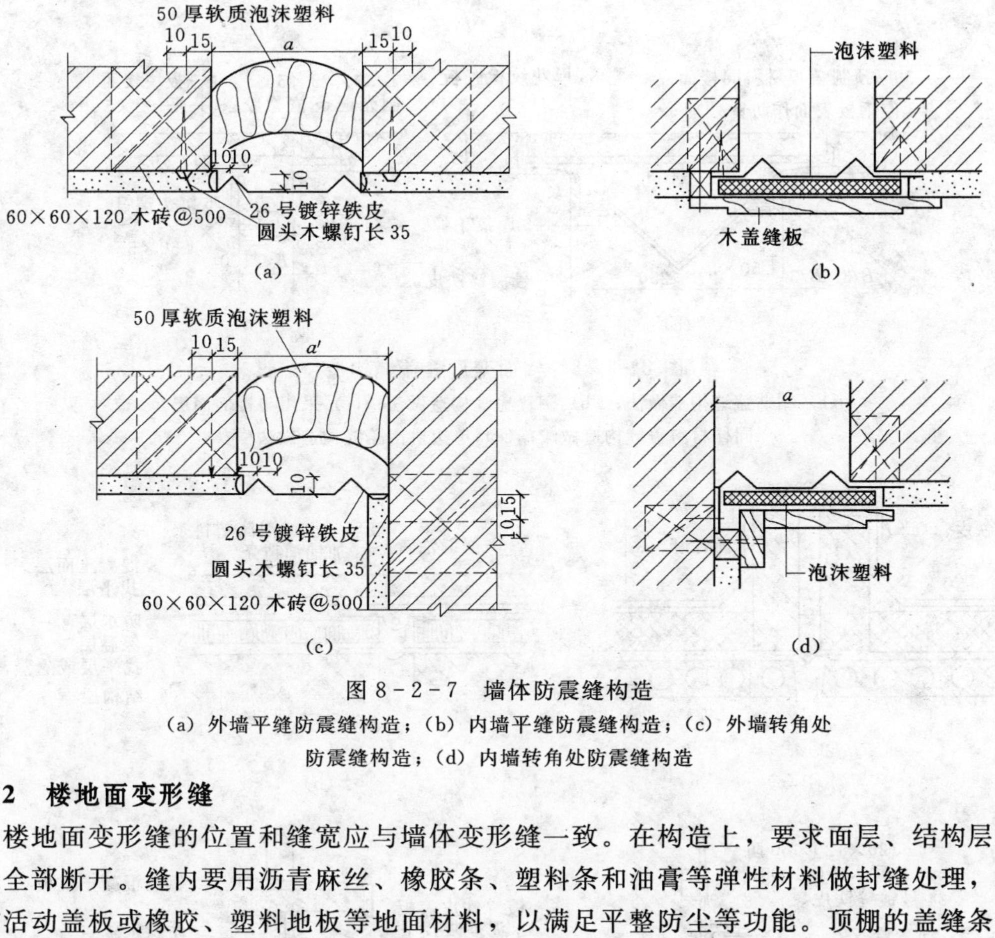

图 8-2-7　墙体防震缝构造

(a) 外墙平缝防震缝构造；(b) 内墙平缝防震缝构造；(c) 外墙转角处防震缝构造；(d) 内墙转角处防震缝构造

2.2.2　楼地面变形缝

楼地面变形缝的位置和缝宽应与墙体变形缝一致。在构造上，要求面层、结构层等在缝处全部断开。缝内要用沥青麻丝、橡胶条、塑料条和油膏等弹性材料做封缝处理，上面再铺活动盖板或橡胶、塑料地板等地面材料，以满足平整防尘等功能。顶棚的盖缝条一般为木质或金属，只能单边固定以保证构件能自由变形，如图 8-2-8 所示。

2.2.3　屋顶变形缝

屋顶变形缝的位置与缝宽应与墙体、楼地面的变形缝一致。缝内用沥青麻丝、金属调节片等材料填缝和盖缝。屋顶变形缝一般设于建筑物的高低错落处，也见于两侧屋面处于同一标高处。不上人屋顶通常在缝两侧或一侧加砌厚度不小于 120mm 的护墙，按屋面泛水构造要求将防水材料沿护墙上卷，顶部缝隙用镀锌铁皮、铝片、混凝土板或瓦片等覆盖，并允许两侧结构自由伸缩或沉降而不致渗漏雨水。寒冷地区在缝隙中应填以岩棉、泡沫塑料或沥青麻丝等具有一定弹性的保温材料。上人屋顶因使用要求一般不设护墙，此时应切实做好防水构造处理，避免雨水渗漏。平屋顶变形缝构造如图 8-2-9 所示。

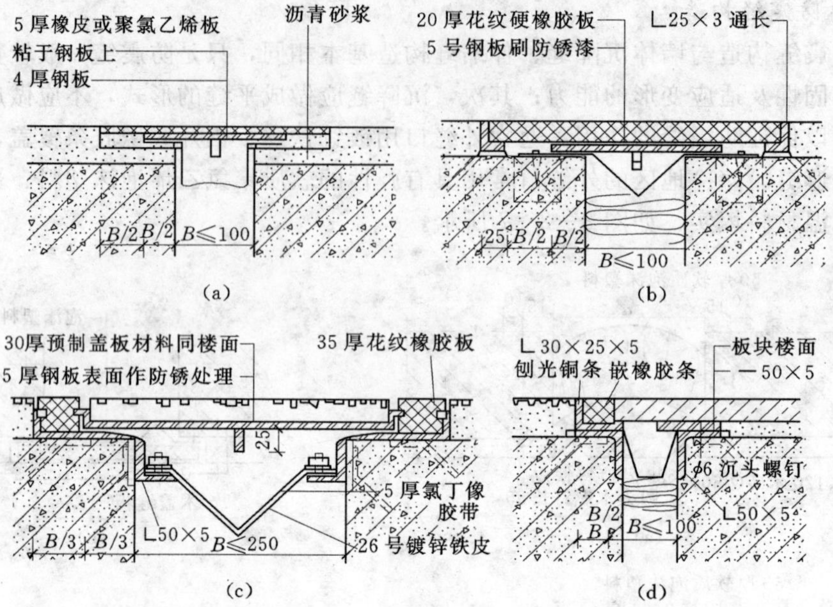

图 8-2-8 楼面变形缝盖缝构造

(a) 粘贴盖缝构造做法；(b) 搁置盖缝构造做法；(c) 采用与楼面面层同样材料盖缝构造做法；(d) 单边挑出盖缝构造做法

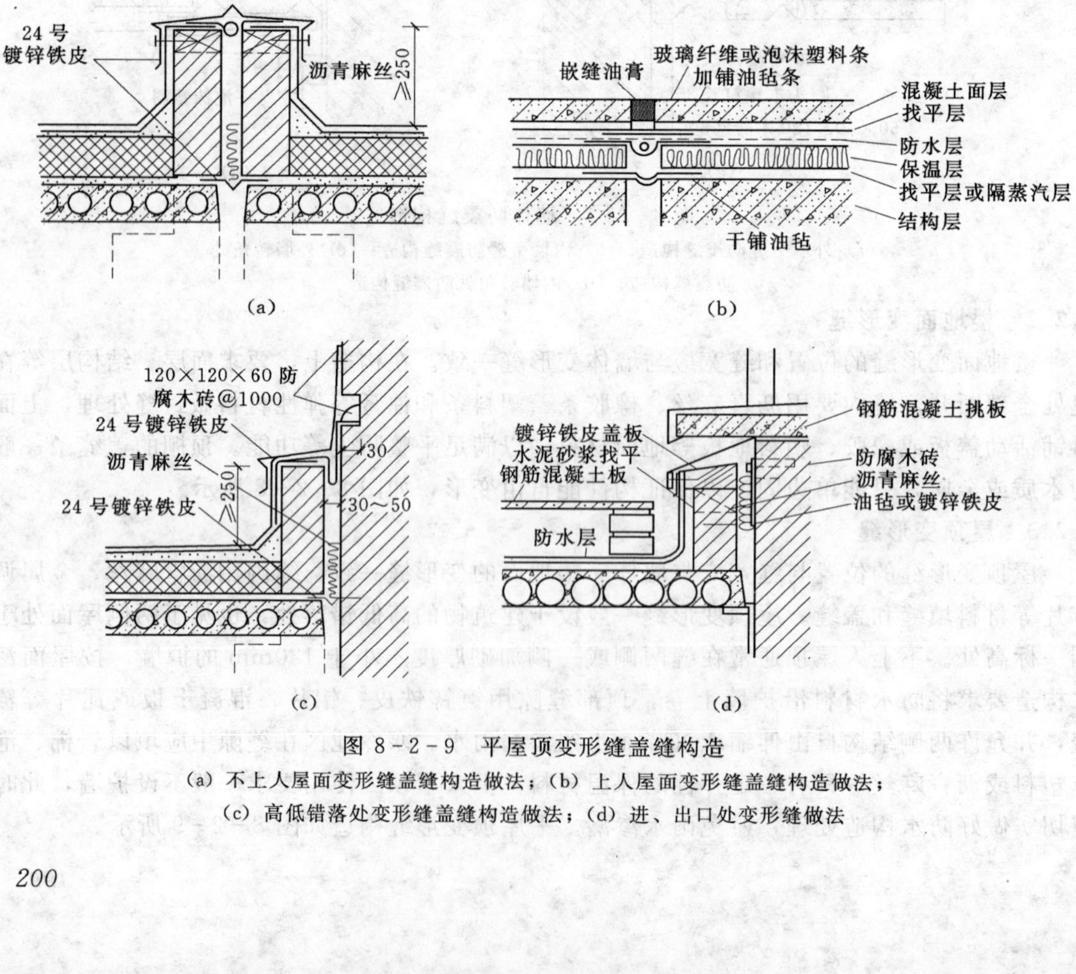

图 8-2-9 平屋顶变形缝盖缝构造

(a) 不上人屋面变形缝盖缝构造做法；(b) 上人屋面变形缝盖缝构造做法；(c) 高低错落处变形缝盖缝构造做法；(d) 进、出口处变形缝做法

任务实施

(1) 某5层框架结构教学楼，位于8度抗震设防地区，采用独立基础，建筑中设有一变形缝，兼有抵抗温度伸缩变形作用和防震作用。试确定变形缝宽度、选择变形缝在建筑物基础部位的结构处理方式及在墙体、楼地面、屋顶等部位的盖缝构造做法，并绘图示意。

(2) 某6层砖混结构单元式住宅，位于7度抗震设防地区，采用条形基础，建筑中设有一变形缝，兼有抵抗温度伸缩变形作用和防震作用。试确定变形缝宽度，选择变形缝在建筑物基础部位的结构处理方式及在墙体、楼地面、屋顶等部位的盖缝构造做法，并绘图示意。

模块小结

(1) 变形缝有3种，即伸缩缝、沉降缝和防震缝。

(2) 伸缩缝是为防止建筑因温度变化引起的破坏而设置的变形缝；伸缩缝要求把建筑物的墙体、楼板层、屋顶等基础以上部分全部断开。宽度一般在20～40mm，以保证缝两侧的建筑构件在水平方向自由伸缩。

(3) 沉降缝是为防止因建筑各部分不均匀沉降引起的破坏而设置的变形缝；防震缝是为了防止建筑物各部分在地震时，相互撞击引起的破坏而设置的变形缝。沉降缝要求从基础到屋顶所有构件全部断开，其宽度与地基的性质和建筑物的高度有关。

(4) 防震缝应与伸缩缝、沉降缝统一布置，并应满足防震缝的设计要求。一般情况下，防震缝基础可不分开，但在平面复杂的建筑中，或建筑相邻部分刚度差别很大时，则需将基础分开。按沉降缝要求的防震缝也应将基础分开。防震缝的宽度在多层砖混结构中按设防烈度的不同，取50～100mm值。在地震设防区，建筑物的伸缩缝和沉降缝必须满足防震缝的要求。

(5) 伸缩缝的结构处理一般采用单墙或双墙承重方案、双柱双梁方案或挑梁方案；沉降缝的结构处理一般采用双墙偏心基础、双墙基础交叉排列或挑梁基础；防震缝的结构处理与伸缩缝相似。

(6) 变形缝盖缝构造与变形缝的性质、所在构件、所处位置有关。

复习思考题

1. 什么是变形缝？变形缝包括哪几种类型？
2. 各类变形缝有何特点？它们在构造上有何不同？
3. 伸缩缝的间距受什么因素影响？
4. 什么情况下需设伸缩缝？宽度一般为多少？
5. 什么情况下需设沉降缝？宽度由什么因素决定？
6. 什么情况下需设防震缝？防震缝宽度确定的主要依据是什么？
7. 墙体中变形缝的截面形式有哪几种？
8. 基础沉降缝的结构处理形式有哪些情形？

9. 各类变形缝能否相互代替并说明原因。

10. 墙体、楼地层和屋顶变形缝的构造要点有哪些?

综合练习

1. 参观校园中的各类建筑，仔细观察其平面图和立面图，找出其中设置变形缝建筑物，测量变形缝的宽度。绘制建筑物的平面图，并将变形缝表示在平面图上。

2. 观察以上建筑物中变形缝在墙体、楼地层、屋顶的构造处理，说明其异同点。

3. 绘制上述建筑变形缝在墙体、楼地层、屋顶处的盖缝构造，并说明其盖缝材料及处理方法。

模块9 单 层 工 业 厂 房

任务1 认识单层工业厂房

学习目标

★ 能够对工业建筑进行分类；掌握工业建筑的结构组成；能对横向排架结构单层工业厂房进行定位轴线的划分。

任务描述

★ 重点掌握工业建筑的特点及单层工业厂房的定位方法。

任务分析

★ 什么是工业建筑，工业建筑的分类，横向排架结构的单层工业厂房的结构组成及单层工业厂房的定位轴线。

工业建筑是各类工厂为工业生产需要而建造的各种不同用途的建筑物和构筑物的总称。从事工业生产的房屋主要包括生产厂房、辅助生产用房及为生产提供动力的房屋，这些房屋称为“厂房”或“车间”。

1.1 工业建筑的分类

1.1.1 按厂房的用途分类

1. *主要生产厂房*

用于完成主要产品从原料到成品的整个加工、装配过程的各类厂房。例如，机械制造厂的铸造车间、热处理车间、机械加工车间和机械装配车间；钢铁厂的烧结、焦化、炼铁、炼钢车间等。

2. *辅助生产厂房*

为主要生产车间服务的各类厂房，如机械制造厂的机械修理车间、电机修理车间、工具车间等。

3. *动力用厂房*

动力用厂房是为主要生产厂房提供能源的场所，如发电站、锅炉房、煤气站等。

4. *储藏用建筑*

储藏各种原材料、半成品、成品的仓库，如机械厂的金属材料库、油料库、辅助材料库、半成品库及成品库等。

5. 运输用建筑

用于停放、检修各种交通运输工具用的房屋，如机车库、汽车库、电瓶车库、起重车库、消防车库和站场用房等。

6. 其他

包括解决厂房给水、排水问题的水泵房、污水处理站等。

1.1.2 按生产状况分类

(1) 冷加工车间。在正常温度、湿度条件下进行生产的车间，如机械加工、机械装配、工具、机修等车间。

(2) 热加工车间。在高温状态下生产，往往会散发出大量余热、烟雾、灰尘和有害气体，如铸造、煤钢、轧钢、锅炉房等。

(3) 恒温恒湿车间。用于在恒温（20℃左右）、恒湿（相对湿度为50%～60%）条件下进行生产的车间，如纺织车间、精密仪器车间、酿造车间等。

(4) 洁净车间。指在无尘无菌、无污染的高度洁净状况下进行生产的车间，如医药工业中的粉针剂车间、集成电路车间等。

(5) 其他特种状况的车间。指有特殊条件要求的车间，如有大量腐蚀性物质、有放射性物质、高度隔声、防电磁波干扰车间等。

1.1.3 按层数分类

1. 单层厂房

单层厂房是工业建筑的主体，多用于机械制造工业、冶金工业和其他重工业等，如图9-1-1所示。

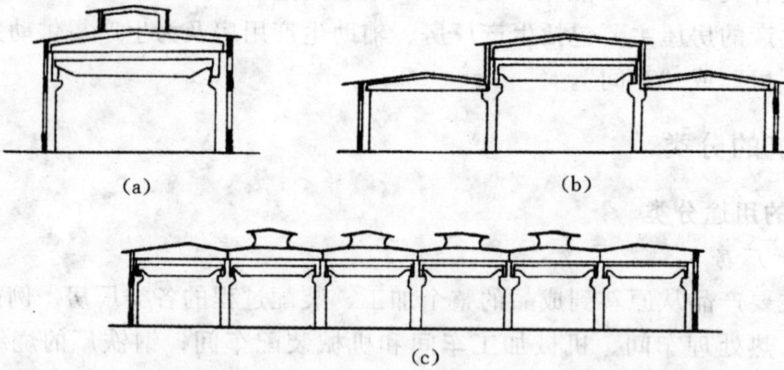

图 9-1-1 单层厂房

(a) 单跨；(b) 高低跨；(c) 多跨

2. 多层厂房

一般为2～5层，多用于精密仪表、电子、食品、服装加工工业等，如图9-1-2所示。

3. 混合层数厂房

同一厂房内既有单层又有多层的厂房称为混合层数厂房。多用于化学工业、热电站等，如热电厂的主厂房、汽轮发电机设在单层跨内，其他为多层厂房，如图9-1-3所示。

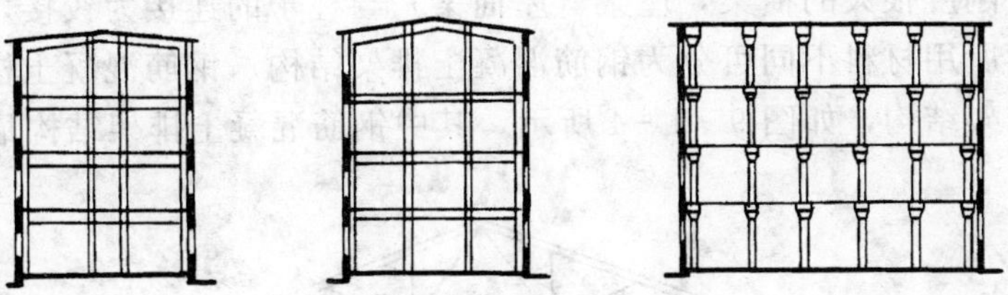

图 9-1-2 多层厂房

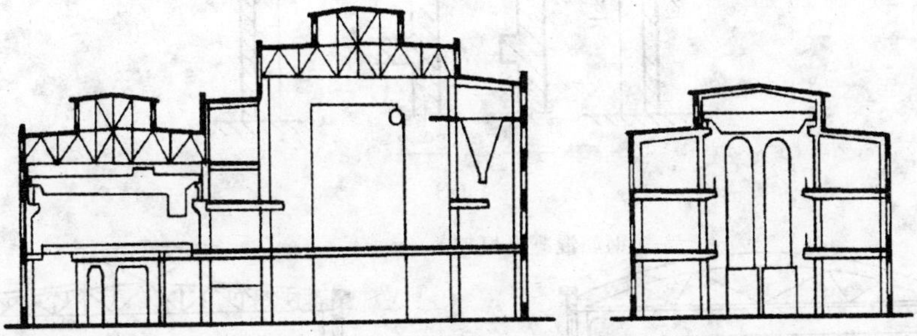

图 9-1-3 混合层数厂房

1.2 工业建筑的特点

1. 厂房要满足生产工艺流程的要求

因为每一种工业产品的生产都有它一定的生产程序，这种程序称之为生产工艺流程。而生产工艺流程的要求是厂房平面布置和形式的主要依据之一。

2. 工业建筑常要求有较大的内部空间

由于厂房内生产设备多且尺寸较大，并有多种起重运输设备，有的要加工巨型产品，有各类交通运输工具进出车间，因而厂房内部大多具有较大的开敞空间。

3. 厂房的建筑构造比较复杂

大多数单层厂房采用多跨的平面组合形式，内部有不同类型的起吊运输设备，由于采光通风等缘故，采用组合式侧窗、天窗，使屋面排水、防水、保温、隔热等建筑构造的处理复杂化，技术要求比较高。

4. 满足特殊方面的要求

有的厂房为保证生产正常，要求保持一定的温度、湿度或要求防尘、防振、防爆、防菌、防放射线等，必要时采取相应的特殊技术措施。

1.3 单层工业厂房的结构

1.3.1 单层厂房结构类型

单层厂房按主要承重结构的形式划分，主要有排架结构、刚架结构。

1. 排架结构

排架结构是由柱子、基础、屋架（屋面梁）构成的一种骨架体系。它的基本特点是把屋架看成为一个刚度很大的横梁，屋架（屋面梁）与柱子的连接为铰接，柱子与基础的连接为刚接。依其所用材料不同可分为钢筋混凝土排架结构、钢筋混凝土柱和钢屋架组成的排架结构和砖排架结构，如图 9-1-4 所示，其中钢筋混凝土排架结构最为常见。

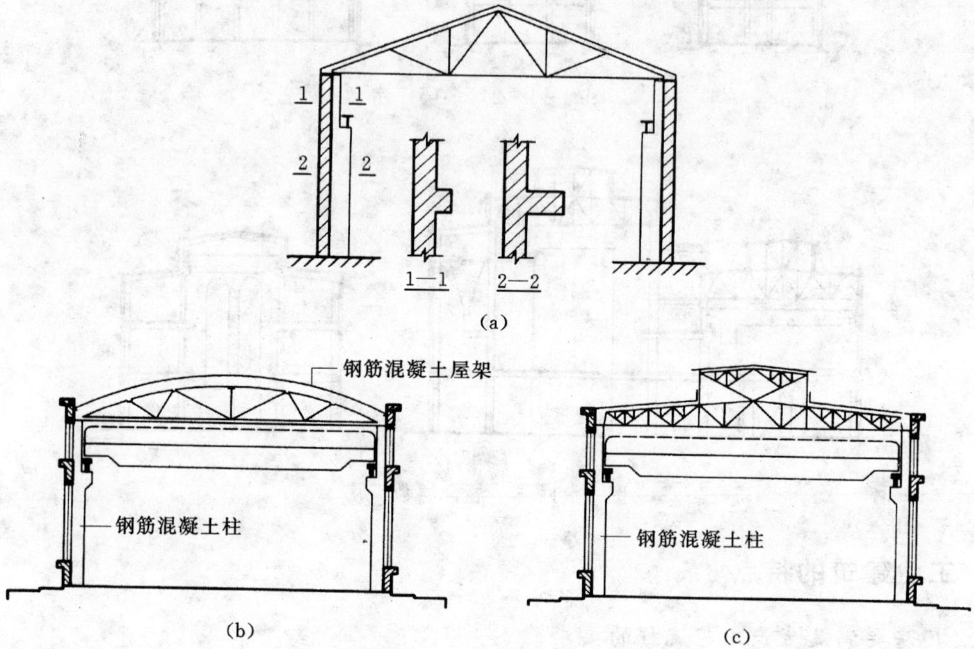

图 9-1-4　排架结构

(a) 砖排架结构；(b) 钢筋混凝土排架结构；(c) 钢屋架与钢筋混凝土柱排架结构

2. 刚架结构

刚架结构是将屋架（屋面梁）与柱子合并成为一个构件。柱子与屋架（屋面梁）连接处为一整体刚性节点，柱子与基础的连接为铰接节点，如图 9-1-5 所示。

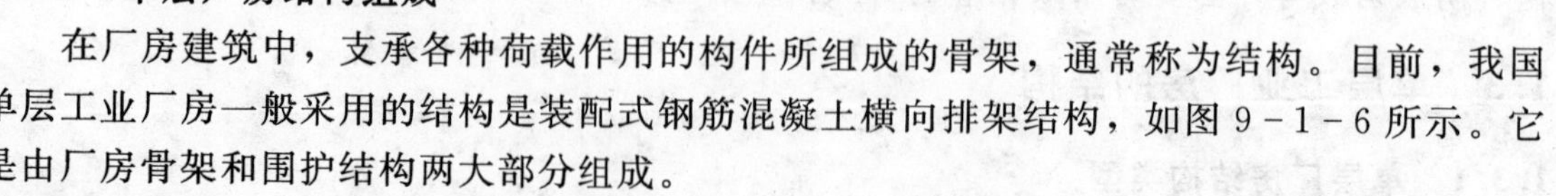

图 9-1-5　刚架结构

1.3.2　单层厂房结构组成

在厂房建筑中，支承各种荷载作用的构件所组成的骨架，通常称为结构。目前，我国单层工业厂房一般采用的结构是装配式钢筋混凝土横向排架结构，如图 9-1-6 所示。它是由厂房骨架和围护结构两大部分组成。

1.3.2.1　厂房骨架

1. 横向排架

(1) 屋架（屋面梁）。屋架是屋盖结构的主要承重构件，承受屋盖上的全部荷载，并

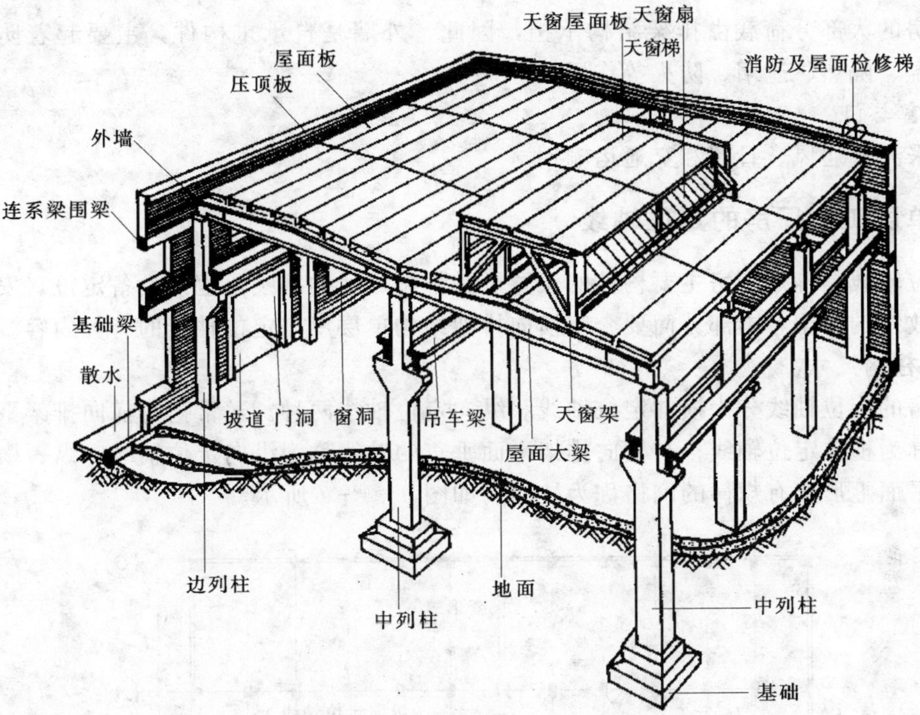

图 9-1-6　单层厂房的结构组成

将荷载传给柱子。

(2) 排架柱。排架柱是厂房结构的主要承重构件，承受屋架、吊车梁、支承、连系梁和外墙传来的荷载，并把它传给基础。

(3) 基础。承受柱和基础梁传来的全部荷载，并将荷载传给地基。

2. 纵向连系构件

(1) 吊车梁。承受吊车和起重的重量及运行中所有的荷载（包括吊车起动或刹车产生的横向、纵向刹车力），并将其传给框架柱。

(2) 基础梁。承受上部墙体重量，并把它传给基础。

(3) 连系梁。连系梁是厂房纵向柱列的水平连系构件，用以增加厂房的纵向刚度，承受风荷载和上部墙体的荷载，并将荷载传给纵向柱列。

(4) 屋面板。直接承受板上的各类荷载（包括屋面板自重，屋面覆盖材料，雪、积灰及施工检修等荷载），并将荷载传给屋架。

3. 支承系统构件

加强厂房的空间整体刚度和稳定性，它主要传递水平荷载和吊车产生的水平刹车力。

1.3.2.2　围护结构

1. 抗风柱

同山墙一起承受风荷载，并把荷载中的一部分传到厂房纵向柱列上去，另一部分直接传给基础。

2. 外墙

厂房的大部分荷载由排架结构承担，因此，外墙是自承重构件，主要起着防风、防雨、保温、隔热、遮阳、防火等作用。

3. 窗与门

供采光、通风、日照和交通运输用。

1.4 单层工业厂房的定位轴线

定位轴线是确定厂房主要构件的位置及其标志尺寸的基线，也是设备定位、安装及厂房施工放线的依据，本部分简要介绍横向排架结构单层厂房定位轴线的有关内容。

1.4.1 柱网尺寸

厂房的定位轴线分为横向定位轴线和纵向定位轴线两种。通常把与横向排架平面平行的轴线称为横向定位轴线；与横向排架平面垂直的轴线称为纵向定位轴线。纵、横向定位轴线在平面上形成有规律的网格称为柱网，如图 9-1-7 所示。

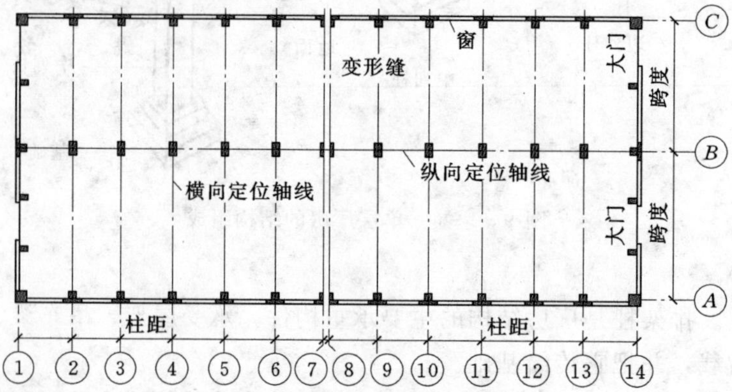

图 9-1-7 单层厂房柱网布置

1. 柱距

两横向定位轴线的距离称为柱距。单层厂房的柱距应采用 60M 数列，如 6m、12m，一般情况下均采用 6m。抗风柱柱距宜采用 15M 数列，如 4.5m、6m、7.5m。

2. 跨度

两纵向定位轴线间的距离称为跨度。单层厂房的跨度在 18m 及 18m 以下时，取 30M 数列，如 9m、12m、15m、18m；在 18m 以上时，取 60M，如 24m、30m、36m 等。

与民用建筑相同的是，适当扩大柱网可以有效提高工业建筑面积的利用率；有利于大型设备的布置及产品的运输；能提高工业建筑的通用性，适应生产工艺的变更及设备的更新；有利于提高吊车的服务范围；减少建筑结构构件的数量，加快建设的进度，提高效率。

1.4.2 定位轴线的确定

1.4.2.1 横向定位轴线

(1) 除了靠山墙的端部柱和横向变形缝两侧柱外，厂房纵向柱列中的中间柱的中心线应与横向定位轴线相重合，如图 9-1-8 所示。

(2) 山墙为非承重墙时，墙内缘与横向定位轴线相重合，且端部柱应自横向定位轴线向内移动 600mm，如图 9-1-9 所示。

(3) 在横向伸缩缝或防震缝处，应采用双柱及两条定位轴线，且柱的中心线均应自定位轴线向两侧各移 600mm，如图 9-1-10 所示。两定位轴线的距离叫插入距，用 a_i 表示，一般等于变形缝宽度 a_e。

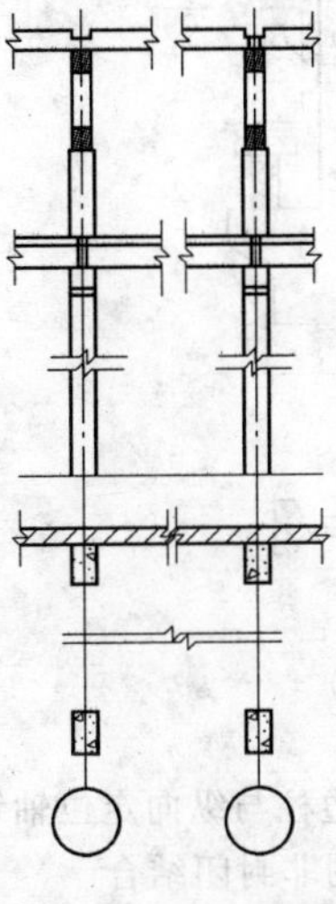

图 9-1-8 中间柱与横向定位轴线的关系

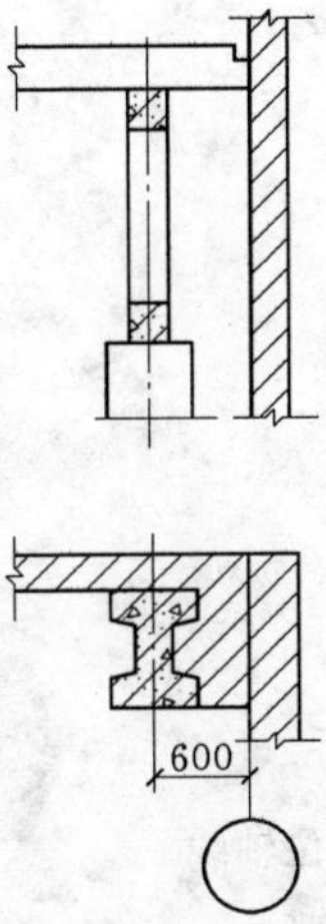

图 9-1-9 非承重山墙与横向定位轴线的关系

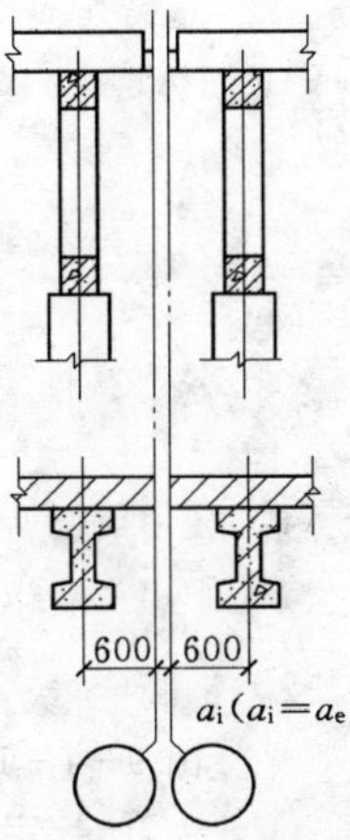

图 9-1-10 变形缝处柱与定位轴线的关系

1.4.2.2 纵向定位轴线

1. 外墙、边柱的定位轴线

在支承梁式或桥式吊车厂房设计中，由于屋架和吊车的设计制作都是标准化的，建筑设计应满足

$$L = L_k + 2e \tag{9-1}$$

式中 L——屋架跨度，即纵向定位轴线之间的距离；

L_k——吊车跨度，也就是吊车的轮距，可查吊车规格资料；

e——纵向定位轴线至吊车轨道中心线的距离，一般为 750mm，当吊车为重级工作制需要设安全走道板或吊车起重量大于 50t 时，可采用 1000mm。

(1) 封闭结合。当结构所需的上柱截面高度 h、吊车桥架端头长度 B 及吊车安全运行时所需桥架端头与上柱内缘的间隙 C_b 三者之和小于吊车轨道中心线至厂房纵向定位轴线间的距离 e，即 $h+B+C_b \leqslant e$ 时，边柱外缘、墙内缘宜与纵向定位轴线相重合，此时屋架端部与墙内缘也重合，形成"封闭结合"的构造，如图 9-1-11 所示。

如桥式吊车起重量不大于 20t，柱距为 6m 条件下的厂房，一般为封闭式结合。封闭结合的屋面板可全部采用标准板，不需设补充构件，具有构造简单、施工方便等优点。

(2) 非封闭结合。当 $h+B+C_b>e$，此时若继续采用"封闭结合"的定位办法，便不能满足吊车安全运行所需间隙要求。因此需将边柱的外缘从纵向定位轴线向外移出一定尺

寸 a_c，这个尺寸 a_c 称为联系尺寸。由于纵向定位轴线与柱子边缘间有联系尺寸，上部屋面板与外墙之间便出现空隙，这种情况称为非封闭结合，如图 9-1-12 所示。

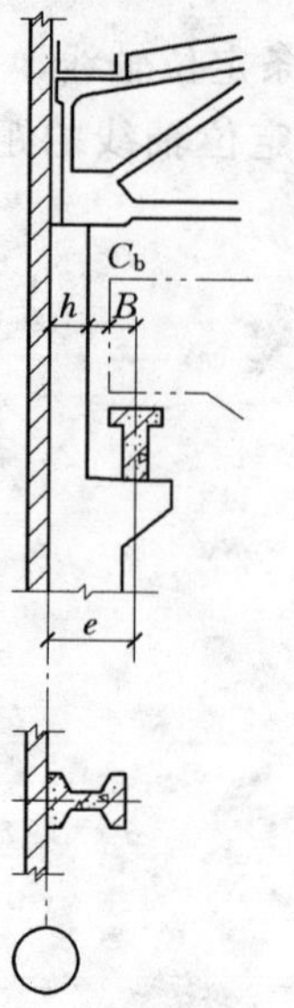

图 9-1-11　边柱与纵向定位轴线定位中的封闭结合

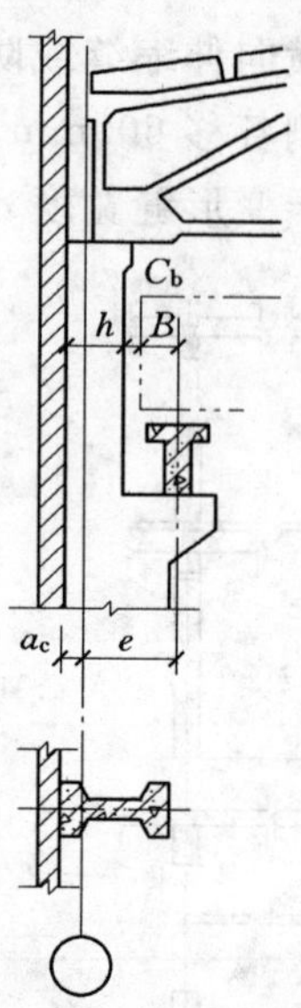

图 9-1-12　边柱与纵向定位轴线定位中的非封闭结合

2. 中柱与纵向定位轴线的关系

（1）等高厂房中柱设单柱时的定位。双跨及多跨厂房中如没有纵向变形缝时，宜设置单柱和一条纵向定位轴线，且上柱的中心线与纵向定位轴线相重合，如图 9-1-13（a）所示。当相邻跨内的桥式吊车起重量较大时，设两条定位轴线，两轴线间距离（插入距）用 a_i 表示，此时上柱中心线与插入距中心线相重合，如图 9-1-13（b）所示。

（2）等高厂房中柱设双柱时的定位。若厂房需设置纵向防震缝时，应采用双柱及两条定位轴线，此时的插入距 a_i 与相邻两跨吊车起重量大小有关。若相邻两跨吊车起重量不大，其插入距 a_i 等于防震缝宽度 a_e，如图 9-1-14（a）所示，若相邻两跨中，一跨吊车起重量大，必须在这跨设联系尺寸 a_c，此时插入距 $a_i = a_e + a_c$，如图 9-1-14（b）所示；若相邻两跨吊车起重量都大，两跨都需设联系尺寸 a_c。此时插入距 $a_i = a_c + a_e + a_c$，如图 9-1-14（c）所示。

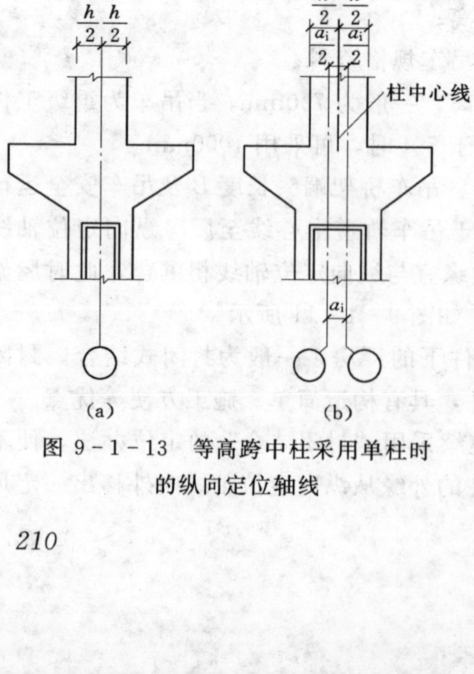

图 9-1-13　等高跨中柱采用单柱时的纵向定位轴线

（3）不等高跨中柱设单柱时的定位。不等高跨不设纵向伸缩缝时，一般采用单柱，若高跨内吊车起重量不大时，根据封墙底面的高低，可以有两种情况。如封墙底面高于低跨屋面，

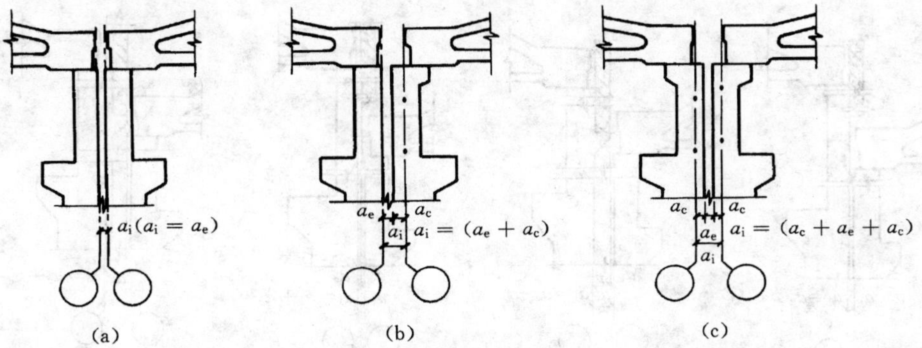

图 9-1-14 等高跨中采用双柱时的纵向定位轴线

宜采用一条纵向定位轴线，且纵向定位轴线与高跨上柱外缘、封墙内缘及低跨屋架标志尺寸端部相重合，如图 9-1-15（a）所示。若封墙底面低于跨屋面时，应采用两条纵向定位轴线，且插入距 a_i 等于封墙厚度 t，即 $a_i=t$，如图 9-1-15（b）所示。

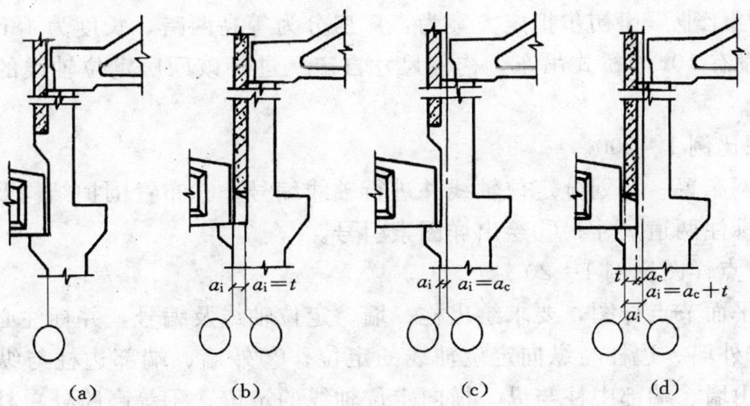

图 9-1-15 高、低跨处单柱与纵向定位轴线的关系

当高跨吊车起重量大时，高跨中需设联系尺寸 a_c，此时定位轴线也有两种情况。若封墙底面高于低跨屋面时，$a_i=a_c$，如图 9-1-15（c）所示，若封墙底面低于低跨屋面时，$a_i=a_c+t$，如图 9-1-15（d）所示。

（4）不等高跨中柱设双柱时的定位。当不等高跨高差或荷载相差悬殊需设沉降缝时，此时只能采用双柱及两条定位轴线，其插入距 a_i 分别与吊车起重量大小、封墙高低有关。

若高跨吊车起重量不大，封墙底面高于低跨屋面时，插入距 a_i 等于沉降缝宽度 a_e，即 $a_i=a_e$，如图 9-1-16（a）所示；封墙底面低于低跨屋面时，插入距 a_i 等于沉降缝宽度 a_e 加上封墙厚度 t，即 $a_i=a_e+t$，如图 9-1-16（b）所示。

若高跨吊车起重量较大，高跨内需设联系尺寸 a_c，此时当封墙底面高于低跨屋面时，$a_i=a_e+a_c$，如图 9-1-16（c）所示；当封墙底面低于低跨屋面时，$a_i=a_c+a_e+t$，如图 9-1-16（d）所示。

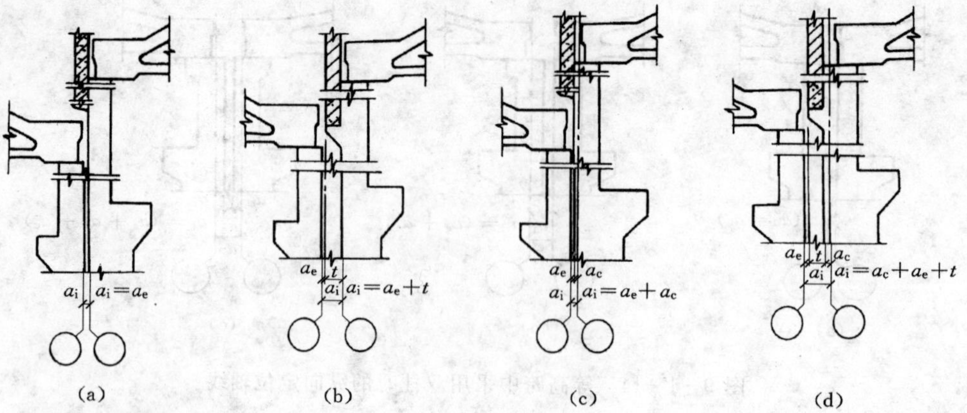

图 9-1-16 高、低跨处双柱与纵向定位轴线的关系

任务实施

(1) 参观单层工业厂房，按分类方法进行分类并认识各组成部分。

(2) 某单层工业厂房初步拟定方案为：厂房分为等高两跨，长度为48m，每跨跨度为12m，两跨均设有10t的桥式吊车。构件尺寸自定。进行该厂房定位轴线的确定并用2号图纸绘图。

1) 平面图比例1∶200。

①进行柱网布置；②划分定位轴线并进行轴线编号；③布置围护结构及门窗，入口处布置坡道；④标注两道尺寸；⑤绘出详图索引号。

2) 平面节点详图比例1∶20。

绘出5个平面节点详图，要求绘出柱、墙、定位轴线及编号，并标注必要的尺寸（或文字代号)：①外墙、边柱与纵向定位轴线的定位；②外墙、端部边柱与纵、横向定位轴线的定位；③山墙、端部中柱与纵、横向定位轴线的定位；④等高跨处单柱与定位轴线的定位；⑤山墙、抗风柱与定位轴线的定位。

任务2 单层工业厂房的结构构件

学习目标

★ 掌握单层工业厂房的结构构件的构造要点。

任务描述

★ 能够掌握屋盖、排架柱与抗风柱、基础和基础梁、吊车梁、连系梁、圈梁、支承系统的选用原则，识读并绘制它们的构造详图。

任务分析

★ 屋盖、排架柱与抗风柱、基础和基础梁、吊车梁、连系梁、圈梁、支承系统的作用、类型、构造要点及详图。

2.1　屋盖

2.1.1　屋盖承重构件

屋盖承重构件主要包括屋面梁和屋架，具体形式如图 9－2－1 所示。

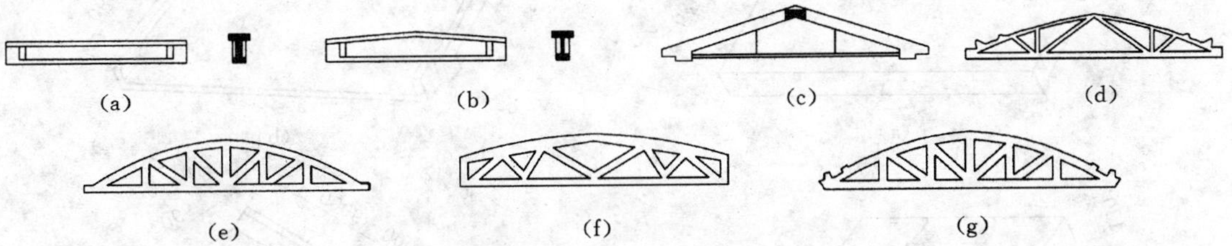

图 9－2－1　屋架的形式

(a) 钢筋混凝土屋面梁；(b) 预应力钢筋混凝土屋面梁；(c) 预应力钢筋混凝土三铰拱屋架；(d) 钢筋混凝土组合屋架；(e) 预应力钢筋混凝土拱形屋架；(f) 预应力钢筋混凝土梯形屋架；(g) 预应力钢筋混凝土折线形屋架

1. 屋面梁

屋面梁可用于单坡或双坡屋面，用于单坡屋面的跨度有 6m、9m 和 12m 等 3 种，用于双坡屋面的跨度有 9m、12m、15m 和 18m 等 4 种。屋面坡度较平缓，一般为 1/10。

2. 屋架

(1) 桁架式屋架。当厂房跨度较大时，采用桁架式屋架较经济。桁架式屋架外形通常有三角形、梯形、拱形、折线形等几种形式。

(2) 两铰拱及三铰拱屋架。两铰拱屋架支座节点为铰接，顶节点为刚接；三铰拱屋架的支座节点和顶部节点均为铰接。这类屋架杆件减少，构造简单，上弦可采用钢筋混凝土或预应力混凝土杆件，下弦则多采用角钢或钢筋。这种屋架刚度较差，不宜用于振动较大和重型的厂房。

(3) 钢筋混凝土两铰拱屋架适用于屋架间距为 6m，跨度为 12m、15m，屋面坡度为 1/4 的非卷材防水屋面的工业厂房。屋架上可铺设预应力大型屋面板或预应力 F 形屋面板。这种屋架一般用于不大于 100kN 的中轻级桥式吊车的车间。

(4) 钢筋混凝土三角拱屋架的适用条件基本与两铰拱屋架相同，仅其顶部节点为铰接。

3. 屋架与柱的连接

屋架与柱的连接方法有焊接和螺栓连接，如图 9－2－2 所示。

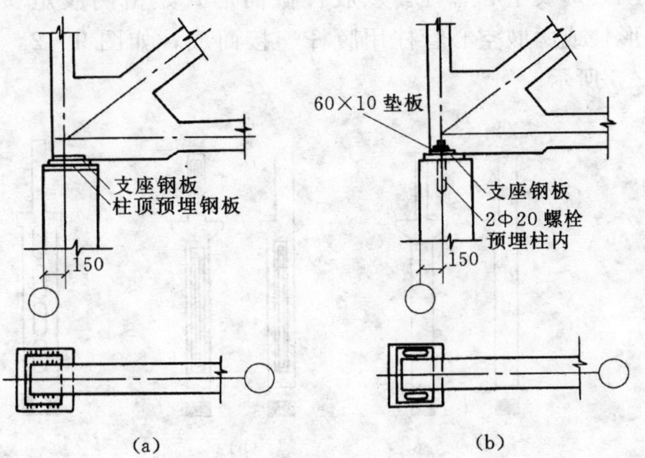

图 9－2－2　屋架与柱的连接

(a) 焊接；(b) 螺栓连接

2.1.2　屋盖覆盖构件

屋面板的类型如图 9－2－3 所

示。每块板与屋架（屋面梁）上弦相应处预埋铁件相互焊接，其焊点不少于 3 点，板与板缝隙均用 C20 细石混凝土填实，如图 9－2－4 所示。

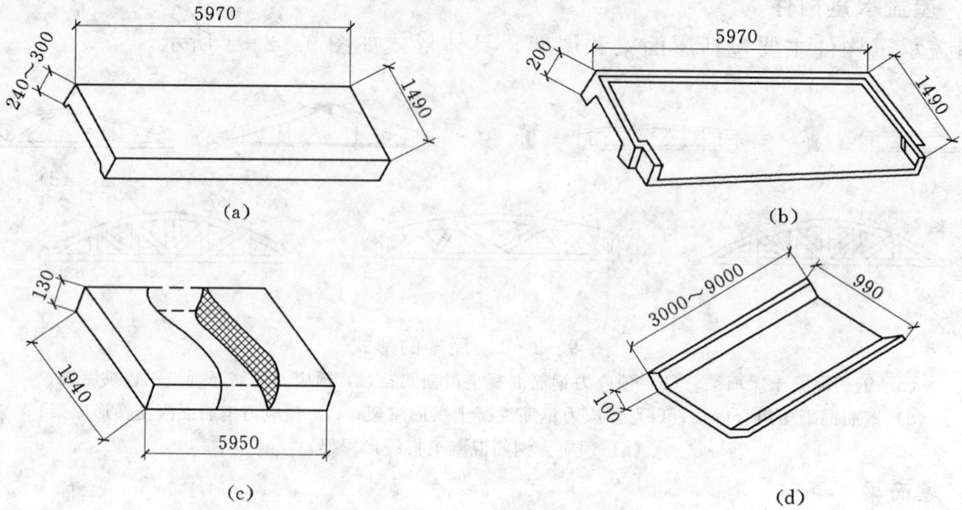

图 9－2－3　屋面板的类型

（a）大型屋面板；（b）预应力 F 形屋面板；（c）预应力混凝土夹心保温屋面板；（d）钢筋混凝土槽瓦

2.2　排架柱与抗风柱

2.2.1　排架柱

1. 柱的类型

柱按所用的材料不同可分为钢筋混凝土柱、钢柱等，目前钢筋混凝土柱应用最为广泛。

单层工业厂房钢筋混凝土柱，基本上可分为单肢柱和双肢柱两大类。单肢柱截面形式有矩形、工字形及空心管柱。双肢柱截面形式是由两肢矩形柱或两肢空心管柱用腹杆连接而成，如图 9－2－5 所示。

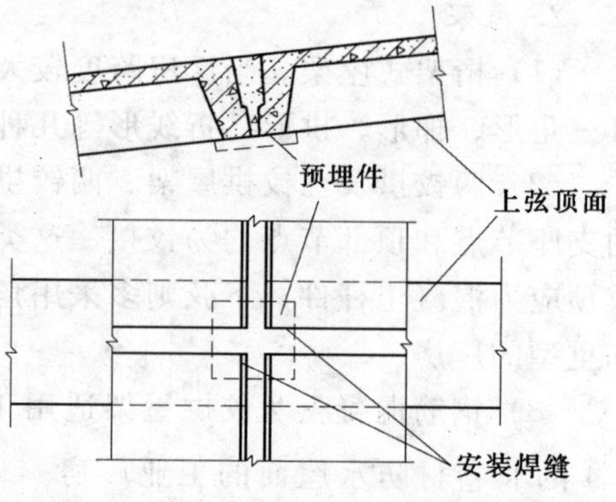

图 9－2－4　屋面板与屋架的连接

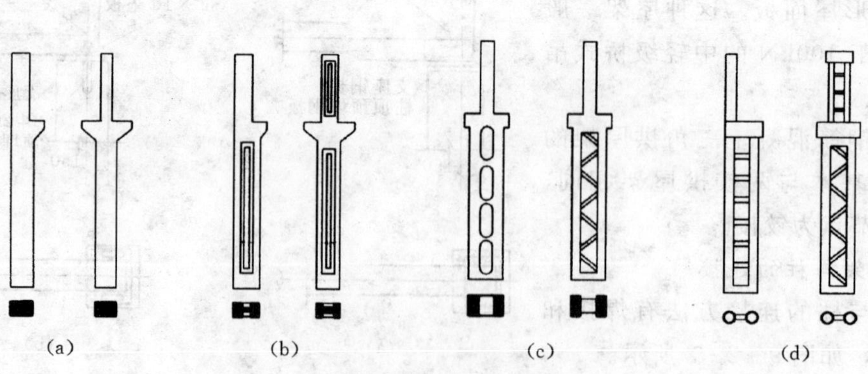

图 9－2－5　柱子的类型

（a）矩形柱；（b）工字形柱；（c）双肢柱；（d）管柱

2. 柱的构造

(1) 工字形柱。为了加强吊装和使用时的整体刚度，在柱与吊车梁、柱间支承连接处、柱顶部、柱脚处均做成矩形截面。工字形柱截面构造尺寸及外形要求如图 9-2-6 所示。

(2) 双肢柱。双肢柱的截面构造尺寸及外形要求如图 9-2-7 所示。

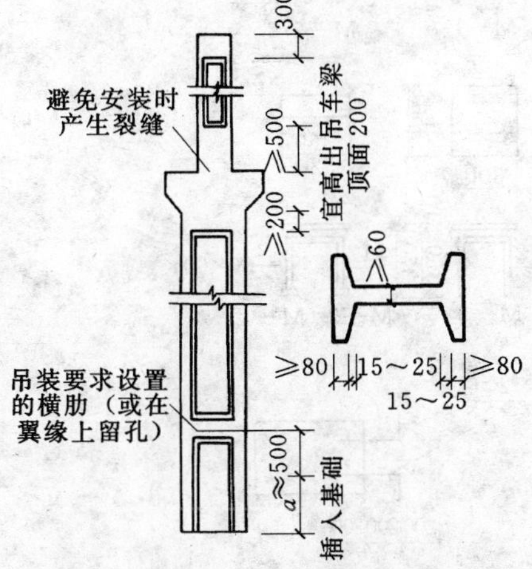

图 9-2-6　工字形柱截面构造尺寸

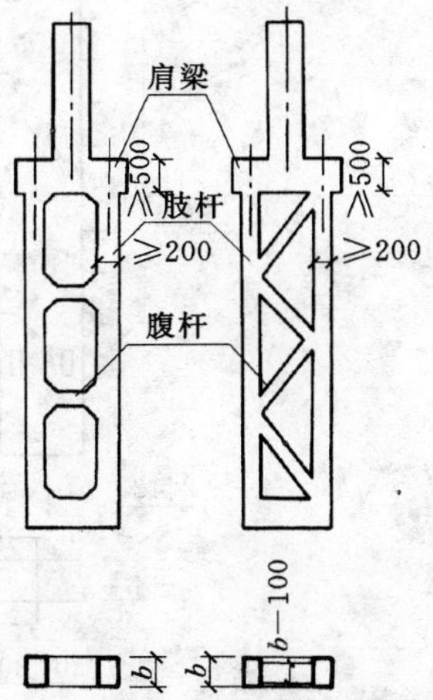

图 9-2-7　双肢柱截面构造尺寸

(3) 牛腿。实腹式牛腿的构造要求。

1) 牛腿外缘高度 h_k 应不小于 $h/3$，且不少于 200mm。

2) 支承吊车梁的牛腿，其外缘与吊车梁的距离不宜小于 70mm（其中包括 20mm 的施工误差）。

3) 牛腿挑出距离 $C>100$mm 时，牛腿底面的倾斜角 β，宜不大于 45°；当 $C\leqslant 100$mm 时，β 可等于 0°，具体如图 9-2-8 所示。

(4) 柱的预埋件。为使柱与其他构件有可靠的连接，在柱的相应位置应预埋铁件或预埋钢筋，预埋铁件的位置及作用如图 9-2-9 所示。

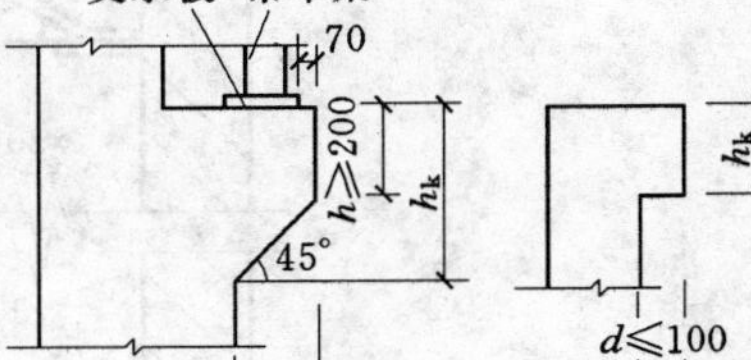

图 9-2-8　实腹式牛腿的构造

2.2.2　抗风柱

单层工业厂房的山墙面积很大，为保证山墙的稳定性，应在山墙内侧设置抗风柱，使山墙的风荷载一部分由抗风柱传至基础，另一部分由抗风柱的上端传至屋盖系统再传至纵向柱列。

抗风柱截面形式常为矩形，尺寸常为 400mm×600mm 或 400mm×800mm。抗风柱与屋架的连接多为铰接，在构造处理上必须满足以下要求：一是水平方向应有可靠的连接，以保证有效地传递风荷载；二是在竖向应使屋架与抗风柱之间有一定的相对竖向位移的可能性，以防止抗风柱与厂房沉降不均匀时屋盖的竖向荷载传给抗风柱，对屋盖结构产生不利影响。因此屋架与抗风柱之间一般采用弹簧钢板连接，如图 9-2-10。房屋沉降较大时，则宜采用螺栓连接。

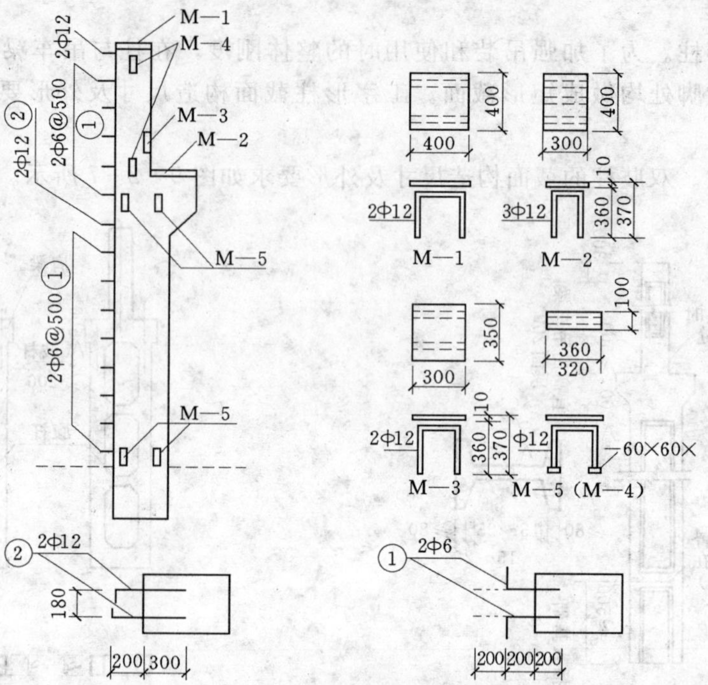

图 9-2-9　柱的预埋铁件

M—1—与屋架连接用埋件；M—2、M—3—与吊车梁连接用埋件；M—4、M—5—与柱间支承连接用埋件；2ϕ6@500—与墙体连接用钢筋；2ϕ12—与连系梁或圈梁连接用钢筋

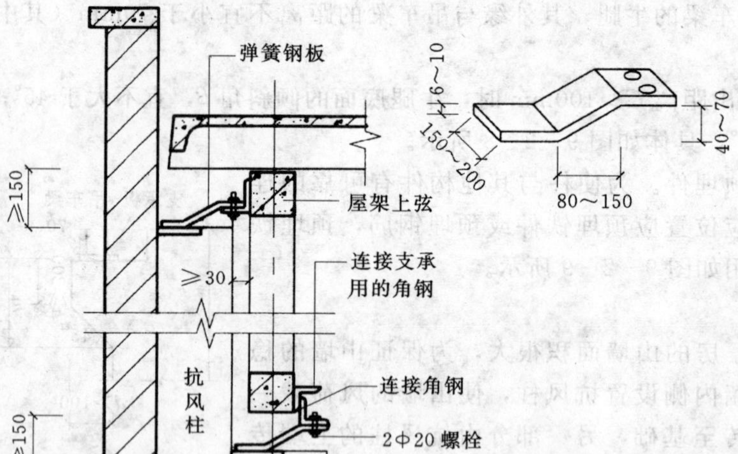

图 9-2-10　抗风柱与屋架的连接

2.3　基础与基础梁

基础承受厂房上部结构的全部荷载，然后传递到地基中去，因此基础起着承上传下的作用，是厂房结构中的重要构件之一。

2.3.1　基础

单层工业厂房的基础一般做成独立式基础，其形式有锥台形基础、板肋基础、薄壳基础等。当上部结构荷载较大而地基承载力较小时，如采用杯形基础，由于底面积过大，致使相邻基础很近时，则可采用条形基础；或地基土的层理构造复杂，为防止基础的不均匀沉降，也可以采用条形基础。当地基的持力层离地表很深，上部结构的荷载又很大，且对地基的变形限制较严格时，可考虑采用桩基础等。

无论柱为现场浇筑还是预制，基础均为现场浇筑。当柱为预制时，基础的顶部做成杯口形式，柱安装在杯口内，这种基础称为杯形基础（预制柱下独立基础），是目前单层工业厂房应用最广泛的一种形式，如图 9－2－11 所示。

为了便于柱的安装，杯口尺寸应大于柱的截面尺寸，周边留有空隙；杯口顶应比柱每边大 75mm；杯口底应比柱每边大 50mm；杯口深度应按结构的要求确定。在柱底面与杯口面之间还应预留 50mm 的找平层，在柱就位前用高标号细石混凝土找平。杯口内表面应尽量凿毛，杯口与柱子四周缝隙用 C20 细石混凝土填实。基础杯口底板厚度一般应不小于 200mm。基础杯壁厚度一般应不小于 200mm。基础杯口的顶面标高，至少应低于室内地坪 500mm。

基础所用材料混凝土的强度等级一般不低于 C15，钢筋采用Ⅰ级钢筋或Ⅱ级变形钢筋。为了便于施工放线和保护钢筋，在基础底部通常铺设 C10 的混凝土垫层，厚度为 100mm。独立式基础的施工，目前仍普遍采用现场浇筑的方法。

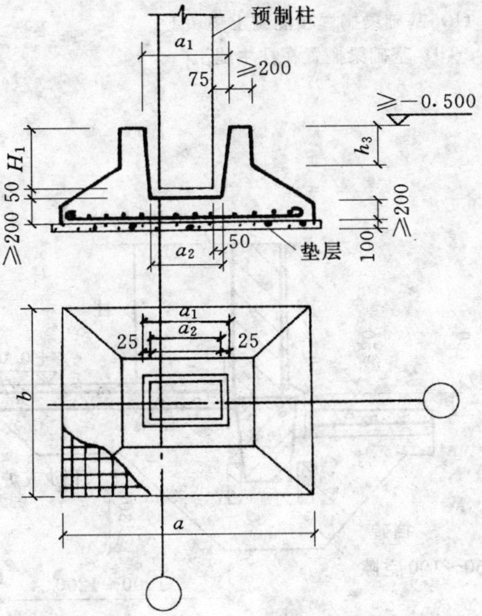

图 9－2－11　柱下独立基础

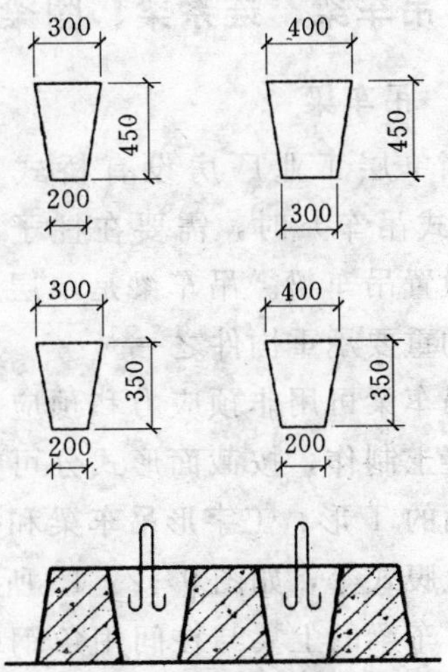

图 9－2－12　基础梁的断面形式

2.3.2 基础梁

当单层厂房采用钢筋混凝土排架结构时，外墙和内墙就仅起围护或隔离作用，如果外墙或内墙自设基础，则由于它所承重的荷载比柱基础小得多，容易与柱产生不均匀沉降，而导致墙面开裂。因此一般厂房常将外墙或内墙砌筑在基础梁上，基础梁两端架设在相邻独立基础上。这样可使内、外墙和柱一起沉降，墙面不易开裂。

基础梁的标志尺寸一般为6m，截面形式多采用上宽下窄的梯形截面，有预应力与非预应力钢筋混凝土两种，如图9-2-12所示。

基础梁搁置的构造要求：

(1) 基础梁顶面标高应至少低于室内地坪50mm，比室外地坪至少高100mm。

(2) 基础梁一般直接搁置在基础顶面上，当基础较深时，可采取加垫块、设置高杯口基础或在柱下部分加设牛腿等措施，如图9-2-13所示。

(3) 基础产生沉降时，梁底的坚实土壤也对基础梁产生反拱作用；寒冷地区土壤冻胀将对基础梁产生反拱作用，因此在基础梁底部应留有50～100mm的空隙，寒冷地区基础梁底铺设厚度不小于300mm的松散材料，如矿渣、干砂，如图9-2-14所示。

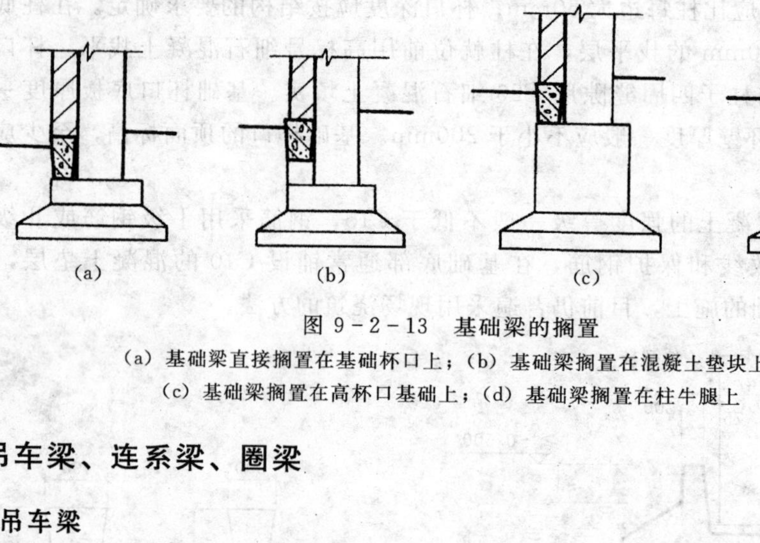

图9-2-13 基础梁的搁置

(a) 基础梁直接搁置在基础杯口上；(b) 基础梁搁置在混凝土垫块上；
(c) 基础梁搁置在高杯口基础上；(d) 基础梁搁置在柱牛腿上

2.4 吊车梁、连系梁、圈梁

2.4.1 吊车梁

当单层工业厂房设有桥式吊车(或梁式吊车)时，需要在柱子的牛腿处设置吊车梁。吊车梁是单层工业厂房的重要承重构件之一。

吊车梁可用非预应力和预应力钢筋混凝土制作，按截面形式分可分为等截面的T形、工字形吊车梁和变截面的鱼腹式等，如图9-2-15所示。

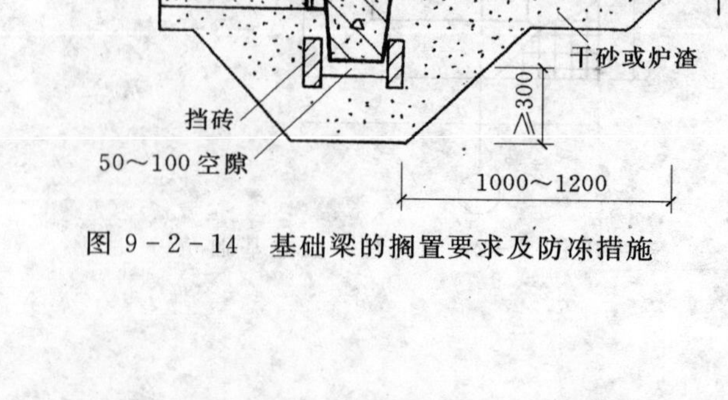

图9-2-14 基础梁的搁置要求及防冻措施

吊车梁的上翼与柱间用角钢或钢板连接，吊车梁下部在安装前应焊上

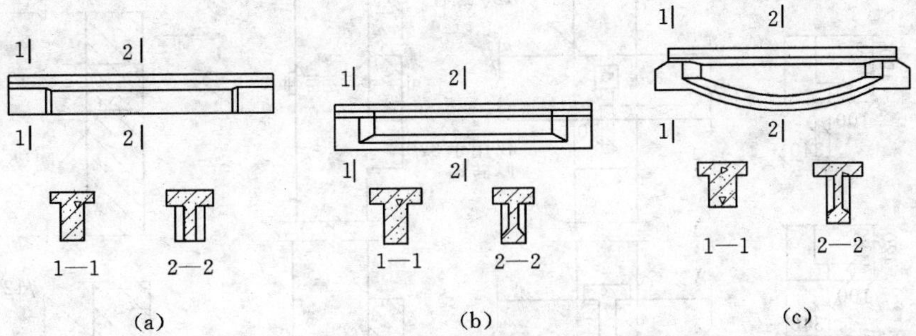

图 9-2-15　吊车梁类型

(a) 等截面形吊车梁；(b) 等截面工字形吊车梁；(c) 等截面鱼腹式吊车梁

一块钢垫板，并与柱牛腿上的预埋钢板焊牢，吊车梁与柱子空隙以 C20 混凝土填实，如图 9-2-16 所示。

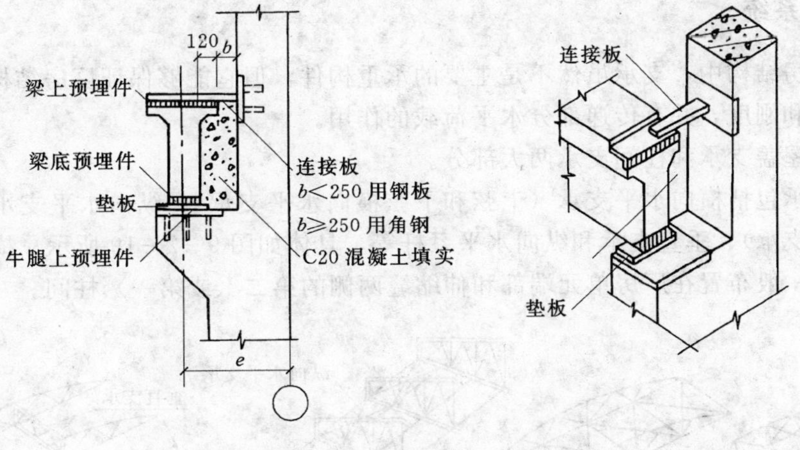

图 9-2-16　吊车梁与柱的连接

2.4.2　连系梁

连系梁是柱与柱之间在纵向的水平连系构件。当墙体高度超过 15m 时，须在适当的位置设置连系梁。其作用是加强结构的纵向刚度和承受其上面墙体的荷载，并将荷载传给柱子。

连系梁与柱子的连接，可以采用焊接或螺栓连接，其截面形式有矩形和 L 形，如图 9-2-17 所示。

2.4.3　圈梁

圈梁是连续、封闭、在同一标高上设置的梁，作用是将砌体同厂房排架的柱、抗风柱连在一起，加强厂房的整体刚度及墙的稳定性。圈梁应在墙内，位置通常设在柱顶、吊车梁、窗过梁等处。圈梁应与柱子伸出的预埋筋进行连接，具体构造如图 9-2-18 所示。

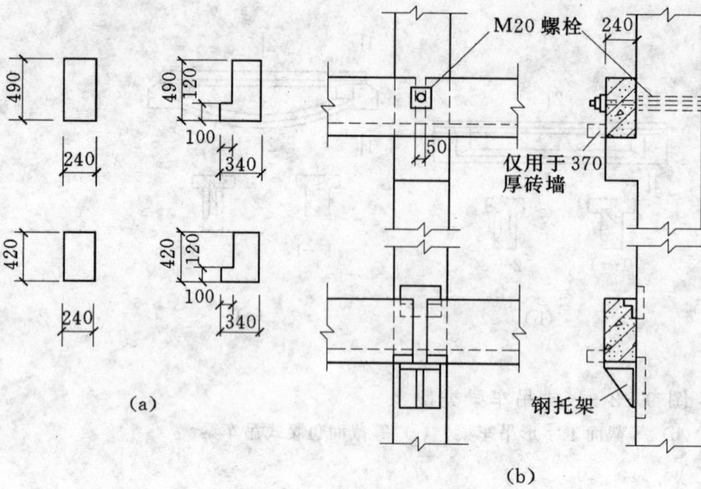

图 9-2-17 连系梁

(a) 连系梁截面形式及尺寸；(b) 连系梁与柱的连接

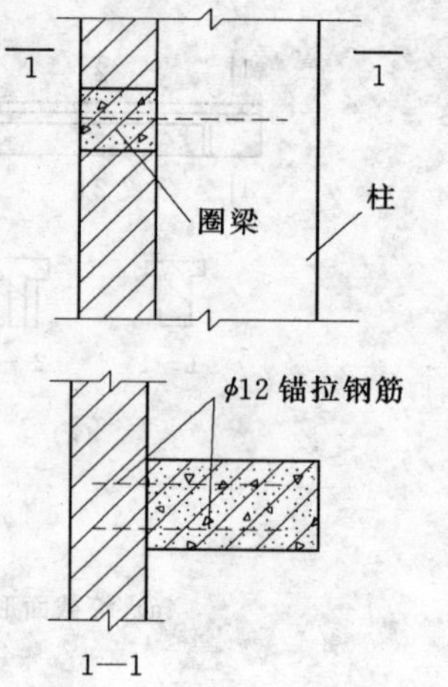

图 9-2-18 圈梁与柱的连接

2.5 支承系统

单层厂房结构中，支承虽然不是主要的承重构件，但它能够保证厂房结构和构件的承载力、稳定和刚度，并有传递部分水平荷载的作用。

支承有屋盖支承和柱间支承两大部分。

屋盖支承包括横向水平支承（上弦和下弦横向水平支承）、纵向水平支承（上弦或下弦纵向水平支承）、垂直支承和纵向水平系杆等，具体如图 9-2-19 所示。横向水平支承和垂直支承一般布置在厂房单元端部和伸缩缝两侧的第二（或第一）柱间。

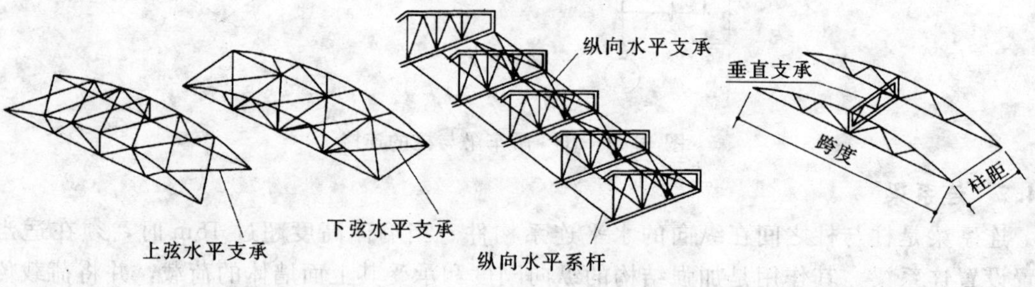

图 9-2-19 屋盖支承

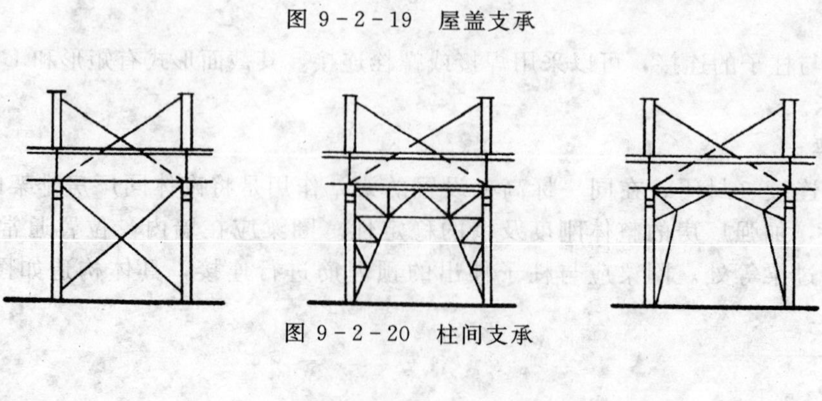

图 9-2-20 柱间支承

柱间支承按吊车梁位置分为上部和下部两种，如图 9-2-20 所示。柱间支承一般设置在伸缩缝区段的中央柱间。柱间支承一般采用型钢制作，支承形式宜采用交叉式，其斜杆与水平面的交角不宜大于 55°。

任务实施

分析所参观单层工业厂房的结构构件，选择绘制节点详图。

任务 3　单层工业厂房的构造

学习目标

★ 掌握单层工业厂房外墙、侧窗、大门、屋顶、常见天窗、地面、钢梯的基本构造。

任务描述

★ 掌握单层工业厂房外墙、侧窗、大门、屋顶、常见天窗、地面、钢梯的基本构造，能够识读和绘制相关构造详图。

任务分析

★ 单层工业厂房外墙材料的选择及细部构造，侧窗、大门的尺度及构造，屋顶排水方式的选择、防水及细部构造，常见天窗的构造，地面面层的选择，钢梯的基本构造。

3.1　外墙

单层厂房的外墙按承重方式不同分为承重墙、承自重墙和框架墙。承重墙一般用于中、小型厂房。当厂房跨度和高度较大，或厂房内起重运输设备吨位较大时，通常由钢筋混凝土排架柱来承受屋盖和起重运输荷载，外墙只承受自重，仅起围护作用，这种墙称为承自重墙。某些高大厂房的上部墙体及厂房高低跨交接处的墙体，往往砌筑在墙梁上，墙梁架空支承在排架柱上，这种墙称为框架墙，承自重墙与框架墙是厂房外墙的主要形式。根据材料不同又可分为砖及砌块墙、板材墙、轻质板材墙和开敞式外墙，其中板材墙、轻质板材墙和开敞式外墙前面已做讲述，现仅介绍砌体外墙。图 9-3-1 中墙体为砌体外墙，属于承自重墙和框架墙。

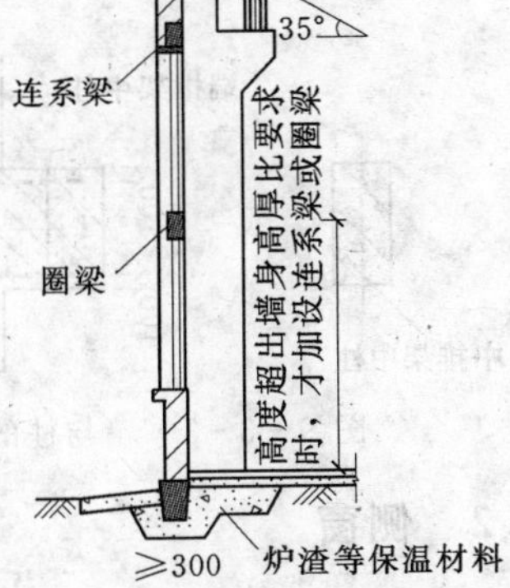

图 9-3-1　厂房外墙

1. 砌体墙与柱的相对位置

墙与柱的相对位置一般有 3 种方案：

（1）将墙砌筑在柱子外侧，这种方案构造简单、施工方便、热工性能好，基础梁和连系梁便于标准化，因此广泛采用，如图 9-3-2（a）所示。

（2）将墙部分嵌入在排架柱中，能增加柱列的刚度，但施工较麻烦，增加部分砍砖，基础梁和连系梁等配件也随之复杂，如图 9-3-2（b）所示。

（3）将墙设置在柱间，更能增加柱列的刚度，节省占地，但不利于基础梁和连系梁的统一及标准化，热工性能差，构造复杂，如图 9-3-2（c）、（d）所示。

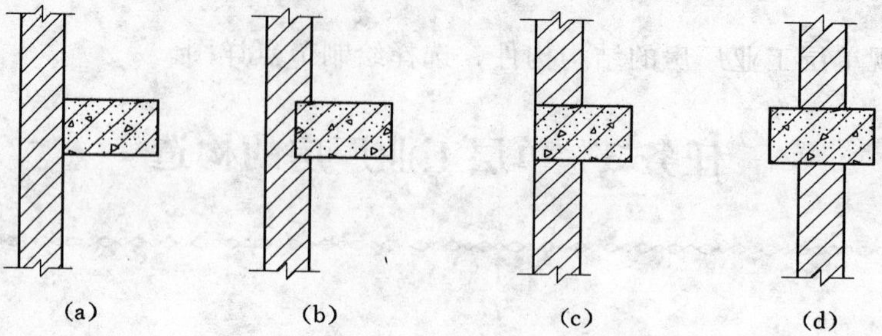

图 9-3-2 墙与柱的相对位置

2. *砌体墙与柱的连接*

在排架结构中，为使墙体与柱子间有可靠的连接，通常的做法是在柱子高度方向每隔 500mm 甩出两根 ϕ6mm 钢筋，砌筑时把钢筋砌在墙的水平缝里，如图 9-3-3 所示。

3. *女儿墙与屋面板的连接*

女儿墙的厚度一般为 240mm，砂浆强度等级不低于 M5，并应设置构造柱，构造柱间距不宜大于 4m，为保证女儿墙的稳定性，女儿墙与屋面板之间常采用钢筋拉结等措施，如图 9-3-4 所示。

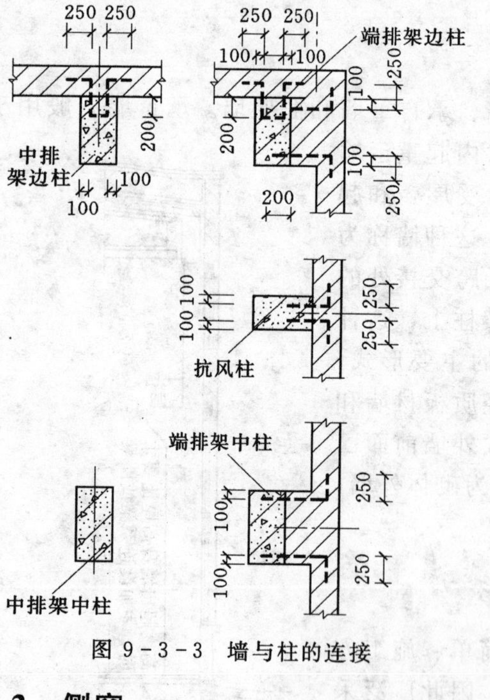

图 9-3-3 墙与柱的连接

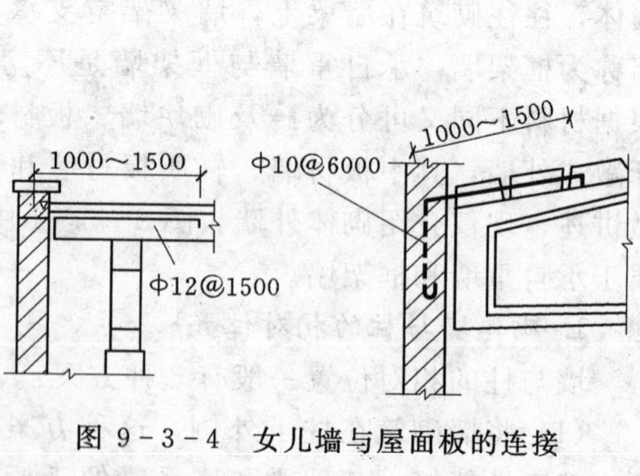

图 9-3-4 女儿墙与屋面板的连接

3.2 侧窗

单层厂房的侧窗不仅要满足采光和通风的要求，还应满足工艺上的泄压、保温、防尘等要求。由于侧窗面积较大，处理不当容易产生变形损坏和开关不便，因此侧窗的构造还应满足坚固耐久、开关方便、节省材料及降低造价的要求。通常厂房采用单层窗，但在寒冷地区或有特殊要求的车间应采用双层窗。在有吊车的厂房中，常将侧窗分上、下两层布置，上层称为高侧窗，下层称为低侧窗。为不使吊车梁遮挡光线，高侧窗下沿距吊车梁顶面应有适当距离，一般取 600mm 左右为宜，见图 9－3－1 所示。低侧窗下沿即窗台高，一般应略高于工作面的高度，工作面高度一般取 800mm 左右。

单层厂房外墙侧窗布置形式一般有两种：一种是被窗间墙隔开的单独窗口形式；另一种是厂房整个墙面或墙面大部分做成大片玻璃墙面或带状玻璃窗。侧窗的尺寸要求见表 9－3－1。

表 9－3－1　　　　侧　窗　尺　寸　　　　单位：mm

宽度	一般在 900～6000 之间	当≤2400	以 300 为扩大模数
		当＞2400	以 600 为扩大模数
高度	一般在 900～4800 之间	当≤1200	以 300 为扩大模数
		当＞1200	以 600 为扩大模数

侧窗按开启方式，可分为平开窗、中悬窗、立转窗、固定窗、上悬窗等，基本构造与民用建筑基本相同。

（1）平开窗：构造简单，开关方便，通风效果好，并便于做成双层窗，多用于外墙下部，作为通风的进气口。

（2）中悬窗：窗扇沿水平轴转动，开启角度可达 80°，有利于泄压，并便于机械开关或绳索手动开关，常用于外墙上部。但中悬窗构造复杂，开关扇周边的缝隙易漏雨和不利于保温。

（3）固定窗：构造简单，节省材料，多设在外墙中部，主要用于采光，对有防尘要求的车间其侧窗边也多做成固定窗。

（4）立转窗：窗扇沿垂直轴转动，并可根据不同的风向调节开启角度，通风效果好，多用于热加工车间的外墙下部，作为进风口。

（5）上悬窗：一般向外开，防雨性能好，但启闭不如中悬窗轻便，并且开启角度小，通风效果差，常用于厂房上部作高侧窗。

根据厂房的通风需要，厂房外墙的侧窗一般是将中悬窗、固定窗、平开窗等组合在一起，如图 9－3－5 所示。为了便于安装开关器，侧窗组合时，若在同一横向高度内，应采用相同的开启方式。

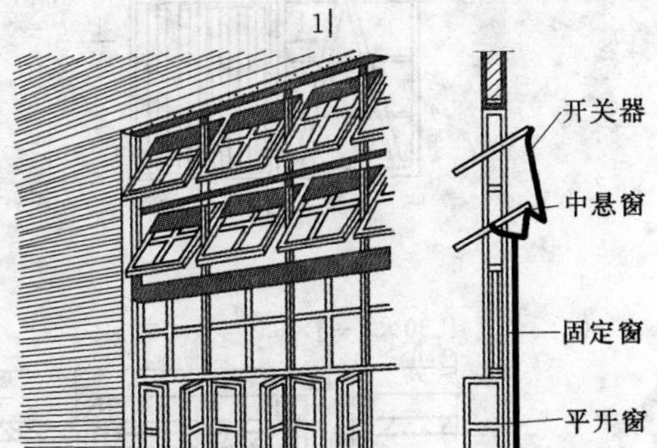

图 9－3－5　侧窗组合示例

3.3　大门

厂房大门主要用于生产运输和人流通行，因此大门的尺寸应根据运输工具的类型、运输货物的外形尺寸及通行方便等因素确定。一般门的尺寸应比装满货物时的车辆宽出600～1000mm，高出400～600mm。常用厂房大门洞口的规格见表9-3-2。

表9-3-2　　大门洞口尺寸　　单位：mm

序号	通行车辆类型	大门洞口尺寸（宽×高）	序号	通行车辆类型	大门洞口尺寸（宽×高）
1	3t矿车	2100×2100	5	重型卡车	3600×3900
2	电瓶车	2100×2400	6	汽车起重机	3900×4200
3	轻型卡车	3000×2700	7	火　车	4200×5100
4	中型卡车	3300×3000			4500×5400

厂房大门按使用材料不同可分为木大门、钢木大门、钢板门、塑钢门等；按用途不同可分为一般大门和特殊大门。特殊大门是根据厂房的特殊要求设计的，有保温门、防火门、冷藏库门、射线防护门、烘干室门、隔声门等；按开启方式不同可分为平开门、折叠门、推拉门、上翻门、升降门、卷帘门、光电控制自动门等。

1. 平开钢木大门

平开钢木大门由门扇和门框组成。门扇采用焊接型钢骨架，上贴15mm厚的门芯板，寒冷地区要求保温的大门，可采用双层木板，中间填保温材料。大门门框一般采用钢筋混凝土制作，在安装铰链处预埋铁件，一般每个门扇设两个铰链，铰链焊接在预埋铁件上，如图9-3-6所示。

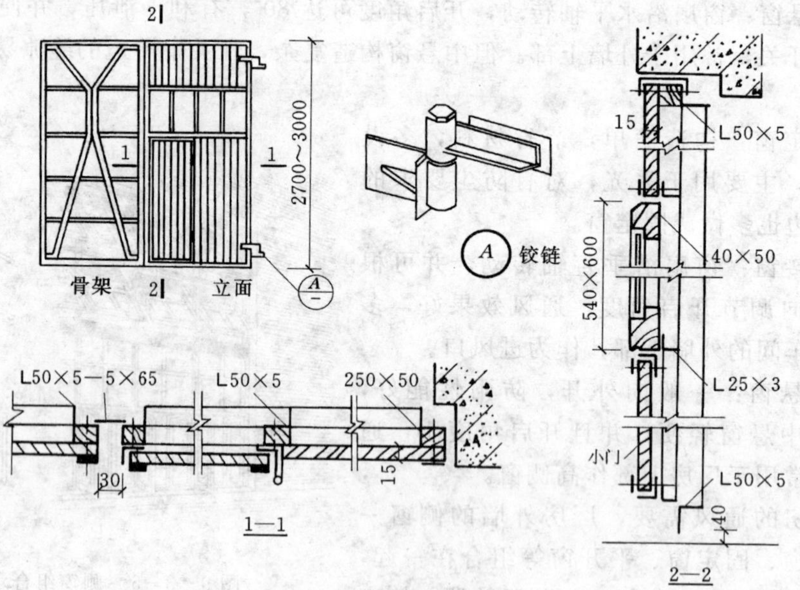

图9-3-6　平开钢木大门

2. 推拉门

推拉门由门扇、上导轨、滑轨、导轨和门框组成，门扇可采用钢板门和空腹薄壁钢板等，门框一般均由钢筋混凝土制作，如图9-3-7所示。

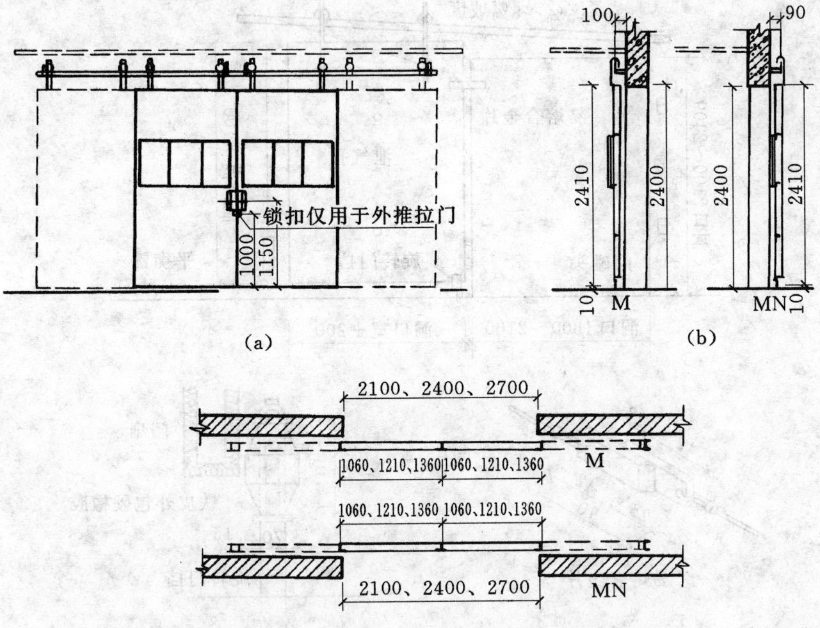

图 9－3－7　推拉门构造

(a) 推拉门立面图；(b) 推拉门剖面图；(c) 推拉门平面图

3. 卷帘门

由卷帘板、导轨、卷筒和开关装置等组成。其门扇为 1.5mm 厚带钢轧成的帘板，帘板之间用铆钉连接。门框一般均由钢筋混凝土制作，如图 9－3－8 所示。

4. 防火门

防火门用于加工或存放易燃品的车间或仓库。根据车间对防火门耐火等级的要求，门扇可以采用钢板、木板外贴石棉板，再包以镀锌铁皮或木板外直接包镀锌铁皮等构造措施。考虑到木材受高温会炭化而放出大量气体，应在门扇上设泄气孔。室内有可燃液体时，为防止液体流淌、火灾蔓延，防火门下宜设门槛，高度以液体不流淌到室外为准。

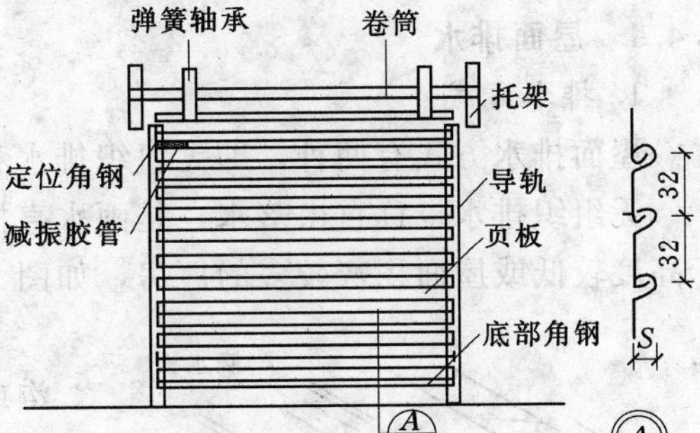

图 9－3－8　卷帘门构造

防火门常采用自重下滑关闭门，门上轨导有 5%～8% 的坡度，火灾发生时，易熔合金的熔点为 70℃，易熔合金熔断后，重锤落地，门扇依靠自重下滑关闭，如图 9－3－9 所示。当门洞口尺寸较大时，可做成两个门扇相对下滑。

3.4　屋顶

屋顶的作用、设计要求及构造与民用建筑屋顶基本相同。但也存在一定的差异，主要

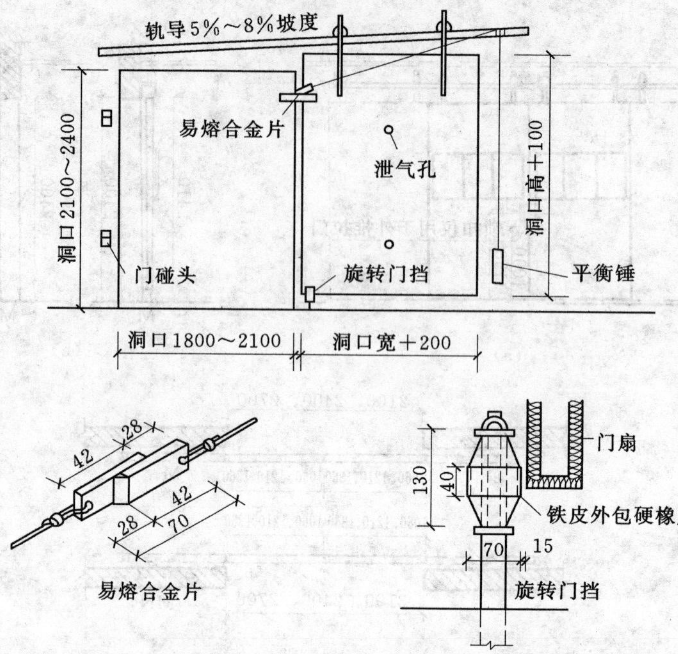

图 9-3-9　自重下滑关闭防火门

有以下几个方面：一是单层厂房屋顶在实现工艺流程的过程中会产生机械振动和吊车冲击荷载，这就要求屋顶要具有足够的强度和刚度。二是在保温隔热方面，对恒温恒湿车间，其保温隔热要求更高，而对于一般厂房，当柱顶标高超过 8m 时可不考虑隔热，热加工车间的屋顶可不保温。三是单层厂房多数是多跨大面积建筑，为解决厂房内部采光和通风经常需要设置天窗，为解决屋顶排水防水经常设置天沟、雨水口等，因此屋顶构造较为复杂。

3.4.1　屋面排水

1. 排水方式

屋面排水方式有两种，即无组织排水和有组织排水。

无组织排水也称自由落水，是雨水直接由屋面经檐口自由排落到散水或明沟内，适用于高度较低或屋面积灰较多的厂房，如图 9-3-10 所示。

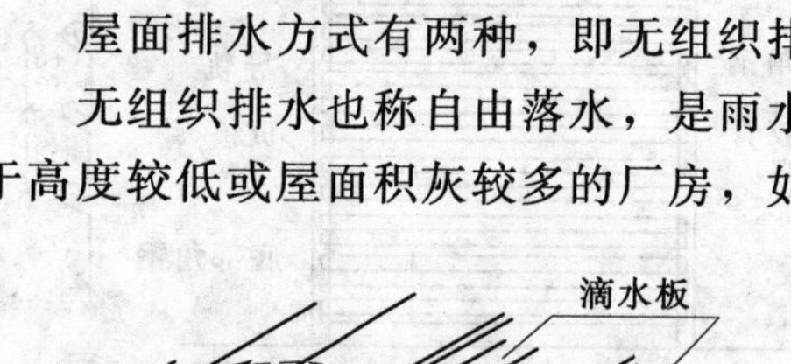

图 9-3-10　无组织排水

有组织排水是将屋面雨水有组织地汇集到天沟或檐沟，再经雨水斗、落水管排到室外或下水道。有组织排水通常分为内排水、外排水和内落外排水。

(1) 内排水如图 9-3-11 (a) 所示，适用于多跨厂房或严寒地区的厂房。

(2) 外排水如图 9-3-11 (b)、(c) 所示，适用于厂房较高或地区降雨量较大的南方地区。

(3) 内落外排水如图 9-3-11 (d) 所示，适用于多跨厂房或地下管线铺设复杂的厂房。

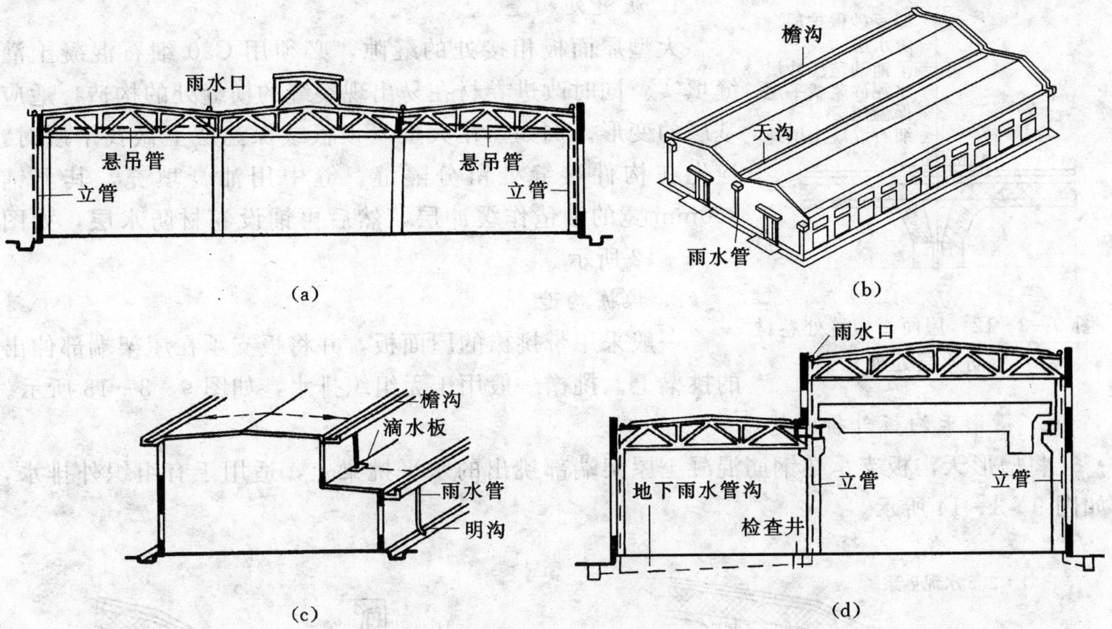

图 9-3-11　有组织排水

(a) 内排水；(b) 长天沟外排水；(c) 外天沟外排水；(d) 内落外排水

无论采用哪种排水方式，均应根据厂房的平面、剖面形状、面积、生产使用要求及当地气候条件等综合考虑。在技术经济合理的情况下，应尽可能采用天沟外排水。当中间天沟过长时，可采用长天沟两端外排水、中间内落内排水或悬吊管内落外排水等混合排水方式。中、小型厂房则应因地制宜，多采用无组织排水。

2. 排水坡度

屋面排水坡度的选择，主要取决于屋面基层的类型、防水构造方式、材料性能、屋架形式及当地气候条件等因素。单层工业厂房屋面坡度选择参考数据见表 9-3-3。

表 9-3-3　　　　单层工业厂房屋面坡度选择参考表

防水类型	卷材防水	构件自防水			
		嵌缝式	F 板	槽瓦	石棉瓦等
选择范围	1∶4～1∶50	1∶4～1∶10	1∶3～1∶8	1∶2.5～1∶5	1∶2～1∶5
常用坡度	1∶5～1∶10	1∶5～1∶8	1∶4～1∶5	1∶3～1∶4	1∶2.5～1∶4

3.4.2　屋面防水

3.4.2.1　卷材防水

目前应用较多的为三元乙丙橡胶卷材和 APP 改性沥青防水卷材，屋面可做成保温和非保温两种。保温防水屋面的构造一般为基层（即结构层）、找平层、隔汽层、保温层、找平层、防水层；非保温防水屋面的构造一般为基层、找平层、防水层。

卷材防水屋面构造原则和做法与民用建筑基本相同，下面仅介绍几个特殊部位的防水构造。

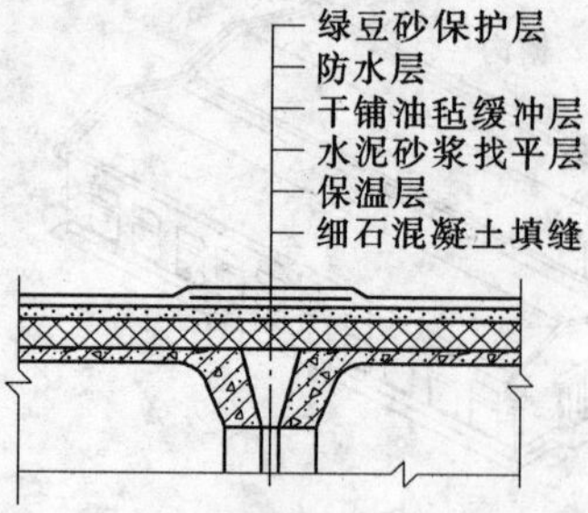

图 9-3-12 屋面板横缝处卷材防水层处理

1. 板缝处构造

大型屋面板相接处的缝隙，必须用 C20 细石混凝土灌缝填实。同时改进卷材在易出现裂缝的横缝处的构造，适应基层的变形。例如，在大型屋顶板或保温层上做找平层时，应先在构件接缝处留分隔缝，缝中用油膏填充，其上铺 300mm 宽的油毡作缓冲层，然后再铺设卷材防水层，如图 9-3-12 所示。

2. 挑檐构造

一般采用带挑檐的屋面板，并将板支承在屋架端部伸出的挑梁上。挑檐一般用于无组织排水，如图 9-3-13 所示。

3. 槽形天沟板外排水构造

将槽形天沟板支承在钢筋混凝土屋架端部挑出的水平挑梁上，适用于有组织外排水，如图 9-3-14 所示。

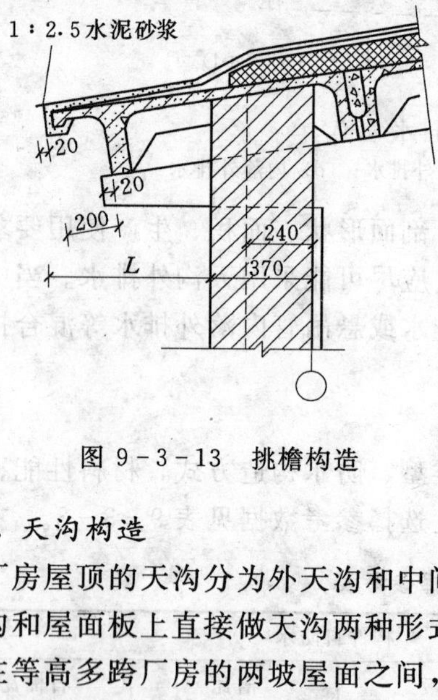

图 9-3-13 挑檐构造

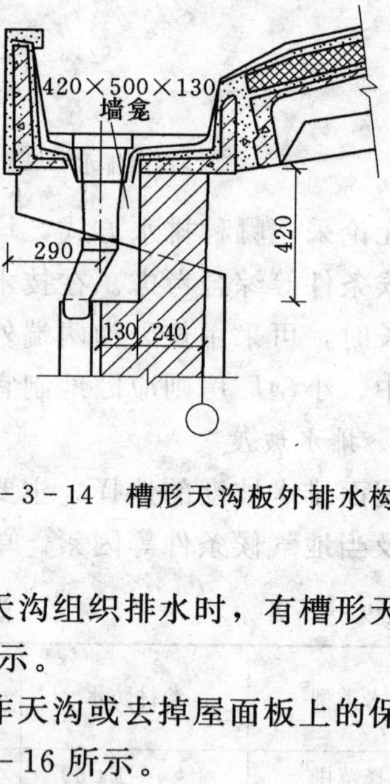

图 9-3-14 槽形天沟板外排水构造

4. 天沟构造

厂房屋顶的天沟分为外天沟和中间天沟两种。利用外天沟组织排水时，有槽形天沟板做天沟和屋面板上直接做天沟两种形式，如图 9-3-15 所示。

在等高多跨厂房的两坡屋面之间，可以采用两块槽形作天沟或去掉屋面板上的保温层而形成的自然中间天沟，适用于中间天沟排水，如图 9-3-16 所示。

5. 山墙女儿墙构造

与民用建筑女儿墙做法基本相同，但在山墙顶部需做现浇的钢筋混凝土压顶，以利于防水和加强山墙的整体性。

6. 变形缝构造

一般在横向变形缝处设置矮墙泛水，以免水溢入缝内，缝的上部应设置能适应变形的镀锌铁皮盖或预制钢筋混凝土压顶板，如图 9-3-17（a）所示。等高跨纵向变形缝构造，一般是利用两个槽形天沟的沟壁间隙，再配以镀锌铁皮盖缝板或预制钢筋混凝土压顶板，如图 9-3-17（b）所示。高、低跨变形缝构造，变形缝上用预制钢筋混凝土板或镀锌铁皮盖缝，缝内填沥青麻丝，如图 9-3-17（c）所示。

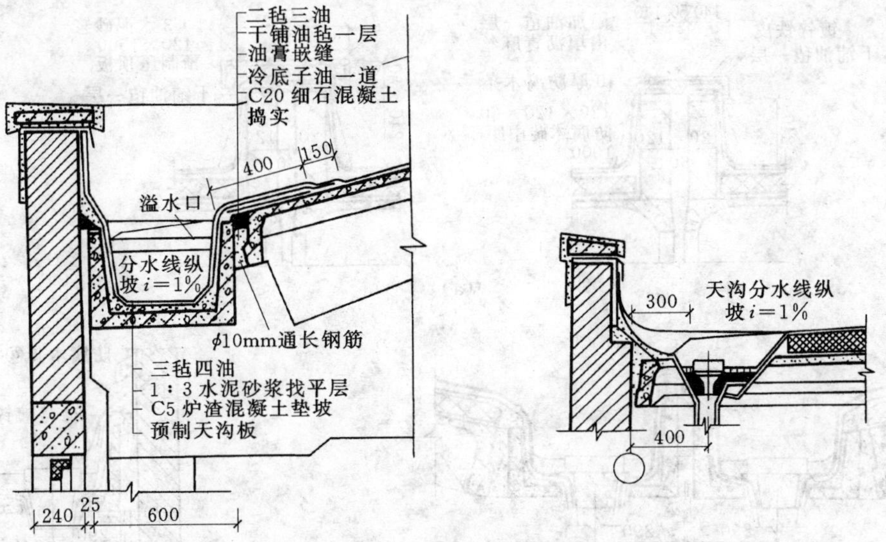

图 9－3－15　天沟构造

(a) 槽形大沟板做天沟；(b) 屋面板上直接做天沟

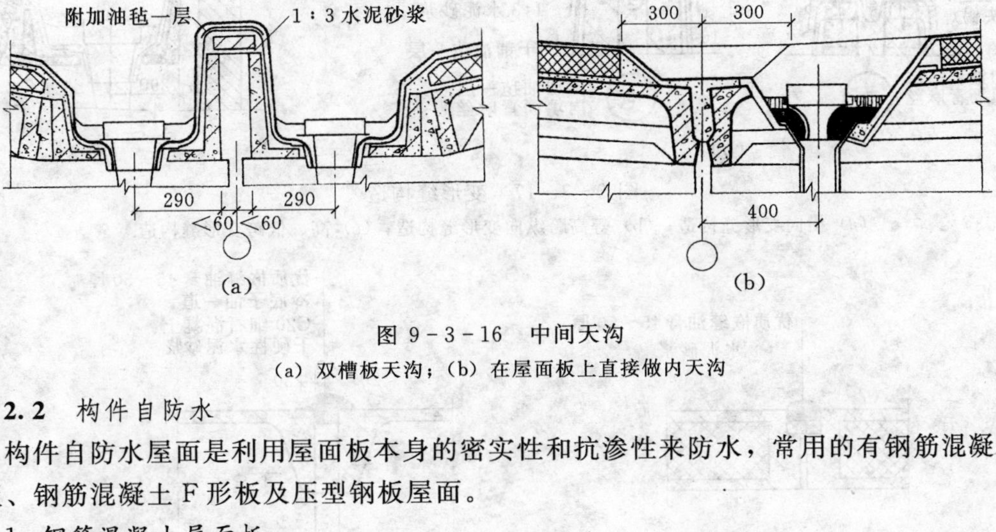

图 9－3－16　中间天沟

(a) 双槽板天沟；(b) 在屋面板上直接做内天沟

3.4.2.2　构件自防水

构件自防水屋面是利用屋面板本身的密实性和抗渗性来防水，常用的有钢筋混凝土屋面板、钢筋混凝土 F 形板及压型钢板屋面。

1. 钢筋混凝土屋面板

根据板缝采用的措施不同，分嵌缝式（图 9－3－18）和脊带式（图 9－3－19）。嵌缝式构件自防水屋面，是利用大型屋面作防水构件并在板缝内嵌灌油膏，板缝有纵缝、横缝和脊缝，嵌缝前必须将板缝清扫干净，排除水分，嵌缝油膏要饱满。脊带式是在嵌缝后再贴卷材防水层，其防水效果更佳。

2. 钢筋混凝土 F 形板

屋面是以断面呈 F 形的预应力钢筋混凝土屋面板为主，配合盖瓦和脊瓦等附件组成的构件自防水屋面。F 板的 3 面设有挡水条，纵缝是由上面一块板的挑檐搭盖，横缝和脊缝是由盖瓦、脊瓦盖缝，如图 9－3－20 所示。

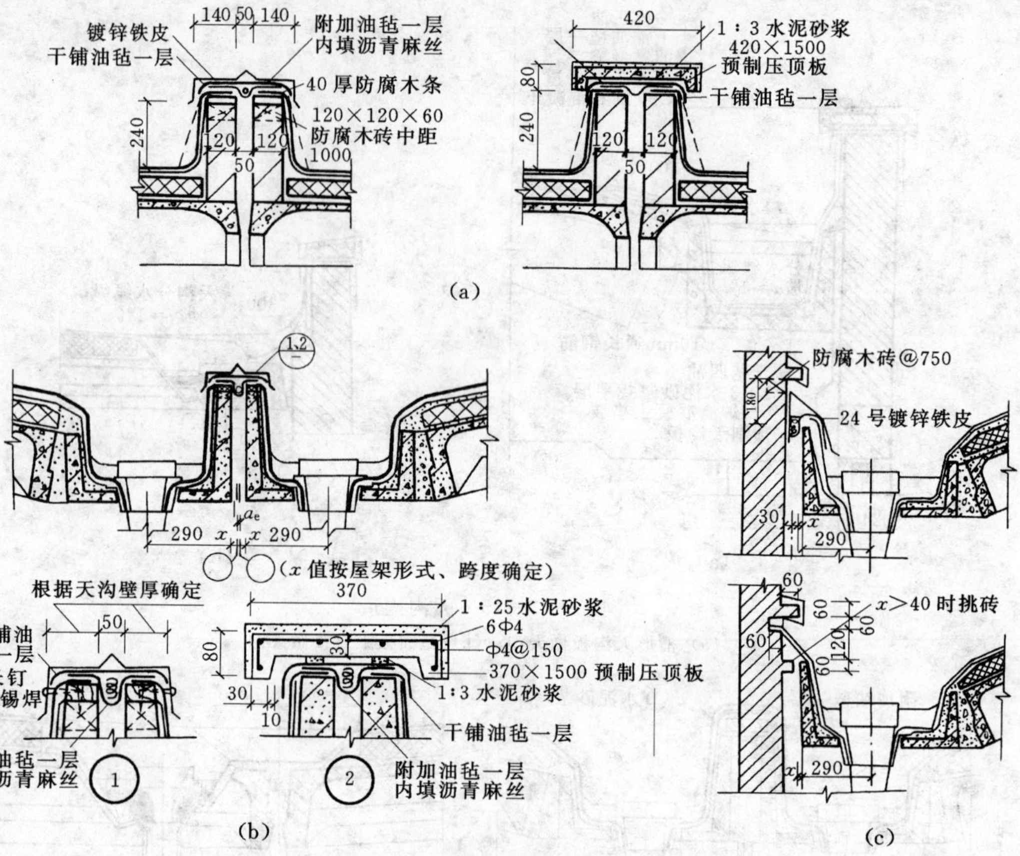

图 9-3-17 变形缝构造

(a) 横向变形缝构造；(b) 等高跨纵向变形缝构造；(c) 高、低跨变形缝构造

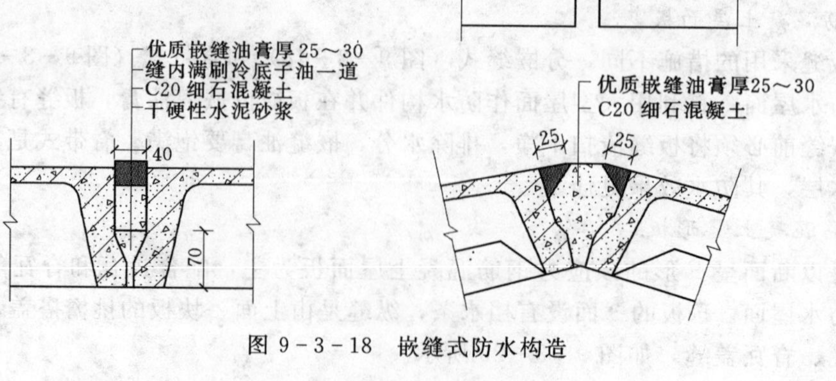

图 9-3-18 嵌缝式防水构造

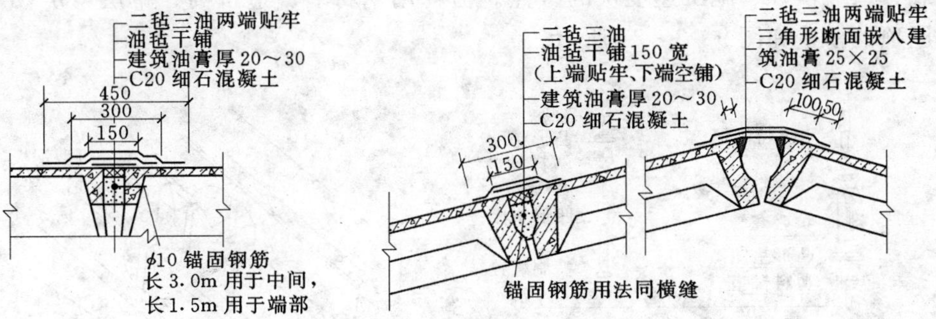

图 9-3-19　脊带式防水构造

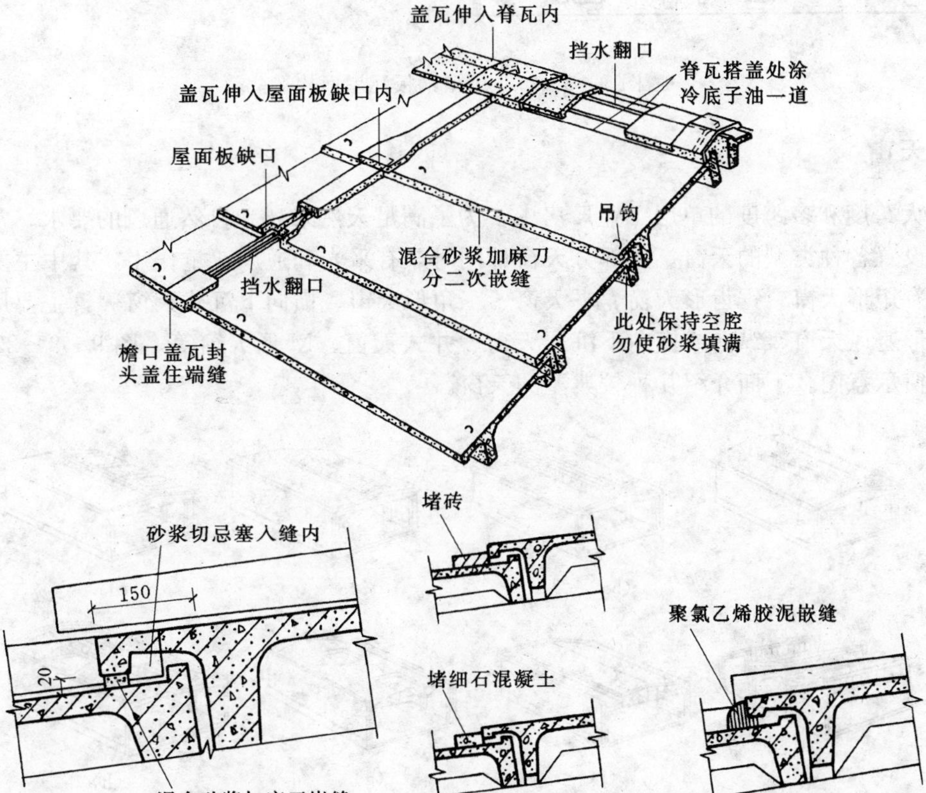

图 9-3-20　F 形板屋面

3. 压型钢板防水

压型钢板是用 0.6～1.6mm 厚的镀锌钢板或冷轧钢板经辊压或冷弯成各种不同形状的多棱形板材。表面一般带有彩色涂层，分单层板、多层复合板、金属夹芯板等。钢板可预压成型，但其长度受运输条件限制不宜过长；亦可制成薄钢板卷，运到施工现场，再用简易压型机压成所需要的形状。因此，钢板可做成整块无纵向接缝的屋面，接缝少，防水性能好，屋面也可采用较平缓的坡度（为 2%～5%）。压型钢板具有重量轻、防腐、防锈、美观、适应性强、施工速度快的特点。但耗用钢材多、造价高，单层厂房W形压型钢板瓦屋顶的构造如图9-3-21所示。

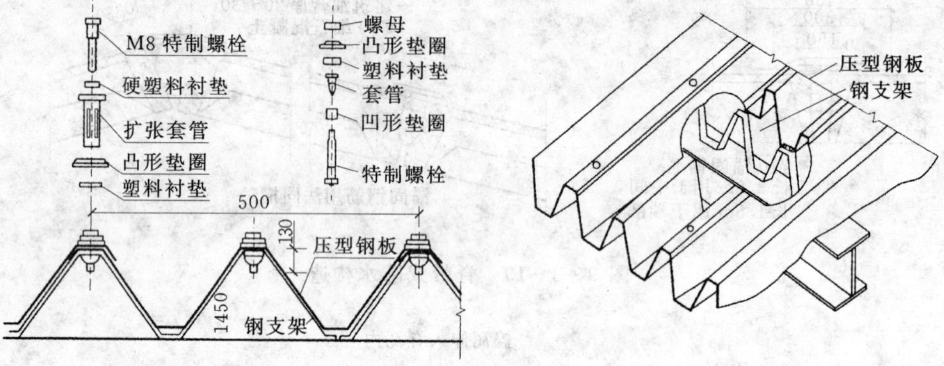

图9-3-21 压型钢板瓦屋面构造

3.5 天窗

在大跨度和多跨度的单层工业厂房中，为了满足天然采光和自然通风的要求，常在厂房的屋顶设置各种类型的天窗。大部分天窗都同时兼有采光和通风双重作用，其中主要起采光作用的有矩形天窗、锯齿形天窗、平天窗、三角形天窗、横向下沉式天窗等，主要用作通风的有矩形避风天窗、纵向或横向下沉式天窗、井式天窗、M形天窗等。图9-3-22所示为各种天窗示意图。下面介绍几种较典型的天窗。

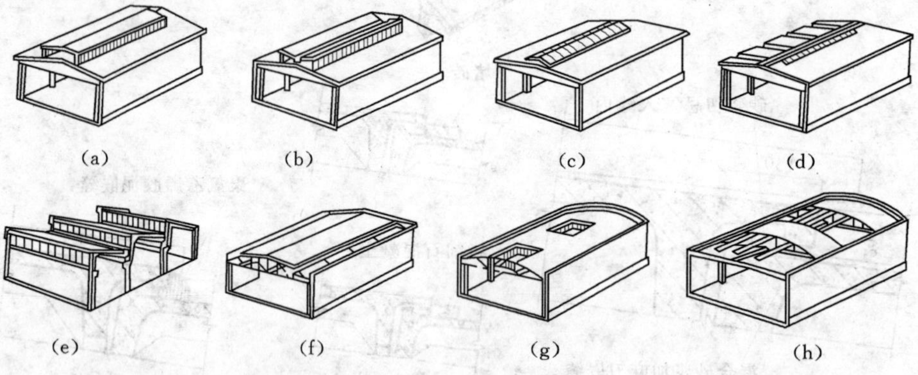

图9-3-22 天窗的类型

(a) 矩形天窗；(b) M形天窗；(c) 三角形天窗；(d) 采光带；(e) 锯齿形天窗；(f) 两侧下沉式天窗；(g) 中井式天窗；(h) 横向下沉式天窗

3.5.1 矩形天窗

矩形天窗在我国南北方均适用，是应用最为广泛的一种。矩形天窗沿厂房的纵向布置，为简化构造和检修的需要，在厂房两端及变形缝两侧的第一个柱间一般不设天窗，每段天窗的端部设上天窗屋顶的检修梯。矩形天窗主要由天窗架、天窗屋面板、天窗端壁、天窗侧板、天窗扇等组成，如图9-3-23所示。

1. 天窗架

天窗架是天窗的承重构件，它支承在屋架或屋面梁上，常用的有钢筋混凝土和型钢天窗架，跨度为 6m、9m、12m，如图 9-3-24 所示。

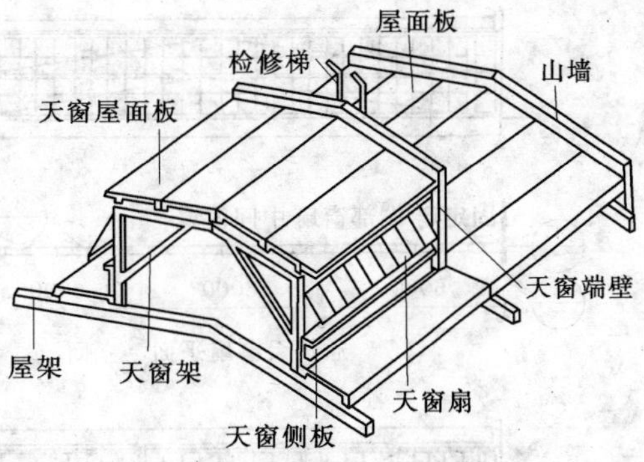

图 9-3-23　矩形天窗的组成

2. 天窗扇

天窗扇多为钢材制成，按开启方式分有上悬式和中悬式，可按一个柱距独立开启分段设置，也可按几个距柱同时开启通长设置，如图 9-3-25 所示。

3. 天窗侧板

天窗侧板是天窗下部的围护构件，它的主要作用是防止屋面的雨水溅入车间以及积雪挡住天窗扇影响开启，屋面至侧板顶面的高度一般应不小于 300mm，常有大风雨或多雪地区应增高至 400～600mm，侧板常采用钢筋混凝土槽形板，如图 9-3-25 所示。

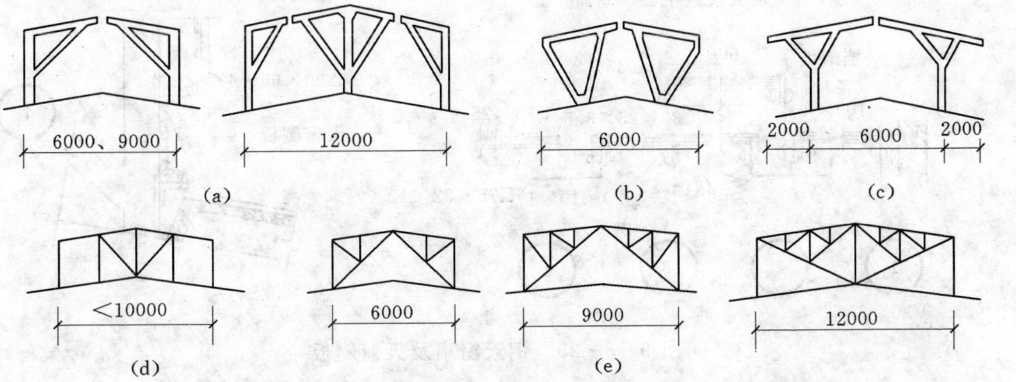

图 9-3-24　天窗架

(a) 钢筋混凝土门形窗架；(b) W 形天窗架；(c) Y 形天窗架；(d) 多压杆式钢天窗架；(e) 桁架式钢天窗架

4. 天窗屋面及檐口

天窗屋面通常与厂房屋面的构造相同，由于天窗宽度和高度一般均较小，故多采用无组织排水，如图 9-3-26 (a) 所示，并在天窗檐口下部的屋面上铺设滴水板，雨量多或天窗高度和宽度较大时，宜采用有组织排水，如图 9-3-26 (b)、(c)、(d) 所示。

5. 天窗端壁

天窗两端的山墙称为天窗端壁，常用预制钢筋混凝土端壁板，它不仅使天窗尽端封闭起来，同时也支承天窗上部的屋面板，如图 9-3-27 所示。

3.5.2　平天窗

平天窗是利用屋顶水平面安设透光材料进行采光的天窗。它的优点是屋面荷载小、构造简单、施工简便，但易造成眩光、直射、积灰。平天窗宜采用安全玻璃（如钢化玻璃、夹丝玻璃等），但此类材料价格较高，当采用平板玻璃、磨砂玻璃、压花玻璃等非安全玻

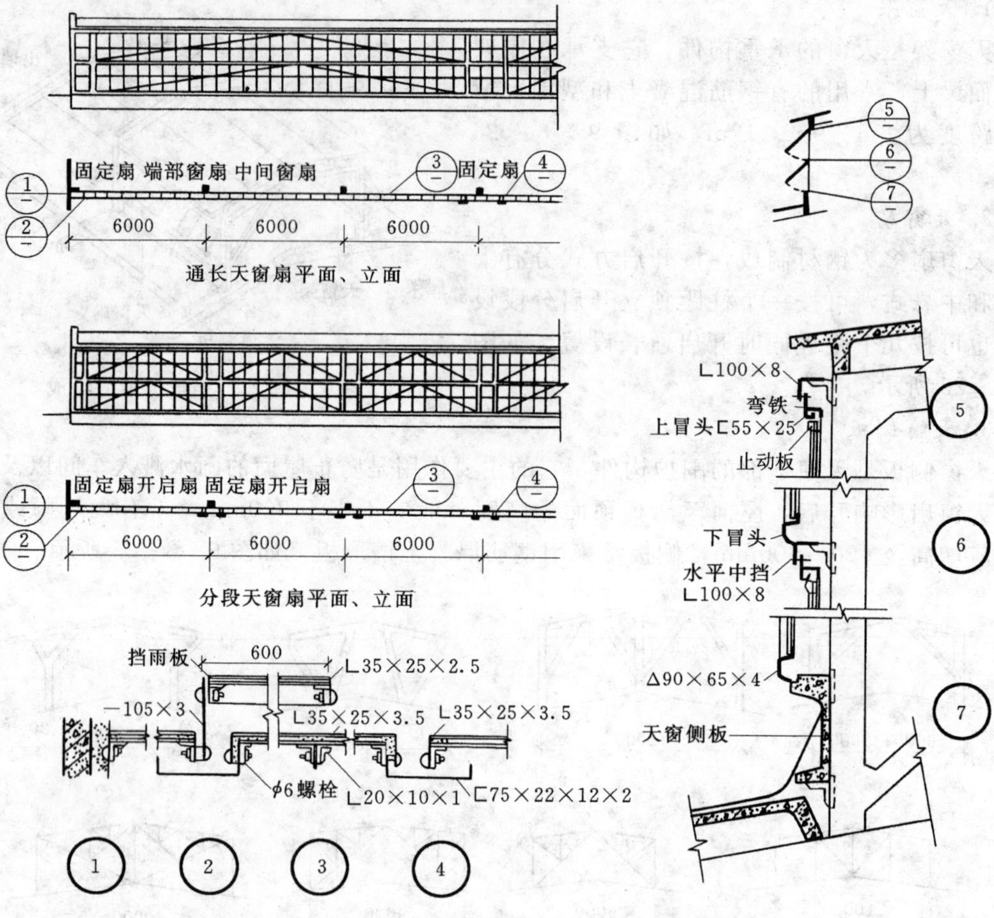

图 9-3-25 钢天窗扇及天窗侧板

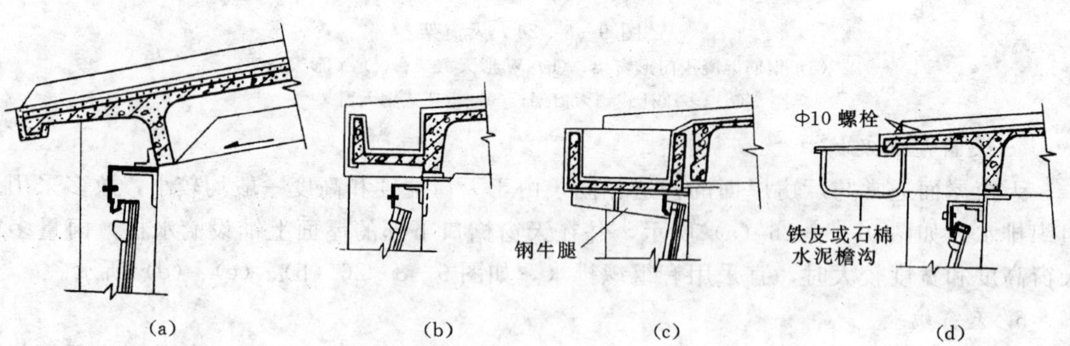

图 9-3-26 天窗檐口

(a) 带挑檐的屋面板；(b) 带檐沟的屋面板；(c) 钢牛腿上铺天沟板；(d) 挑檐板挂铁皮檐沟

璃时，为防止玻璃破碎落下伤人，须加设安全网。

1. 平天窗类型

平天窗可分为采光板、采光罩和采光带 3 种类型，如图 9-3-28～图 9-3-30 所示。

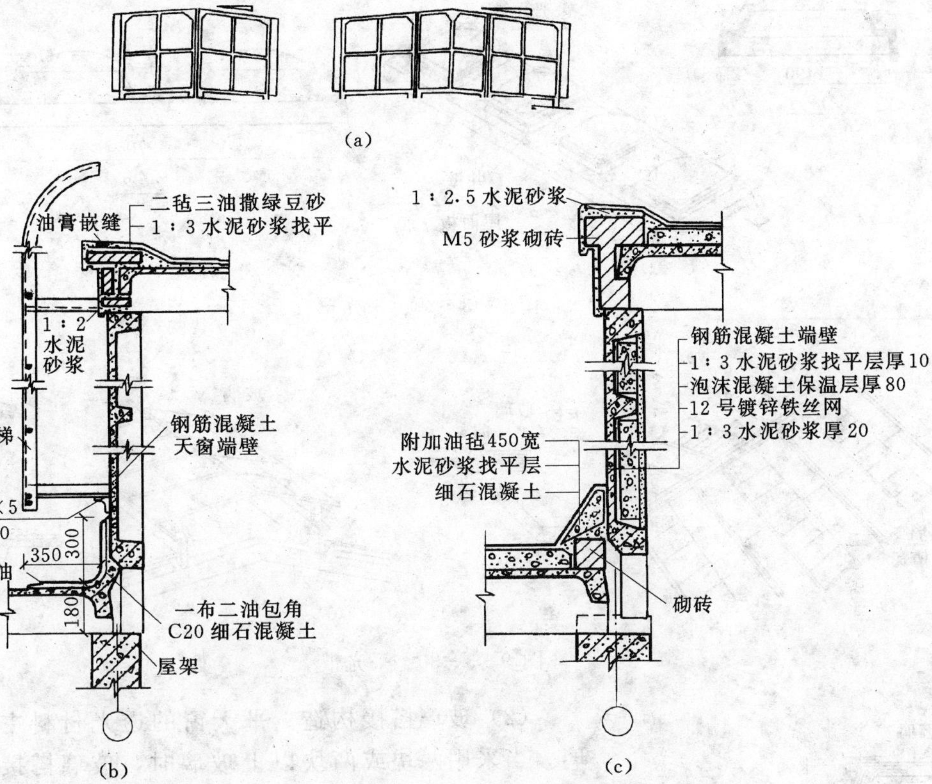

图 9-3-27　钢筋混凝土天窗端壁

(a) 天窗端壁立面；(b) 非保温屋面上的天窗端壁；(c) 保温屋面上的天窗端壁

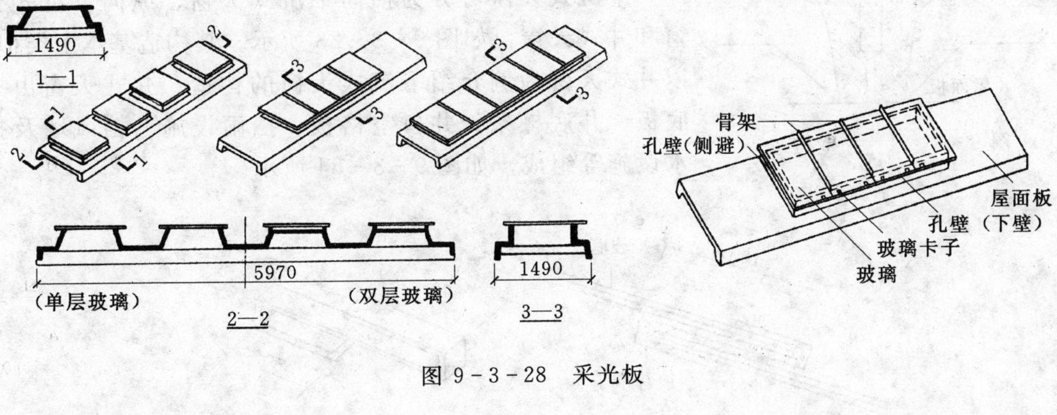

图 9-3-28　采光板

2. 平天窗的构造

(1) 井壁（孔壁）防水。在采光口周围设150～250mm高的井壁（孔壁），并做泛水处理，井壁（孔壁）有垂直和倾斜两种，倾斜的井壁利于采光。井壁材料有钢筋混凝土、薄钢板、塑料等。井壁与玻璃间的缝隙，宜采用聚氯乙烯胶泥或建筑油膏等弹性好、不易干裂的材料垫缝，如图 9-3-31 所示。

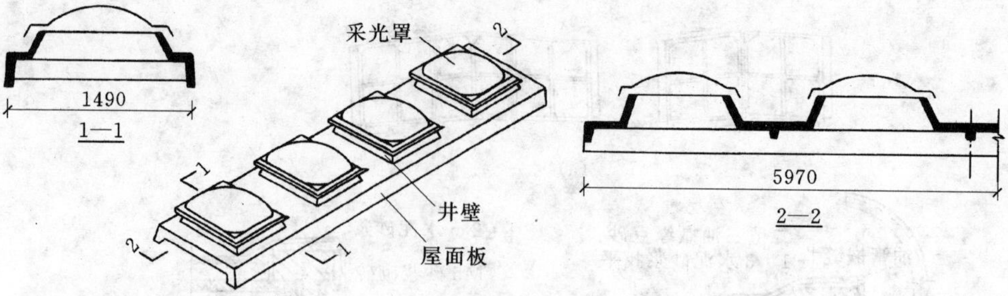

图 9-3-29 采光罩

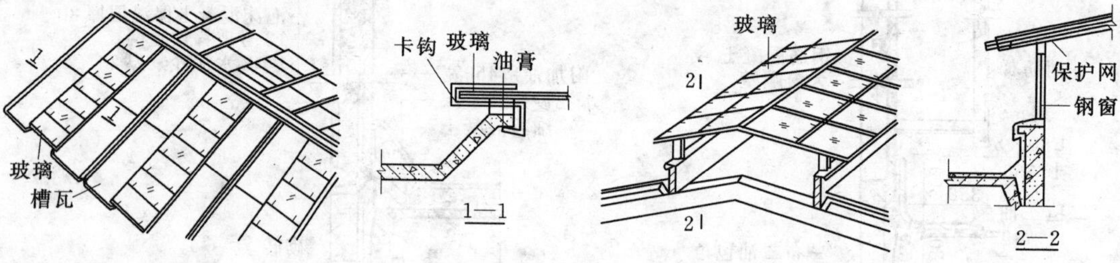

图 9-3-30 采光带

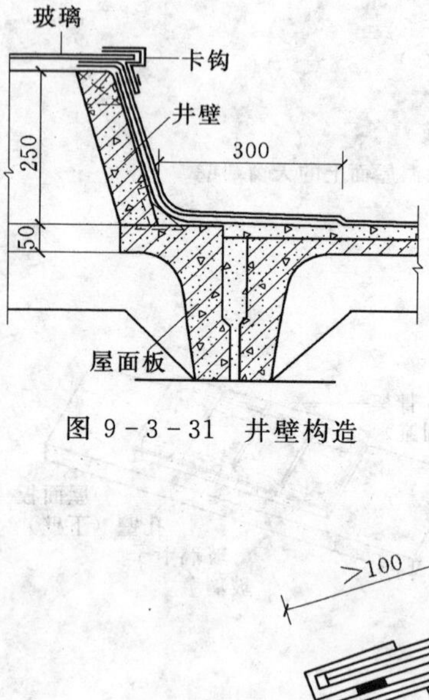

图 9-3-31 井壁构造

(2) 玻璃搭接构造。平天窗的透光材料主要采用玻璃。当采用两块或两块以上玻璃时，玻璃搭接需满足防水要求。上下搭接一般不小于100mm，并用Z形镀锌铁皮卡子固定，如图 9-3-32 所示。

3.5.3 井式天窗

下沉式天窗可分为横向下沉式天窗、纵向下沉式天窗和井式天窗，如图 9-3-33 所示。其构造基本上类似，以井式天窗为例介绍下沉式天窗的构造。井式天窗由井底板、井底檩条、井口空格板、挡雨设施、挡风墙及排水设施等组成，如图 9-3-34 所示。

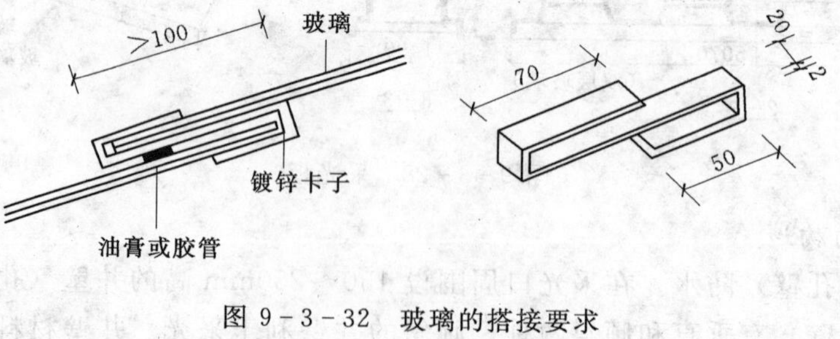

图 9-3-32 玻璃的搭接要求

1. 井式天窗布置方式

井式天窗布置有3种方式，即单侧布置、两侧对称或错开布置、跨中布置。单侧或两

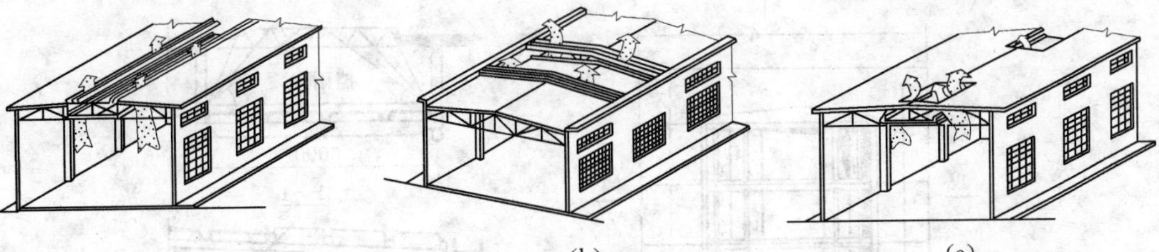

图 9-3-33 下沉式天窗类型

(a) 纵向下沉式天窗；(b) 横向下沉式天窗；(c) 井式通风天窗

侧布置的通风效果好，排水、清灰容易，但采光效果差。跨中布置通风较差，排水、清灰麻烦，但采光效果好。图 9-3-34 所示为两侧对称布置的井式天窗。

2. 井底板铺设

(1) 横向铺设是井底板平行于屋架摆放，铺板前搁置檩条，如图 9-3-35 所示，檩条有 T 形和槽形两种。

(2) 纵向铺设是把井底板直接放在屋架下弦上，如图 9-3-36 所示。可省去檩条，增加天窗垂直的净空高度，井底板常采用出肋板或卡口板。

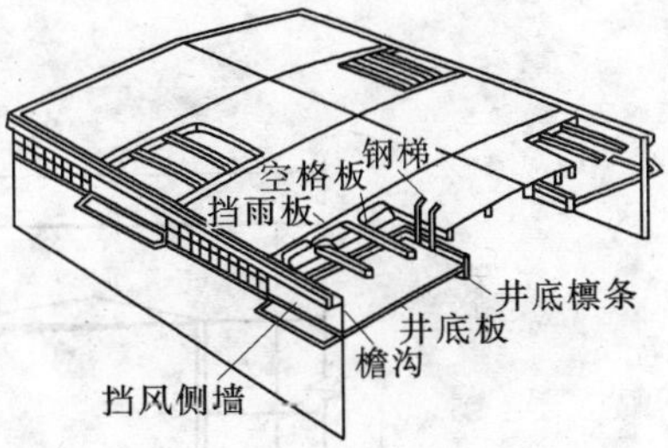

图 9-3-34 井式天窗的组成

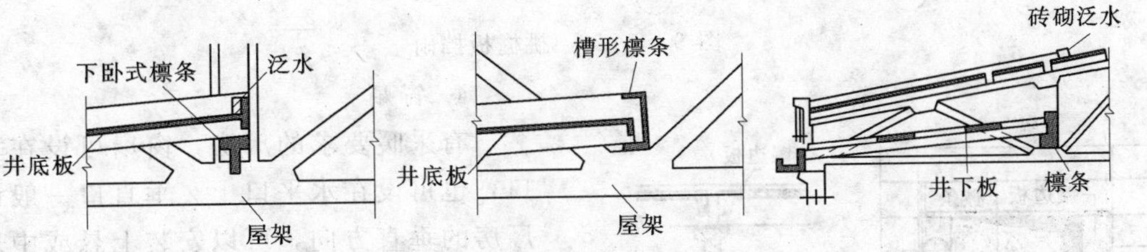

图 9-3-35 横向铺设井底板

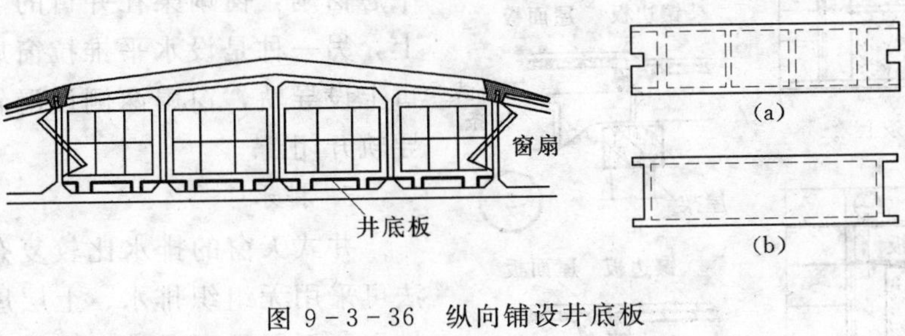

图 9-3-36 纵向铺设井底板

3. 挡雨设施

不采暖厂房的井式天窗通常不设窗扇而作成开敞式，但应加设挡雨设施，常用的方法有设空格板、挑檐板、镶边板，如图 9-3-37～图 9-3-39 所示。

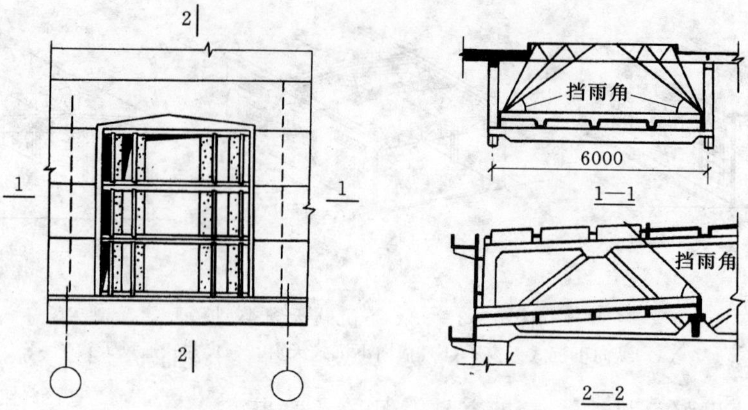

图 9-3-37 空格板挡雨

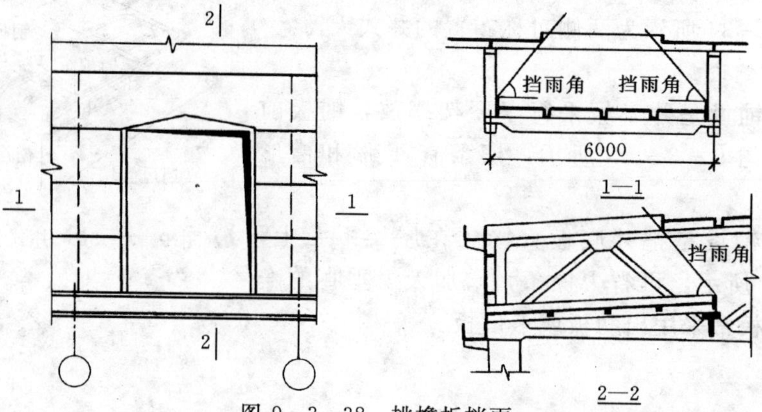

图 9-3-38 挑檐板挡雨

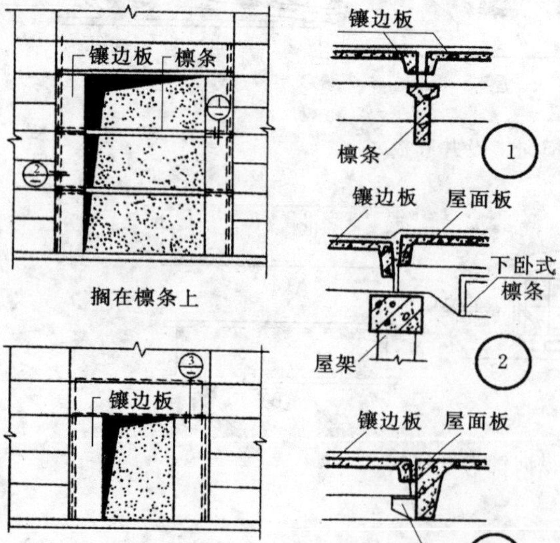

图 9-3-39 镶边板挡雨

4. 窗扇

有采暖要求的厂房，窗扇可设在垂直口，也可设在水平口上。垂直口一般设在厂房的垂直方向，可以安装上悬或中悬窗扇，水平口设窗扇有两种形式，一种是设中悬窗扇，窗扇架在井口的空格板或檩条上，另一种是设水平推拉窗扇，即在水平口上设导轨，窗扇两侧设滑轮，使窗扇沿导轨开闭。

5. 排水

井式天窗的排水比较复杂，其具体做法可采用无组织排水、上层屋面通长天沟排水、下层屋面通长天沟排水和双层天沟排水等，如图 9-3-40 所示。

6. 泛水

井口周围应做 150～200mm 的泛水，

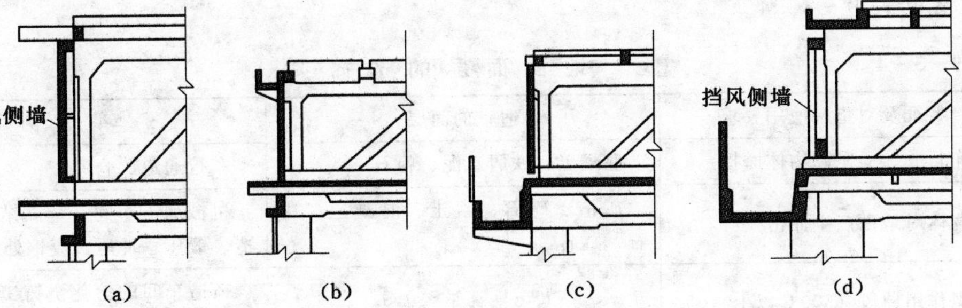

图 9-3-40　下沉式天窗的排水方式

(a) 无组织排水；(b) 上层屋面通长天沟；(c) 下层屋面通长天沟；(d) 双层天沟

为防止雨水流入车间，在井底板的边缘也应设泛水，高度应不小于 300mm，如图 9-3-41 所示。

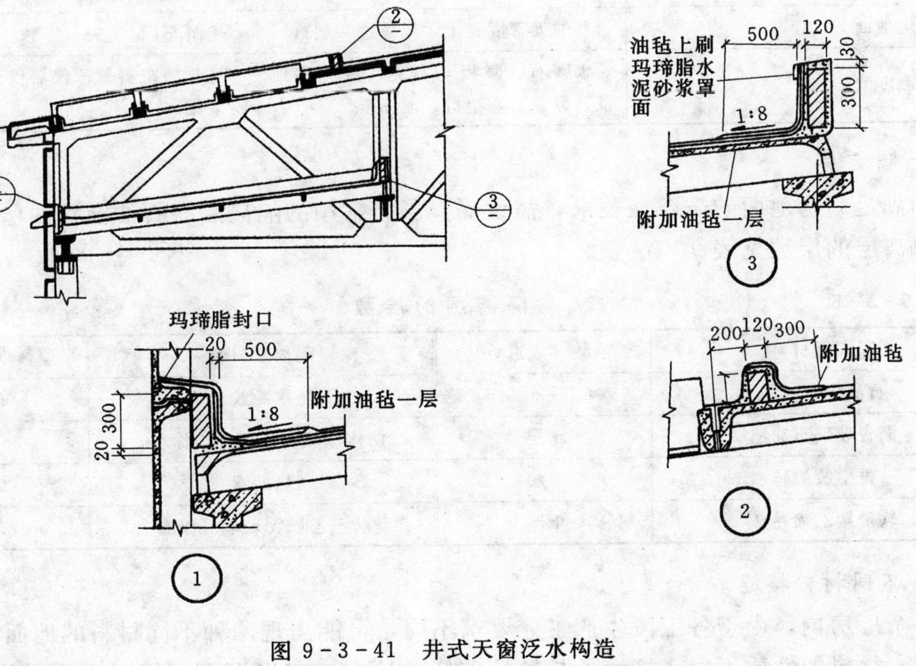

图 9-3-41　井式天窗泛水构造

3.6　其他构造

3.6.1　地面

单层工业厂房地面与民用建筑地面基本构造层一样，一般由面层、垫层和基层组成。当它们不能充分满足使用要求和构造要求时，可增设其他构造层，如结合层、隔离层、找平层等，可统称为附加层。

1. 面层选择

面层是地面最上的表面层，它直接承受各种物理、化学作用，如摩擦、冲击、冷冻、酸碱侵蚀等，因此应根据生产特征、使用要求和技术经济条件来选择面层和厚度。面层的选择可参见表9-3-4。

表9-3-4　　**地面面层的选择**

生产特征及对垫层使用要求	适宜的面层	举　例
机动车行驶、受坚硬物体磨损	混凝土、铁屑水泥、粗石	车行通道、仓库
坚硬物体对地面产生冲击	矿渣、碎石、素土、混凝土、块石、缸砖	机械加工车间、金属结构车间、铸造、锻压、冲压、废钢处理等
受高温作用地段（500℃以上）	矿渣、凸缘铸铁板、素土	铸造车间的熔化浇铸工段、轧钢车间加热和轧机工段、玻璃熔制工段
有水和其他中性液体作用地段	混凝土、水磨石、陶板	选矿车间、造纸车间
有防爆要求	菱苦土、木砖沥青砂浆	精苯车间、氢气车间、火药仓库等
有酸性介质作用	耐酸陶板、聚氯乙烯塑料	硫酸车间的净化、硝酸车间的吸收浓缩
有碱性介质作用	耐碱沥青混凝土、陶板	纯碱车间、液氨车间
不导电地面	石油沥青混凝土、聚氯乙烯塑料	电解车间
要求高度清洁	水磨石、陶板马赛克、拼花木地板、聚氯乙烯塑料、地漆布	光学精密器械、仪器仪表、电信器材装配

2. 隔离层

为满足厂房地面的防腐蚀要求，需设隔离层。常用的隔离层有石油沥青油毡、热沥青等，隔离层的层数见表9-3-5。

表9-3-5　　**隔离层的层数**

隔离层材料	层数（或道数）	隔离层材料	层数（或道数）
石油沥青油毡	1～2层	防水冷胶剂	一布三胶
沥青玻璃布油毡	1层	防水涂膜（聚氯酯类涂料）	2～3道
再生胶油毡	1层	热沥青	2道
软聚氯乙烯卷材	1层	防油渗胶泥玻璃纤维布	一布二胶

3. 不同材料接缝

一个厂房内，由于各工段生产工艺要求不同，可能出现两种不同材料的地面，由于强度不同、材料的性质不同，接缝处是最易破坏的地方，应根据不同情况采取措施。图9-3-42（a）所示为轨道区域地面，轨顶应与地面相平，铁轨附近宜铺设块材地面，其宽度应大于枕木的长度，以便维修和安装。如图9-3-42（b）所示，防腐地面与非防腐地面交接时，应在交接处设置挡水，以防止腐蚀性液体泛流。

3.6.2　金属梯

在厂房中根据需求常设各种金属梯，主要有作业平台梯、吊车梯和消防检修梯等。金属梯的宽度一般为600～800mm，梯级每步高为300mm。根据形式不同有直梯和斜梯。直梯的梯梁常采用角钢，踏步用ϕ18圆钢；斜梯的梯梁多用6mm厚钢板，踏步用3mm厚花纹钢板，也可用不少于两根的ϕ18圆钢做成。金属梯易腐蚀，须先涂防锈漆，后再刷油漆。

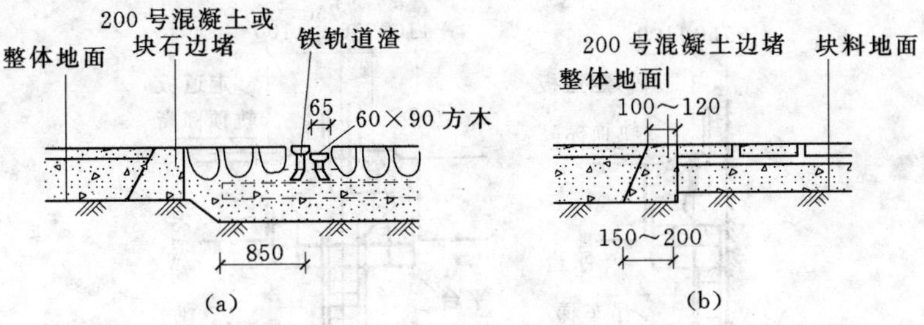

图 9-3-42　不同地面交接处的处理

(a) 轨道区域地面；(b) 不同地面交接处挡水

1. 作业台钢梯

作业台钢梯是工人上下生产操作平台或跨越生产设备联动线的交通道。其坡度为45°、59°、73°和 90°，其构造如图 9-3-43 所示。当梯段超过 4～5m 时，宜设中间休息平台。

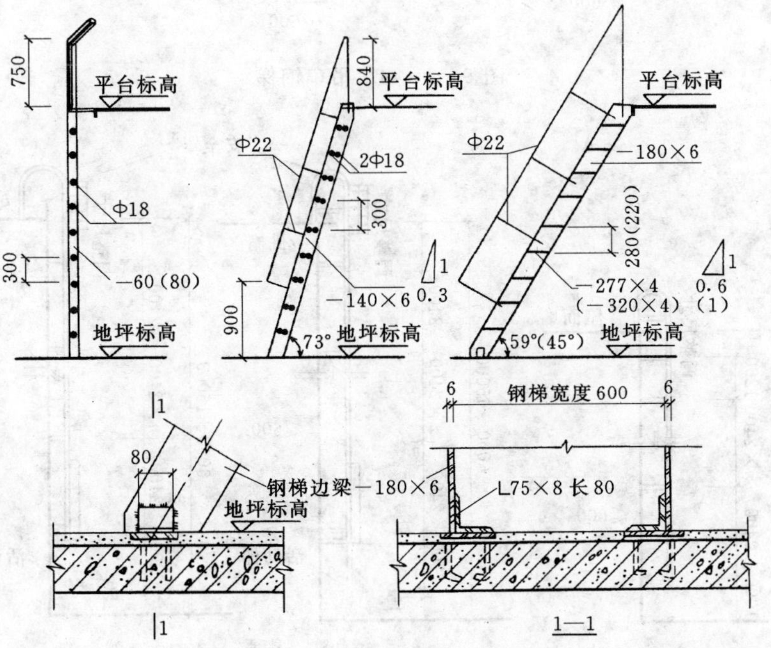

图 9-3-43　作业台钢梯

2. 吊车钢梯

吊车钢梯是为吊车司机上下吊车使用的专用梯，吊车梯一般为斜梯，梯段有单跑和双跑两种，坡度有 51°、55°和 63°，如图 9-3-44 所示。

3. 消防及屋面检修钢梯

单层厂房屋顶高度大于 10m 时，应设专用梯自室外地面通至屋面，或从厂房屋面通至天窗屋面，作为消防及检修之用。消防、检修常采用直梯，宽度为 600mm，它由梯段、踏步、支承组成，图 9-3-45 所示为消防及屋面检修钢梯。

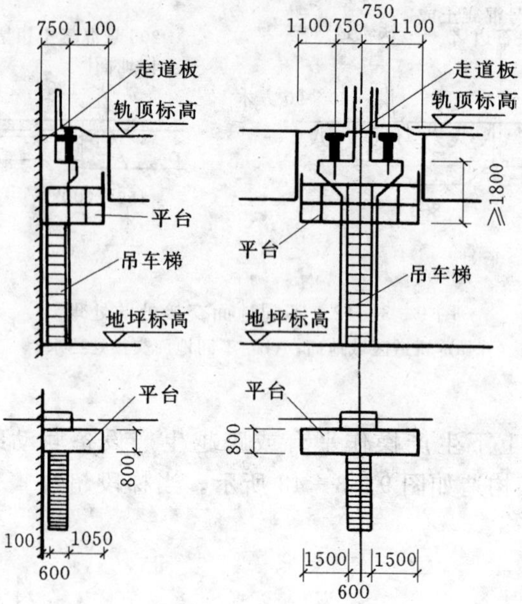

图 9-3-44 吊车钢梯

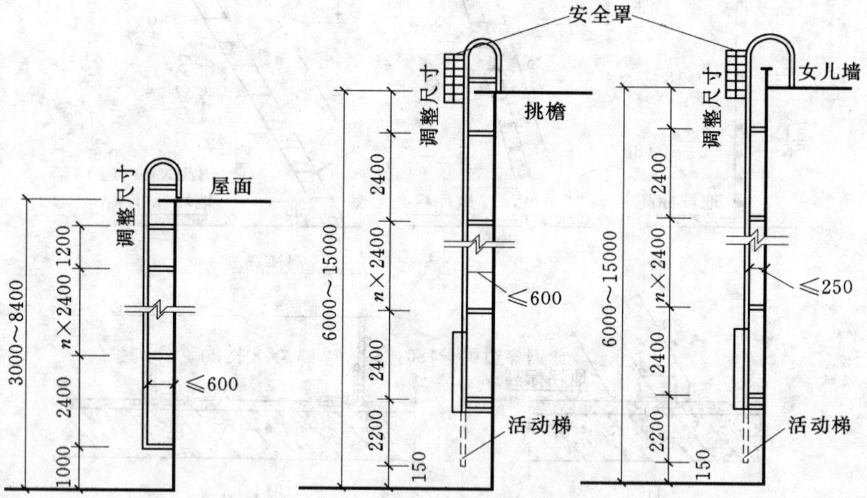

图 9-3-45 消防及屋面检修钢梯

任务实施

观察已建或在建的单层厂房，识读和绘制各部分详图。

模块小结

（1）工业建筑是各类工厂为工业生产需要而建造的各种不同用途的建筑物和构筑物的总称。工业建筑按厂房的用途分，可分为主要生产厂房、辅助生产厂房、动力用厂房、储藏用建筑、运输用建筑等。按生产状况分，可分为冷加工车间、热加工车间、恒温恒湿车间、洁净车间、其他特种状况的车间等。按层数分，可分为单层厂房、多层厂房、混合层数厂房等。

(2) 工业建筑具有厂房要满足生产工艺流程的要求，要求有较大的内部空间，建筑构造比较复杂，能满足特殊方面的要求等特点。

(3) 我国单层工业厂房一般采用的结构是装配式钢筋混凝土横向排架结构，它是由厂房骨架和围护结构两大部分组成。

(4) 厂房的定位轴线分为横向定位轴线和纵向定位轴线两种。单层厂房的跨度在18m及18m以下时，取30M数列，如9m、12m、15m、18m；在18m以上时，取60M，如24m、30m、36m等。单层厂房的柱距应采用60M数列，如6m、12m，一般情况下均采用6m。抗风柱柱距宜采用15M数列，如4.5m、6m、7.5m。

(5) 单层厂房外墙构造按其材料类别，可分为砖墙、砌块墙、板材墙等；按其承重型式，则可分为承重墙、自承重墙和框架墙等。

(6) 工业建筑的侧窗根据开启方式的不同，可分为中悬窗、平开窗、立转窗和固定窗等类型；侧窗材料主要采用钢材和木材。由于单层厂房的侧窗面积较大，因此一个侧窗往往是由几个基本扇拼框组成。

(7) 单层厂房大门的宽度与所用运输工具的尺寸密切相关。大门的常用材料有木、钢木、普通型钢和空腹型钢等，常见开启方式有平开、推拉、折叠、升降、上翻、卷帘等。平开门可采用钢筋混凝土门框或砖砌门框。推拉门有上挂式和下滑式两种。

(8) 屋面排水方式基本上可分为无组织排水和有组织排水两大类。有组织排水又可分为内落水、内落外排水、檐沟外排水、长天沟外排水等。

(9) 单层厂房屋面防水有卷材防水、刚性防水、构件自防水和瓦屋面等几种。卷材防水的原理、做法与民用建筑类似，但在大型屋面板的接缝，檐沟、天沟的形成及高低跨处泛水等细部构造上又有其特点。刚性防水在单层厂房中采用不多。构件自防水又有嵌缝式（脊带式）、搭盖式两种基本类型。常用瓦屋面有波形石棉瓦屋面和压型钢板两种。

(10) 矩形天窗的跨度是屋架（或屋面梁）跨度的1/3～1/2。由于屋架上下弦的节点距离一般为3m，天窗的跨度相应为6m、9m、12m。天窗架的高度是根据所需天窗扇的排数和每排窗扇的高度来确定的。

(11) 井式天窗由井底板、井口板、挡风侧墙及挡雨设施组成。井式天窗的井底板既可横向布置，也可纵向布置。增大井式天窗垂直口净高的方法是采用下卧式檩条、槽形檩条、L形檩条。井式天窗纵向布置井底板时，因受屋架腹杆的影响而常采用卡口板和出肋板。为了保证井式天窗处于负压区，井式天窗封墙（挡风侧墙）不能开设通风洞口。

(12) 平天窗可分为采光板、采光罩和采光带3种类型，平天窗的玻璃与井壁之间常采用油膏粘结。

(13) 单层厂房地面面层的选择、垫层的设置与选择及地基都应满足生产的要求。其细部构造有变形缝、交界缝、地沟和坡道等。

(14) 金属梯根据其作用的不同可分为作业平台梯、吊车梯、消防检修梯。隔断的类型有金属网隔断、装配式钢筋混凝土隔断及混合隔断3种。

复习思考题

1. 什么是工业建筑？工业厂房建筑的特点是什么？如何分类？
2. 常见的装配式钢筋混凝土横向排架结构单层厂房主要由哪些部分组成？
3. 什么是柱网、跨度、柱距？
4. 单层厂房轴线如何定位？
5. 屋盖结构是由哪两部分组成？一般有哪两大体系？
6. 一般柱上要预埋哪些铁件？实腹式牛腿有什么构造要求？
7. 独立式杯形基础在构造上有什么要求？试画图表示。
8. 基础梁搁置在基础上的方式有几种？其构造上有什么要求？
9. 吊车梁的类型有哪些？各部分的连接构造如何？
10. 什么是连系梁、圈梁？
11. 单层厂房的支承包括哪两大部分？各部分又有哪些？
12. 墙和柱的相对位置有几种方案？
13. 侧窗按开启方式分有几种？各适用于何种情况？
14. 单层厂房的大门洞口尺寸是如何确定的？常用的洞口尺寸是多少？
15. 单层厂房屋面的排水方式有哪些？
16. 天窗的类型有哪些？常用的矩形天窗由哪些构件组成？它们的作用如何？
17. 地面由哪些构造层次组成？它们有什么作用？
18. 厂房的金属梯有哪些类型？

参 考 文 献

[1] 同济大学，等. 房屋建筑学. 北京：中国建筑工业出版社，2006.

[2] 中国建筑标准设计研究院. 06J123 墙体节能建筑构造. 北京：中国计划出版社，2006.

[3] 李必瑜，魏宏扬. 建筑构造. 上册. 北京：中国建筑工业出版社，2005.

[4] 孙玉红. 房屋建筑构造. 北京：机械工业出版社，2008.

[5] 孙玉红. 建筑构造. 上海：同济大学出版社，2008.

[6] 贾丽明，徐秀香. 建筑概论. 北京：机械工业出版社，2004.

[7] 赵研. 房屋建筑学. 北京：高等教育出版社，2002.

[8] 杜俊芳，罗秋滚. 房屋建筑学. 北京：中国水利水电出版社，2009.

[9] 丁春静. 建筑识图与房屋构造. 重庆：重庆大学出版社，2003.

[10] 魏明. 建筑构造与识图. 北京：机械工业出版社，2008.

[11] 袁雪峰，王志军. 房屋建筑学实训指导. 北京：科学出版社，2003.

[12] 闫培明. 房屋建筑构造. 北京：机械工业出版社，2008.

[13] 李必瑜. 房屋建筑学. 武汉：武汉理工大学出版社，2000.

[14] 孙蓬欧. 房屋构造. 北京：中国环境科学出版社，1998.

[15] 姬慧. 房屋建筑学. 北京：中国电力出版社，2007.

[16] 陈希哲. 土力学地基基础. 北京：清华大学出版社，2006.

[17] 姚谨英. 建筑施工技术. 北京：中国建筑工业出版社，2008.

[18] 尚久明. 建筑识图与房屋构造. 北京：电子工业出版社，2007.

[19] 崔丽萍. 建筑识图与构造. 北京：中国电力出版社，2010.

[20] 姜忆南. 房屋建筑学. 北京：机械工业出版社，2001.

[21] 王志清，王枝胜，张启香. 房屋建筑学. 北京：北京理工大学出版社，2009.

[22] 董黎. 房屋建筑学. 北京：高等教育出版社，2006.

[23] 中华人民共和国国家标准. 混凝土结构设计规范（GB 50020—2002）. 北京：中国建筑工业出版社，2002.

[24] 中华人民共和国公安部. GB 50003—2006 建筑设计防火规范 [S]. 北京：中国计划出版社，2006.

[25] 中华人民共和国公安部. GB 50045—1995 高层民用建筑设计防火规范 [S]. 北京：中国计划出版社，2001.

[26] 中华人民共和国建设部. GB 50003—2001 砌体结构设计规范 [S]. 北京：中国建筑工业出版社，2002.

[27] 中华人民共和国建设部. JGJ 137—2001 多孔砖砌体结构技术规范 [S]. 北京：中国建设工业出版社，2001.

[28] 中华人民共和国建设部. GB 50011—2001 建筑抗震设计规范 [S]. 北京：中国建筑工业出版社，2002.